供配电技术

（第2版）

主　编　张　丹
副主编　殷科生　王少华
饶　瑜　冯　婉

重庆大学出版社

内 容 提 要

本书共分10章，包括：概论，负荷计算，短路计算及其校验，供配电系统的主要电气设备，变配电所及供配电系统，供配电系统的保护，供配电系统的二次回路和自动装置，电气照明，供配电系统的电气安全与接地防雷，供配电系统的运行维护等。每章前有内容提要，每章末有复习思考题和习题，书末附有习题参考答案。

本书可作为电气自动化、电气技术、建筑电气等相关专业的教材，也可供有关工程技术人员参考。

图书在版编目(CIP)数据

供配电技术 / 张丹主编. -- 2版. -- 重庆 : 重庆大学出版社, 2024.1

电气工程及其自动化专业本科系列教材

ISBN 978-7-5689-0090-4

Ⅰ. ①供… Ⅱ. ①张… Ⅲ. ①供电系统—高等学校—教材②配电系统—高等学校—教材 Ⅳ. ①TM72

中国国家版本馆CIP数据核字(2024)第011620号

供配电技术

GONGPEIDIAN JISHU

(第2版)

主 编 张 丹
副主编 殷科生 王少华
饶 瑜 冯 婉
责任编辑：苟荟羽 版式设计：苟荟羽
责任校对：王 倩 责任印制：张 策

*

重庆大学出版社出版发行
出版人：陈晓阳
社址：重庆市沙坪坝区大学城西路21号
邮编：401331
电话：(023) 88617190 88617185(中小学)
传真：(023) 88617186 88617166
网址：http://www.cqup.com.cn
邮箱：fxk@cqup.com.cn (营销中心)
全国新华书店经销
重庆新荟雅科技有限公司印刷

*

开本：787mm×1092mm 1/16 印张：18.25 字数：458千
2016年8月第1版 2024年1月第2版 2024年1月第2次印刷
印数：2 001—4 000
ISBN 978-7-5689-0090-4 定价：49.80元

前言
（第2版）

本书是按照《“十四五”普通高等教育本科国家级规划教材建设实施方案》的要求，根据本科电气工程与自动化、电气技术、机电一体化等专业的人才培养要求，结合我国近年来颁布的一系列有关标准、规范和供配电技术的最新发展技术，由湖南省部分高等院校教师在多年“供配电技术”课程教学、教学研究、科学研究和教材建设的基础上，结合高等院校工科学生掌握供配电技术岗位职业技能的需要编写而成的。

本书共分为10章，包括概论，负荷计算，短路计算及其校验，供配电系统的主要电气设备，变配电所及供配电系统，供配电系统的保护，供配电系统的二次回路和自动装置，电气照明，供配电系统的电气安全与接地防雷，供配电系统的运行与维护等。

本书主要特色有：

1. 强化思政性。思想政治理论是落实立德树人根本任务的关键。本书紧扣国家政策和规范，将最新国家标准和有关政策精神来融入供配电专业技术的学习中，以增强学生的规范意识和政策观念；确保高等教育、职业教育的正确办学方向，确保落实立德树人根本任务；为学生树立科学的人生观、世界观和形成正确的政治思想态度、养成扎实的工作作风奠定基础。

2. 注重先进性。本书注重供配电技术领域中的各种新工艺、新技能、新产品和节能产品的介绍，突出新技术的应用；注重最新标准规范的引用和贯彻；有助于增强学生的规范意识，关注实用前沿技术知识的更新。

3. 突出实用性。本书注重理论结合实际，注重加强实际技能知识的讲述，讲求“学以致用”。书中每个案例都有具体的操作方法和详细的工艺规范，将技能与知识紧密结合，方便学生强化巩固操作技能训练成果和理解所学相关的知识点，掌握相应的理论；本书文字叙述力求简明易懂、深入浅出，插图力求简明清晰、图文并茂;为便于学生复习和自学,每章前有内容提要,每章末有复习思考题和习题,书末列有习题参考答案;帮助学生培养相关技术能力;引导学生对创新和综合能力的拓展。

本书可作为本科院校、高职高专院校、继续教育的电气工程及自动化、测控技术与仪器、电力系统、机电专业等与电力技术类相关专业的供配电技术课程的教材和相关专业生产实习的教材,也可作为通过国家电气工程师认证的指定培训教材,还可作为从事相关领域工作的工程技术人员取得认证的培训教材或参考书。本书的电子课件可访问重庆大学出版社网站(www. cqup. com. cn)。

本书由长沙学院张丹担任主编,长沙学院殷科生、湖南生物机电职业技术学院王少华、长沙学院饶瑜、长沙学院冯婉担任副主编。其中,张丹编写第1—7章和第10章;殷科生、王少华编写第8章;饶瑜、冯婉编写第9章。长沙学院瞿曌,长沙理工大学屈桂银,湖南工学院张振飞、胡红艳,湖南省电力有限公司、湖南电力职业技术学院冷国群,对本书的编写提出了不少宝贵意见和建议,谨在此表示衷心的感谢。长沙学院熊幸明教授审订了本书。

本书在编写过程中,得到长沙学院、湖南省电力有限公司、长沙理工大学、湖南工学院、湖南生物机电职业技术学院、湖南电力职业技术学院的大力支持,谨致以衷心感谢!

本书参考了有关电气技术、工厂供电的大量书刊资料,除在参考文献中列出外,还引用了部分材料,在此谨向这些书刊资料的作者表示衷心的感谢!

本书在编写过程中,还得到不少单位和个人的大力支持,特别是学校领导和老师给予了很多具体帮助,在此一并致以诚挚的谢意。

由于编者水平有限,加之时间仓促,书中难免存在疏漏和不妥之处,恳请广大读者批评指正。

编　者

2023 年 12 月

目录

第1章 概论

本章概述了供配电技术及电力系统有关的一些基本知识，为学习本课程奠定基础。首先简要讲述工厂供配电的意义和要求，然后介绍工厂供配电系统及发电厂和电力系统的概况，接着重点讲述电力系统的电压、电能质量及电力系统中性点运行方式和低压配电系统接地形式，最后介绍供配电工程设计与施工的一般知识。

1.1 供配电的意义和要求

工厂用电设备所需电能的供应和分配，亦称工厂供配电。

电能是现代工业生产和人们生活的主要能源和动力。电能既易于由其他形式……来，又易于转换为其他形式的能量以供应用；电能的输送和分配既简单经济，又……节和测量，有利于实现生产过程自动化。现代社会的信息技术和其他高新技术都是建立在电能应用的基础之上的。因此，电能在现代工业生产及整个国民经济生活中应用极为广泛。

在工厂里，电能虽然是工业生产的主要能源和动力，但是电能消耗在产品成本中所占的比重一般很小（除电化工业外）。例如在机械工业中，电费开支仅占产品成本的5%左右。从投资额来看，一般机械工厂在供电设备上的投资也仅占总投资的5%左右。因此电能在工业生产中的重要性，并不在于它在产品成本中或投资总额中所占的比重多少，而在于工业生产实现电气化以后，可以大大增加产量，提高产品质量，提高劳动生产率，降低生产成本，减轻工人的劳动强度，改善工人的劳动条件，有利于实现生产过程自动化。从另一方面来说，如果供电突然中断，则对工业生产可能造成严重的后果。例如某些对供电可靠性要求很高的工厂，即使是极短时间的停电，也会造成重大设备损坏，或引起大量产品报废，甚至可能发生人身伤亡事故，给国家和人民带来经济上甚至生态环境上或政治上的重大损失。因此，做好工厂供电工作对于发展工业生产、实现工业现代化具有十分重要的意义。

工厂供配电工作要很好地为工业生产服务，切实保证工厂生产和生活用电的需要，并做好节能和环保工作，就必须达到下列基本要求：

①安全——在电能的供应、分配和使用中,不应发生人身事故和设备事故。

②可靠——应满足电能用户对供电可靠性即连续供电的要求。

③优质——应满足电能用户对电压和频率等的质量要求。

④经济——供电系统的投资要省,运行费用要低,并尽可能地节约电能和有色金属消耗量。

此外,在供电工作中,应合理地处理局部和全局、当前和长远等关系。既要照顾局部和当前的利益,又要有全局观点,能顾全大局,适应发展。例如,计划用电和环境保护等问题,就不能只考虑一个单位的局部利益,更要有全局观念。

1.2 供配电系统

1.2.1 供配电系统的基本知识

为了接受和分配从电力系统送来的电能,需要一个供配电系统。以工厂为例,其供配电系统是指工厂所需的电力电源从进厂起到所有用电设备端止的整个电力线路及其中的变配电设备。

一般中型工厂的电源进线是6~10 kV。电能先经高压配电所,由高压配电线路将电能分送至各个车间变电所。车间变电所内装有电力变压器,将6~10 kV的高压降为一般低压用电设备所需的电压,通常是降为220/380 V(220 V为三相线路相电压,380 V为其线电压)。如果工厂拥有6~10 kV的高压用电设备,则由高压配电所直接以6~10 kV对其供电。

(1)具有高压配电所的工厂供电系统

图1.1是一个比较典型的中型工厂供电系统的简图。该简图只用一根线来表示三相线路,即绘成单线图的形式,而且该图除母线分段开关和低压联络线上装设的开关外,未绘出其他开关电器。图中的母线又称汇流排,其任务是汇集和分配电能。

如图1.1所示,高压配电所有四条高压配电出线,供电给三个车间变电所。其中1号车间变电所和3号车间变电所各装有一台配电变压器,而2号车间变电所装有两台配电变压器,并分别由两段母线供电。其低压侧又采用单母线分段制,因此对重要的低压用电设备可由两段低压母线交叉供电。各车间变电所的低压侧均设有低压联络线相互连接,以提高供电系统运行的可靠性和灵活性。此外,该高压配电所还有一条高压配电线,直接供电给一组高压电动机;另有一条高压线,直接与一组高压并联电容器相连。3号车间变电所低压母线上也连接有一组低压并联电容器。这些并联电容器都是用来补偿系统的无功功率、提高功率因数的。

(2)具有总降变电所的工厂供电系统

对于大型工厂及某些电源进线电压为35 kV及以上的中型工厂,通常要经过两次降压。也就是说,电源进厂以后,先经总降压变电所,其中装有较大容量的电力变压器,将35 kV及以上的电源电压降为6~10 kV的配电电压,然后通过6~10 kV的高压配电线将电能送到各车间变电所,也有的经过高压配电所再送到车间变电所。车间变电所装有配电变压器,又将6~

10 kV 降为一般低压用电设备所需的电压 220/380 V。其系统简图如图 1.2 所示。

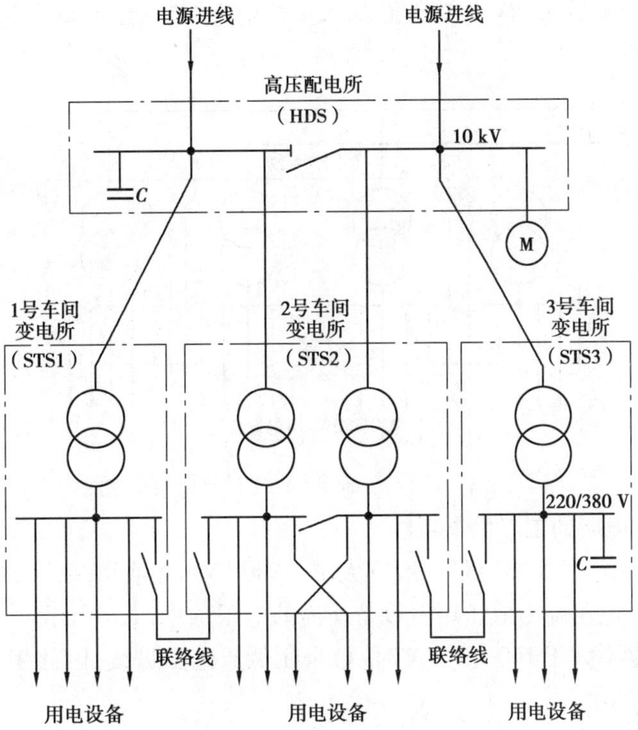

图 1.1　具有高压配电所的供电系统简图

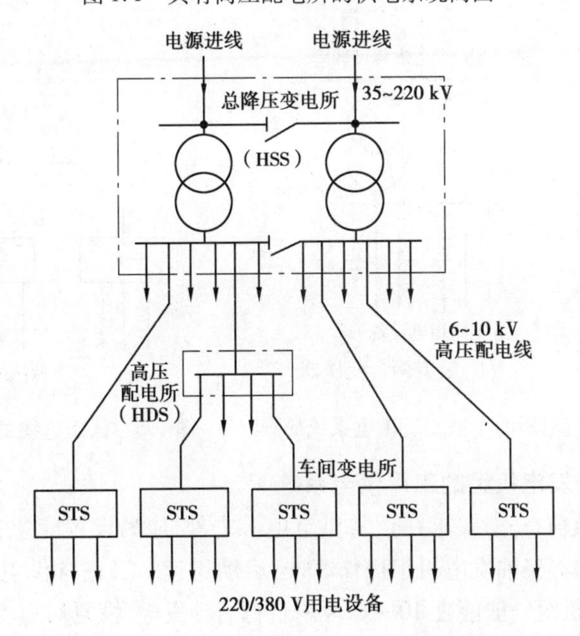

图 1.2　具有总降压变电所的工厂供电系统简图

有的 35 kV 进线的工厂,只经一次降压,即 35 kV 线路直接引入靠近负荷中心的车间变电所,经车间变电所的配电变压器,直接降为低压用电设备所需的 220/380 V 电压,如图 1.3 所示。这种供电方式,称为高压深入负荷中心的直配方式。这种直配方式,省去了一级中间变压,从而简化了供电系统,节约了有色金属,降低了电能损耗,提高了供电质量。然而这要根据厂区的环境条件是否满足35 kV架空线路深入负荷中心的“安全走廊”要求而定,否则不宜采用,以确保供电安全。

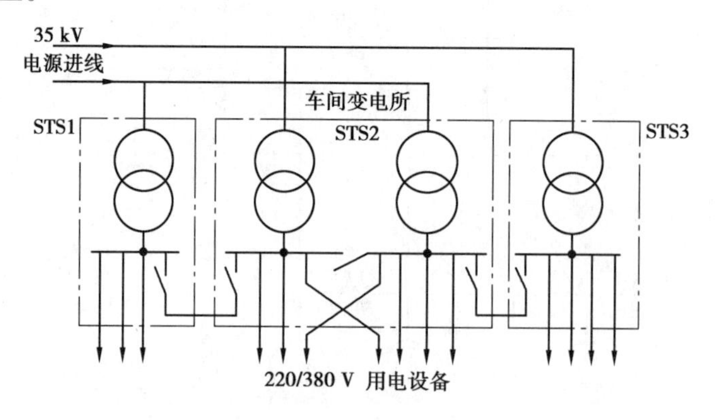

图1.3 高压深入负荷中心的工厂供电系统简图

(3)只有一个变电所的工厂供电系统

对于小型工厂,由于其所需容量一般不大于1 000 kV·A或稍多,因此通常只设一个降压变电所,将6~10 kV电压降为低压用电设备所需的电压,如图1.4所示。

当工厂所需容量不大于160 kV·A时,可采用低压电源进线,因此工厂只需设一低压配电间即可,如图1.5所示。

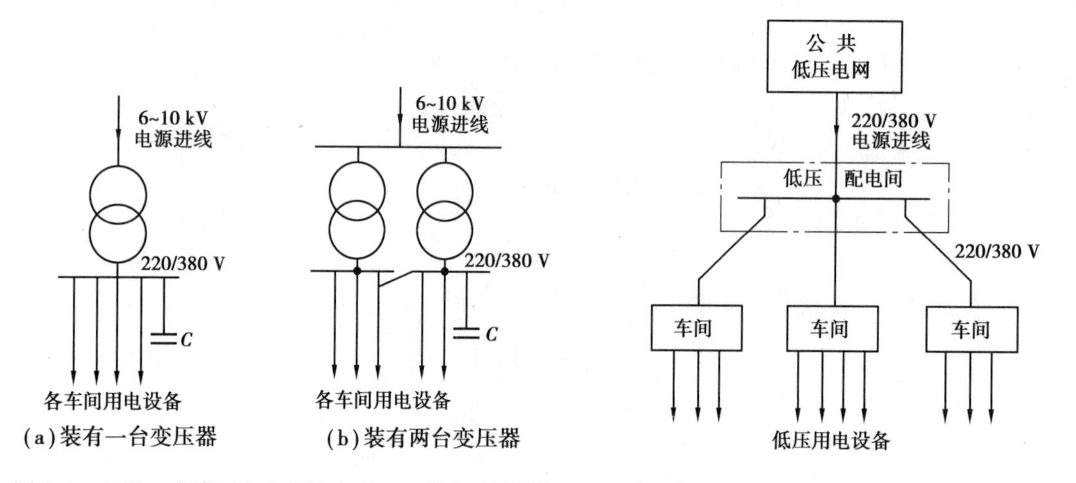

图1.4 只设一个降压变电所的小型工厂供电系统简图

图1.5 低压进线的小型工厂供电系统简图

(4)设有应急柴油发电机组的工厂供电系统

对于工厂的重要负荷,一般要求在正常供电电源之外,应另设置应急备用电源,最常用的备用电源是柴油发电机组。柴油发电机组操作简便,启动迅速。当正常供电的公共电网中断供电时,自启动型柴油发电机组一般能在10~15 s内自行启动发电,恢复对重要负荷和应急照明的供电。采用有快速自启动型柴油发电机组作备用电源的工厂供电系统简图如图1.6所示。

由以上对工厂供电系统的分析可知,配电所的任务是接受电能和分配电能,不改变电压;而变电所的任务是接受电能、变换电压和分配电能。

以上所讲工厂供电系统,是指从电源进线进厂起到高低压用电设备进线端止的整个电路系统,包括厂内的变、配电所及所有高低压配电线路。

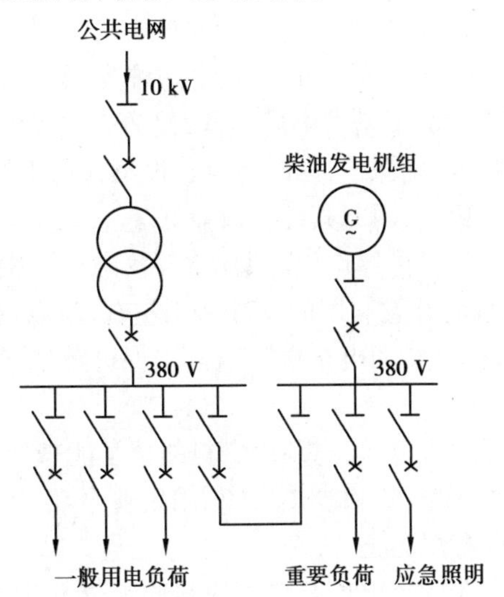

图1.6 采用柴油发电机组作备用电源的工厂供电系统简图

1.2.2 发电厂和电力系统简介

由于电能的生产、输送、分配和使用的全过程,实际上是在同一瞬间实现的,因此学习本课程时除了要了解工厂供电系统的概况外,还要了解工厂供电系统电源方向的发电厂和电力系统的一般知识。

(1)发电厂

发电厂又称发电站,是将自然界存在的各种一次能源转换为电能(属二次能源)的工厂。

发电厂按其所利用的能源不同,分为水力发电厂、火力发电厂、核能发电厂及风力发电厂、地热发电厂、太阳能发电厂等多种类型。

1)水力发电厂

水力发电厂,简称水电厂或水电站,它利用水流的位能来生产电能。当控制水流的闸门打开时,水流就沿着进水管进入水轮机蜗壳室,冲动水轮机,带动发电机发电。其能量转换过程是:

水流位能 —水轮机→ 机械能 —发电机→ 电能

水电站出力 P(容量,kW)的计算公式为

$$P = 9.81QH\eta = KQH \tag{1.1}$$

式中 Q——通过水电站的流量,m^3/s;

H——水电站上下游的水位差,通常称为水头或落差,m;

η——水电站的效率;

K——水电站的出力系数,一般为8.0~8.5。

由于水电站的出力与上下游的水位差成正比,所以建造水电站必须用人工办法来提高水位。最常用的办法是在河流上建筑一座很高的拦河坝,提高上游水位,形成水库,使坝的上下游形成尽可能大的落差,水电站就建在坝的后边。这类水电站称为坝后式水电站。我国一些大型水电站包括三峡水电站都属于这种类型。另一种提高水位的办法,是在具有相当坡度的

弯曲河道上游筑一低坝,拦住河水,然后利用沟渠或隧道将上游水流直接引至建在河段末端的水电站。这类水电站称为引水式水电站。还有一类水电站,是上述两种提高水位方式的综合,由高坝和引水渠道分别提高一部分水位。这类水电站称为混合式水电站。

水电站建设的初期投资较大,但是发电成本低,仅为火力发电成本的1/4~1/3,而且水电属清洁、可再生的能源,有利于环境保护,同时水电建设不只用于发电,通常还兼有防洪、灌溉、航运、水产养殖和旅游等多种功能,因此其综合效益好。

我国的水力资源十分丰富,居世界首位。据调查,我国可开发的水电容量可达4亿千瓦,其中西南地区约占70%,而目前开发利用的仅其1/4左右,所以潜力很大。我国确定在21世纪要大力发展水电,并已开始实施“西电东送”工程,以促进整个国民经济的发展。

2)火力发电厂

火力发电厂,简称火电厂或火电站,它利用燃料的化学能来生产电能。火电厂按其使用的燃料类别分为燃煤式、燃油式、燃气式和废热式(利用工业余热、废料或城市垃圾等来发电)等多种类型,我国的火电厂仍以燃煤为主。

为了提高燃料的效率,现在的火电厂都将煤块粉碎成煤粉燃烧。煤粉在锅炉的炉膛内充分燃烧,将锅炉内的水烧成高温高压的蒸汽,推动汽轮机转动,使与它联轴的发电机旋转发电。其能量转换过程是:

燃料化学能 —锅炉→ 热能 —汽轮机→ 机械能 —发电机→ 电能

现代火电厂一般都考虑了“三废”(废渣、废水、废气)的综合利用。有的火电厂不仅发电,而且供热。兼供热能的火电厂,称为热电厂。

火电厂与同容量的水电站相比,具有建设工期短、工程造价低、投资回收快等特点,但是火电成本高,而且对环境会造成一定的污染,因此火电建设要受到环境的一定制约。

我国的煤炭、石油和天然气等资源比较丰富,特别是在我国的西部地区。随着“西部大开发”战略和“西气东送”工程的实施,我国的火电建设事业也将得到更大的发展。

火电建设的重点是煤炭基地的坑口电厂的建设。对于远离煤炭产地的火电厂,宜采用高热值的动力煤。对位于酸雨控制区和二氧化硫控制区特别是大城市附近的火电厂,应采用低硫煤,或对原煤先进行脱硫处理。对严重污染环境的低效小型火电厂,应按照国家节能减排的要求予以关停。

现在国外已研究成功将煤先转化为气体再送入锅炉内燃烧发电的新技术,从而大大减少了直接燃煤而产生的废气、废渣对环境的污染,被称为洁净煤发电新技术。

3)核能发电厂

核能发电厂,又称原子能发电厂,通称核电站。它是利用某些核燃料的原子核裂变能来生产电能,其生产过程与火电厂大体相同,只是以核反应堆(俗称原子锅炉)代替了燃煤锅炉,以少量的核燃料代替了大量的煤炭。

核电站的反应堆类型主要有:

①石墨慢化反应堆。它采用石墨作慢化剂。它又分气冷堆型和水冷堆型。新型的高温气冷堆型采用2.5%~3%的低浓缩铀作燃料,以石墨作慢化剂,氦气作冷却剂。这是一种具有发展前途的先进反应堆,我国已有一座高温气冷反应堆投入试运行。石墨水冷堆型以石墨作慢化剂,轻水作冷却剂。1986年4月发生严重核泄漏事故的苏联切尔诺贝利核电站就采用这种堆型。该电站已于2000年底全面关闭,这种堆型已不再使用。

②轻水反应堆。它用2% ~3%的低浓缩铀作燃料,高压轻水(即普通水)作慢化剂和冷却剂。它又分沸水堆型和压水堆型。沸水堆型的水在反应堆内直接沸腾变为蒸汽,推动汽轮机带动发电机发电。压水堆型的水在反应堆内不沸腾。它有两个回路,其中一个回路的水流经反应堆,将堆内的热量带往蒸汽发生器,与通过蒸汽发生器的二回路中的水交换热量,使二回路的水加热变为高压蒸汽,推动汽轮机带动发电机发电。目前世界上的核电站,85%以上为轻水堆型,其中绝大多数又为压水堆型。我国已经建成并安全运行多年的大亚湾核电站和秦山核电站(一、二期工程)都是压水堆型。

③重水反应堆。它用重水(D_2O,含氘的水)作慢化剂和冷却剂,用天然铀作燃料。它的燃料成本低,但重水较贵,而且设备比较复杂,投资较大。我国于2002年11月投入并网发电的秦山核电站三期工程扩建的2台70万千瓦反应堆就是重水堆型。

④快中子增殖反应堆(简称快堆)。它是利用快中子来实现可控链式裂变反应和核燃料增殖的反应堆。这种反应堆不用慢化剂。反应堆内绝大部分都是快中子,容易为反应堆周围的铀238所吸收,使铀238转变为可裂变的钚239。这种反应堆可在10年左右使核燃料钚239比初装入量增值20%以上,但是初投资较大。我国已建有一座热功率65 MW、发电功率20 MW的实验性快堆。

由于核能是巨大的能源,而且核电具有安全、清洁和经济的特点,所以世界上很多国家都很重视核电建设,核电在整个发电量中占的比重逐年增长。我国在20世纪80年代就确定了“要适当发展核电”的电力建设方针,并已兴建了浙江秦山、广东大亚湾、广东岭澳等多座大型核电站。

4)风力发电、地热发电及太阳能发电简介

风力发电是利用风的动能来生产电能,风力发电站一般建在有丰富风力资源的地方。风能是一种取之不尽的清洁、价廉和可再生能源,但其能量密度较小,因此风轮机的体积较大,造价较高,且单机容量不可能做得很大。风能又是一种具有随机性和不稳定性的能源,因此利用风能发电必须与一定的蓄能方式相结合,才能实现连续供电。风力发电的能量转换过程是:

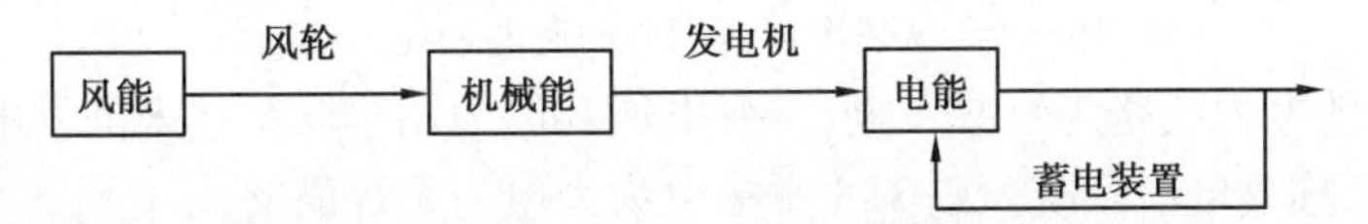

我国西北地区的风力资源比较丰富,已装设了一些风力发电装置。在“西部大开发”战略决策的推动下,风力发电也将有更大的发展。

地热发电是利用地球内部蕴藏的大量地热能来生产电能。地热发电站一般建在有足够地热资源的地方。地热是地表下面10 km以内储存的天然热源,主要来源于地壳内的放射性元素蜕变过程所产生的热量。地热发电的热效率不高,但不消耗燃料,运行费用低。它不像火力发电那样要排出大量灰尘和烟雾,因此地热还是属于比较清洁的能源。但地下热水和蒸汽中大多含有硫化氢、氨、砷等有害物质,因此对排出的热水要妥善处理,以免污染环境。地热发电的能量转换过程是:

地热能 —汽轮机→ 机械能 —发电机→ 电能

我国的地热资源也比较丰富,特别是在我国的西藏地区。我国最大的地热电站就建在西藏羊八井地区,已有9台机组并网发电,总装机容量达25 MW。随着“西部大开发”战略的实施，我国的地热发电也将得到更大的发展。

太阳能发电就是利用太阳的光能或热能来生产电能。它是通过光电转换元件如光电池等直接将太阳的光能转换为电能，这已广泛应用在人造地球卫星和宇航装置上。利用太阳的热能发电，可分直接转换和间接转换两种方式。温差发电、热离子发电和磁流体发电，都属于热电直接转换。太阳能通过集热装置和热交换器，给水加热，使之变为蒸汽，推动汽轮发电机组发电，属于间接转换发电。

太阳能是一种十分安全、经济、无污染的能源。太阳能发电装置建在常年日照时间长的地方。我国的太阳能资源也相当丰富，特别是我国的西藏、新疆、内蒙古等地区，常年日照时间达250～300天，属于太阳能丰富区。我国的80%地区均可利用太阳能发电。

(2)电力系统

为了充分利用动力资源，减少燃料运输，降低发电成本，故有水力资源的地方建设水电站，而在有燃料资源的地方建设火电厂。但这些有动力资源的地方往往离用电中心较远，所以必须用高压输电线进行远距离输电，如图1.7所示。

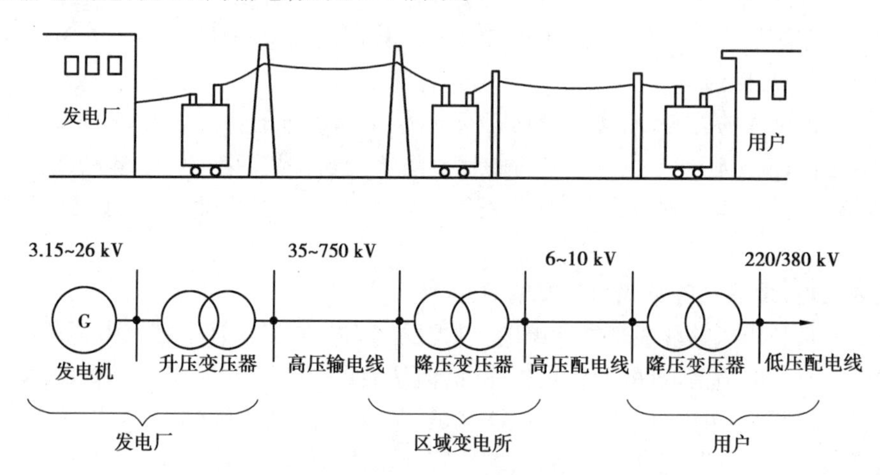

图1.7　从发电厂到用户的送电过程示意图

由各级电压的电力线路将一些发电厂、变电所和电力用户联系起来的发电、输电、变电、配电和用电的整体，称为电力系统。图1.8是一个大型电力系统简图。

电力系统中各级电压的电力线路及其联系的变电所，称为电力网或电网。但习惯上，电网或系统往往以电压等级来区分，如说10 kV电网或10 kV系统。这里所说的电网或系统，实际上是指某一电压的相互联系的整个电力线路。

电网可按电压高低和供电范围大小分为区域电网和地方电网。区域电网的供电范围大，电压一般在220 kV及以上。地方电网的供电电压一般不超过110 kV。工厂供电系统属于地方电网。

电力系统加上发电厂的动力部分及其热能系统和热能用户，称为动力系统。

现在世界各国建立的电力系统越来越大，甚至建立跨国的联合电力系统。我国曾规划，在做到水电、火电、核电和新能源四者结构合理的基础上，形成全国联合电网，实现电力资源在全国范围内的合理配置和可持续发展。

建立大型电力系统(联合电网)有下列优越性：

①可以更经济合理地利用动力资源，例如，在有水力资源的地方建设水电站，在有煤炭资

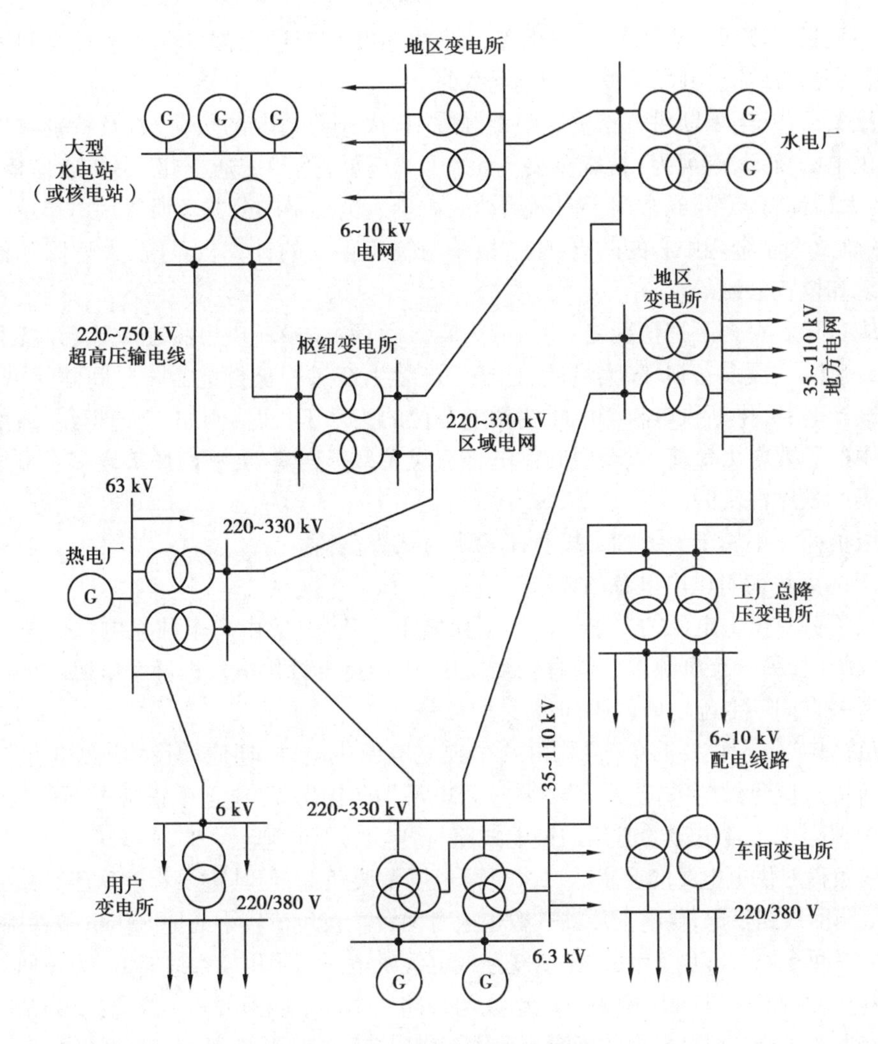

图1.8 大型电力系统简图

源的地方建设坑口火电厂,在有地热资源的地方建设地热发电厂等,这样可大大降低发电成本,减少电能损耗。

②可以更好地保证供电质量,满足用户对电源频率和电压等的质量要求。

③可以大大提高供电的可靠性,有利于整个国民经济的发展。

(3)电力负荷

电力负荷有两个含义:一是指用电设备或用电单位(用户),如重要负荷、动力负荷、照明负荷等;二是指用电设备或用户所消耗的电功率或电流,如轻负荷(轻载)、重负荷(重载)、空负荷(空载、无载)、满负荷(满载)等。

电力负荷的具体含义,视其使用的具体场合而定。

1)电力负荷的分级

电力负荷应根据其对供电可靠性的要求及中断供电在政治、经济上所造成损失或影响的程度,分为一级负荷、二级负荷及三级负荷。

①一级负荷。符合下列情况之一时,应为一级负荷:a. 中断供电将造成人身伤亡时;b. 中断供电将在政治、经济上造成重大损失时,例如,重大设备损坏、大量产品报废、用重要原材料

生产的产品大量报废以及国民经济中重点企业的连续生产过程被打乱需要长时间才能恢复时;c. 中断供电将造成公共场所秩序严重混乱时。

在一级负荷中,当中断供电将发生中毒、爆炸和火灾等情况的负荷,以及特别重要场所不允许中断供电的负荷,应视为"特别重要的负荷"。例如,重要交通枢纽、重要通信枢纽、重要宾馆、重要大型体育场馆、经常用于国际活动的大量人员集中的公共场所等用电单位中的重要电力负荷,以及大型金融中心的防火、防盗报警系统和重要的计算机系统,大型国际比赛场馆的计分系统和监控系统等。

②二级负荷。符合下列情况之一时,应为二级负荷:a. 中断供电将在政治、经济上造成较大损失时,例如,主要设备损坏、大量产品报废、连续生产过程被打乱需长时间才能恢复、重点企业大量减产时;b. 中断供电将影响重要用电单位的正常工作时,例如,交通枢纽、通信枢纽等用电单位中的重要电力负荷,以及中断供电将造成大型影剧院、大型商场等较多人员集中的重要的公共场所秩序混乱时。

③三级负荷。不属于一级和二级负荷者皆为三级负荷。

2)各级电力负荷对供电电源的要求

①一级负荷对供电电源的要求。一级负荷属重要负荷,应由两个独立电源供电。当一个电源发生故障时,另一个电源不应同时受到损坏,以维持继续供电。即两个电源应来自不同变配电所或者来自同一变配电所的不同母线。

一级负荷中"特别重要的负荷"除由两个独立电源供电外,还应增设"应急电源",并严禁将其他负荷接入应急供电系统。可作为"应急电源"的电源有:独立于正常电源的发电机组;供电网络中独立于正常电源的专用的馈电线路;蓄电池;干电池。

②二级负荷对供电电源的要求。二级负荷也属重要负荷,但其重要程度次于一级负荷。二级负荷宜由两回线路供电,供电变压器一般也应有两台。在负荷较小或地区供电条件困难时,二级负荷可由一回 6 kV 及以上专用的架空线路或电缆供电。当采用架空线时,可为一回架空线供电;当采用电缆线路时,应采用两根电缆组成的线路供电,其每根电缆应能承受 100% 的二级负荷。即要求当变压器或线路发生故障时不致中断供电或者中断后能迅速恢复供电。

③三级负荷对供电电源的要求。三级负荷属不重要负荷,对供电无特殊要求。

1.3 电力系统的电压

1.3.1 概 述

电力系统中的所有电气设备,都是在一定的电压和频率下工作的。电气设备的额定电压和额定频率,是电气设备正常工作且能获得最佳经济效果的电压和频率。电压和频率是衡量电能质量的基本参数。

一般交流电力设备的额定频率为 50 Hz,此频率通称为工频(工业频率)。我国 1996 年公布实施的《供电营业规则》规定:"在电力系统正常状况下,供电频率的允许偏差为:电网装机容量在 300 万千瓦及以上的,为 ±0.2 Hz;电网装机容量在 300 万千瓦以下的,为 ±0.5 Hz。在电力系统非正常状况下,供电频率允许偏差不应超过 ±1.0 Hz。"

对工厂供电系统来说,提高电能质量主要是指提高电压质量问题。此外,三相系统中三相电压或三相电流是否平衡也是衡量电能质量的一个指标。

1.3.2 三相交流电网和电力设备的额定电压

按照国家标准《标准电压》(GB 156—2017)规定,我国三相交流电网和发电机的额定电压,见表1.1。表1.1中的电力变压器一、二次绕组额定电压,是依据我国生产的电力变压器标准产品规格确定的。

表1.1 我国三相交流电网和电力设备的额定电压

分类	电网和用电设备额定电压/kV	发电机额定电压/kV	电力变压器额定电压/kV	
			一次绕组	二次绕组
低压	0.38	0.40	0.38	0.40
	0.66	0.69	0.66	0.69
高压	3	3.15	3及3.15	3.15及3.3
	6	6.3	6及6.3	6.3及6.6
	10	10.5	10及10.5	10.5及11
	—	13.8,15.75,18,20,22,24,26	13.8,15.75,18,20,22,24,26	—
	35	—	35	38.5
	66	—	66	72.5
	110	—	110	121
	220	—	220	242
	330	—	330	363
	500	—	500	550
	750	—	750	825(800)

(1)电网(线路)的额定电压

电网的额定电压(标称电压)等级,是国家根据国民经济发展需要和电力工业发展的水平,经全面的技术经济分析后确定的。它是确定各类电力设备额定电压的基本依据。

(2)用电设备的额定电压

由于电力线路在有电流通过时要产生电压降,所以线路上各点的电压都略有不同,如图1.9中虚线所示。但是成批生产的用电设备不可能按使用处线路的实际电压来制造,而只能按线路首端与末端的平均电压,即线路(电网)的额定电压 U_N(下角标 N 为英文 nominal 的缩写)来制造。因此,用电设备的额定电压一般规定与同级电网的额定电压相同。

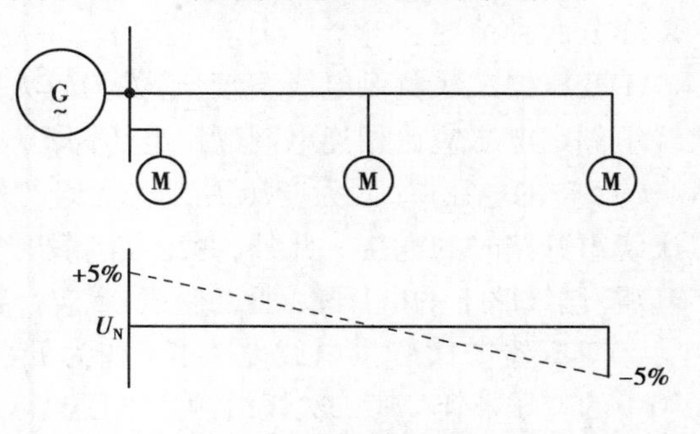

图1.9 用电设备和发电机的额定电压说明图

但是在此必须指出:按《高压交流开关设备和控制设备的共同技术要求》(GB/T 11022—2020)规定,高压开关设备和控制设备的额定电压按其允许的最高工作电压来标注,其额定电压不得小于其所在系统可能出现的最高电压,见表1.2。新生产的一些高压设备额定电压已按此新规定标注。

表1.2　系统的额定电压、最高电压和高压设备的额定电压　　单位:kV

系统的额定电压	3	6	10	35
系统的最高电压	3.5	6.9	11.5	40.5
高压开关、互感器及支柱绝缘子的额定电压	3.6	7.2	12	40.5
穿墙套管的额定电压	—	6.9	11.5	40.5
熔断器的额定电压	3.5	6.9	12	40.5

(3)发电机的额定电压

由于电力线路允许的电压偏差一般为±5%,即整个线路允许有10%的电压损耗值,因此为了使线路的平均电压维持在额定值,线路首端(电源端)的电压宜较线路额定电压高5%,而线路末端的电压则较线路额定电压低5%,如图1.9所示。所以规定发电机的额定电压高于同级电网额定电压5%。

(4)电力变压器的额定电压

1)电力变压器的一次绕组额定电压

分两种情况:

①当变压器直接与发电机相连时,如图1.10中的变压器T_1,其一次绕组额定电压应与发电机额定电压相同,都高于同级电网额定电压5%。

②当变压器不与发电机相连而是连接在线路上时,如图1.10中的变压器T_2,则可看作线路的用电设备,因此其一次绕组额定电压应与电网额定电压相同。

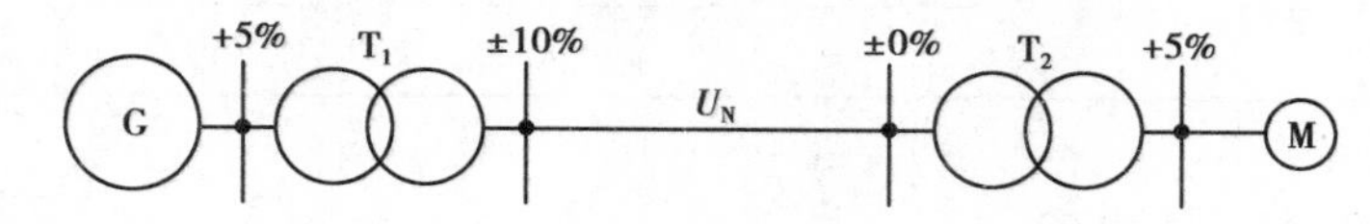

图1.10　电力变压器一、二次额定电压说明图

2)电力变压器的二次绕组额定电压

亦分两种情况:

①变压器二次侧供电线路较长(如为较大的高压电网)时,如图1.10中的变压器T_1,其二次绕组额定电压应比相连电网额定电压高10%,其中有5%用于补偿变压器满载运行时绕组本身约5%的电压降,因为变压器二次绕组的额定电压是指变压器一次绕组加上额定电压而二次绕组开路时的电压。此外,变压器满载时二次绕组输出电压还要高于同级电网额定电压5%以补偿线路上的电压降,所以变压器二次绕组额定电压总的要高于电网额定电压10%。

②变压器二次侧供电线路不长(如为低压电网或直接供电给高低压用电设备)时,如图1.10中的变压器T_2,其二次绕组额定电压只需高于电网额定电压5%,仅考虑补偿变压器满载运行时绕组本身的5%电压降。

(5)电压高低的划分

关于电力系统电压高低的划分,我国统一规定:

低压:电压等级在1 000 V以下者;

高压:电压等级在1 000 V及以上者。

此外,尚有按下列标准划分电压高低的,规定:1 000 V以下为低压;1 000 V至35 kV为中压;35 kV以上、220 kV以下为高压;330 kV及以上为超高压;800 kV及以上为特高压。不过这种划分并无明确的统一标准,因此划分界限不是十分明确。

1.3.3 电压偏差与电压调整

(1)电压偏差

1)电压偏差的含义及其计算

电压偏差是指设备在给定瞬间的端电压 U 与其额定电压 U_N 之差对额定电压 U_N 的百分值,即

$$\Delta U\% = \frac{U - U_N}{U_N} \times 100\% \tag{1.2}$$

2)电压偏差对设备运行的影响

①对感应电动机的影响。当感应电动机的端电压较其额定电压低10%时,由于其转矩与其端电压成正比,因此其转矩将只有额定转矩的81%,而负荷电流将增大5%~10%,温升将增高10%~15%,绝缘老化程度将比规定增加一倍以上,从而明显地缩短电机的使用寿命。同时,电动机由于转矩减小,转速下降,不仅会降低生产效率,减少产量,而且还会影响产品质量,增加废次品。当其端电压较其额定电压偏高时,负荷电流和温升也将增加,绝缘相应受损,对电动机也是不利的,也要缩短其使用寿命。

②对同步电动机的影响。当同步电动机的端电压偏高或偏低时,转矩也要按电压平方呈正比变化,因此同步电动机的端电压偏差,除了不会影响其转速外,其他(如对转矩、电流和温升等的影响)与感应电动机相同。

③对电光源的影响。电压偏差对白炽灯的影响最为显著。当白炽灯的端电压降低10%时,灯泡的使用寿命将延长2~3倍,但发光效率将下降30%以上,灯光明显变暗,照度降低,严重影响人的视力健康,降低工作效率,还可能发生事故。当其端电压升高10%时,发光效率将提高1/3,但其使用寿命将大大缩短,只有原来的1/3。电压偏差对荧光灯及其他气体放电灯的影响不像对白炽灯那么明显,但也有一定的影响。当其端电压偏低时,灯管不易启燃。如果多次反复启燃,则灯管寿命将大受影响,电压降低时,灯管照度下降,影响视力工作;当其电压偏高时,灯管寿命又要缩短。

3)允许的电压偏差

《供配电系统设计规范》(GB 50052—2009)规定,在系统正常运行情况下,用电设备端子处的电压偏差允许值(以额定电压的百分数表示)宜符合下列要求:

①电动机为 ±5%。

②电气照明:一般工作场所为±5%;对于远离变电所的小面积一般工作场所,难以满足上述要求时,可为 +5%,-10%;应急照明、道路照明和警卫照明等,为 +5%,-10%。

③其他用电设备,当无特殊规定时为±5%。

(2)电压调整措施

为了满足用电设备对电压偏差的要求,供电系统必须采用相应的电压调整措施。

1)正确选择无载调压型变压器的电压分接头或采用有载调压型变压器

工厂供电系统中应用的6~10 kV电力变压器,一般是无载调压型,其高压绕组(一次绕组)有 $U_N \pm 5\% U_N$ 的5个电压分接头,并装设有无载调压分接开关,如图1.11所示。如果设备的端电压偏高,则应将分接开关换接到+5%的分接头,以降低设备的端电压。如果设备的端电压偏低,则应将分接开关换接到-5%的分接头,以升高设备的端电压。但是这只能在变压器无载条件下调节电压,使设备端电压更接近于设备的额定电压,而不能按负荷的变动来调节电压。如果用电负荷中有的设备对电压要求严格,采用无载调压满足不了要求,而这些设备单独装设自动调压装置在技术经济上又不合理时,可采用有载调压型变压器,使之在负载情况下自动调节电压,保证设备端电压的稳定。

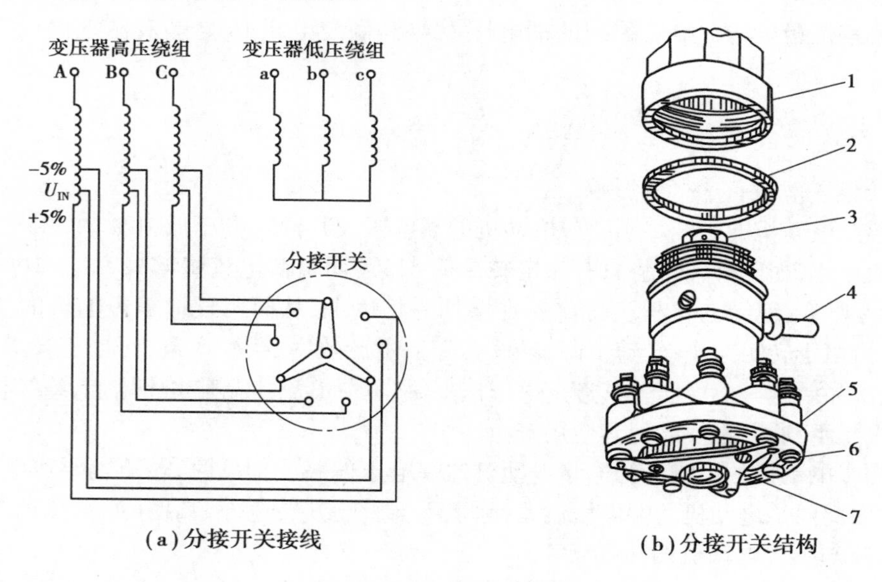

(a)分接开关接线 (b)分接开关结构

图1.11 电力变压器的分接开关

1—帽;2—密封垫圈;3—操动螺母;4—定位钉;5—绝缘盘;6—静触头;7—动触头

2)合理减少系统的阻抗

由于供电系统中的电压损耗与系统中各元件包括变压器和线路的阻抗成正比,因此可考虑减少系统的变压级数、增大导线电缆的截面或以电缆取代架空线等来减少系统的阻抗,降低电压损耗,从而缩小电压偏差,达到电压调整的目的。但是,增大导线电缆的截面或以电缆取代架空线,要增加线路投资,所以应进行技术经济的分析比较,合理时才予采用。

3)合理改变系统的运行方式

在一班制或两班制的工厂或车间中,工作班时间内负荷重,电压往往偏低,因而需要将变压器高压绕组的分接头调在-5%的位置上。但这样一来,到夜间负荷轻时,电压就会过高。这时如能切除变压器,改由低压联络线供电,则既能减少这台变压器的电能损耗,又可由于投入低压联络线而增加线路的电压损耗,从而降低所出现的过高电压。对于两台变压器并列运行的变电所,在负荷轻时切除一台变压器,同样可起到降低过高电压的作用。

4)尽量使系统的三相负荷均衡

在有中性线的低压配电系统中,如果三相负荷分布不均衡,则将使负荷端中性点电位偏移,造成有的相电压升高,从而可能使相电压过高的那一线路上的单相设备烧毁,同时使三相设备的运行也不正常。为此,应使三相负荷分布尽可能均衡。

5)采用无功功率补偿装置

系统中由于存在大量的感性负荷,如电力变压器、感应电动机、电焊机、高频炉、气体放电灯等,因此会出现大量相位滞后的无功功率,降低功率因数,增大系统的电压损耗。为了提高系统的功率因数,减少系统的电压损耗,可接入并联电容器或同步补偿机,使之产生相位超前的无功功率,以补偿系统中相位滞后的无功功率。这些专用于补偿无功功率的并联电容器和同步补偿机,统称为无功补偿设备。由于并联电容器无旋转部分,具有安装简单、运行维护方便、有功损耗小及组装灵活、便于扩充等优点,因此在工厂供电系统中并联电容器补偿得到了广泛的应用。但必须指出,采用专门的无功补偿设备,需要额外增加投资。因此在进行电压调整时,应优先考虑前面的各项措施,以提高系统的经济效果。

1.3.4 电压波动及其抑制

(1)电压波动的含义

电压波动(voltage fluctuation)是指电网电压方均根值(有效值)的连续快速变动。

电压波动(或电压变动)值,以用户公共供电点相邻时间的最大与最小电压方均根值 U_{max} 与 U_{min} 之差对电网额定电压 U_N 的百分值来表示,即

$$\delta U\% = \frac{U_{max} - U_{min}}{U_N} \times 100\% \tag{1.3}$$

(2)电压波动的产生与危害

电压波动是由于负荷急剧变动或冲击性负荷所引起的。负荷急剧变动,使电网的电压损耗相应变动,从而使用户公共供电点的电压出现波动现象。例如,电动机的启动,特别是大型电弧炉和轧钢机等冲击性负荷的工作,都会引起电网电压的波动。

电压波动会影响电动机的正常启动,甚至会使电动机不能启动,对同步电动机还会引起其转子振动;会使电子计算机和电子设备无法正常工作;会使照明灯发生明显的闪烁,严重影响视觉,使人无法正常生产、工作和学习。

(3)电压波动的抑制措施

①对负荷变动剧烈的大型电气设备采用专用线路或专用变压器单独供电,这是最简便有效的办法。

②设法增大供电容量,减小系统阻抗。例如,将单回路线路改为双回路线路,或将架空线路改为电缆线路,使系统的电压损耗减小,从而减小负荷变动时引起的电压波动。

③在系统出现严重的电压波动时,减少或切除引起电压波动的负荷。

④大容量电弧炉的炉用变压器宜由短路容量较大的电网供电,一般采用更高电压等级的电网供电。

⑤对大型冲击性负荷,如果采用上述措施达不到要求,可装设能"吸收"冲击无功功率的静止型无功补偿装置SVC。SVC是一种能吸收随机变化的冲击无功功率和动态谐波电流的无功补偿装置,其类型有多种,而以自饱和电抗器型(SR型)的效能最好,其电子元件少,可靠性

高,反应速度快,维护方便经济,我国一般变压器厂均能制造,是非常适于我国推广应用的一种 SVC。

1.3.5 电网谐波及其抑制

(1)电网谐波的有关概念

1)谐波的含义

谐波,是指对周期性非正弦量进行傅立叶级数分解所得到的大于基波频率整数倍的各次分量,通常称为高次谐波。基波是指其频率与工频(50 Hz)相同的分量。

向公共电网注入谐波电流或在公共电网中产生谐波电压的电气设备,称为谐波源。

就电力系统中三相交流发电机发出的电压来说,可认为其波形基本上是正弦量,即其电压波形中基本上无直流和谐波分量。但是由于电力系统中存在各种谐波源,特别是随着大型变流设备和电弧炉等的广泛应用,使得高次谐波的干扰成了当前电力系统中影响电能质量的一大"公害",亟待采取对策。

2)谐波的产生与危害

电网谐波的产生,主要在于电力系统中存在各种非线性元件。因此,即使电力系统中电源的电压为正弦波,但由于非线性元件的存在,使电网中总有谐波电流或电压。产生谐波的元件很多,例如荧光灯及其他气体放电灯、感应电动机、电焊机、变压器和感应电炉等,都要产生谐波电流或电压。最为严重的是大型的晶闸管变流设备和大型电弧炉,它们产生的谐波电流最为突出,是造成电网谐波的主要因素。

谐波对电气设备的危害很大。谐波电流通过变压器,可使变压器铁芯损耗明显增加,从而使变压器出现过热,缩短使用寿命。谐波电流通过交流电动机,不仅会使电动机铁芯损耗明显增加,而且还会使电动机转子产生振动现象,严重影响机械加工的产品质量。谐波对电容器的影响更为突出。谐波电压加在电容器两端时,由于电容器对谐波的阻抗很小,从而使电容器极易过载,甚至造成烧毁。此外,谐波电流可使电力线路的电能损耗和电压损耗增加,使计量电能的感应式电能表计量误差增大,还可使电力系统发生电压谐振,引起谐振过电压,有可能击穿线路或设备的绝缘层,也可能造成系统的继电保护和自动装置误动作,并可对附近的通信线路和设备产生信号干扰。

(2)电网谐波的抑制措施

1)三相整流变压器采用 Y,d 或 D,y 的接线

由于 3 次及 3 的整数倍次谐波电流在三角形联结的绕组内形成环流,而星形联结的绕组内不可能产生 3 次及 3 的整数倍次谐波电流,因此采用 Y,d 或 D,y 接线的整流变压器,能使注入电网的谐波电流中消除 3 次及 3 的整数倍次的谐波电流。又由于电力系统中的非正弦交流电压或电流通常是正、负两半波对时间轴是对称的,不含直流分量和偶次谐波分量,因此采用 Y,d 或 D,y 接线的整流变压器后,注入电网的谐波电流只有 5、7、11 等次谐波。这是抑制谐波最基本的一种方法。

2)增加整流变压器二次侧的相数

整流变压器二次侧的相数越多,整流波形的脉动数越多,其次数低的谐波被消去的也越多。例如,整流相数为 6 相时,出现的 5 次谐波电流为基波电流的 18.5%,7 次谐波电流为基波电流的 12%。如果整流相数增加到 12 相时,则出现的 5 次谐波电流降为基波电流的 4.

5%,7 次谐波电流降为基波电流的 3%，几乎减少了 75%。由此可见,增加整流相数对高次谐波抑制的效果相当显著。

3)使各台整流变压器二次侧互有相位差

多台相数相同的整流装置并列运行时,使其整流变压器二次侧互有适当的相位差,这与增加整流变压器二次侧相数的效果类似,也能大大减少注入电网的高次谐波。

4)装设分流滤波器

在大容量静止谐波源(如大型晶闸管整流器)与电网连接处装设分流滤波器,如图 1.12 所示,使滤波器的各组 *R-L-C* 回路分别对需要消除的 5,7,11…等次谐波进行调谐,使之发生串联谐振。由于串联谐振时阻抗很小,从而使这些次数的谐波电流被它分流吸收而不致注入公共电网。

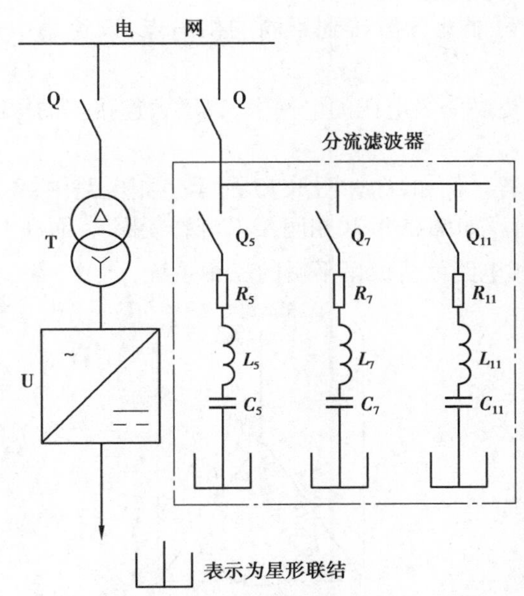

图 1.12　装设分流滤波器吸收高次谐波

5)选用 D,yn11 联结组别的三相配电变压器

由于 D,yn11 联结的变压器高压绕组是三角形接线,3 次及 3 的整数倍次的高次谐波电流在其绕组内形成环流而不致注入高压电网,从而有利于抑制高次谐波。

6)其他措施

例如限制电力系统中接入的变流设备和交流调压装置等的容量,或提高对大容量非线性设备的供电电压,或者将谐波源与不能受干扰的负荷电路从电网的接线上分开等,都将有助于谐波的抑制或消除。

1.3.6　三相不平衡及其改善

(1)三相不平衡电压或电流的产生及其危害

在三相供电系统中,如果三个相的电压或电流的幅值或有效值不等,或者三个相电压或电流的相位差不为 120°时,则称此三相电压或电流不平衡或不对称。

三相供电系统在正常运行方式下出现三相电压或电流不平衡的主要原因是三相负荷不平衡(不对称)。

三相的不平衡电压或电流，可以按对称分量法将其分解为正序、负序和零序分量。由于负序电压的存在，接在三相系统中的感应电动机在产生正向转矩的同时，还会产生一个反向转矩，从而降低了电动机的输出转矩，而且使电动机的总电流增大，功率损耗增加，从而使其发热温度升高，加速绝缘老化，缩短使用寿命。对三相变压器来说，由于三相电流不平衡，当最大相电流达到变压器绕组额定电流时，其他两相电流均低于额定值，从而使变压器容量得不到充分利用。对于多相整流装置，三相电压不对称将严重影响多相触发脉冲的对称性，使整流装置产生较大的谐波，进一步影响电能质量。

(2)改善三相不平衡的措施

①在供电设计和安装中，应尽量使三相负荷均衡分配。三相系统中各相安装的单相设备容量之差应不超过15%。

②将不对称的负荷尽可能地分散接到不同的供电点，以免集中连接造成严重的三相不平衡。

③不对称的负荷接到更高一级电压的电网上，以增大连接点的短路容量，减小不对称负荷的影响。

④采用三相平衡化装置。例如，在如图1.13所示三相电路中，B、C相间接有单相电阻负荷R，从而造成三相不平衡。如果在A、B相间接入电感线圈L，而在C、A相间接入电容器C，使$X_L = X_C = \sqrt{3}R$，这样三相电路就构成了平衡的三相系统。

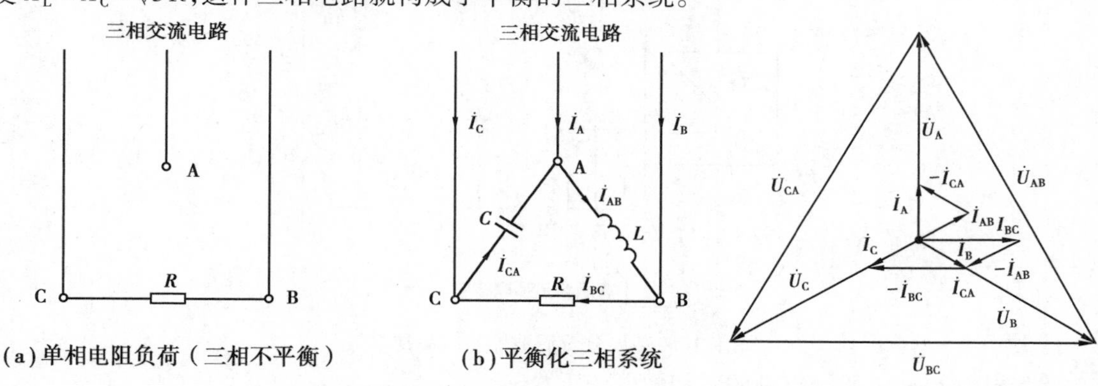

图1.13　三相平衡化电路说明

图1.14　平衡化三相系统的相量图

上述平衡化三相系统的相量图如图1.14所示。相量图中，电阻电流$\dot{I}_{BC}$与电压$\dot{U}_{BC}$同相，电感电流$\dot{I}_{AB}$滞后于电压$\dot{U}_{AB}$90°，电容$\dot{I}_{CA}$电流超前于电压$\dot{U}_{CA}$90°，而电流量值$I_{BC} = \sqrt{3}I_{AB} = \sqrt{3}I_{CA}$。由于$\dot{I}_A = \dot{I}_{AB} - \dot{I}_{CA}$，$\dot{I}_B = \dot{I}_{BC} - \dot{I}_{AB}$，$\dot{I}_C = \dot{I}_{CA} - \dot{I}_{BC}$，因此$\dot{I}_A$、$\dot{I}_B$、$\dot{I}_C$的量值相等，而相位互差120°，从而构成三相平衡化系统。

在实际工程中，一般采用可调的平衡化装置，包括具有分相补偿功能的静止型无功补偿装置SVC和静止无功电源SVG。SVG基本上不用储能元件，而是充分利用三相交流电的特点，使能量在三相之间及时转换来实现补偿。与SVC相比，SVG能大大减小体积和材料消耗，而且响应速度快，调节性能好，综合了补偿无功功率、改善三相不平衡和抑制谐波的优点，不过由于技术经济上的原因，目前尚处在试用阶段。

1.3.7 供配电电压的选择

(1)供电电压的选择

工厂供电电压的选择,主要取决于当地电网的供电电压等级,同时也要考虑工厂用电设备的电压、容量和供电距离等因素。在同样的输送功率和输送距离条件下,配电电压越高,线路电流越小,因而线路采用的导线或电缆截面越小,从而可减少线路的初投资和有色金属消耗量,且可减少线路的电能损耗和电压损耗。表1.3显示出了各级电压线路合理的输送功率和输送距离,供参考。

表1.3 各级电压线路合理的输送功率和输送距离

线路电压/kV	0.38	0.38	6	6	10	10	35	66	110	220
线路结构	架空线	电缆线	架空线	电缆线	架空线	电缆线	架空线	架空线	架空线	架空线
输送功率/kW	≤100	≤175	≤1 000	≤3 000	≤2 000	≤5 000	2 000 ~ 10 000	3 500 ~ 30 000	10 000 ~ 50 000	100 000 ~ 500 000
输送距离/km	≤0.25	≤0.35	≤10	≤8	6 ~ 20	≤10	20 ~ 30	30 ~ 100	50 ~ 150	100 ~ 300

我国原电力工业部1996年发布施行的《供电营业规则》规定:供电企业(电网)供电的额定电压,低压有单相220 V,三相380 V;高压有10,35,66,110,220 kV。并规定:除发电厂直配电压可采用3 kV或6 kV外,其他等级的电压都要过渡到上述额定电压。如果用户需要的电压等级不在上述范围时,应自行采用变压措施解决。用户需要的电压等级在110 kV及以上时,其受电装置应作为终端变电所设计,其方案需经省电网经营企业审批。

(2)工厂高压配电电压的选择

工厂高压配电电压的选择,主要取决于工厂高压用电设备的电压及其容量、数量等因素。

工厂采用的高压配电电压通常为10 kV。如果工厂拥有相当数量的6 kV用电设备,或者供电电源电压就是6 kV(如工厂直接从邻近发电厂的6.3 kV母线取得电源),则可考虑采用6 kV电压作为工厂的高压配电电压。如果不是上述情况,6 kV用电设备数量不多,则应选择10 kV作为工厂的高压配电电压,而6 kV高压设备则可通过专用的10/6.3 kV的变压器单独供电。3 kV作为高压配电电压的技术经济指标很差,不能采用。如果工厂有3 kV用电设备时,应采用10/3.15 kV的专用变压器单独供电。

如果当地的电源电压为35 kV,而厂区环境条件又允许采用35 kV架空线路和较经济的35 kV设备时,则可考虑采用35 kV作为高压配电电压深入工厂各车间负荷中心,并经车间变电所直接降低为低压用电设备所需的电压。这种高压深入负荷中心的直配方式可以省去一级中间变压,大大简化供电系统接线,节约有色金属,降低电能损耗和电压损耗,提高供电质量,有一定的推广价值。但是必须考虑厂区要有满足35 kV架空线路深入负荷中心的"安全走廊",以确保电气安全。

(3)工厂低压配电电压的选择

工厂的低压配电电压一般采用220/380 V,其中线电压380 V接三相动力设备和380 V的单相设备,相电压220 V接一般照明灯具和其他220 V的单相设备。但是某些场合宜采用660 V甚至更高的1 140 V作为低压配电电压。例如,在矿井下,由于负荷中心往往离变电所较远,因此为保证负荷端的电压水平而采用比380 V更高的电压配电。在矿井下采用660 V

或1 140 V配电，较之采用380 V配电，不仅可减少线路的电压损耗，提高负荷端的电压水平，而且能减少线路的电能损耗，减少有色金属消耗量和初投资，增大配电范围，提高供电能力，减少变电点，简化供电系统。因此，提高低压配电电压有明显的经济效益，是节约电能的有效措施之一，这在世界各国已成为发展的趋势。但是将380 V升高为660 V，需要电器制造部门的全面配合。我国现在采用660 V电压的工业，尚只限于采矿、石油和化工等少数部门。至于220 V电压，已规定不作为低压三相配电电压，而只作为低压单相配电电压和单相用电设备的额定电压。

1.4 电力系统中性点运行方式

1.4.1 电力系统的中性点运行方式

在三相交流电力系统中，作为供电电源的发电机和电力变压器的中性点有三种运行方式：一种是电源中性点不接地，一种是电源中性点经阻抗接地（在高压系统中通常是经消弧线圈接地），再一种是电源中性点直接接地或经低电阻接地。前两种系统统称为小接地电流系统，亦称中性点非有效接地系统。后一种系统称为大接地电流系统，亦称中性点有效接地系统。

我国3～66 kV系统，特别是3～10 kV系统，一般采用中性点不接地的运行方式。如果其单相接地电流大于一定数值（3～10 kV系统的接地电流大于30 A，20 kV及以上系统的接地电流大于10 A）时，则应采用中性点经消弧线圈接地的运行方式，但现在有的10 kV系统甚至采用中性点经低电阻接地的运行方式。我国110 kV及以上系统，则都采用中性点直接接地的运行方式。

（1）中性点不接地的电力系统

电源中性点不接地的电力系统在正常运行时的电路图和相量图，如图1.15所示，图中的三相交流相序代号统一采用A、B、C。①

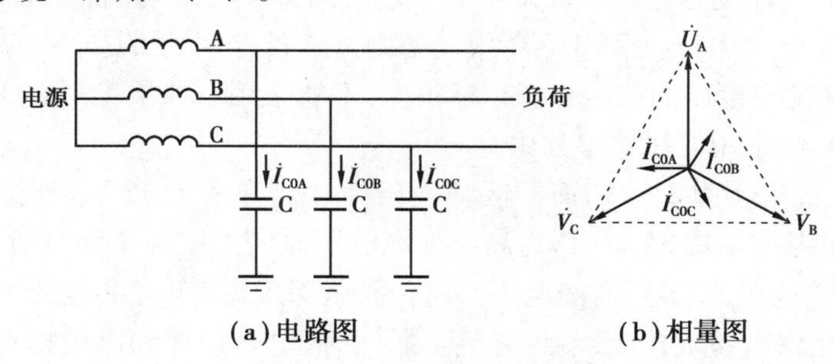

图1.15 正常运行时的中性点不接地的电力系统

① 原国家标准《电气图用图形符号 电力、照明和电信布置》（GB 4728.11—1985）规定：交流系统电源的一、二、三相，分别标L1、L2、L3，交流系统设备的一、二、三相，分别标U、V、W。现行国家标准《电气简图用图形符号 建筑安装平面布置图》（GB/T 4728.11—2022）中已将此规定予以取消。本书的所有电路图和相量图上的三相交流相序代号统一采用国际通用的A、B、C。

为使讨论问题简化起见，假设图1.15(a)所示三相系统的电源电压和线路参数 R、L、C 都是对称的，而且将相线与大地之间存在的分布电容用一个集中电容 C 来表示；而相间存在的电容因对所讨论的问题没有影响而予以省略。系统正常运行时，三个相的相电压 $\dot{U}_A$、$\dot{U}_B$、$\dot{U}_C$ 是对称的，三个相的对地电容电流也是平衡的，如图1.15(b)所示。因此三个相的电容电流的相量和为零，地中没有电流流动。各相的对地电压就等于各相的相电压。

当系统发生单相接地故障时，例如C相接地，如图1.16(a)所示，这时C相对地电压为零，而A相对地电压 $\dot{U}'_A = \dot{U}_A + (-\dot{U}_C) = \dot{U}_{AC}$，B相对地电压 $\dot{U}'_B = \dot{U}_B + (-\dot{U}_C) = \dot{U}_{BC}$，如图1.16(b)所示。由相量图可见，C相接地时，完好的A、B两相对地电压都由原来的相电压升高到线电压，即升高为原对地电压的 $\sqrt{3}$ 倍。

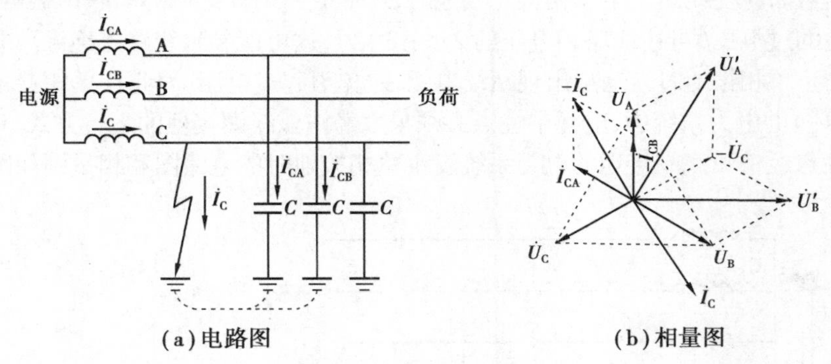

图1.16 单相接地时的中性点不接地的电力系统

当C相接地时，系统的接地电流(电容电流) I_C 应为A、B两相对地电容电流之和。由于一般习惯将从电源到负荷的方向及从相线到大地的方向取为电流的正方向，因此

$$\dot{I}_C = -(\dot{I}_{CA} + \dot{I}_{CB}) \tag{1.4}$$

由图1.14的相量图可知，在相位上正好超前 U_C 90°；而在量值上，由于 $I_C = \sqrt{3} I_{CA}$，而 $I_{CA} = U/X = \sqrt{3} U/X = \sqrt{3} I_{CO}$，因此

$$I_C = 3I_{CO} \tag{1.5}$$

即一相接地的电容电流为正常运行时每相对地电容电流的3倍。

由于线路对地的电容 C 不好准确确定，因此 I_{C0} 和 I_C 也难以根据 C 来精确计算。通常采用下列经验公式来确定中性点不接地系统的单相接地电容电流，即

$$I_C = \frac{U_N(l_{oh} + 35l_{cab})}{350} \tag{1.6}$$

式中 I_C——系统的单相接地电容电流A；

U_N——系统的额定电压，kV；

l_{oh}——同一电压 U_N 的具有电气联系的架空线路总长度，km；

l_{cab}——同一电压 U_N 的具有电气联系的电缆线路总长度，km。

当系统发生不完全接地(即经一定的接触电阻接地)时，故障相的对地电压值将大于零而小于相电压，而其他两完好相的对地电压值则大于相电压而小于线电压，接地电容电流 I_C 值也较式(1.6)计算值略小。

必须指出：当电源中性点不接地系统发生单相接地时，三相用电设备的正常工作并未受到

影响，因为线路的线电压无论其相位和量值均未发生变化，因此系统中的三相用电设备仍能照常运行。但是这种线路不允许在单相接地故障情况下长期运行，因为如果再有一相也发生接地故障时，就形成两相接地短路，短路电流很大，这是不能允许的。因此，在中性点不接地系统中，应装设专门的单相接地保护（参看6.5）或绝缘监视装置（参看7.4）。系统在发生单相接地故障时，给予报警信号，提醒供电值班人员注意，及时处理。当单相接地危及人身安全或设备安全时，则单相接地保护装置应动作于跳闸。

（2）中性点经消弧线圈接地的电力系统

在上述中性点不接地的电力系统中，有一种情况是比较危险的，即在发生单相接地时，如果接地电流较大，将出现断续电弧，这就可能使线路发生电压谐振现象。由于电力线路既有电阻和电感，又有电容，因此在线路发生单相弧光接地时，可形成一个 *R-L-C* 的串联谐振电路，从而使线路上出现危险的过电压（可达线路相电压的2.5～3倍），这可能导致线路上绝缘薄弱地点的绝缘击穿。为了防止单相接地时接地点出现断续电弧，避免引起过电压，因此在单相接地电流大于一定值（如前所述）的电力系统中，电源中性点必须采取经消弧线圈接地的运行方式。

电源中性点经消弧线圈接地的电力系统发生单相接地时的电路图和相量图如图1.17所示。

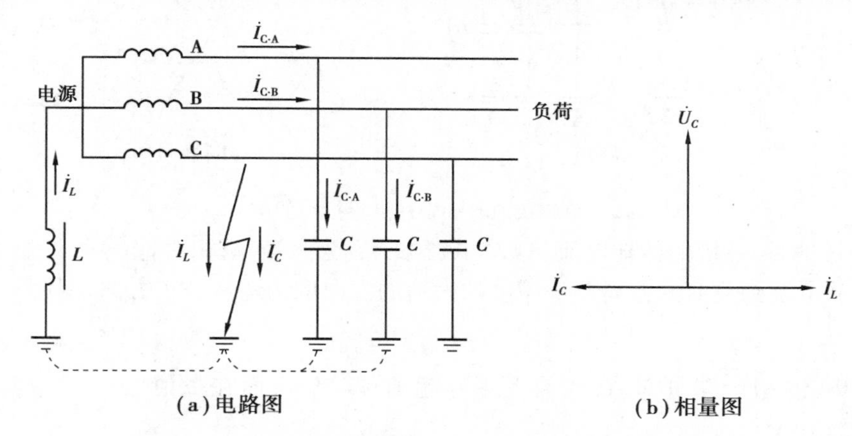

图1.17 中性点经消弧线圈接地的电力系统在发生单相接地时

消弧线圈实际上就是铁芯线圈，其电阻很小，感抗很大，其功能是消除单相接地故障点的电弧。当系统发生单相接地故障时，流过接地点的电流是接地电容电流 $\dot{I}_C$ 与流过消弧线圈的电感电流 $\dot{I}_L$ 之和。由于 $\dot{I}_C$ 超前 $\dot{U}_C$ 90°，而 $\dot{I}_L$ 滞后 $\dot{U}_L$ 90°，所以 $\dot{I}_L$ 与 $\dot{I}_C$ 在接地点互相补偿。当 $\dot{I}_L$ 与 $\dot{I}_C$ 的量值差小于发生电弧的最小生弧电流时，电弧就不会发生，从而也不会出现谐振过电压了。

在中性点经消弧线圈接地的三相系统中，与中性点不接地的系统一样，允许在发生单相接地故障时短时（一般规定为2 h）继续运行，但保护装置要及时发出单相接地报警信号。运行值班人员应抓紧时间查找和处理故障；在暂时无法消除故障时，应设法将负荷特别是重要负荷转移到备用电源线路上去。如果发生单相接地危及人身和设备的安全时，则保护装置应动作于跳闸。

中性点经消弧线圈接地的电力系统，在单相接地时，其他两相对地电压也要升高到线电压，即升高为原对地电压的$\sqrt{3}$倍。

（3）中性点直接接地或经低电阻接地的电力系统

电源中性点直接接地的电力系统发生单相接地时的电路图如图1.18所示。这种系统单相接地,即通过接地中性点形成单相短路 $k^{(1)}$。单相短路电流 $I_k^{(1)}$ 比线路的负荷电流大得多,因此在系统发生单相短路时,保护装置应动作于跳闸,切除短路故障,使系统的其他部分恢复正常运行。

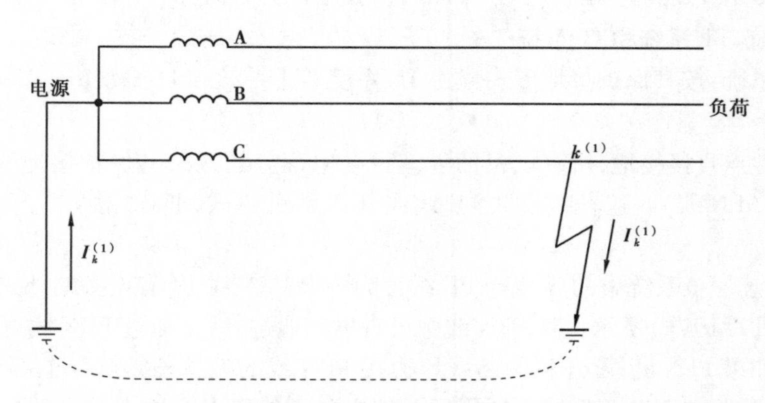

图1.18 中性点直接接地的电力系统在发生单相接地时的电路

中性点直接接地的系统发生单相接地时,其他两完好相的对地电压不会升高,这与上述中性点非直接接地系统不同。因此,凡中性点直接接地系统中的供用电设备的绝缘只需按相电压考虑,而无需按线电压考虑。这对110 kV及以上的超高压系统是很有经济技术价值的。因为高压特别是超高压电器,其绝缘问题是影响电器设计和制造的关键问题。电器绝缘要求的降低,直接降低了电器的造价,同时改善了电器的性能。因此,我国110 kV及以上的超高压系统中性点通常都采取直接接地的运行方式。

在现代化城市电网改造中,由于广泛以电缆线路取代架空线路,而电缆线路的单相接地电容电流远比架空线路的大[可由式(1.6)看出],因此,采取中性点经消弧线圈接地的方式往往也无法完全消除单相接地故障点的电弧,从而无法抑制可能引起的危险的谐振过电压。因此,我国有的大城市(如北京市)的10 kV系统中性点采取低电阻接地的运行方式。它接近于中性点直接接地的运行方式,也必须装设动作于跳闸的单相接地故障保护。在系统发生单相接地故障时,迅速切除故障线路,同时系统的备用电源自动投入装置工作,投入备用电源,恢复对重要负荷的供电。由于这类城市电网通常都采用环网供电方式,而且保护装置完善,因此供电可靠性是相当高的。

1.4.2 低压配电系统的接地形式

(1)有关的概念

我国的220/380 V低压配电系统广泛采用中性点直接接地的运行方式,而且引出有中性线(代号N)、保护线(代号PE)或保护中性线(代号PEN)。

1)中性线(N线)

其功能一是用来连接额定电压为系统相电压的单相用电设备,二是用来传导三相系统中的不平衡电流和单相电流,三是减小负荷中性点的电位偏移。

2)保护线(PE线)

它是为保障人身安全、防止发生触电事故用的接地线。系统中所有电气设备的外露可导电部分(指正常时不带电但故障情况下可能带电的易被人身接触的导电部分,如金属外壳、金属构架等)通过 PE 线接地,可在设备发生接地故障时减少触电危险。

3)保护中性线(PEN 线)

它兼有 N 线和 PE 线的功能。这种 PEN 线,我国过去习惯称为“零线”。

(2)TN 系统、TT 系统和 IT 系统

低压配电系统,按其保护接地形式分为 TN 系统、TT 系统和 IT 系统。

1)TN 系统

其电源中性点直接接地,所有设备的外露可导电部分均接公共保护接地线(PE 线)或公共保护中性线(PEN 线)。这种接公共 PE 线或 PEN 线的方式,通称“接零”。TN 系统又分三种形式:

①TN-C 系统。该系统中的 N 线与 PE 线合为一根 PEN 线,所有设备的外露可导电部分均接 PEN 线,如图 1.19(a)所示。其 PEN 线中可有电流通过,因此通过 PEN 线可对有些设备产生电磁干扰。如果 PEN 断线,还将使断线原边接 PEN 线的设备外露可导电部分(如外壳)带电,对人有触电危险。因此该系统不适用于对抗电磁干扰和安全要求较高的场所。但由于 N 线与 PE 线合一,从而可节约一些有色金属(导线材料)和投资。该系统过去在我国低压系统中应用最为普遍,但现在在安全要求较高的场所包括住宅建筑、办公大楼及要求抗电磁干扰的场所均不允许采用了。

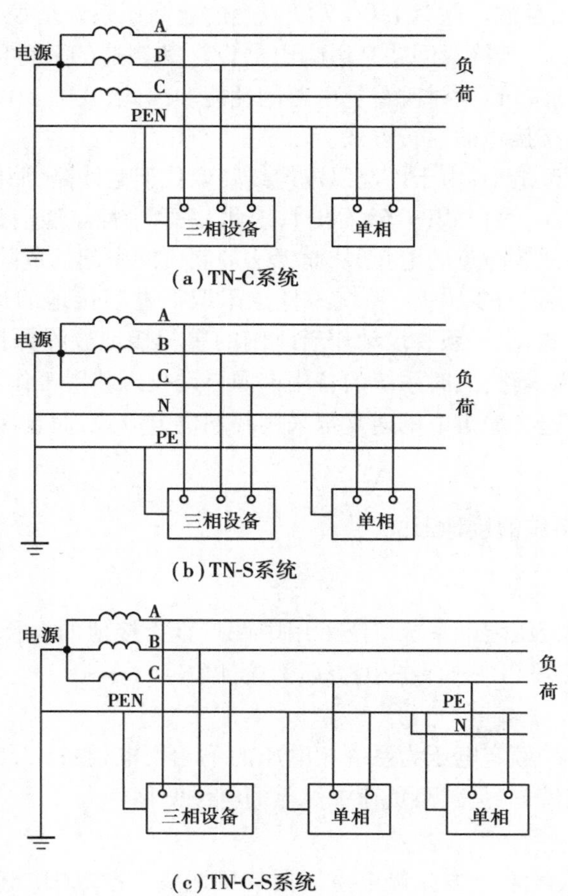

图 1.19　低压配电的 TN 系统

②TN-S 系统。该系统中的 N 线与 PE 线完全分开,所有设备的外露可导电部分均接 PE 线,如图 1.19(b)所示。PE 线中没有电流通过,因此对接 PE 线的设备不会产生电磁干扰。如果 PE 线断线,正常情况下也不会使接 PE 线的设备外露可导电部分带电;但在有设备发生单相接壳故障时,将使其他接 PE 线的设备外露可导电部分带电,对人仍有触电危险。由于 N 线与 PE 线分开,与上述 TN-C 系统相比,在有色金属和投资方面均有增加。该系统现广泛应用在对安全要求及抗电磁干扰要求较高的场所,如重要办公地点、实验场所和居民住宅等处。

③TN-C-S 系统。该系统的前一部分全为 TN-C 系统,而后面则有一部分为 TN-C 系统,另有一部分为 TN-S 系统,如图 1-19(c)所示。此系统比较灵活,对安全要求和抗电磁干扰要求较高的场所采用 TN-S 系统配电,而其他场所则采用较经济的 TN-C 系统。

2)TT 系统

TT 系统其电源中性点也直接接地。与上述 TN 系统不同的是,该系统的所有设备外露可导电部分均各自经 PE 线单独接地,如图 1.20 所示。由于各设备的 PE 线之间无电气联系,因此相互之间无电磁干扰。此系统适用于安全要求及抗电磁干扰要求较高的场所。国外这种系统应用比较普遍,现在我国也开始推广应用。《住宅设计规范》(GB 50096—2011)规定:住宅供电系统"应采用 TT、TN-C-S 或 TN-S 接地方式"。

3)IT 系统

IT 系统其电源中性点不接地或经约 1 000 Ω 阻抗接地,所有设备的外露可导电部分也都各自经 PE 线单独接地,如图 1.21 所示。此系统中各设备之间也不会发生电磁干扰,且在发生单相接地故障时,三相用电设备及连接额定电压为线电压的单相设备仍可继续运行,但需装设单相接地保护,以便在发生单相接地故障时发出报警信号。该系统主要用于对连续供电要求较高及有易燃易爆危险的场所,如矿山、井下等地。

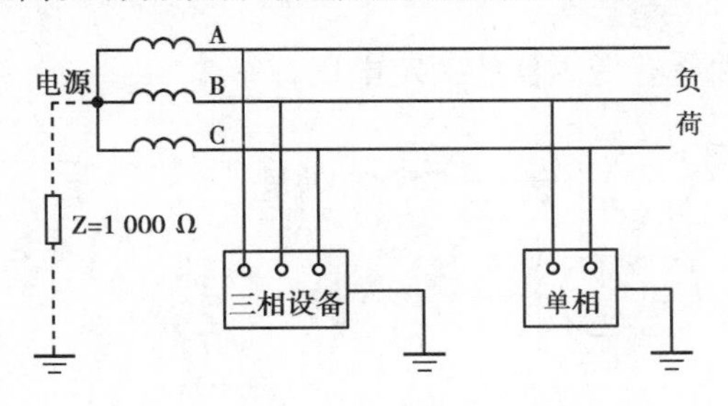

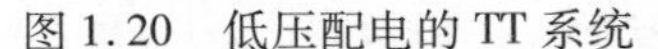
图 1.20　低压配电的 TT 系统

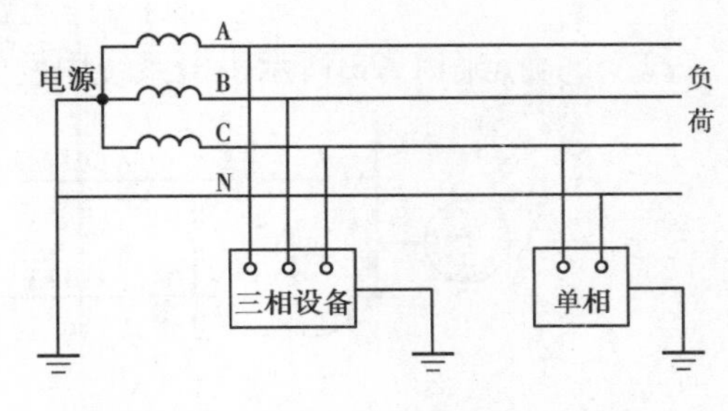

图 1.21　低压配电的 IT 系统

低压配电系统中,凡是引出有中性线(N 线)的三相系统,包括 TN 系统(含 TN-C、TN-S 和 TN-C-S 系统)及 TT 系统,都属于"三相四线制"系统,正常情况下不通过电流的 PE 线不计算在内。没有中性线(N 线)的三相系统,如 IT 系统,则属于"三相三线制"系统。

复习思考题

1.1　供电系统包括哪些范围？高压配电所与总降压变电所各有哪些特点？高压深入负荷中心的直接配方式又有哪些特点？

1.2　我国电网的额定电压等级有哪些？为什么用电设备额定电压一般规定与电网额定

电压相同？为什么现在同一 10 kV 电网使用的高压开关有额定电压 10 kV 和 12 kV 两种规格？

1.3 为什么发电机额定电压高于电网额定电压5%？为什么电力变压器一次额定电压有的高于电网额定电压5%，有的等于电网额定电压？为什么电力变压器二次额定电压有的高于电网额定电压5%，有的高于电网额定电压10%？

1.4 电网电压的高压和低压如何划分？什么叫中压、高压、超高压和特高压？

1.5 工厂的供电电压要考虑哪些因素？工厂的高压配电电压和低压配电电压选择又各要考虑哪些因素？常用的高低压配电电压各有哪些？

1.6 三相交流电力系统的电源中性点有哪些运行方式？中性点直接接地与中性点不直接接地在电力系统发生单相接地时各有哪些特点？

1.7 低压配电系统中的中性线（N 线）、保护线（PE 线）和保护中性线（PEN 线）各有哪些功能？

习　题

1.1 试确定图 1.22 所示供电系统中变压器 T_1 和线路 WL_1、WL_2 的额定电压。

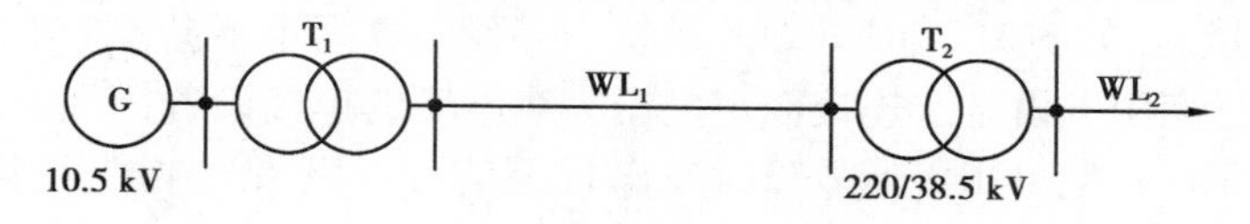

图 1.22　习题 1.1 的供电系统

1.2 试确定图 1.23 所示供电系统中发电机和所有变压器的额定电压。

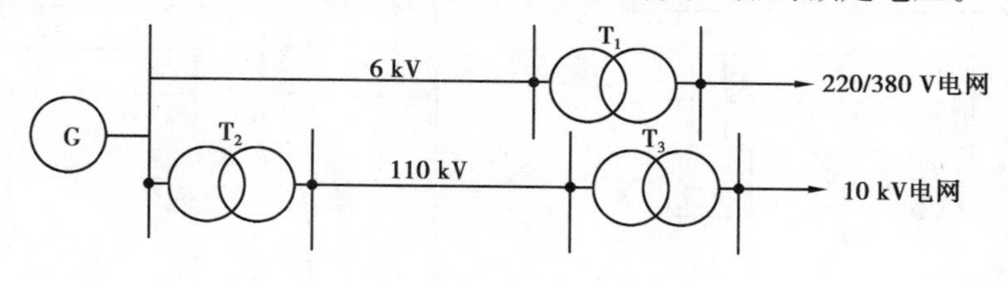

图 1.23　习题 1.2 的供电系统

1.3 某厂有若干车间变电所，互有低压联络线相连。其中，某一车间变电所装有一台无载调压型配电变压器，其高压绕组有 +5%、0、-5% 三个电压分接头，现调在主接头“0”的位置（即 U_{1N}）运行。但是白天生产时，低压母线电压只有 360 V（额定电压为 380 V），而晚上不生产时，低压母线电压又高达 415 V。试问此变电所低压母线昼夜电压偏差范围（%）为多少？宜采取哪些改善措施？

1.4 某 10 kV 电网，架空线路总长度为 40 km，电缆线路总长度为 23 km。试求次中性点不接地的电力系统发生单相接地时的接地电容道路，并判断此系统的中性点需不需要改为经消弧线圈接地。

第2章 负荷计算

本章首先介绍电力负荷的含义、分级及其对供电电源的要求,用电设备的工作制及负荷曲线和有关物理量的概念,然后重点讲述用电设备组计算负荷的计算,工厂供电系统功率损耗、电能损耗及其计算负荷和耗电量的计算,最后讲述尖峰电流的计算。本章着重学习工厂供电系统运行分析和设计计算的基础。

2.1 负荷曲线的有关概念

2.1.1 用电设备的工作制

工厂的用电设备,按其工作制分为以下三类:

(1)连续工作制

这类设备在恒定负荷下运行,且运行时间长到足以使之达到热平衡状态,如通风机、水泵、空气压缩机、电动发电机组、电炉和照明灯等。机床电动机的负荷一般变动较大,但其主电动机一般也是连续运行的。

(2)短时工作制

这类设备在恒定负荷下运行的时间短(短于达到热平衡所需的时间)而停歇的时间长(长到足以使设备温度冷却到周围介质的温度),如机床上的某些辅助电动机(如进给电动机)以及控制闸门的控制电动机等。

(3)断续周期工作制

这类设备时而工作,时而停歇,如此反复运行,而工作周期一般不超过 10 min。无论工作或停歇,均不足以使设备达到热平衡,如电焊机和吊车电动机等。

断续周期工作制的设备可用"负荷持续率"(又称暂载率)来表征其工作特征。

负荷持续率为一个工作周期内工作时间与工作周期的百分比值,用 ε 表示,即

$$\varepsilon = \frac{t}{T} \times 100\% = \frac{t}{t + t_0} \times 100\% \tag{2.1}$$

式中 T——工作周期;

t——工作周期内的工作时间；

t_0——工作周期内的停歇时间。

断续周期工作制设备的额定容量（铭牌功率）P_N是对应于某一额定负荷持续率的。如果实际运行的负荷持续率 $\varepsilon \neq \varepsilon_N$，则实际容量 P_e应按同一周期内等效发热条件进行换算。由于电流 I 通过电阻 R 的设备在 t 时间内产生的热量为 I^2Rt，因此在设备产生相同热量的条件下，$I \propto 1/\sqrt{t}$；而在同一电压下，设备容量 $P \propto I$；又由式(2.1)知，同一周期 T 的负荷持续率 $\varepsilon \propto t$。因此 $P \propto I \propto 1/\sqrt{t}$，即设备容量与负荷持续率的平方根成反比。

如果设备在 ε_N 下的容量为 P_N，则换算到 ε 下的设备容量为 P_e为

$$P_e = P_N \sqrt{\frac{\varepsilon_N}{\varepsilon}} \tag{2.2}$$

2.1.2 负荷曲线及有关的物理量

负荷曲线是表征电力负荷随时间变动情况的一种图形，绘在直角坐标纸上，纵坐标表示负荷（有功功率或无功功率）值，横坐标表示对应的时间，一般以小时(h)为单位。

负荷曲线按负荷对象分，分为工厂的、车间的和设备的负荷曲线；按负荷的功率性质分，分为有功负荷曲线和无功负荷曲线；按所表示的负荷变动的时间分，有年的、月的、日的和工作班的负荷曲线。图 2.1 是一班制工厂的日有功负荷曲线，其中图 2.1(a)是依点连成的平滑负荷曲线，图 2.1(b)是依点绘成的梯形负荷曲线。为便于计算，负荷曲线多绘成梯形，横坐标一般按半小时分格，以便确定“半小时最大负荷”（即“计算负荷”，将在 2.2 节介绍）。

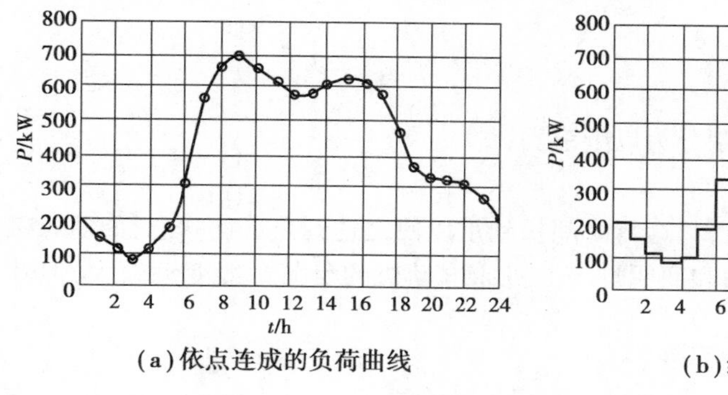

(a)依点连成的负荷曲线

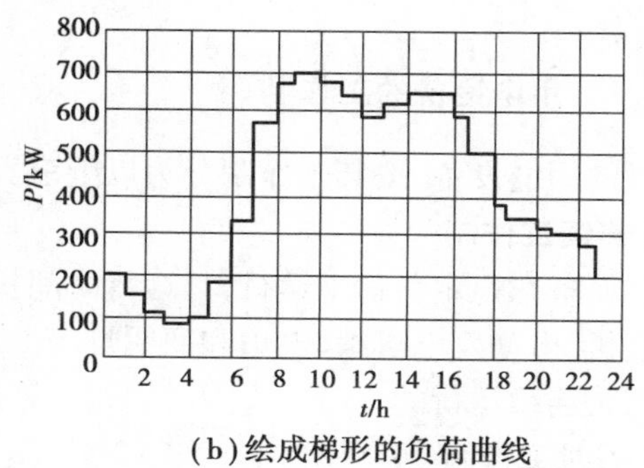

(b)绘成梯形的负荷曲线

图 2.1 日有功负荷曲线

年负荷曲线通常绘成负荷持续时间曲线，按负荷大小依次排列，如图 2.2(c)所示，全年时间按 8 760 h 计。

年负荷持续时间曲线根据其一年中具有代表性的夏日负荷曲线和冬日负荷曲线来绘制，如图 2.2(a)、(b)所示。其夏日和冬日在全年负荷计算中所用的天数，应视当地的地理位置和气温情况而定。例如，在我国北方，可近似地取夏日 165 天，冬日 200 天，而我国南方，可近似地取夏日 200 天，冬日 165 天。假如绘制南方某厂的年负荷曲线，如图 2.2(c)，其 P_1 在年负荷曲线上所占的时间 $T_1 = 200(t_1 + t_1')$，而 P_2 在年负荷曲线上所占的时间 $T_2 = 200t_2 + 165t_2'$，其余类推。

另一种形式的年负荷曲线，是按全年每日的最大负荷（通常取每日最大负荷的半小时平均值）绘制的，称为年每日最大负荷曲线，如图 2.3 所示。横坐标依次以全年 12 个月的日期来

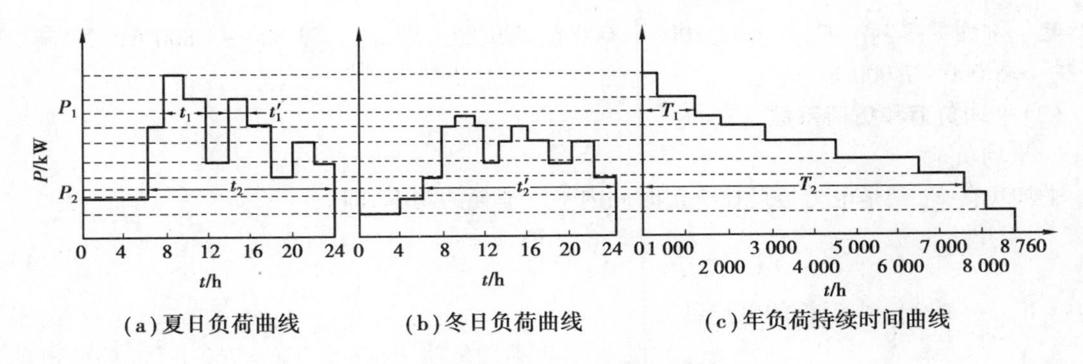

图2.2　年负荷持续时间曲线的绘制

分格。这种年最大负荷曲线可用来确定多台变压器在一年中的不同时期宜投入几台运行，即所谓经济运行方式，以降低电能损耗，提高供电系统的经济效益。

从各种负荷曲线上，可以直观地了解电力负荷变动的情况。通过对负荷曲线的分析，可以更深入地掌握负荷变动的规律，并从中可获得一些对设计和运行有用的资料。因此，负荷曲线对于从事供电工程设计和运行的人员来说都是很必要的。下面介绍与负荷曲线及负荷计算有关的几个物理量。

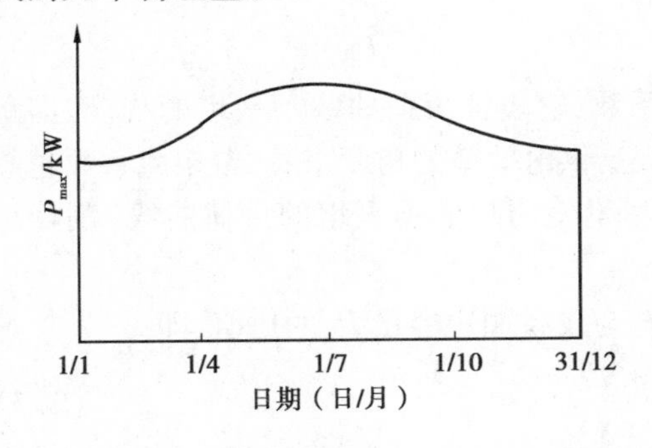

图2.3　年每日最大负荷曲线

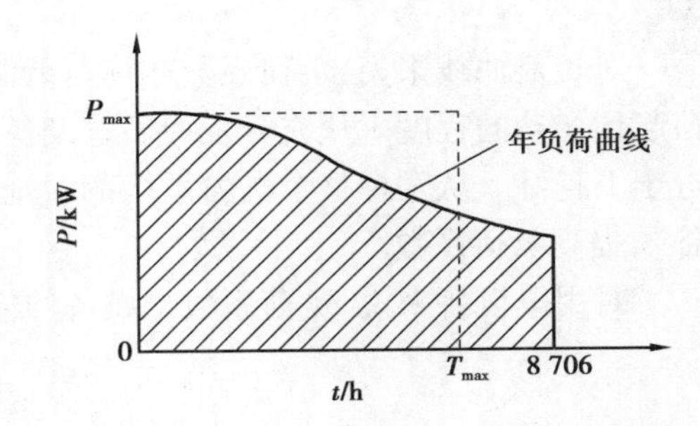

图2.4　年最大负荷和年最大负荷利用小时

(1)年最大负荷和年最大负荷利用小时

1)年最大负荷

年最大负荷 P_{max} 就是全年中负荷最大的工作班内（这一工作班的最大负荷不是偶然出现的，全年应至少出现过2次）消耗电能最大的半小时的平均功率。因此年最大负荷也称半小时最大负荷 P_{30}。

2)年最大负荷利用小时

年最大负荷利用小时又称年最大负荷使用时间 T_{max}，它是一个假想时间，在此时间内，电力负荷按年最大负荷 P_{max}（或 P_{30}）持续运行所消耗的电能，恰好等于该负荷全年实际消耗的电能，如图2.4所示。

年最大负荷利用小时按下式计算：

$$T_{max}=\frac{W_a}{P_{max}} \tag{2.3}$$

式中　W_a——全年消耗的电能量。

年最大负荷利用小时是反映电力负荷特征的一个重要参数，它与工厂的生产班制有明显的关系。例如一班制工厂，$T_{max}=1\ 800\sim3\ 000$ h；两班制工厂，$T_{max}=3\ 500\sim4\ 800$ h；三班制工厂，$T_{max}=5\ 000\sim7\ 000$ h。

(2)平均负荷和负荷系数

1)平均负荷

平均负荷P_{av}就是电力负荷在一定时间内平均消耗的功率，即

$$P_{av}=\frac{W_t}{t} \tag{2.4}$$

式中　W_t——时间t内消耗的电能量。

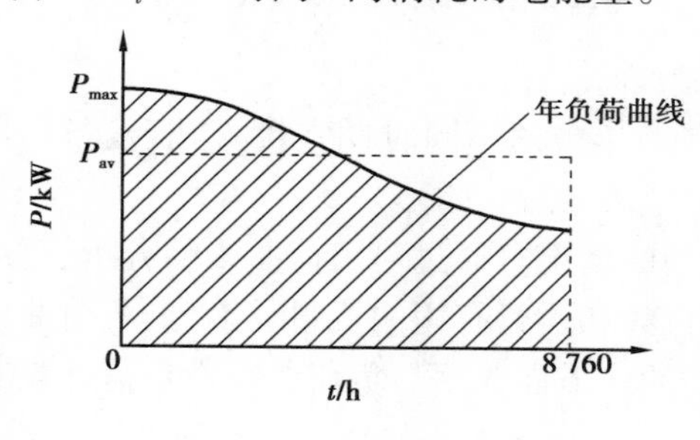

图2.5　年平均负荷

年平均负荷P_{av}按全年(8 760 h)消耗的电能W_a来计算(参看图2.5)，即

$$P_{av}=\frac{W_a}{8\ 760\text{ h}} \tag{2.5}$$

2)负荷系数

负荷系数又称负荷率，是用电负荷的平均负荷P_{av}与其最大负荷P_{max}的比值，即

$$K_L=\frac{P_{av}}{P_{max}} \tag{2.6}$$

对负荷曲线来说，负荷系数亦称负荷曲线填充系数，它表征负荷曲线不平坦的程度，即负荷起伏变动的程度。从充分发挥供电设备的能力、提高供电效率的角度来看，希望此系数越趋近于1越好。从发挥整个电力系统的效能来看，应尽量使用户的不平坦的负荷曲线“削峰填谷”，提高负荷系数。

对用电设备来说，负荷系数是设备的输出功率P与设备额定容量P_N的比值，即

$$K_L=\frac{P}{P_N} \tag{2.7}$$

负荷系数(负荷率)有时用符号β表示。在需要区分有功和无功时，则用α表示有功负荷系数，用β表示无功负荷系数。

2.2　三相用电设备组计算负荷的确定

2.2.1　概　述

供电系统要能够可靠地正常运行，就必须正确地选择系统中的所有元件，包括电力变压器、开关设备和导线电缆等。所选元件除应满足工作电压和频率的要求外，最重要的是要满足负荷电流的要求，因此有必要对系统中各个环节的电力负荷进行统计计算。

通过负荷的统计计算求出的、用以按发热条件选择供电系统中各元件的负荷值，称为计算负荷。根据计算负荷选择的电气设备和导线电缆，如以计算负荷持续运行，其发热温度不会超过允许值。

由于导体通过电流达到稳定温升的时间需$(4\sim5)\tau$，τ为发热时间常数。截面在16 mm^{2}及

以上的导体,其$\tau \geqslant 10$ min,因此载流导体大约经30 min后可达到稳定温升值。由此可见,计算负荷实际上与从负荷曲线上查得的半小时最大负荷P_{30}(亦即年最大负荷P_{max})是基本相当的。所以,计算负荷也可以认为就是半小时最大负荷P_{30}。本来有功计算负荷可表示为P_c,无功计算负荷可表示为Q_c,计算电流可表示为I_c,但是考虑到“计算”的缩写下角标c容易与“电容”符号C相混淆,特别是计算电流I_c与电容电流I_C有可能出现在同一场合而发生混淆。因此本书(其他大多数供电书籍也是如此)借用半小时最大负荷P_{30}来表示有功计算负荷,而无功计算负荷表示为Q_{30},视在计算负荷表示为S_{30},计算电流表示为I_{30}。

计算负荷是供电设计的基本依据。计算负荷确定得是否正确合理,直接影响到电气设备和导线电缆的选择是否经济合理。如果计算负荷确定过大,将使电气设备和导线电缆选得过大,造成浪费。如果计算负荷确定过小,又将使电气设备处于过负荷,不只是增加了电能损耗,更危险的是过热导致绝缘过早老化甚至烧毁,引发火灾!由此可见,正确确定计算负荷意义重大。但由于负荷情况复杂,影响计算负荷的因素很多,虽然各类负荷的变化有一定的规律可循,但是仍难准确确定计算负荷的大小。实际上,负荷也不是一成不变的,它与设备性能、生产组织、生产者的技能熟练程度及能源供应的状况等多种因素有关,因此负荷计算也只能力求接近实际。

我国普遍采用的确定计算负荷的方法,主要是需要系数法和二项式法。需要系数法是国际上通用的确定计算负荷的方法,最为简便实用。二项式法应用的局限性较大,但在确定设备台数较少而容量差别很大的分支线路的计算负荷时,比需要系数法合理,且其计算也较简便。本书只介绍这两种计算方法。其他确定计算负荷的方法,限于篇幅就不予介绍了。

2.2.2　按需要系数法确定计算负荷

(1)需要系数法的基本公式

用电设备组的计算负荷是指用电设备组从供电系统中取用的半小时最大负荷P_{30},如图2.6所示。

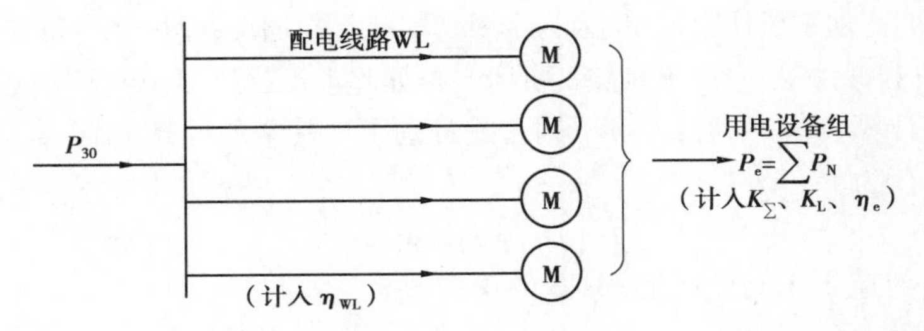

图2.6　用电设备组的计算负荷说明

用电设备组的设备容量P_e,是指用电设备组所有设备(不含备用设备)的额定容量P_N之和,即$P_e = \sum P_N$。而设备的额定容量,是设备在额定条件下的最大输出功率(出力)。但是用电设备组的设备实际上不一定都同时运行,运行的设备也不太可能都满负荷,同时设备本身和配电线路都有功率损耗,因此用电设备组的有功计算负荷应为

$$P_{30} = \frac{K_\Sigma K_L}{\eta_e \eta_{WL}} P_e \tag{2.8}$$

式中　K_Σ——设备组的同时系数,即设备组在最大负荷时运行的设备容量与全部设备容量

之比；

K_L——设备组的负荷系数，即设备组在最大负荷时输出的功率与运行的设备容量之比；

η_e——设备组的平均效率，即设备在最大负荷时输出的功率与取用的功率之比；

η_{WL}——配电线路的平均效率，即配电线路在最大负荷时的末端功率（亦即设备组取用的功率）与首端功率（亦即计算负荷）之比。

令式(2.8)中的 $K_{\Sigma}K_L/(\eta_e \cdot \eta_{WL})=K_d$，$K_d$即“需要系数”。需要系数的定义式为

$$K_d=\frac{P_{30}}{P_e} \tag{2.9}$$

即用电设备组的需要系数，是用电设备组在最大负荷时需用的有功功率与其设备容量的比值。

由此可得需要系数法确定三相用电设备组有功计算负荷的基本公式为

$$P_{30}=K_d P_e \tag{2.10}$$

实际上，需要系数 K_d值不仅与用电设备组的工作性质、设备台数、设备效率和线路损耗等因素有关，而且与操作人员的技能熟练程度及生产组织等多种因素有关。因此，应尽可能地通过实测分析确定，使之尽量接近实际。

附录表 1 列出了工厂各种用电设备组的需要系数参考值，供参考。

必须注意：附录表 1 所列需要系数值是按车间范围内设备台数较多的情况来确定的，所以需要系数值一般都比较低，例如冷加工机床组的需要系数平均只有 0.2 左右。因此需要系数法一般比较适用于确定车间范围内的计算负荷。如果采用需要系数法来计算分支干线上用电设备组的计算负荷，则附录表 1 中的需要系数值往往偏小，宜适当取大。只有 1 ~2 台设备时，可取 $K_d=1$，即 $P_{30}=P_e$。对于电动机，由于它本身的损耗较大，因此当只有一台电动机时，应计入电动机的效率 η，其 $P_{30}=P_N/\eta$。P_N为电动机额定容量。在 K_d适当取大的同时，$\cos\varphi$ 也宜适当取大。

这里还要指出：需要系数值与用电设备的类别和工作状态有很大关系，因此在计算时首先要正确判明用电设备的类别和工作状态，否则将造成错误。例如机修车间的金属切削机床电动机应属于小批生产的冷加工机床电动机，因为金属切削就是冷加工，而机修不可能是大批生产。又如压塑机、拉丝机和锻锤等，应属于热加工机床。再如起重机、行车或电葫芦，应属于吊车类。

在求出有功计算负荷 P_{30}后，可按下列公式分别求出其余的计算负荷。

无功计算负荷为

$$Q_{30}=P_{30}\tan\varphi \tag{2.11}$$

式中　$\tan\varphi$——对应于用电设备组 $\cos\varphi$ 的正切值。

视在计算负荷为

$$S_{30}=\frac{P_{30}}{\cos\varphi} \tag{2.12}$$

式中　$\cos\varphi$——用电设备组的平均功率因数。

计算电流为

$$I_{30}=\frac{S_{30}}{\sqrt{3}\,U_N} \tag{2.13}$$

式中　U_N——用电设备组的额定电压。

如果只有一台三相电动机，则此电动机的计算电流就取为其额定电流，即

$$I_{30}=I_N=\frac{P_N}{\sqrt{3}U_N\eta\cos\varphi} \tag{2.14}$$

负荷计算中常用的单位:有功功率为“千瓦”(kW),无功功率为“千乏”(kvar),视在功率为“千伏安”(kV·A),电流为“A”,电压为“kV”。

例2.1 已知某机修车间的金属切削机床组,拥有电压为380 V的三相电动机7.5 kW 3台,4 kW 8台,3 kW 17台,1.5 kW 10台。试求其计算负荷。

解:此机床组电动机的总容量为 $P_e=7.5\ \text{kW}\times3+4\ \text{kW}\times8+3\ \text{kW}\times17+1.5\ \text{kW}\times10=120.5\ \text{kW}$。

查附录表1中“小批生产的金属冷加工机床电动机”项,得 $K_d=0.16\sim0.2$(取0.2),$\cos\varphi=0.5$,$\tan\varphi=1.73$ 因此可求得:

有功计算负荷 $P_{30}=0.2\times120.5\ \text{kW}=24.1\ \text{kW}$;

无功计算负荷 $Q_{30}=24.1\ \text{kW}\times1.73=41.7\ \text{kvar}$;

视在计算负荷 $S_{30}=\dfrac{24.1\ \text{kW}}{0.5}=48.2\ \text{kV}\cdot\text{A}$;

计算电流 $I_{30}=\dfrac{48.2\ \text{kV}\cdot\text{A}}{\sqrt{3}\times0.38\ \text{kV}}=73.2\ \text{A}$。

(2)设备容量的计算

需要系数法基本公式中的设备容量不包含备用设备的容量,而且要注意,此容量的计算与用电设备组的工作制有关。

1)对一般连续工作制和短时工作制的用电设备组

设备容量就是其所有设备(不含备用设备)额定容量之和。

2)对断续周期工作制的用电设备组

设备容量就是将所有设备(亦不含备用设备)在不同负荷持续率下的铭牌额定容量换算到一个统一的负荷持续率下的功率之和。换算的公式如式(2.2)所示。

①电焊机组。其容量要求统一换算到 $\varepsilon=100\%$,因此由式(2.2)可得换算后的设备容量为

$$P_e=P_N\sqrt{\frac{\varepsilon_N}{\varepsilon_{100}}}=S_N\cos\varphi\sqrt{\frac{\varepsilon_N}{\varepsilon_{100}}}$$

即

$$P_e=P_N\sqrt{\varepsilon_N}=S_N\cos\varphi\sqrt{\varepsilon_N} \tag{2.15}$$

式中 P_N、S_N——电焊机的铭牌容量(前者为有功功率,后者为视在功率);

ε_N——与铭牌容量相对应的负荷持续率(计算中用小数);

ε_{100}——其值等于100%的负荷持续率(计算中用1);

$\cos\varphi$——铭牌规定的功率因数。

②吊车电动机组。其容量要求统一换算到 $\varepsilon=25\%$,因此由式(2.2)可得换算后的设备容量为

$$P_e=P_N\sqrt{\frac{\varepsilon_N}{\varepsilon_{25}}}=2P_N\sqrt{\varepsilon_N} \tag{2.16}$$

式中 P_N——吊车电动机的铭牌容量;

ε_N——与 P_N 对应的负荷持续率(计算中用小数);

ε_{25}——其值等于25%的负荷持续率(计算中用0.25)。

(3)多组用电设备计算负荷的确定

确定拥有多组用电设备的干线上或车间变电所低压母线上的计算负荷时,应考虑各组用电设备的最大负荷不同时出现的因素。因此在确定多组用电设备的计算负荷时,应结合具体情况对其有功负荷和无功负荷分别计入一个同时系数(又称参差系数或综合系数)$K_{\sum p}$和$K_{\sum q}$:

对车间干线取$K_{\sum p}=0.85\sim0.95$;

对低压母线取$K_{\sum q}=0.90\sim0.97$。

①由用电设备组的计算负荷直接相加来计算时取$K_{\sum p}=0.80\sim0.90$,$K_{\sum q}=0.85\sim0.95$。

②由车间干线的计算负荷直接相加来计算时取$K_{\sum p}=0.90\sim0.95$,$K_{\sum q}=0.93\sim0.97$。

总的有功计算负荷为

$$P_{30}=K_{\sum p}\sum P_{30} \tag{2.17}$$

总的无功计算负荷为

$$Q_{30}=K_{\sum q}\sum Q_{30} \tag{2.18}$$

总的视在计算负荷为

$$S_{30}=\sqrt{P_{30}^2+Q_{30}^2} \tag{2.19}$$

总的计算电流为

$$I_{30}=\frac{S_{30}}{\sqrt{3}\,U_N} \tag{2.20}$$

注意:由于各组设备的功率因数不一定相同,因此总视在计算负荷和计算电流一般不能用各组的视在计算负荷或计算电流之和来计算,总的视在计算负荷也不能按式(2.12)计算。

此外应注意:在计算多组设备总的计算负荷时,为了简化和统一,各组的设备台数不论多少,各组的计算负荷均按附录表1所列的计算系数来计算,而不必考虑设备台数少而适当增大K_d和$I_{30}\frac{S_{30}}{\sqrt{3}\,U_N}$值的问题。

例2.2 某机修车间380 V线路上接有金属切削机床电动机20台共50 kW(其中较大容量电动机有7.5 kW 1台,4 kW 3台,2.2 kW 7台),通风机2台共3 kW,电阻炉1台2 kW。试确定此线路上的计算负荷。

解:先求各组的计算负荷。

①金属切削机床组:查附录表1,取$K_d=0.2$,$\cos\varphi=0.5$,$\tan\varphi=1.73$,故

$$P_{30(1)}=0.2\times50\ \text{kW}=10\ \text{kW}$$

$$Q_{30(1)}=10\ \text{kW}\times1.73=1.73\ \text{kvar}$$

②通风机组:查附录表1,取$K_d=0.8$,$\cos\varphi=0.8$,$\tan\varphi=0.75$,故

$$P_{30(2)}=0.8\times3\ \text{kW}=2.4\ \text{kW}$$

$$Q_{30(2)}=2.4\ \text{kW}\times0.75=1.8\ \text{kvar}$$

③电阻炉:查附录表1,取$K_d=0.7$,$\cos\varphi=1$,$\tan\varphi=0$,$P_{30(3)}=0.7\times2\ \text{kW}=1.4\ \text{kW}$,$Q_{30(3)}=0$。

因此380 V线路上的总计算负荷为（取$K_{\sum p}=0.95, K_{\sum q}=0.97$）。

$$P_{30}=0.95\times(10+2.4+1.4)\text{kW}=13.1\text{ kW}$$

$$Q_{30}=0.97\times(17.3+1.8)\text{kvar}=18.5\text{ kvar}$$

$$S_{30}=\sqrt{13.1^2+18.5^2}\text{kV}\cdot\text{A}=22.7\text{ kV}\cdot\text{A}$$

$$I_{30}=\frac{22.7\text{ kV}\cdot\text{A}}{\sqrt{3}\times 0.38\text{ kV}}=34.5\text{ A}$$

在供电工程设计说明书中，为了使人一目了然，便于审核，常采用计算表格的形式，见表2.1。

表2.1　例2.2的电力负荷计算表(按需要系数法)

序号	设备名称	台数 η	容量 P_e/kW	需要系数 K_d	cos φ	tan φ	计算负荷			
							P_{30}/kW	Q_{30}/kvar	S_{10}/(kV·A)	I_{30}/A
1	切削机床	20	50	0.2	0.5	1.73	10	17.3		
2	通风机	2	3	0.1	0.8	0.75	2.4	1.8		
3	电阻炉	1	2	0.1	1	0	1.4	0		
车间总计		23	55				13.8	19.1		
		取$K_{\varepsilon p}=0.95, K_{\varepsilon q}=0.97$					13.1	18.5	22.7	34.5

2.2.3　按二项式法确定计算负荷

(1)二项式法的基本公式

二项式法的基本公式是

$$P_{30}=bP_e+cp_x \tag{2.21}$$

其中，bP_e为二项式第一项，表示设备组的平均负荷，P_e是用电设备组的设备总容量，其计算方法如前需要系数法中所述；cP_x为二项式第二项，表示设备组中x台容量最大的设备投入运行时增加的附加负荷，其中P_x是x台最大容量的设备总容量；b、c为二项式系数。

其余的计算负荷Q_{30}、S_{30}和I_{30}的计算，与上述需要系数法的计算相同。

附录表1中也列有部分用电设备组的二项式系数b、c和最大容量的设备台数x值，供参考。

但必须注意：按二项式法确定设备组的计算负荷时，如果设备总台数n少于附录表1中规定的最大容量设备台数x的2倍(即$n<2x$)时，其最大容量设备台数x宜适当取小，建议取为$x=n/2$且按“四舍五入”修约规则取整数。例如某机床电动机组只有7台时，则其$x=7/2\approx 4$。

如果用电设备组只有1~2台设备时，就可认为$P_{30}=P_e$。对于一台电动机，则$P_{30}=P_N/\eta$，其中P_N为电动机额定容量，η为其额定效率。在设备台数较少时，cos φ值也宜适当取大。

由于二项式法不仅考虑了用电设备组最大负荷时的平均负荷，而且考虑了其中少数容量最大的设备投入运行时对总计算负荷的额外影响，因此二项式法更适于确定设备台数较少而容量差别较大的低压分支干线的计算负荷。但是二项式系数仅有机械加工工业用电设备组的数据，其他行业的数据尚缺，从而使其应用受到一定的局限。

例 2.3 试用二项式法来确定例 2.1 所示机床组的计算负荷。

解:由附录表 1 查得 $b=0.14, c=0.4, x=5, \cos\varphi=0.5, \tan\varphi=1.73$,而设备总容量为 $P_e=120.5\ \text{kW}$。

x 台最大容量的设备容量为

$$P_x=P_5=7.5\ \text{kW}\times 3+4\ \text{kW}\times 2=30.5\ \text{kW}$$

因此按式(2.21)可求得其有功计算负荷为

$$P_{30}=0.14\times 120.5\ \text{kW}+0.4\times 30.5\ \text{kW}=29.1\ \text{kW}$$

按式(2.11)可求得其无功计算负荷为

$$Q_{30}=29.1\ \text{kW}\times 1.73=50.3\ \text{kvar}$$

按式(2.12)可求得其视在计算负荷为

$$S_{30}=\frac{29.1\ \text{kW}}{0.5}=58.2\ \text{kV}\cdot\text{A}$$

按式(2.13)可求得其计算电流为

$$I_{30}=\frac{58.2\ \text{kV}\cdot\text{A}}{\sqrt{3}\times 0.38\ \text{kV}}=88.4\ \text{A}$$

比较例 2.1 和例 2.3 的计算结果可以看出,按二项式法计算的结果比按需要系数法计算的结果稍大,特别是在设备台数较少的情况下。供电设计的经验说明,选择低压分支干线时,按需要系数法计算的结果往往偏小,以采用二项式法计算为宜。我国建筑行业标准 JGJ/T 16—1992《民用建筑电气设计规范》也规定:“用电设备台数较少、各台设备容量相差悬殊时,宜采用二项式法。”

(2)多组用电设备计算负荷的确定

采用二项式法确定多组用电设备总的计算负荷时,亦应考虑各组设备的最大负荷不同时出现的因素,但不是计入一个同时系数,而是在各组设备中取其中一组最大的附加负荷 $(cP_x)_{\max}$,再加上各组的平均负荷 bP_e,即总的有功计算负荷为

$$P_{30}=\sum_{i=1}^{n}(bP_e)_i+(cP_x)_{\max} \tag{2.22}$$

总的无功计算负荷为

$$Q_{30}=\sum_{i=1}^{n}(bP_e\tan\varphi)_i+(cP_x)_{\max}\tan\varphi_{\max} \tag{2.23}$$

式中 $\tan\varphi_{\max}$——最大的附加负荷 $(cP_x)_{\max}$ 的设备组的平均功率因数角的正切值。

总的视在计算负荷 S_{30} 和总的计算电流 I_{30} 仍按式(2.19)和式(2.20)计算。

为了简化和统一,按二项式法计算多组设备总的计算负荷时,也不论各组设备台数多少,各组的计算系数 b、c、x 和 $\cos\varphi$ 等均按附录表 1 所列数值。

例 2.4 试用二项式法确定例 2.2 所述机修车间 380 V 线路的计算负荷。

解:先求各组的 bP_e 和 cP_x。

①金属切削机床组:查附录表 1,取 $b=0.14, c=0.4, x=5, \cos\varphi=0.5, \tan\varphi=1.73$,故 $bP_{e(1)}=0.14\times 50\ \text{kW}=7\ \text{kW}, cP_{x(1)}=0.4\times(7.5\ \text{kW}\times 1+4\ \text{kW}\times 3+2.2\ \text{kW}\times 1)=8.68\ \text{kW}$

②通风机组:查附录表 1,取 $b=0.65, c=0.25, \cos\varphi=0.8, \tan\varphi=0.75$,故

$$bP_{e(2)}=0.65\times 3\ \text{kW}=1.95\ \text{kW}, cP_{x(2)}=0.25\times 3\ \text{kW}=0.75\ \text{kW}$$

③电阻炉：查附录表1，取 $b=0.7$，$c=0$，$\cos\varphi=1$，$\tan\varphi=0$，故

$$bP_{e(3)}=0.7\times 2\ \text{kW}=1.4\ \text{kW},\ cP_{x(3)}=0$$

以上各组设备中，附加负荷以 $cP_{x(1)}$ 为最大，因此总计算负荷为

$$P_{30}=(7+1.95+1.4)\text{kW}+8.68\ \text{kW}=19\ \text{kW}$$

$$Q_{30}=(7\times 1.73+1.95\times 0.75+0)\text{kvar}+8.68\times 1.73\ \text{kvar}=28.6\ \text{kvar}$$

$$S_{30}=\sqrt{19^2+28.6^2}\text{kV}\cdot\text{A}=34.3\ \text{kV}\cdot\text{A}$$

$$I_{30}=\frac{34.3\ \text{kV}\cdot\text{A}}{\sqrt{3}\times 0.38\ \text{kV}}=52.1\ \text{A}$$

在供电工程设计说明书中，以上计算可列成表2.2所示电力负荷计算表。

表2.2　例2.4的电力负荷计算表（按二项式法）

序号	设备组名称		设备容量		二项式系数		$\cos\varphi$	$\tan\varphi$	计算负荷			
	总台数	大容量数	P_e/kW	P_x/kW	b	c			P_{30}/kW	Q_{30}/kvar	S_{30}/kW·A	I_{30}/A
1	切削机床	20	50	21.7	0.14	0.4	0.5	1.73	7+8.68	12.1+15		
2	通风机	2	3		0.65	0.25	0.8	0.75	1.95+0.75	1.46+0.56		
3	电阻炉	1	2		0.7	0	1	0	1.4+0	0		
总计	23	55							19	28.6	34.3	52.1

2.3　单相用电设备组计算负荷的确定

2.3.1　概　述

在工厂里，除了广泛应用的三相设备外，还有电焊机、电炉、电灯等各种单相设备。单相设备接在三相线路中，应尽可能地均衡分配，使三相尽可能平衡。如果三相线路中单相设备的总容量不超过三相设备总容量的15%，则不论单相设备如何分配，单相设备可与三相设备综合按三相负荷平衡计算。如果单相设备容量超过三相设备容量15%时，则应将单相设备容量换算为等效三相设备容量，再算出三相等效计算负荷。

由于确定计算负荷的目的主要是为了选择线路上的设备和导线电缆，使设备和导线电缆在计算电流通过时不致过热或烧毁，因此在接有较多单相设备的三相线路中，不论单相设备接于相电压还是接于线电压，只要三相负荷不平衡，就应以最大负荷相的有功负荷的3倍作为等效三相有功负荷，以满足系统安全运行的要求。

2.3.2　单相设备组等效三相负荷的计算

(1)单相设备接于相电压时的负荷计算

等效三相设备容量 P_e 应按最大负荷相所接的单相设备容量 $P_{e.m\varphi}$ 的3倍计算，即

$$P_e=3P_{e.m\varphi}\tag{2.24}$$

等效三相计算负荷则按前述需要系数法计算。

(2)单相设备接于线电压时的负荷计算

1)单相设备接于同一线电压时

由于容量为$P_{e.\varphi}$的单相设备在线电压上产生的电流$I = P_{e.\varphi}/(U\cos\varphi)$，此电流应与等效三相设备容量$P_e$产生的电流$I' = P_e/(\sqrt{3}U\cos\varphi)$相等，因此其等效三相设备容量为

$$P_e = \sqrt{3}P_{e.\varphi} \tag{2.25}$$

2)单相设备接于不同线电压时

如图2.7所示，假设$P_1 > P_2 > P_3$，且$\cos\varphi_1 \neq \cos\varphi_2 \neq \cos\varphi_3$，$P_1$接于$U_{AB}$，$P_2$接于$U_{BC}$，$P_3$接于$U_{CA}$，按等效发热原理，可等效为图示的3种接线的叠加：

①U_{AB}、U_{BC}、U_{CA}间各接P_3，其等效三相容量为$3P_3$；

②U_{AB}、U_{BC}间各接$P_2—P_3$，其等效三相容量为$3(P_2—P_3)$；

③U_{AB}间接$P_1—P_2$，其等效三相容量由式(2.23)知，为$\sqrt{3}(P_1 - P_2)$。

因此P_1、P_2、P_3接于不同线电压时的等效三相设备容量为

$$P_e = \sqrt{3}P_1 + (3 - \sqrt{3})P_2 \tag{2.26}$$

$$Q_e = \sqrt{3}P_1\tan\varphi_1 + (3 - \sqrt{3})P_2\tan\varphi_2 \tag{2.27}$$

等效三相计算负荷同样按前述需要系数法计算。

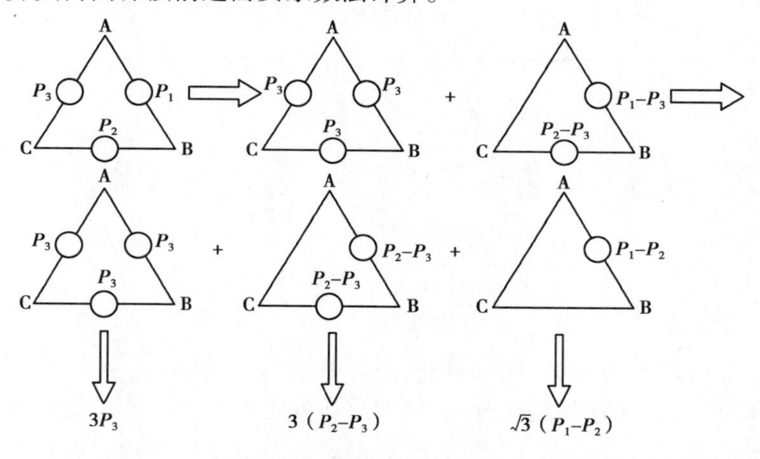

图2.7　接于不同线电压的单相负荷的等效变换程序

(3)单相设备分别接于线电压和相电压时的负荷计算

首先，应将接于线电压的单相设备容量换算为接于相电压的设备容量，然后分相计算各相的设备容量和计算负荷。而总的等效三相有功计算负荷为其最大有功负荷相的有功计算负荷的3倍计算，即

$$P_{30} = 3P_{30.m\varphi} \tag{2.28}$$

总的等效三相无功计算负荷则为最大有功负荷相的无功计算负荷$Q_{30.m\varphi}$的3倍，即

$$Q_{30} = 3Q_{30.m\varphi} \tag{2.29}$$

关于将接于线电压的单相设备容量换算为接于相电压的设备容量的问题，可按下列换算公式进行换算(推导从略)：

A相

$$P_A = p_{AB-A}P_{AB} + p_{CA-A}P_{CA} \tag{2.30}$$

$$Q_A = q_{AB-A}P_{AB} + q_{CA-A}P_{CA} \tag{2.31}$$

B相
$$P_{B}=p_{BC-B}P_{BC}+p_{AB-B}P_{AB} \tag{2.32}$$
$$Q_{B}=q_{BC-B}P_{BC}+q_{AB-B}P_{AB} \tag{2.33}$$
C相
$$P_{C}=p_{CA-C}P_{CA}+p_{BC-C}P_{BC} \tag{2.34}$$
$$Q_{C}=q_{CA-C}P_{CA}+q_{BC-C}P_{BC} \tag{2.35}$$

式中 P_{AB}、P_{BC}、P_{CA}——接于AB、BC、CA相间的有功设备容量；

P_A、P_B、P_C——换算为A、B、C相的有功设备容量；

Q_A、Q_B、Q_C——换算为A、B、C相的无功设备容量；

p_{AB-A}、q_{AB-A}…——接于AB…等相间的设备容量换算为A…等相设备容量的有功和无功功率换算系数，见表2.3。

表2.3 相间负荷换算为相负荷的功率换算系数

功率换算系数	负荷功率因数								
	0.35	0.4	0.5	0.6	0.65	0.7	0.8	0.9	1.0
p_{AB-A}，p_{BC-B}，p_{CA-C}	1.27	1.27	1.0	0.89	0.84	0.8	0.72	0.64	0.5
p_{AB-B}，p_{BC-C}，p_{CA-A}	−0.27	−0.17	0	0.11	0.16	0.2	0.28	0.36	0.5
q_{AB-A}，q_{BC-B}，q_{CA-C}	1.05	0.86	0.58	0.38	0.22	0.22	0.09	−0.05	−0.29
q_{AB-B}，q_{BC-C}，q_{CA-A}	1.63	1.44	1.16	0.96	0.88	0.8	0.67	0.53	0.29

例2.5 如图2.8所示220/380 V三相四线制线路上，接有220 V单相电热干燥箱4台，其中2台10 kW接于A相，1台30 kW接于B相，1台20 kW接于C相。此外，接有380 V单相对焊机4台，其中2台14 kW($\varepsilon=100\%$)接于AB相间，1台20 kW($\varepsilon=100\%$)接于BC间，1台30 kW($\varepsilon=60\%$)接于CA相间。试求此线路的计算负荷。

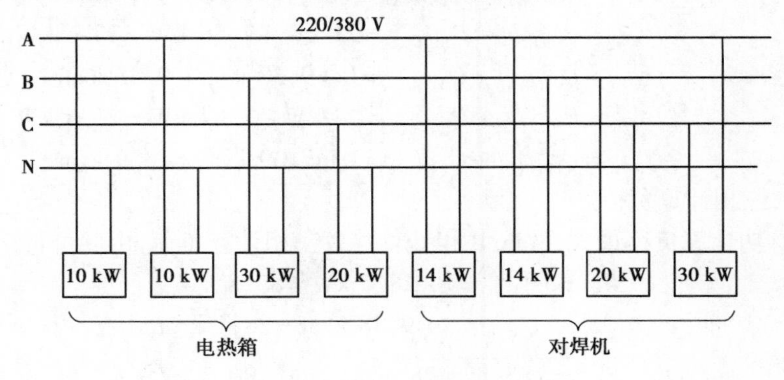

图2.8 例2.5的电路

解:①电热干燥箱的各相计算负荷。

查附录表1得 $K_d=0.7$，$\cos\varphi=1$，$\tan\varphi=0$，因此计算其有功计算负荷

A相 $P_{30.A(1)}=K_dP_{e.A}=0.7\times2\times10\ \text{kW}=14\ \text{kW}$

B相 $P_{30.B(1)}=K_dP_{e.B}=0.7\times1\times30\ \text{kW}=21\ \text{kW}$

C相 $P_{30.C(1)}=K_dP_{e.C}=0.7\times1\times20\ \text{kW}=14\ \text{kW}$

②对焊机的各相计算负荷。

先将接于CA相间的30 kW($\varepsilon=60\%$)换算至$\varepsilon=100\%$的容量，即 $P_{CA}=\sqrt{0.6}\times30\ \text{kW}=$

23 kW。

查附录表 1 得 $K_d=0.35$，$\cos\varphi=0.7$，$\tan\varphi=1.02$；再由表 2.3 查得 $\cos\varphi=0.7$ 时的功率换算系数

$$P_{AB-A}=P_{BC-B}=P_{CA-C}=0.8 \quad P_{AB-B}=P_{BC-C}=P_{CA-A}=0.2$$
$$Q_{AB-A}=Q_{BC-B}=Q_{CA-C}=0.22 \quad Q_{AB-B}=Q_{BC-C}=Q_{CA-A}=0.8$$

因此各相的有功和无功设备容量为：

A 相 $P_A=0.8\times2\times14\ \text{kW}+0.2\times23\ \text{kW}=27\ \text{kW}$

$Q_A=0.22\times2\times14\ \text{kvar}+0.8\times23\ \text{kvar}=24.6\ \text{kvar}$

B 相 $P_B=0.8\times20\ \text{kW}+0.2\times2\times14\ \text{kW}=21.6\ \text{kW}$

$Q_B=0.22\times20\ \text{kvar}+0.8\times2\times14\ \text{kvar}=26.8\ \text{kvar}$

C 相 $P_C=0.8\times23\ \text{kW}+0.2\times20\ \text{kW}=22.4\ \text{kW}$

$Q_C=0.22\times23\ \text{kvar}+0.8\times20\ \text{kvar}=21.1\ \text{kvar}$

各相的有功和无功计算负荷为：

A 相 $P_{30.A(2)}=0.35\times27\ \text{kW}=9.45\ \text{kW}$

$Q_{30.A(2)}=0.35\times24.6\ \text{kvar}=8.61\ \text{kvar}$

B 相 $P_{30.B(2)}=0.35\times21.6\ \text{kW}=7.56\ \text{kW}$

$Q_{30.B(2)}=0.35\times26.8\ \text{kvar}=9.38\ \text{kvar}$

C 相 $P_{30.C(2)}=0.35\times22.4\ \text{kW}=7.84\ \text{kW}$

$Q_{30.C(2)}=0.35\times21.1\ \text{kvar}=7.39\ \text{kvar}$

③各相总的有功和无功计算负荷为：

A 相 $P_{30.A}=P_{30.A(1)}+P_{30.A(2)}=14\ \text{kW}+9.45\ \text{kW}=23.5\ \text{kW}$

$Q_{30.A}=Q_{30.A(1)}+Q_{30.A(2)}=0+8.61\ \text{kvar}=8.61\ \text{kvar}$

B 相 $P_{30.B}=P_{30.B(1)}+P_{30.B(2)}=21\ \text{kW}+7.56\ \text{kW}=28.6\ \text{kW}$

$Q_{30.B}=Q_{30.B(1)}+Q_{30.B(2)}=0+9.38\ \text{kvar}=9.38\ \text{kvar}$

C 相 $P_{30.C}=P_{30.C(1)}+P_{30.C(2)}=14\ \text{kW}+7.84\ \text{kW}=21.8\ \text{kW}$

$Q_{30.C}=Q_{30.C(1)}+Q_{30.C(2)}=0+7.39\ \text{kvar}=7.39\ \text{kvar}$

④总的等效三相计算负荷。

因 B 相的有功计算负荷最大，故取 B 相计算等效三相计算负荷，由此可得

$$P_{30}=3P_{30.B}=3\times28.6\ \text{kW}=85.8\ \text{kW}$$

$$Q_{30}=3Q_{30.B}=3\times9.38\ \text{kvar}=28.1\ \text{kvar}$$

$$S_{30}=\sqrt{85.8^2+28.1^2}\ \text{kV}\cdot\text{A}=90.3\ \text{kV}\cdot\text{A}$$

$$I_{30}=\frac{90.3\ \text{kV}\cdot\text{A}}{\sqrt{3}\times0.38\ \text{kV}}=137\ \text{A}$$

以上计算也可列成单相负荷计算表[参考文献 1、16]，限于篇幅，从略。

2.4 供配电系统的功率损耗和电能损耗

2.4.1 供配电系统的功率损耗

在确定各用电设备组的计算负荷后，如果要确定车间或工厂的计算负荷，就需要逐级计入有关线路和变压器的功率损耗，如图2.9所示。例如要确定车间变电所低压配电线 WL_2 首端的计算负荷 $P_{30(4)}$，就应将其末端计算负荷 $P_{30(5)}$ 加上线路损耗 ΔP_{WL_2}（无功计算负荷则应加上无功损耗）。如果要确定高压配电线 WL_1 首端的计算负荷 $P_{30(2)}$，就应将车间变电所低压侧计算负荷 $P_{30(3)}$ 加上变压器T的损耗 ΔP_T，再加上高压配电线 WL_1 的功率损耗 ΔP_{WL_1}。为此，下面要讲述线路和变压器功率损耗的计算。

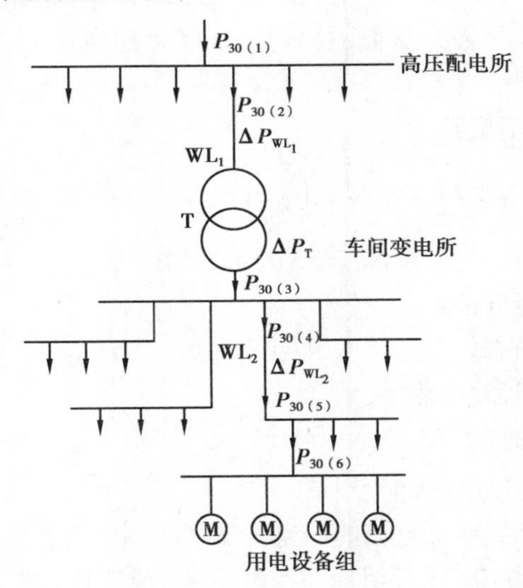

图2.9 工厂供电系统中各部分的计算负荷和功率损耗（只示出有功部分）

(1)线路功率损耗的计算

线路功率损耗包括有功和无功两部分。

1)线路的有功功率损耗

线路的有功功率损耗是电流通过线路电阻所产生的，按下式计算：

$$\Delta P_{WL} = 3I_{30}^2 R_{WL} \tag{2.36}$$

式中 I_{30}——线路的计算电流；

R_{WL}——线路每相的电阻。

电阻 $R_{WL} = R_0 l$，这里 l 为线路长度，R_0 为线路单位长度的电阻值，可查有关手册或产品样本。

2)线路的无功功率损耗

线路的无功功率损耗是电流通过线路电抗所产生的，按下式计算：

$$\Delta Q_{WL} = 3I_{30}^2 X_{WL} \tag{2.37}$$

式中 I_{30}——线路的计算电流；

X_{WL}——线路每相的电抗。

电抗 $X_{WL}=X_0 l$,这里 l 为线路长度,X_0为线路单位长度的电抗值,也可查附录表3。

(2)变压器功率损耗的计算

变压器功率损耗也包括有功和无功两部分。

1)变压器的有功功率损耗

变压器的有功功率损耗又由两部分组成:

①变压器铁芯中的有功功率损耗,即铁损 ΔP_{Fe}。铁损在变压器一次绕组外施电压和频率恒定的条件下是固定不变的,与负荷大小无关。铁损可由变压器空载实验测定。变压器的空载损耗 ΔP_0可认为就是铁损,因为变压器的空载电流 I_0很小,在其一次绕组中产生的有功损耗可略去不计。

②变压器有负荷时其一、二次绕组中的有功功率损耗,即铜损 ΔP_{Cu}。铜损与负荷电流(或功率)的平方成正比。铜损可由变压器短路实验测定。变压器的短路损耗 ΔP_k(亦称负载损耗)可认为就是铜损,因为变压器二次侧短路时一次侧短路电压 U_k很小,在铁芯中产生的有功损耗可略去不计。

因此,变压器的有功功率损耗为

$$\Delta P_T=\Delta P_{Fe}+\Delta P_{Cu}\left(\frac{S_{30}}{S_N}\right)^2\approx\Delta P_0+\Delta P_k\left(\frac{S_{30}}{S_N}\right)^2 \tag{2.38}$$

或

$$\Delta P_T\approx\Delta P_0+\Delta P_k\beta^2 \tag{2.39}$$

式中 S_N——变压器额定容量;

S_{30}——变压器计算负荷。

$\beta=S_{30}/S_N$,称为变压器的负荷率。

2)变压器的无功功率损耗

变压器的无功功率损耗也由两部分组成:

①用来产生主磁通即产生励磁电流的一部分无功功率,用 ΔQ_0表示。它只与绕组电压有关,与负荷无关。它与励磁电流(或近似地与空载电流)成正比,即

$$\Delta Q_0\approx\frac{I_0\%}{100}S_N \tag{2.40}$$

式中 $I_0\%$——变压器空载电流占额定电流的百分值。

②消耗在变压器一、二次绕组电抗上的无功功率。额定负荷下的这部分无功功率损耗用 ΔQ_N表示。由于变压器绕组的电抗远大于电阻,因此 ΔQ_N近似地与短路电压(即阻抗电压)成正比,即

$$\Delta Q_N\approx\frac{U_k\%}{100}S_N \tag{2.41}$$

式中 $U_k\%$——变压器短路电压占额定电压的百分值。

因此,变压器的无功损耗为

$$\Delta Q_T=\Delta Q_0+\Delta Q_N\left(\frac{S_{30}}{S_N}\right)^2\approx S_N\left[\frac{I_0\%}{100}+\frac{U_k\%}{100}\left(\frac{S_{30}}{S_N}\right)^2\right] \tag{2.42}$$

$$\Delta Q_T\approx S_N\left(\frac{I_0\%}{100}+\frac{U_k\%}{100}\beta^2\right) \tag{2.43}$$

式(2.38)~式(2.42)中的 ΔP_0、ΔP_k、$I_0\%$ 和 $U_k\%$(或 $U_Z\%$)等均可从有关手册或产品样本中查得。附录表 8 列出 10 kV 级 S9 和 SC9 系列电力变压器的主要技术数据,供参考。

在负荷计算中,对 S9、SC9 等新系列低损耗电力变压器,可按下列简化公式计算[文献 18、26]:

有功功率损耗　$$\Delta P_T \approx 0.01 S_{30} \tag{2.44}$$

无功功率损耗　$$\Delta Q_T \approx 0.05 S_{30} \tag{2.45}$$

2.4.2　供配电系统的电能损耗

工厂供电系统中的线路和变压器由于常年持续运行,其电能损耗相当可观,直接关系到供电系统的经济效益。作为供电人员,应设法降低供电系统的电能损耗。

(1)线路的电能损耗

线路上全年的电能损耗 ΔW_a 可按下式计算

$$\Delta W_a = 3I_{30}^2 R_{WL} \tau \tag{2.46}$$

式中　I_{30}——通过线路的计算电流;

R_{WL}——线路每相的电阻;

τ——年最大负荷损耗小时。

年最大负荷损耗小时 τ 是一个假想时间,在此时间内,系统中的元件(含线路)持续通过计算电流 I_{30} 所产生的电能损耗恰好等于实际负荷电流全年在元件(含线路)上产生的电能损耗。年最大负荷损耗小时 τ 与年最大负荷利用小时 T_{max} 有一定的关系,如下所述。

由式(2.3)和式(2.5)可得

$$W_a = P_{max} T_{max} = P_{30} \times 8\ 760\ \text{h}$$

在 $\cos\varphi = 1$,且线路电压不变时,$P_{max} = P_{30} \propto I_{30}$,$P_{av} \propto I_{av}$,因此

$$I_{30} T_{max} = I_{av} \times 8\ 760\ \text{h}$$

$$I_{av} = \frac{I_{30} T_{max}}{8\ 760\ \text{h}}$$

因此全年电能损耗为

$$\Delta W_a = 3I_{av}^2 R \times 8\ 760\ \text{h} = \frac{3I_{30}^2 R T_{max}^2}{8\ 760\ \text{h}} \tag{2.47}$$

由式(2.46)和式(2.47)可得 τ 与 T_{max} 的关系式(在 $\cos\varphi = 1$ 时)为

$$\tau = \frac{T_{max}^2}{8\ 760\ \text{h}} \tag{2.48}$$

(2)变压器的电能损耗

变压器的电能损耗包括两部分:

①变压器铁损 ΔP_{Fe} 引起的电能损耗只要外施电压和频率不变,它就是固定不变的。ΔP_{Fe} 近似地等于其空载损耗 ΔP_0,因此其全年电能损耗为

$$\Delta W_{a1} = \Delta P_{Fe} \times 8\ 760\ \text{h} \approx \Delta P_0 \times 8\ 760\ \text{h} \tag{2.49}$$

②变压器铜损 ΔP_{Cu} 引起的电能损耗,它与负荷电流(或功率)的平方成正比,即与变压器负荷率 β 的平方成正比。而 ΔP_{Cu} 近似地等于其短路损耗 ΔP_k,因此其全年电能损耗为

$$\Delta W_{a2} = \Delta P_{Cu} \beta^2 \tau \approx \Delta P_k \beta^2 \tau \tag{2.50}$$

式中　τ——变压器的年最大负荷损耗小时。

由此可得,变压器全年的电能损耗为

$$\Delta W_a = \Delta W_{a1} + \Delta W_{a2} \approx \Delta P_0 \times 8\ 760\ \text{h} + \Delta P_k \beta^2 \tau \tag{2.51}$$

2.5　计算负荷的估算

2.5.1　计算负荷的确定

工厂计算负荷是选择工厂电源进线及其一、二次设备的基本依据,也是计算工厂功率因数和工厂需电容量的基本依据。确定工厂计算负荷的方法很多,可按具体情况选用。

(1)按逐级计算法确定工厂计算负荷

如图2.9所示,工厂的计算负荷 $P_{30(1)}$,应该是高压母线上所有高压配电线计算负荷之和,再乘上一个同时系数。高压配电线的计算负荷 $P_{30(2)}$,应该是该线路所供车间变电所低压侧的计算负荷 $P_{30(3)}$,加上变压器损耗 ΔP_T 和高压配电线损耗 P_{WL_1}……如此逐级计算。但对一般中小工厂来说,因其配电线路不长,在确定计算负荷时其损耗往往略去不计。

(2)按需要系数法确定工厂计算负荷

将全厂用电设备的总容量 P_e(不计备用设备容量)乘上一个需要系数 K_d,即得全厂的有功计算负荷,即

$$P_{30} = K_d P_e \tag{2.52}$$

附录表2列出部分工厂的需要系数值,供参考。

全厂的无功计算负荷、视在计算负荷和计算电流,则按式(2.11)—式(2.13)计算。

(3)按年产量估算工厂计算负荷

将工厂年产量 A 乘上单位产品耗电量 a,就可得到工厂全年的需电量

$$W_a = Aa \tag{2.53}$$

各类工厂的单位产品耗电量可由有关设计手册或根据实测资料确定。

在求出年需电量 W_a 后,将它除以工厂的年最大负荷利用小时 T_{max},就可求出工厂的有功计算负荷

$$P_{30} = \frac{W_a}{T_{max}} \tag{2.54}$$

其他计算负荷 Q_{30}、S_{30} 和 I_{30} 的计算,与上述需要系数法相同。

2.5.2　工厂的功率因数、无功补偿及补偿后的工厂计算负荷

(1)工厂的功率因数

1)瞬时功率因数

它可由功率因数表直接测量,亦可由功率表、电压表和电流表间接测量,再按下式求出

$$\cos\varphi = \frac{P}{\sqrt{3}UI} \tag{2.55}$$

式中　P——功率表测出的三相功率,kW;

U——电压表测出的线电压,kV;

I——电流表测出的电流,A。

瞬时功率因数只用来了解和分析工厂或设备在运行中无功功率的变化情况,以便采取适当的补偿措施。

2)平均功率因数

它也称加权平均功率因数,按下式计算

$$\cos\varphi = \frac{W_p}{\sqrt{W_p^2 + W_q^2}} = \frac{1}{\sqrt{1 + \left(\frac{W_q}{W_p}\right)^2}} \tag{2.56}$$

式中　W_p——某一段时间(通常为一月)内消耗的有功电能,由有功电能表读取;

W_q——同一段时间内消耗的无功电能,由无功电能表读取。

我国供电企业每月向用户计收电费,就规定电费要按月平均功率因数的高低来调整。平均功率因数低于规定标准时,要增收一定比例的电费,而高于规定标准时,可适当减收一定比例的电费。

3)最大负荷时的功率因数

它就是负荷计算中按有功计算负荷 P_{30} 和视在计算负荷 S_{30} 计算而得的功率因数,即

$$\cos\varphi = \frac{P_{30}}{S_{30}} \tag{2.57}$$

《供电营业规则》规定:"用户在当地供电企业规定的电网高峰负荷时的功率因数,应达到下列规定:100 kV·A 及以上高压供电的用户功率因数为 0.90 以上。其他电力用户和大、中型电力排灌站、趸购转售企业,功率因数为 0.85 以上。农业用电,功率因数为 0.80。凡功率因数不能达到上述规定的新用户,供电企业可拒绝接电。对已送电的用户,供电企业应督促和帮助用户采取措施,提高功率因数。对在规定期限内仍未采取措施达到上述要求的用户,供电企业可终止或限制供电。"

这里所指的功率因数,从供电设计考虑,应视为最大负荷时功率因数。

(2)无功功率补偿

工厂中由于有大量的感应电动机、电焊机、电弧炉及气体放电灯等感性负荷,从而使功率因数降低。如果在充分发挥设备潜力、改善设备运行性能、提高其自然功率因数的情况下,尚达不到规定的功率因数要求时,则需要考虑人工的无功功率补偿。

图 2.10 表示功率因数的提高与无功功率和视在功率变化的关系。假设功率因数由 $\cos\varphi$ 提高到 $\cos\varphi'$,这时在负荷需要的有功功率 P_{30} 不变的条件下,无功功率将由 Q_{30} 减小到 Q'_{30},视在功率将由 S_{30} 减小到 S'_{30}。相应地,负荷电流 I_{30} 也得以减小,这将使系统的电能损耗和电压损耗相应降低,既节约了电能,又提高了电压质量,而且可选择较小容量的供电设备和导线电缆,因此提高功率因数对电力系统大有好处。

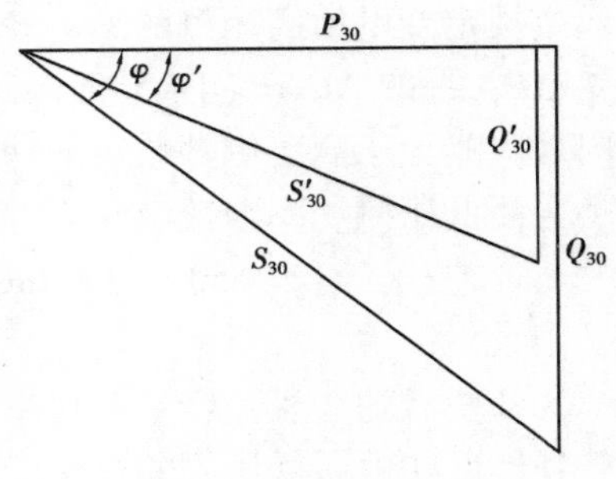

图 2.10　功率因数的提高与无功功率、视在功率的变化

由图 2.10 可知,要使功率因数由 $\cos\varphi$ 提高到 $\cos\varphi'$,必须装设的无功补偿装置(通常采用并联电容器)容量为

$$Q_C = Q_{30} - Q'_{30} = P_{30}(\tan\varphi - \tan\varphi') \tag{2.58}$$

或

$$Q_C = \Delta q_C P_{30} \tag{2.59}$$

式中,$\Delta q_C = \tan\varphi - \tan\varphi'$,称为无功补偿率,或比补偿容量。这无功补偿率,是表示要使1 kW的有功功率由$\cos\varphi$提高到$\cos\varphi'$所需要的无功补偿容量 kvar 值,其单位为"kvar/kW"。

在确定了总的补偿容量后,即可根据所选并联电容器的单个容量q_C来确定电容器个数:

$$n = \frac{Q_C}{q_C} \tag{2.60}$$

部分常用的并联电容器的主要技术数据,如附录表10所列。

由式(2.60)计算所得的电容器个数n,对于单相电容器(电容器全型号后面标"1"者)来说,应取3的倍数,以便三相均衡分配。

(3)无功补偿后的工厂计算负荷

工厂(或车间)装设了无功补偿装置以后,则在确定补偿装置装设地点以前的总计算负荷时,应扣除无功补偿的容量,即总的无功计算负荷为

$$Q'_{30} = Q_{30} - Q_C \tag{2.61}$$

因此补偿后总的视在计算负荷为

$$S_{30} = \sqrt{P_{30}^2 + (Q_{30} - Q_C)^2} \tag{2.62}$$

例2.6 某厂拟建一座降压变电所,装设一台主变压器。已知变电所低压侧有功计算负荷为650 kW,无功计算负荷为800 kvar。为了使工厂变电所高压侧的功率因数不低于0.9,如果在低压侧装设并联电容器补偿时,需装设多少补偿容量?并问补偿前后工厂变电所所选主变压器容量有什么变化?

解:①补偿前应选变压器的容量及功率因数值

变电所低压侧的视在计算负荷为

$$S_{30} = \sqrt{650^2 + 800^2}\ \text{kV}\cdot\text{A} = 1\ 031\ \text{kV}\cdot\text{A}$$

变电所容量选择应满足的条件为$S_{N.T} > S_{30(2)}$,因此在未进行无功补偿时,变压器容量应选为1 250 kV·A(参看附录表8)。

这时变电所低压侧的功率因数为

$$\cos\varphi_{(2)} = 650/1\ 031 = 0.63$$

②无功补偿容量

按规定变电所高压侧的$\cos\varphi \geqslant 0.9$,考虑到变压器的无功功率损耗$\Delta Q_T$远大于有功功率损耗$\Delta P_T$,一般$\Delta Q_T = (4\sim5)\Delta P_T$,因此在变压器低压侧进行无功补偿时,低压侧补偿后的功率因数应略大于高压侧补偿后的功率因数0.90,这里取$\cos\varphi'_{(2)} = 0.92$。

为使低压侧功率因数由0.63提高到0.92,低压侧需装设的并联电容器容量应为

$$Q_C = 650 \times (\tan\arccos 0.63 - \tan\arccos 0.92)\ \text{kvar} = 525\ \text{kvar}$$

取

$$Q_C = 530\ \text{kvar}$$

③补偿后的变压器容量和功率因数

补偿后变电所低压侧的视在计算负荷为

$$S'_{30(2)} = \sqrt{650^2 + (800 - 530)^2}\ \text{kV}\cdot\text{A} = 704\ \text{kV}\cdot\text{A}$$

因此补偿后变压器容量可选为800 kV·A(参看附录表8)。

变压器的功率损耗为

$$\Delta P_{\mathrm{T}} \approx 0.01 S'_{30(2)} = 0.01 \times 704 \text{ kV} \cdot \text{A} = 7.04 \text{ kW}$$

$$\Delta Q_{\mathrm{T}} \approx 0.05 S'_{30(2)} = 0.05 \times 704 \text{ kV} \cdot \text{A} = 35.2 \text{ kvar}$$

变电所高压侧的计算负荷为

$$P'_{30(1)} = 650 \text{ kW} + 7.04 \text{ kW} = 657 \text{ kW}$$

$$Q'_{30(1)} = (800 - 530)\text{kvar} + 35.2 \text{ kvar} = 305 \text{ kvar}$$

$$S'_{30(1)} = \sqrt{657^2 + 305^2} \text{ kV} \cdot \text{A} = 724 \text{ kV} \cdot \text{A}$$

无功补偿后,工厂的功率因数(最大负荷时)为

$$\cos \varphi' = P'_{30(1)} / S'_{30(1)} = 657/724 = 0.907$$

这一功率因数值满足规定(0.9)的要求。

④无功补偿前后比较

变电所主变压器在无功补偿后减少容量为

$$S'_{\mathrm{N.T}} - S_{\mathrm{N.T}} = 1\ 250 \text{ kV} \cdot \text{A} - 800 \text{ kV} \cdot \text{A} = 450 \text{ kV} \cdot \text{A}$$

这不仅会减少基本电费开支,而且由于提高了功率因数,还会减少电度电费开支。

2.6　尖峰电流及其计算

2.6.1　概　述

尖峰电流(peak current)是指持续时间1~2 s的短时最大负荷电流。

尖峰电流主要用来选择熔断器和低压断路器、整定继电保护装置及检验电动机自启动条件等。

2.6.2　用电设备尖峰电流的计算

(1)单台设备尖峰电流的计算

单台设备的尖峰电流就是其启动电流(starting current),因此尖峰电流为

$$I_{\mathrm{pk}} = I_{\mathrm{st}} = K_{\mathrm{st}} I_{\mathrm{N}} \tag{2.63}$$

式中　I_{N}——设备额定电流;

I_{st}——设备启动电流;

K_{st}——设备的启动电流倍数,笼型电动机为5~7,绕线型电动机为2~3,直流电动机约为1.7,电焊变压器为3或稍大。

(2)多台设备尖峰电流的计算

引至多台设备的线路上的尖峰电流按下式计算:

$$I_{\mathrm{pk}} = K_{\Sigma} \sum_{i=1}^{n-1} I_{\mathrm{N.i}} + I_{\mathrm{st.max}} \tag{2.64}$$

或

$$I_{\mathrm{pk}} = I_{30} + (I_{\mathrm{st}} - I_{\mathrm{N}})_{\max} \tag{2.65}$$

式中 $I_{\mathrm{st.max}}$ 和 $(I_{\mathrm{st}} - I_{\mathrm{N}})_{\max}$ 分别为用电设备中启动电流与额定电流之差为最大的那台设备的启动电流及其启动电流与额定电流之差; $\sum\limits_{i=1}^{n=1} I_{\mathrm{N.i}}$ 为除启动电流与额定电流之差为最大的那台设备之外的其他 $n-1$ 台设备的额定电流之和;K_{Σ} 为上述 $n-1$ 台的同时系数,按台数多少

选取,一般为0.7～1;I_{30}为全部设备投入运行时线路的计算电流。

例2.7 有一380 V三相线路,供电给表2.4所示4台电动机。试计算该线路的尖峰电流。

表2.4 例2.7的负荷资料

参数	电动机			
	M_1	M_2	M_3	M_4
额定电流 I_N/A	5.8	5	35.8	27.6
启动电流 I_{st}/A	40.6	35	197	193.2

解:由表2.4可知,电动机M_4的$I_{st}-I_N=193.2\ A-27.6\ A=165.6\ A$为最大,因此该线路的尖峰电流为(取$K_\Sigma=0.9$):

$$I_{pk}=0.9\times(5.8+5+35.8)A+193.2\ A=235\ A$$

复习思考题

2.1 电力负荷按重要性分哪几级?各级电力负荷对供电电源有什么要求?

2.2 工厂用电设备的工作制分哪几类?各有哪些特点?

2.3 确定计算负荷的需要系数法和二项式法各有什么特点?各适用于哪些场合?

2.4 在确定多组用电设备总的视在计算负荷和计算电流时,可否将各组的视在计算负荷和计算电流分别直接相加?为什么?应如何正确计算?

2.5 在接有单相用电设备的三相线路中,什么情况下可将单相设备直接与三相设备综合按三相负荷的计算方法来确定计算负荷?而在什么情况下应先将单相设备容量换算为等效三相设备容量然后与三相设备混合进行计算负荷的计算?

2.6 什么叫尖峰电流?如何计算供多台用电设备的线路尖峰电流?

习 题

2.1 已知某机修车间的金属切削机床组拥有额定电压380 V的三相电动机15 kW 1台,11 kW 3台,7.5 kW 8台,4 kW 15台,其他更小容量电动机容量共35 kW。试分别用需要系数法和二项式法计算其P_{30}、Q_{30}、S_{30}和I_{30}。

2.2 某380 V线路供电给1台132 kW Y型电动机,其效率$\eta=91\%$,功率因数$\cos\varphi=0.9$。试求该线路的计算负荷P_{30}、Q_{30}、S_{30}和I_{30}。

2.3 某机械加工车间的380 V线路上,接有流水作业的金属切削机床组电动机30台共85 kW(其中较大容量电动机有11 kW 1台,7.5 kW 3台,4 kW 6台,其他为更小容量电动机)。另外有通风机3台,共5 kW;电葫芦1个,3 kW($\varepsilon=40\%$)。试分别按需要系数法和二项式法确定各组的计算负荷及总的计算负荷P_{30}、Q_{30}、S_{30}和I_{30}。

2.4 现有9台220 V单相电阻炉,其中4台4 kW,3台1.5 kW,2台2 kW。试合理分配上列各电阻炉于220/380 V的TN-C线路上,并计算其计算负荷P_{30}、Q_{30}、S_{30}和I_{30}。

2.5　某220/380 V线路上,接有如表2.5所列的用电设备。试确定该线路的计算负荷P_{30}、Q_{30}、S_{30}和I_{30}。

表2.5　习题2.5的负荷资料

设备名称	380 V单头手动弧焊机			220 V电热箱		
接入相序	AB	BC	CA	A	B	C
设备台数	1	1	2	2	1	1
单台设备容量	21 kV·A ($\varepsilon=65\%$)	17 kV·A ($\varepsilon=100\%$)	10.3 kV·A ($\varepsilon=50\%$)	3 kW	6 kW	4.5 kW

2.6　有一条长2 km的10 kV高压线路供电给两台并列运行的电力变压器。高压线路采用LJ-70铝绞线,等距水平架设,线距1 m。两台变压器均为S9-800/10型,Dyn11联结,总的计算负荷为900 kW,$\cos\varphi=0.86$,$T_{max}=4\ 500$ h。试分别计算此高压线路和电力变压器的功率损耗和年电能损耗。

2.7　某降压变电所装有一台Yyn0联结的S9-1000/10型电力变压器,其二次侧(380 V)的有功计算负荷为720 kW,无功计算负荷为580 kvar。试求此变电所一次侧的计算负荷及其功率因数。如果功率因数未达到0.90,问此变电所低压母线上需装设多少容量的并联电容器才能满足要求?注:变压器功率损耗率按式(2.40)和式(2.44)计算。

2.8　某厂的有功计算负荷为4 600 kW,功率因数为0.75。现拟在该厂高压配电所10 kV母线上装设BWF10.5-40-1型并联电容器,使功率因数提高到0.90,问需装设多少个?装设电容器以后,该厂的视在计算负荷为多少?比未装设电容器时的视在计算负荷减少了多少?

2.9　某车间有一条380 V线路,供电给表2.6所列5台交流电动机。试计算该线路的计算电流和尖峰电流。(提示:计算电流在此可近似地按公式$I_{30}\approx K_{\Sigma}\sum I_{N}$计算,式中$K_{\Sigma}$建议取0.9)。

表2.6　习题2.9的负荷资料

参数	电动机				
	M_1	M_2	M_3	M_4	M_5
额定电流/A	6.1	20	32.4	10.2	30
启动电流/A	34	140	227	66.3	165

第3章 短路电流及其计算

本章首先简介短路的原因、后果及其形式，然后介绍无限大容量系统的概念及其三相短路时的物理过程和有关物理量，接着重点讲述无限大容量系统的短路电流计算，最后讲述短路电流的效应和短路稳定度的校验。本章内容也是工厂供电系统运行分析和设计计算的基础，不过上一章讲的是系统在正常运行状态下的有关问题，而本章讲的是系统在故障状态下的有关问题。

3.1 短路的有关概念

(1)短路的原因

工厂供电系统要求正常地不间断地对用电负荷供电，以保证工厂生产和生活的正常进行。但是由于各种原因，总难免出现故障，而使系统的正常运行遭到破坏。系统中最常见的故障就是短路。短路就是指不同电位的导体之间的低阻性短接。

造成短路的主要原因是电气设备载流部分的绝缘损坏。这种损坏可能是由于设备长期运行，绝缘自然老化，或由于设备本身不合格，绝缘强度不够而被正常电压击穿，或设备绝缘正常而被过电压(包括雷电过电压)击穿，或者是设备绝缘受到外力损伤而造成短路。

由于工作人员违反安全操作规程而发生误操作，或者误将低电压的设备接入较高电压的电路中，都可能造成短路。

鸟兽跨越在裸露的相线之间或相线与接地物体之间，或者设备和导线的绝缘被鸟兽咬坏，也是导致短路的一个原因。

(2)短路的后果

短路后，短路电流比正常电流大得多。在大电力系统中，短路电流可达几万安甚至几十万安。如此大的短路电流可对供电系统产生极大的危害：

①短路时会产生很大的电动力和很高的温度，而使故障元件和短路电路中的其他元件损坏。

②短路时短路电路中的电压要骤然降低，严重影响其中电气设备的正常运行。

③短路时保护装置动作，造成停电，而且越靠近电源，停电的范围越大，造成的损失也

越大。

④严重的短路要影响电力系统运行的稳定性,可使并列运行的发电机组失去同步,造成系统解列。

⑤不对称短路包括单相短路和两相短路,其短路电流将产生较强的不平衡交变磁场,对附近的通信线路、电子设备等产生干扰,影响其正常运行,甚至使之发生误动作。

由此可见,短路的后果是十分严重的,因此必须尽力设法消除可能引起短路的一切因素;同时需要进行短路电流的计算,以便正确地选择电气设备,使设备有足够的动稳定性和热稳定性,以保证在发生最大短路电流时不致损坏。为了选择切除短路故障的开关电器、整定短路保护的继电保护装置和选择限制短路电流的元件如电抗器等,也必须计算短路电流。

(3)短路的形式

在三相系统中,可能发生三相短路、两相短路、单相短路和两相接地短路。三相短路,用文字符号 $k^{(3)}$ 表示,如图3.1(a)所示。两相短路,用 $k^{(2)}$ 表示,如图3.1(b)所示。单相短路,用 $k^{(1)}$ 表示,如图3.1(c)和(d)所示。两相接地短路,一般用 $k^{(1.1)}$ 表示,如图3.1(e)和(f)所示;不过它实质上是两相短路,因此也可用 $k^{(2)}$ 表示。

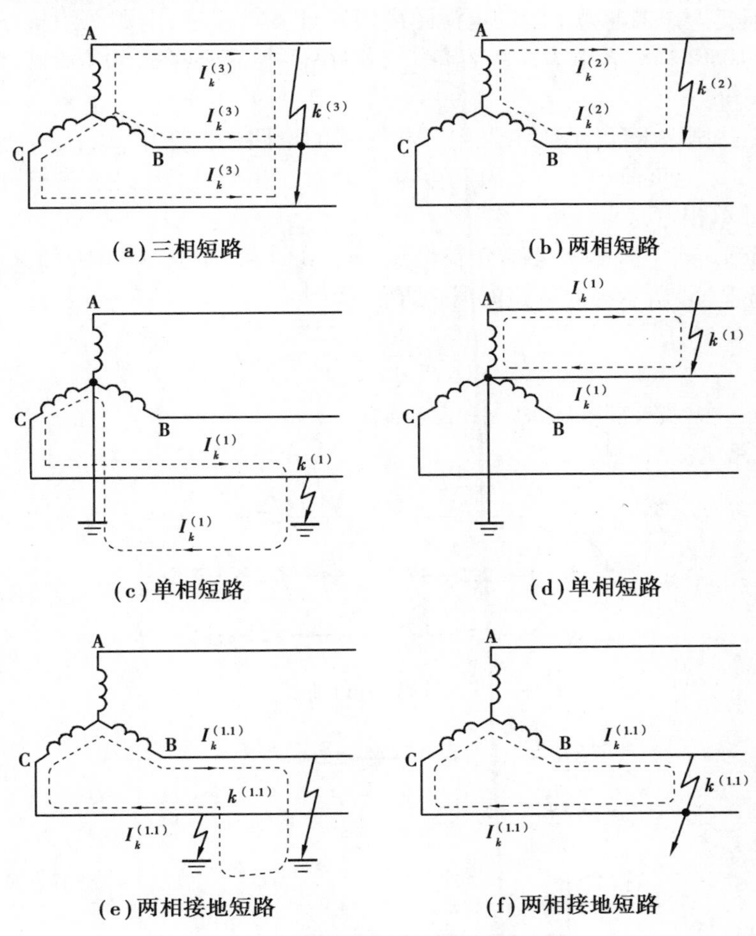

图3.1　短路的形式(虚线表示短路电流路径)

上述的三相短路属于对称性短路,其他形式的短路属于不对称短路。

电力系统中,发生单相短路的概率最大,而发生三相短路的可能性最小,但是三相短路造成的危害一般来说最为严重。为了使电气设备在最严重的短路状态下也能可靠地工作,因此在作为选择和校验电气设备用的短路计算中,常以三相短路计算为主。实际上,不对称短路也可以按对称分量法将其物理量分解为对称的正序、负序和零序分量,然后按对称量来研究。所以对称的三相短路分析也是分析研究不对称短路的基础。

3.2 无限大容量电力系统发生三相短路的有关概念

3.2.1 无限大容量电力系统中三相短路的物理过程

无限大容量电力系统是指其供电容量相对于用户(包括工厂)供电系统的用电容量大得多的电力系统;当用户供电系统的负荷变动甚至发生短路时,电力系统变电所馈电母线上的电压能基本维持不变。如果电力系统的电源距离短路计算点较远,电源总阻抗不超过短路电路总阻抗的5%~10%时,或者电力系统容量大于用户供电系统容量50倍时,可将电力系统视为无限大容量系统。

图3.2(a)是无限大容量系统中发生三相短路的电路图。图中,R_{WL},X_{WL}为线路(WL)的电阻和电抗,R_{L},X_{L}为负荷(L)的电阻和电抗。由于三相对称,因此该三相短路电路可用图3.2(b)所示等效单相电路来分析。

设电源电压$u_{\varphi}=U_{\varphi.m}\sin\omega t$,正常负荷电流$i=I_{m}\sin(\omega t-\varphi)$。$t=0$时短路(等效为开关突然闭合),则图3.2(b)所示等效电路的电路方程为

$$R_{\Sigma}i_{k}+L_{\Sigma}\frac{\mathrm{d}i_{k}}{\mathrm{d}t}=U_{\varphi.m}\sin\omega t \tag{3.1}$$

式中 R_{Σ}、L_{Σ}——短路电路的总电阻和总电感;

i_{k}——短路电流瞬时值。

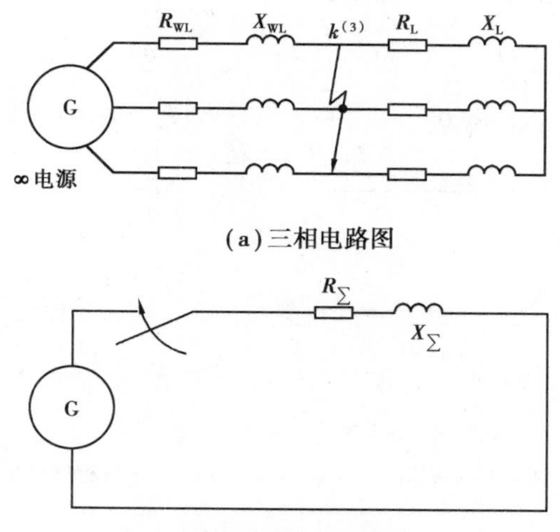

图3.2 无限大容量系统中发生三相短路

解式(3.1)的微分方程得

$$i_k = I_{k.m}\sin(\omega t - \varphi_k) + C\mathrm{e}^{-\frac{t}{\tau}} \tag{3.2}$$

式中,$I_{k.m} = U_{k.m}/|Z_\Sigma|$,为短路电流周期分量幅值。其中$|Z_\Sigma| = \sqrt{R_\Sigma^2 + X_\Sigma^2}$,为短路电路的总阻抗[模];$\varphi_k = \arctan(X_\Sigma/R_\Sigma)$,为短路电路的阻抗角;$\tau = L_\Sigma/R_\Sigma$,为短路电路的时间常数;$C$为积分常数,由电路的初始条件($t=0$)来确定。

当$t=0$时,由于短路电路存在着电感,因此电路电流不会突变,即$i_0 = i_{k0}$。故由正常负荷电流$i = I_m\sin(\omega t - \varphi)$与式(3.2)所示$i_k$相等,并代入$t=0$,可求得积分常数为

$$C = I_{k.m}\sin\varphi_k - I_m\sin\varphi$$

将上式代入式(3.2),即得短路电流为

$$i_k = I_{k.m}\sin(\omega t - \varphi_k) + (I_{k.m}\sin\varphi_k - I_m\sin\varphi)\mathrm{e}^{-\frac{t}{\tau}} = i_p + i_{np} \tag{3.3}$$

式中,i_p为短路电流周期分量;i_{np}为短路电流非周期分量。

由式(3.3)可以看出,当$t\to\infty$时(实际上只需经10个周期左右的时间),非周期分量$i_{np}\to 0$,这时

$$i_k = i_{k(\infty)} = \sqrt{2}I_\infty\sin(\omega t - \varphi) \tag{3.4}$$

式中,I_∞为短路稳态电流。

无限大容量系统发生三相短路前后电压、电流的变动曲线如图3.3所示。

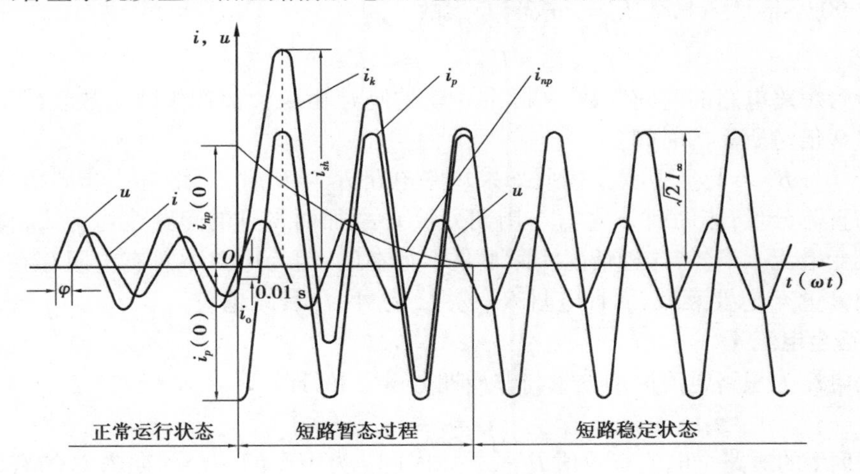

图3.3　无限大容量系统发生三相短路时的电压、电流曲线

由图3.3可以看出,短路电流i_k到达稳定值之前,要经过一个暂态过程(或称瞬变过程)。这一暂态过程是短路电流非周期分量i_{np}存在的那段时间。

从物理概念上讲,短路电流周期分量i_p是由于短路后电路阻抗突然减小很多,因此按欧姆定律要突然增大很多倍的电流;当电压不变时,此电流幅值也不变。而短路电流非周期分量i_{np},则是由于短路电路含有电感(或感抗),电路电流不可能突变,因此按楞次定律感生的用以维持短路初瞬间($t=0$时)电路电流不致突变的一个反向衰减性电流。衰减完毕以后(一般经$t\approx 0.2$ s),短路电流i_{np}达到稳定状态。

3.2.2 与短路有关的物理量

(1)短路电流周期分量

假设在电压 $u=0$ 时发生三相短路，如图 3.3 所示。由式(3.3)可知，短路电流周期分量为

$$i_p = I_{k.m}\sin\ (\omega t - \varphi_k) \tag{3.5}$$

由于短路电路的电抗一般远大于电阻，即 $X_\Sigma \gg R_\Sigma$，$\varphi_k = \arctan\ (X_\Sigma / R_\Sigma) \approx 90°$，因此短路初瞬间($t=0$ 时)的短路电流周期分量为

$$i_{p(0)} = -I_{k.m} = -\sqrt{2}I'' \tag{3.6}$$

式中，I''为短路次暂态电流有效值。I''短路后第一个周期性短路电流分量 i_p 的有效值。

在无限大容量系统中，由于系统馈电母线电压维持不变，所以其短路电流周期分量有效值(习惯上用 I_k 表示)在短路的全过程中也维持不变，即 $I'' = I_\infty = I_k$。

(2)短路电流非周期分量

短路电流非周期分量 i_{np}，是用以维持短路初瞬间的电流不致突变而由电感上的自感电动势所产生的一个反向电流，如图 3.3 所示。由式(3.3)可知，短路电流非周期分量

$$i_{np} = (I_{k.m}\sin\ \varphi_k - I_m \sin\ \varphi)\,\mathrm{e}^{-\frac{t}{\tau}}$$

因 $\varphi_k \approx 90°$，$\sin\ \varphi_k \approx 1$，而 $I_m = \sin\ \varphi \ll I_{k.m}$，故

$$i_{np} \approx I_{k.m}\mathrm{e}^{-\frac{t}{\tau}} = \sqrt{2}I''\mathrm{e}^{-\frac{t}{\tau}} \tag{3.7}$$

式中，τ为短路电路的时间常数，实际上它就是使 i_{np} 由最大值按指数函数衰减到最大值的 $1/\mathrm{e} = 0.367\ 9$ 倍时所需的时间。

由于$\tau = L_\Sigma / R_\Sigma = X_\Sigma / 314R_\Sigma$，因此如果短路电路 $R_\Sigma = 0$ 时，短路电流非周期分量将是一个不衰减的直流分量；非周期分量 i_{np} 与周期分量 i_p 叠加而得到的短路全电流 i_k，将是一个偏轴的等幅交变电流。当然，这种情况实际上是不存在的，因为电路中总有电阻存在，所以短路电流非周期分量 i_{np} 总要衰减，而且电阻 R_Σ 越大，τ越小，i_{np} 衰减越快。

(3)短路全电流

短路全电流为短路电流周期分量与非周期分量之和，即

$$i_k = i_p + i_{np} \tag{3.8}$$

某一瞬时 t 的短路全电流有效值 $I_{k(t)}$，是以时间 t 为中点的一个周期内 i_p 的有效值与在 t 的瞬时值 $i_{np(t)}$ 的方均根值，即

$$I_{k(t)} = \sqrt{I_{p(t)}^2 + i_{np(t)}^2} \tag{3.9}$$

(4)短路冲击电流

短路冲击电流为短路全电流中的最大瞬时值。由图 3.3 所示短路全电流 i_k 的曲线可以看出，短路后经过半个周期(即 0.01 s)，i_k 达到最大值，此时的短路电流就是短路冲击电流 i_{sh}。

短路冲击电流按下式计算：

$$I_{sh} = i_{p(0.01)} + i_{np(0.01)} \approx \sqrt{2}I''(1 + \mathrm{e}^{-\frac{0.01}{\tau}}) \tag{3.10}$$

或

$$i_{sh} \approx K_{sh}\sqrt{2}I'' \tag{3.11}$$

式中，K_{sh}为短路电流冲击系数。

由式(3.10)和式(3.11)可得

$$K_{sh}=1+e^{-\frac{0.01}{\tau}}=1+e^{-\frac{0.01R_{\Sigma}}{L_{\Sigma}}} \tag{3.12}$$

当 $R_{\Sigma}\to 0$ 时，则 $K_{sh}\to 2$；当 $L_{\Sigma}\to 0$ 时，则 $K_{sh}\to 1$；因此 $1<K_{sh}<2$。

短路全电流 i_k 的最大有效值，是短路后第一个周期的短路电流有效值，用 I_{sh} 表示，亦可称为短路冲击电流有效值，用下式计算：

$$I_{sh}=\sqrt{I_{p(0.01)}^{2}+i_{np(0.01)}^{2}}\approx\sqrt{I''^{2}+(\sqrt{2}I''e^{-\frac{0.01}{\tau}})^{2}}$$

或

$$I_{sh}\approx\sqrt{1+2(K_{sh}-1)^{2}}I'' \tag{3.13}$$

在高压电路发生三相短路时，一般可取 $K_{sh}=1.8$，因此

$$i_{sh}=2.55I'' \tag{3.14}$$

$$I_{sh}=1.51I'' \tag{3.15}$$

在1 000 kV · A及以下的电力变压器二次侧及低压电路中发生三相短路时，可取 $K_{sh}=1.3$，因此

$$i_{sh}=1.84I'' \tag{3.16}$$

$$I_{sh}=1.09I'' \tag{3.17}$$

(5)短路稳态电流

短路稳态电流是短路电流非周期分量衰减完毕以后的短路全电流，其有效值用 I_{∞} 表示。

为了表明短路的类别，凡是三相短路电流，可在相应的三相短路电流符号右上角加注(3)，例如三相短路稳态电流写作 $I_{\infty}^{(3)}$。同样地，对两相或单相短路电流，则在相应的短路电流符号右上角加注(2)或(1)，而对两相接地短路电流，则在其符号右上角加注(1.1)。在不致引起混淆时，三相短路电流各量可不加注(3)。

3.3　短路电流的计算

3.3.1　概　述

进行短路电流计算时，首先要绘出计算电路图，如图3.4所示。在计算电路图上，将短路计算所需考虑的各元件的额定参数都表示出来，并将各元件依次编号，然后确定短路计算点。短路计算点要选择得使需要进行短路校验的电气元件有最大可能的短路电流通过。

然后，按所选择的短路计算点绘出等效电路图，如图3.5所示，并计算短路电路中各主要元件的阻抗。在等效电路图上，只需将被计算的短路电流所流经的一些主要元件表示出来，并标明其序号和阻抗值，一般是分子标序号，分母标阻抗值(既有电阻又有电抗时，用复数式 $R+jX$ 来表示)。然后将等效电路化简。对于一般工厂供电系统来说，大多只需采用阻抗串并联的方法即可将电路化简，求出短路电路的总阻抗。最后计算短路电流和短路容量。

短路电流的计算，常用的有欧姆法(又称有名单位制法)和标幺制法(又称相对单位制法)。

短路计算中有关物理量在工程中常用以下单位：电流单位为“千安”(kA)，电压单位为“千伏”(kV)，短路容量和断路容量单位为“兆伏安”(MV · A)，设备容量单位为“千瓦”(kW)或“千伏安”(kV · A)，阻抗单位为“欧姆”(Ω)等。但是必须说明：本书计算公式中各物理量

单位,除个别经验公式或简化公式外,一律采用国际单位制(SI 制)的单位如“安”(A)、“伏”(V)、“瓦”(W)、“伏安”(V·A)、“欧”(Ω)等。因此,后面导出的各个公式一般不标注物理量的单位。如果采用工程中常用的单位来计算,则须注意所用公式中各物理量的换算系数。

3.3.2 采用欧姆法进行短路计算

欧姆法因其短路计算中的阻抗都采用有名单位“欧姆”而得名。

在无限大容量系统中发生三相短路时,其三相短路电流周期分量有效值可用下式计算:

$$I_k^{(3)} = \frac{U_c}{\sqrt{3}\,|Z_\Sigma|} = \frac{U_c}{\sqrt{3}\sqrt{R_\Sigma^2 + X_\Sigma^2}} \tag{3.18}$$

式中,$|Z_\Sigma|$、R_Σ、X_Σ分别为短路电路的总阻抗[模]、总电阻和总电抗值;U_c为短路点的短路计算电压(有的称为平均额定电压),取为线路首端电压,即取为比线路额定电压高 5%(这是按最严重短路情况考虑的)。按我国电压标准,U_c有 0.4 kV、0.69 kV、3.15 kV、6.3 kV、10.5 kV、37 kV、69 kV、115 kV、230 kV……

在高压系统的短路计算中,由于总电抗值通常远大于总电阻值,因此一般只计电抗,不计电阻,只有在短路电路的 $R_\Sigma > X_\Sigma/3$ 时才需计入电阻。但是在计算低压电网短路特别是低压配电线路上的短路时,则往往需要计及电阻,这将在后面专门论述。

如果不计电阻,则三相短路电流周期分量有效值为

$$I_k^{(3)} = \frac{U_c}{\sqrt{3}X_\Sigma} \tag{3.19}$$

三相短路容量按下式计算:

$$S_k^{(3)} = \sqrt{3}\,U_c I_k^{(3)} \tag{3.20}$$

下面介绍一般短路计算中应计入的几个主要元件,如电力系统(电源)、电力变压器和电力线路的阻抗计算。关于低压电网短路计算中需要考虑的低压母线、低压电流互感器一次线圈、低压断路器过电流线圈及开关触头等的阻抗计算,则在后面讲述低压电网短路计算时一并介绍。

(1)电力系统的阻抗

电力系统的电阻相对于电抗来说很小,因此一般不计电阻,只计电抗。电力系统的电抗可由系统变电所高压馈电线出口断路器(参看图 3.4)的断流容量 S_{oc}来估算,这 S_{oc}就视为系统的极限短路容量 S_k。因此电力系统的电抗为

$$X_S = \frac{U_c^2}{S_{oc}} \tag{3.21}$$

式中,U_c为高压馈电线的短路计算电压,但为了便于短路电路总阻抗的计算,免去阻抗换算的麻烦,此式中的 U_c可直接采用短路点的短路计算电压;S_{oc}为系统出口断路器的断流容量,可查有关手册或产品样本(参看附录表 12)。如果只有开断电流 I_{oc} 数据,则可按 $S_{oc} = \sqrt{3}I_{oc}U_N$ 来计算其断流容量,这里 U_N为断路器额定电压。

(2)电力变压器的阻抗

1)变压器的电阻 R_T

R_T可由变压器的短路损耗 ΔP_k近似计算。

因
$$\Delta P_k \approx 3I_N^2 R_T \approx 3\left(\frac{S_N}{\sqrt{3}\,U_c}\right)^2 R_T$$

故
$$R_T \approx \Delta P_k \left(\frac{U_c}{S_N}\right)^2 \tag{3.22}$$

式中　U_c——短路点的短路计算电压；

S_N——变压器的额定容量；

ΔP_k——变压器的短路损耗(负载损耗)，可查有关手册或产品样本(参看附录表 8)。

2)变压器的电抗 X_T

X_T可由变压器的短路电压 $U_k\%$ 近似地计算。

因
$$U_k\% \approx \frac{\sqrt{3} I_N X_T}{U_c} \times 100 \approx \frac{S_N X_T}{U_c^2} \times 100$$

故
$$X_T \approx \frac{U_k\% U_c^2}{100 S_N} \tag{3.23}$$

式中，$U_k\%$ 为变压器的短路电压(阻抗电压)百分值，可查有关手册或产品样本(参看附录表 8)。

(3)电力线路的阻抗

1)线路的电阻 R_{WL}

R_{WL}可由导线电缆的单位长度电阻 R_0值求得，即
$$R_{WL} = R_0 l \tag{3.24}$$

式中，R_0为导线电缆单位长度的电阻，可查有关手册或产品样本(参看附录表 3)；l 为线路长度。

2)线路的电抗

X_{WL}可由导线电缆的单位长度电抗 X_0值求得，即
$$X_{WL} = X_0 l \tag{3.25}$$

式中，X_0为导线电缆单位长度的电抗，可查有关手册或产品样本；l 为线路长度。

如果线路的结构数据不详时，X_0可按表 3.1 取其电抗平均值，因为同一电压的同类线路的电抗值变动幅度一般不大。

表 3.1　电力线路每相的单位长度电抗平均值　　单位：Ω/km

线路结构	线路电压		
	220/380 V	6 ~ 10 kV	≥35 kV
架空线路	0.32	0.35	0.40
电缆线路	0.066	0.08	0.12

求出短路电路中各元件的阻抗后，就化简短路电路，求出其总阻抗。然后按式(3.18)或式(3.19)计算短路电流周期分量 $I_k^{(3)}$，并计算其他短路物理量。

必须注意：在计算短路电路的阻抗时，假如电路内含有电力变压器，则电路内各元件的阻抗值都要统一换算到短路点的短路计算电压去。阻抗等效换算的条件是元件的功率损耗维持不变。

导线电缆单位长度电抗(单位为 Ω/km)的计算公式为
$$X_0 = 0.145 \lg \frac{2a_{av}}{d} + 0.016\mu_r$$

式中　a_{av}——线间几何均距[见式(2.38)];

d——导线或电缆线芯的直径;

μ_r——导线或电缆线芯材质的相对磁导率,铜、铝的 $\mu_r = 1$。

由上式可以看出,即使与线路结构有关的 a_{av} 和 d 变动很大,但由于它们取对数的关系,X_0 值的变化也不会很大。这从附录表3也可以看出。

由 $\Delta P = U^2/R$ 和 $\Delta Q = U^2/X$ 可知,元件的阻抗值与电压的平方成正比,因此阻抗换算的公式为

$$R' = R\left(\frac{U'_c}{U_c}\right)^2 \tag{3.26}$$

$$X' = X\left(\frac{U'_c}{U_c}\right)^2 \tag{3.27}$$

式中　R、X 和 U_c——换算前元件的电阻、电抗和元件所在处的短路计算电压;

R'、X' 和 U'_c——换算后元件的电阻、电抗和短路点计算电压。

就短路计算中需要计算的几个主要元件的阻抗来说,实际上只有电力线路的阻抗需要按上列公式换算。例如计算低压侧短路电流时,高压线路的阻抗就需要换算到低压侧。而电力系统和电力变压器的阻抗,由于其计算公式中均包含有 U_c^2,因此计算其阻抗时,公式中的 U_c 直接代入短路点的短路计算电压,就相当于阻抗已经换算到短路计算点一侧了。

例3.1　某供电系统如图3.4所示。已知电力系统出口断路器为SN10-10Ⅱ型。试求工厂变电所高压10 kV母线上点短路和低压380 V母线上点短路的三相短路电流和短路容量。

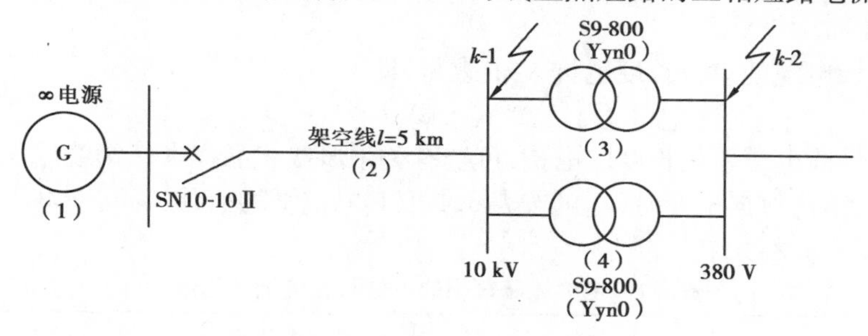

图3.4　例3.1的短路计算电路图

解:1.求 k-1点的三相短路电流和短路容量($U_{c1} = 10.5$ kV)

(1)计算短路电路中各元件的电抗和总电抗

①电力系统的电抗:由附录表12可查得SN10-10Ⅱ型断路器的断流容量 $S_{oc} = 500$ MV·A,因此

$$X_1 = \frac{U_{c1}^2}{S_{oc}} = \frac{(10.5\text{ kV})^2}{500\text{ MV}\cdot\text{A}} = 0.22\,\Omega$$

②架空线路的电抗:由表3.1查得 $X_0 = 0.35$ Ω/km,因此

$$X_2 = X_0 l = 0.35(\Omega/\text{km}) \times 5\text{ km} = 1.75\ \Omega$$

③绘 k-1点短路的等效电路,如图3.5(a)所示。图上标出各元件的序号(分子)和电抗值(分母),然后计算电路的总电抗:

$$X_{\sum(k\text{-}1)} = X_1 + X_2 = 0.22\ \Omega + 1.75\ \Omega = 1.97\ \Omega$$

(2)计算三相短路电流和短路容量

①三相短路电流周期分量有效值：

$$I_{k\text{-}1}^{(3)}=\frac{U_{c1}}{\sqrt{3}X_{\sum(k\text{-}1)}}=\frac{10.5\ \text{kV}}{\sqrt{3}\times1.97\ \Omega}=3.08\ \text{kA}$$

②三相短路次暂态电流和稳态电流有效值：

$$I''^{(3)}=I_{\infty}^{(3)}=I_{k-1}^{(3)}=3.08\ \text{kA}$$

③三相短路冲击电流及其有效值：

$$i_{sh}^{(3)}=2.55I''^{(3)}=2.55\times3.08\ \text{kA}=7.85\ \text{kA}$$

$$I_{sh}^{(3)}=1.51I''^{(3)}=1.51\times3.08\ \text{kA}=4.65\ \text{kA}$$

④三相短路容量：

$$S_{k\text{-}1}^{(3)}=\sqrt{3}U_{c1}I_{k\text{-}1}^{(3)}=\sqrt{3}\times10.5\ \text{kV}\times3.08\ \text{kA}=56.0\ \text{MV}\cdot\text{A}$$

2. 求 k-2 点的短路电流和短路容量($U_{c2}=0.4\ \text{kV}$)

(1)计算短路电路中各元件的电抗及总电抗

①电力系统的电抗：

$$X_1'=\frac{U_{c2}^2}{S_{oc}}=\frac{(0.4\ \text{kV})^2}{500\ \text{MV}\cdot\text{A}}=3.2\times10^{-4}\Omega$$

②架空线路的电抗：

$$X_2'=X_0l\left(\frac{U_{c2}}{U_{c1}}\right)^2=0.35(\Omega/\text{km})\times\left(\frac{0.4\ \text{kV}}{10.5\ \text{kV}}\right)^2=2.54\times10^{-3}\Omega$$

③电力变压器的电抗：由附录表8查得 $U_k\%=4.5$，因此

$$X_3=X_4\approx\frac{U_k\%\,U_{c2}^2}{100S_{\text{N}}}=\frac{4.5}{100}\times\frac{(0.4\ \text{kV})^2}{800\ \text{kV}\cdot\text{A}}=9\times10^{-6}\ \text{k}\Omega=9\times10^{-3}\ \Omega$$

④绘 k-2 点短路的等效电路，如图3.5(b)所示，并计算其总电抗：

$$X_{\sum(k\text{-}2)}=X_1'+X_2'+X_3/\!/X_4=X_1'+X_2'+\frac{X_3X_4}{X_3+X_4}=X_1'+X_2'+\frac{X_3}{2}$$

$$=3.2\times10^{-4}\ \Omega+2.54\times10^{-3}\ \Omega+\frac{9\times10^{-3}\ \Omega}{2}=7.36\times10^{-3}\ \Omega$$

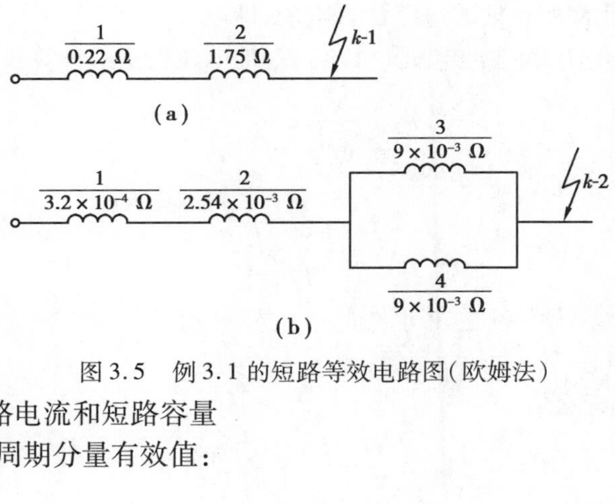

图3.5　例3.1的短路等效电路图(欧姆法)

(2)计算三相短路电流和短路容量

①三相短路电流周期分量有效值：

$$I_{k-2}^{(3)}=\frac{U_{c2}}{\sqrt{3}X_{\sum(k-2)}}=\frac{0.4\ \mathrm{kV}}{\sqrt{3}\times 7.36\times 10^{-3}\ \Omega}=31.4\ \mathrm{kA}$$

②三相短路次暂态电流和稳态电流：

$$I''^{(3)}=I_{\infty}^{(3)}=I_{k-2}^{(3)}=31.4\ \mathrm{kA}$$

③三相短路冲击电流及其有效值：

$$i_{sh}^{(3)}=1.84I''^{(3)}=1.84\times 31.4\ \mathrm{kA}=57.8\ \mathrm{kA}$$

$$I_{sh}^{(3)}=1.09I''^{(3)}=1.09\times 31.4\ \mathrm{kA}=34.2\ \mathrm{kA}$$

④三相短路容量：

$$S_{k-2}^{(3)}=\sqrt{3}U_{c2}I_{k-2}^{(3)}=\sqrt{3}\times 0.4\ \mathrm{kV}\times 31.4\ \mathrm{kA}=21.8\ \mathrm{MV\cdot A}$$

在供电工程设计说明书中，往往只列短路计算表，见表3.2。

表3.2　例3.1的短路计算表

短路计算点	三相短路电流/kA					三相短路容量/(MV·A)
	$I_k^{(3)}$	$I''^{(3)}$	$I_{\infty}^{(3)}$	$i_{sh}^{(3)}$	$I_{sh}^{(3)}$	$S_k^{(3)}$
k-1	3.08	3.08	3.08	7.85	4.65	56.0
k-2	31.4	31.4	31.4	57.8	34.2	21.8

3.3.3　采用标幺制法进行三相短路计算

标幺制法，又称相对单位制法，因短路计算中的有关物理量是采用标幺值即相对单位而得名。

任一物理量的标幺值，A_d^* 为该物理量的实际量 A 与所选定的基准值 A_d的比值，即

$$A_d^*=\frac{A}{A_d} \tag{3.28}$$

按标幺制法进行短路计算时，一般是先选定基准容量 S_d和 U_d基准电压。

基准容量，工程设计中通常取 $S_d=100\ \mathrm{MV\cdot A}$。

基准电压，通常取元件所在处的短路计算电压，即取 $U_d=U_c$。

选定了基准容量 S_d电压和基准电压 U_d以后，基准电流按下式计算：

$$I_d=\frac{S_d}{\sqrt{3}U_d}=\frac{S_d}{\sqrt{3}U_c} \tag{3.29}$$

基准电抗则按下式计算：

$$X_d=\frac{U_d}{\sqrt{3}I_d}=\frac{U_c^2}{S_d} \tag{3.30}$$

下面分别讲述供电系统中各主要元件的电抗标幺值的计算（取 $S_d=100\ \mathrm{MV\cdot A}$，$U_d=U_c$）。

①电力系统的电抗标幺值：

$$X_S^*=\frac{X_S}{X_d}=\frac{U_c^2}{S_{oc}}\div\frac{U_c^2}{S_d}=\frac{S_d}{S_{oc}} \tag{3.31}$$

②电力变压器的电抗标幺值：

$$X_{\mathrm{T}}^{*}=\frac{X_{\mathrm{T}}}{X_d}=\frac{U_k\%U_c^2}{100S_{\mathrm{N}}}\div\frac{U_c^2}{S_d}=\frac{U_k\%S_d}{100S_{\mathrm{N}}} \tag{3.32}$$

③电力线路的电抗标幺值:

$$X_{\mathrm{WL}}^{*}\frac{X_{\mathrm{WL}}}{X_d}=X_0l\div\frac{U_c^2}{S_d}=X_0l\frac{S_d}{U_c^2} \tag{3.33}$$

由于标幺制法一般只用于高压系统的短路计算,而高压系统中 $X_{\Sigma}\gg R_{\Sigma}$,因此通常只计算电抗标幺值。

求出短路电路中各主要元件的电抗标幺值以后,即可利用其等效电路图(参看后面图3.6)进行电路化简,计算其总电抗标幺值 X_{Σ}^{*}。由于各元件电抗均采用标幺值,与短路计算点的电压无关,因此无须进行电压换算,这也是标幺制法较之欧姆法优越之处。也由于标幺值具有相对值的特性,与短路计算点电压无关,因此工程上通用的短路计算图表往往都按标幺值编制。

无限大容量系统三相短路电流周期分量有效值的标幺值按下式计算:

$$I_k^{(3)*}=\frac{I_k^{(3)}}{I_d}=\frac{U_c}{\sqrt{3}X_{\Sigma}}\div\frac{S_d}{\sqrt{3}U_c}=\frac{U_c^2}{S_dX_{\Sigma}}=\frac{1}{X_{\Sigma}^{*}} \tag{3.34}$$

由此可求得三相短路电流周期分量有效值为

$$I_k^{(3)}=I_k^{(3)*}I_d=\frac{I_d}{X_{\Sigma}^{*}} \tag{3.35}$$

求得 $I_k^{(3)}$ 后即可利用前面的公式求出 $I''^{(3)}$、$I_{\infty}^{(3)}$、$i_{sh}^{(3)}$ 和 $I_{sh}^{(3)}$ 等。

三相短路容量的计算公式为

$$S_k^{(3)}=\sqrt{3}U_cI_k^{(3)}=\sqrt{3}U_c\frac{I_d}{X_{\Sigma}^{*}}=\frac{S_d}{X_{\Sigma}^{*}} \tag{3.36}$$

例 3.2　试用标幺制法计算例 3.1 所示供电系统中 k-1 点和 k-2 点的三相短路电流和短路容量。

解:(1)确定基准值

取 $S_d=100\ \mathrm{MV\cdot A}$,$U_{d1}=U_{c1}=10.5\ \mathrm{kV}$,$U_{d2}=U_{c2}=0.4\ \mathrm{kV}$。

$$I_{d1}=\frac{S_d}{\sqrt{3}U_{d1}}=\frac{100\ \mathrm{MV\cdot A}}{\sqrt{3}\times 10.5\ \mathrm{kV}}=5.50\ \mathrm{kA}$$

$$I_{d2}=\frac{S_d}{\sqrt{3}U_{d2}}=\frac{100\ \mathrm{MV\cdot A}}{\sqrt{3}\times 0.4\ \mathrm{kV}}=144\ \mathrm{kA}$$

(2)计算短路电路中各主要元件的电抗标幺值

①电力系统的电抗标幺值:由附录表 12 查得 SN10-10 Ⅱ型断路器的 $S_{oc}=500\ \mathrm{MV\cdot A}$,因此

$$X_1^{*}=\frac{S_d}{S_{oc}}=\frac{100\ \mathrm{MV\cdot A}}{500\ \mathrm{MV\cdot A}}=0.2$$

②架空线路的电抗标幺值:由表 3.1 查得 $X_0=0.35\ \Omega/\mathrm{km}$,因此

$$X_2^{*}=X_0l\frac{S_d}{U_{c1}^2}=0.35(\Omega/\mathrm{km})\times 5\ \mathrm{km}\times\frac{100\ \mathrm{MV\cdot A}}{(10.5\ \mathrm{kV})^2}=1.59$$

③电力变压器的电抗标幺值:由附录表 8 查得 $U_k\%=4.5$,因此

$$X_3^* = X_4^* = \frac{U_k\% S_d}{100 S_N} = \frac{4.5 \times 100 \times 10^3 \text{ kV} \cdot \text{A}}{100 \times 800 \text{ kV} \cdot \text{A}} = 5.625$$

绘出短路等效电路图如图 3.6 所示，并标出短路计算点 k-1 和 k-2。

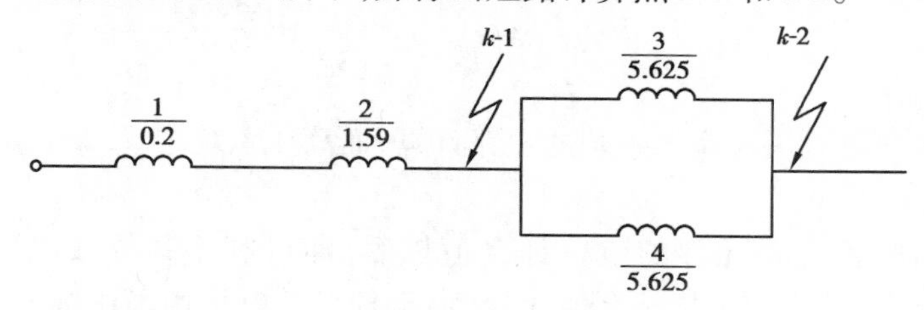

图 3.6　例 3.2 的短路等效电路图(标幺制法)

(3)计算 k-1 点的短路电路总电抗标幺值及三相短路电流和短路容量

①总电抗标幺值：

$$X^*_{\sum(k\text{-}1)} = X_1^* + X_2^* = 0.2 + 1.59 = 1.79$$

②三相短路电流周期器分量有效值：

$$I_{k\text{-}1}^{(3)} = \frac{I_{d1}}{X^*_{\sum(k\text{-}1)}} = \frac{5.5 \text{ kA}}{1.79} = 3.07 \text{ kA}$$

③他三相短路电流：

$$I''^{(3)} = I_\infty^{(3)} = I_{k\text{-}1}^{(3)} = 3.07 \text{ kA}$$

$$i_{sh}^{(3)} = 2.55 I''^{(3)} = 2.55 \times 3.07 \text{ kA} = 7.83 \text{ kA}$$

$$I_{sh}^{(3)} = 1.51 I''^{(3)} = 1.51 \times 3.07 \text{ kA} = 4.64 \text{ kA}$$

④三相短路容量

$$S_{k\text{-}1}^{(3)} = \frac{S_d}{X^*_{\sum(k\text{-}1)}} = \frac{100 \text{ MV} \cdot \text{A}}{1.79} = 55.9 \text{ MV} \cdot \text{A}$$

(4)计算 k-2 点的短路电路总电抗标幺值及三相短路电流和短路容量

①总电抗标幺值：

$$X^*_{\sum(k\text{-}2)} = X_1^* + X_2^* + X_3^* // X_4^* = 0.2 + 1.59 + \frac{5.625}{2} = 4.60$$

②三相短路电流周期分量有效值：

$$I_{k\text{-}2}^{(3)} = \frac{I_{d2}}{X^*_{\sum(k\text{-}2)}} = \frac{144 \text{ kA}}{4.60} = 31.3 \text{ kA}$$

③其他三相短路电流

$$I''^{(3)} = I_\infty^{(3)} = I_{k\text{-}2}^{(3)} = 31.3 \text{ kA}$$

$$i_{sh}^{(3)} = 1.84 I''^{(3)} = 1.84 \times 31.3 \text{ kA} = 57.6 \text{ kA}$$

$$I_{sh}^{(3)} = 1.09 I''^{(3)} = 1.09 \times 31.3 \text{ kA} = 34.1 \text{ kA}$$

④三相短路容量

$$S_{k\text{-}2}^{(3)} = \frac{S_d}{X^*_{\sum(k\text{-}2)}} = \frac{100 \text{ MV} \cdot \text{A}}{4.60} = 21.7 \text{ MV} \cdot \text{A}$$

计算结果与例 3.1 基本相同，短路计算表从略。

3.3.4　低压电网的短路计算

1 000 V以下低压电网的短路计算有下列特点：

①一般可将配电变压器的高压侧电网看作无限大容量电源，即高压母线电压可认为保持不变。

②低压电网短路计算通常计入短路电路所有元件的阻抗，即除了应计入前述主要元件的阻抗外，通常还需计入母线的阻抗（查附录表4）、电流互感器一次线圈阻抗（查附录表5）、低压断路器过电流线圈阻抗（查附录表6）和低压线路中各开关触头的接触电阻等。其中，开关触头的接触电阻较小，有时略去不计。此外必须说明，当低压线路中只有两相或一相装有电流互感器时，则在计算三相短路电流时，不要计入电流互感器一次线圈的阻抗，但用于计算校验电流互感器的短路电流，则应计入其阻抗。

③低压电网的短路计算，采用欧姆法（有名单位制法）比较方便，而且阻抗的单位采用毫欧（mΩ）。

低压电网中三相短路电流周期分量有效值按式（3.18）计算。三相短路冲击电流及其有效值则按式（3.16）和式（3.17）近似计算。

例3.3　某车间变电所接线如图3.7所示。已知电力变压器高压侧的高压断路器断流容量 $S_{oc}=300$ MV·A；电力变压器为S9-800/10型；低压母线均为铝母线（LMY），平放，WB1为80 mm×8 mm，$l=6$ m，$\alpha=250$ mm，WB2为50 mm×5 mm；$l=1$ m，$\alpha=250$ mm；WB3为40 mm×4 mm，$l=2$ m，$a=120$ mm；其余标注如图。试求 k 点三相短路电流和短路容量。

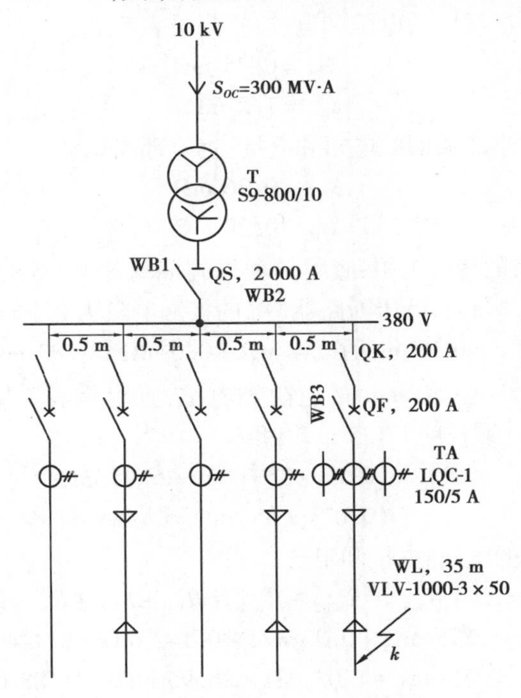

图3.7　例3.3的计算电路

解：（1）计算短路电路中各元件的电阻和电抗（取 $U_c=400$ V）

①电力系统 S 的电抗为：

$$X_S=\frac{U_c^2}{S_k}=\frac{(400\ \text{V})^2}{300\times10^3\ \text{kV}\cdot\text{A}}=0.53\ \text{m}\Omega$$

②电力变压器 T 的电阻和电抗：查附录表 8 得 $\Delta P_k=7\ 500\ \text{W}$，$U_k=4.5$，故

$$R_\text{T}=\frac{\Delta R_k U_c^2}{S_\text{N}^2}=\frac{7.5\ \text{kW}\times(400\ \text{V})^2}{(800\ \text{kV}\cdot\text{A})^2}=1.875\ \text{m}\Omega$$

$$X_\text{T}=\frac{U_k\%\,U_c^2}{100S_\text{N}}=\frac{4.5\times(400\ \text{V})^2}{100\times800\ \text{kV}\cdot\text{A}}=9\ \text{m}\Omega$$

③母线 WB1 的电阻和电抗：查附录表 4，得

$$R_0=0.055\ \text{m}\Omega/\text{m},X_0=0.17\ \text{m}\Omega/\text{m}（取\ a_\text{av}=300\ \text{mm}）$$

$$R_\text{WL1}=R_0 l=0.055(\text{m}\Omega/\text{m})\times6\ \text{m}=0.33\ \text{m}\Omega$$

故

$$X_\text{WL1}=X_0 l=0.17(\text{m}\Omega/\text{m})\times6\ \text{m}=1.02\ \text{m}\Omega$$

④母线 WB2 的电阻和电抗：查附录表 4，得

$$R_0=0.142\ \text{m}\Omega/\text{m},X_0=0.214\ \text{m}\Omega/\text{m}（取\ a_\text{av}=300\ \text{mm}）$$

$$R_\text{WL2}=R_0 l=0.142(\text{m}\Omega/\text{m})\times1\ \text{m}=0.142\ \text{m}\Omega$$

故

$$X_\text{WL2}=X_0 l=0.214(\text{m}\Omega/\text{m})\times1\ \text{m}=0.214\ \text{m}\Omega$$

⑤母线 WB3 的电阻和电抗：查附录表 4，得

$$R_0=0.222\ \text{m}\Omega/\text{m},X_0=0.17\ \text{m}\Omega/\text{m}（取\ a_\text{av}=150\ \text{mm}）$$

$$R_\text{WB3}=0.222(\text{m}\Omega/\text{m})\times2\ \text{m}=0.444\ \text{m}\Omega$$

故

$$X_\text{WB3}=0.17(\text{m}\Omega/\text{m})\times2\ \text{m}=0.34\ \text{m}\Omega$$

⑥电流互感器 TA 一次线圈的电阻和电抗：查附录表 5，得

$$R_\text{TA}=0.75\ \text{m}\Omega$$

$$X_\text{TA}=1.2\ \text{m}\Omega$$

⑦低压断路器 QF 过电流线圈的电阻和电抗：查附录表 6，得

$$R_\text{QF}=0.36\ \text{m}\Omega$$

$$X_\text{QF}=0.28\ \text{m}\Omega$$

⑧电路中各开关触头的接触电阻：查附录表 7，得隔离开关 QS 的接触电阻为 0.03 mΩ，刀开关 QK 的接触电阻为 0.4 mΩ，低压断路器 QF 的接触电阻为 0.6 mΩ，因此总的接触电阻为

$$R_{XC}=0.03\ \text{m}\Omega+0.4\ \text{m}\Omega+0.6\ \text{m}\Omega=1.03\ \text{m}\Omega$$

⑨低压电缆 VLV-1000-3 × 50 mm^2 的电阻和电抗：查附录表 3，得 $R_{0(80\ ℃)}=0.77\ \Omega/\text{km}$，$X_{0(1\ 000\ \text{V})}=0.071\ \Omega/\text{km}$，电缆长度 $l=35$ m，因此

$$R_\text{WL}=(0.77\times35)\text{m}\Omega=26.95\ \text{m}\Omega$$

$$X_\text{WL}=(0.071\times35)\text{m}\Omega=2.485\ \text{m}\Omega$$

（2）计算短路电路总的电阻、电抗和阻抗

$$\begin{aligned}R_\Sigma&=R_\text{T}+R_\text{WB1}+R_\text{WB2}+R_\text{WB3}+R_\text{TA}+R_\text{QF}+R_\text{XC}+R_\text{WL}\\&=1.875\ \text{m}\Omega+0.33\ \text{m}\Omega+0.142\ \text{m}\Omega+0.444\ \text{m}\Omega+0.75\ \text{m}\Omega+\\&\quad 0.36\ \text{m}\Omega+1.03\ \text{m}\Omega+26.95\ \text{m}\Omega=31.88\ \text{m}\Omega\end{aligned}$$

$$\begin{aligned}X_\Sigma&=X_\text{S}+X_\text{T}+X_\text{WB1}+X_\text{WB2}+X_\text{WB3}+X_\text{TA}+X_\text{QF}+X_\text{WL}\\&=0.53\ \text{m}\Omega+9\ \text{m}\Omega+1.02\ \text{m}\Omega+0.214\ \text{m}\Omega+0.34\ \text{m}\Omega+1.2\ \text{m}\Omega+\\&\quad 0.28\ \text{m}\Omega+2.485\ \text{m}\Omega=15.07\ \text{m}\Omega\end{aligned}$$

$|Z_{\Sigma}| = \sqrt{R_{\Sigma}^2 + X_{\Sigma}^2} = \sqrt{31.88^2 + 15.07^2}\ \text{m}\Omega = 35.26\ \text{m}\Omega$

(3)计算三相短路电流和短路容量

$$I_k^{(3)} = \frac{U_c}{\sqrt{3}|Z_{\Sigma}|} = \frac{400\ \text{V}}{\sqrt{3} \times 35.26\ \text{m}\Omega} = 6.55\ \text{kA}$$

$$I''^{(3)} = I_{\infty}^{(3)} = I_k^{(3)} = 6.55\ \text{kA}$$

$$i_{sh}^{(3)} = 1.84 I''^{(3)} = 1.84 \times 6.55\ \text{kA} = 12.05\ \text{kA}$$

$$I_{sh}^{(3)} = 1.09 I''^{(3)} = 1.09 \times 6.55\ \text{kA} = 7.14\ \text{kA}$$

$$S_k^{(3)} = \sqrt{3} U_c I_k^{(3)} = \sqrt{3} \times 0.4\ \text{kV} \times 6.55\ \text{kA} = 4.5\ \text{MV} \cdot \text{A}$$

附带说明:如果上例的短路计算只计电力系统、电力变压器和低压电缆的阻抗,则

$$R'_{\Sigma} = R_{\text{T}} + R_{\text{WL}} = 1.875\ \text{m}\Omega + 26.95\ \text{m}\Omega = 28.83\ \text{m}\Omega$$

$$X'_{\Sigma} = X_{\text{S}} + X_{\text{T}} + X_{\text{WL}} = 0.53\ \text{m}\Omega + 9\ \text{m}\Omega + 2.485\ \text{m}\Omega = 12.02\ \text{m}\Omega$$

$$|Z'_{\Sigma}| = \sqrt{R'^2_{\Sigma} + X'^2_{\Sigma}} = \sqrt{28.83^2 + 12.02^2}\ \text{m}\Omega = 31.24\ \text{m}\Omega$$

故

$$I'^{(3)}_k = \frac{U_c}{\sqrt{3}|Z'_{\Sigma}|} = \frac{400\ \text{V}}{\sqrt{3} \times 31.24\ \text{m}\Omega} = 7.39\ \text{kA}$$

这里的 $I'^{(3)}_k$ 比上例计算的 $I_k^{(3)}$ 增大了 0.84 kA,即增大了(0.84/ 6.55) ×100% =12.8%。由此可见,低压电网的短路计算中,如果略去低压母线等的阻抗,将造成一定的误差。但是如果低压线路较长时,此误差将在10%以内,作为短路计算是可以允许的。

3.3.5　两相短路电流的计算

在无限大容量系统中发生两相短路时(参看图3.8),其短路电流周期分量有效值可按下式计算:

$$I_k^{(2)} = \frac{U_c}{2|Z_{\Sigma}|} \tag{3.37}$$

式中,U_c为短路计算电压(线电压),比短路点线路额定电压高5%。

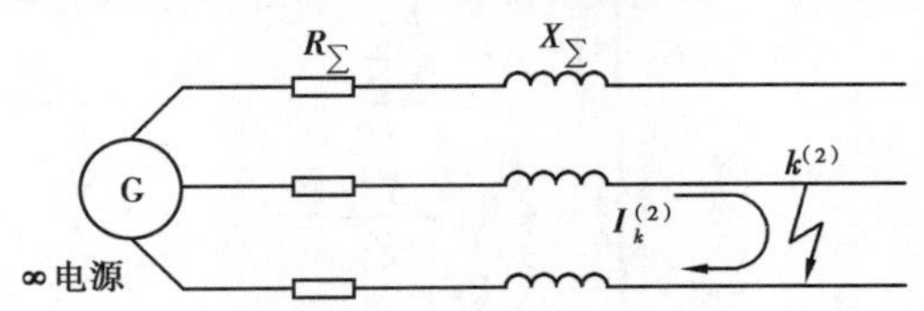

图3.8　无限大容量系统中发生两相短路

如果只计电抗,则短路电流为

$$I_k^{(2)} = \frac{U_c}{2X_{\Sigma}} \tag{3.38}$$

其他两相短路电流 $I''^{(2)}$、$I_{\infty}^{(2)}$、$i_{sh}^{(2)}$ 和 $I_{sh}^{(2)}$ 等,都可按前面三相短路的对应公式计算。关于两相短路电流与三相短路电流的关系,可由 $I_k^{(2)} = U_c/2|Z_{\Sigma}|$ 和 $I_k^{(3)} = U_c/\sqrt{3}|Z_{\Sigma}|$ 求得,即

$$\frac{I_k^{(2)}}{I_k^{(3)}} = \frac{\sqrt{3}}{2} = 0.866 \quad \text{因此} \quad I_k^{(2)} = \frac{\sqrt{3}}{2} I_k^{(3)} = 0.866 I_k^{(3)} \tag{3.39}$$

上式说明,无限大容量系统中,同一地点的两相短路电流为其三相短路电流的0.866倍。

因此无限大容量系统中的两相短路电流,可在求出三相短路电流后利用式(3.39)直接求得。

3.3.6 单相短路电流的计算

在大接地电流系统或三相四线制系统中发生单相短路时(参看图3.1(c)与(d),根据对称分量法可求得其单相短路电流为

$$\dot{I}_k^{(1)} = \frac{3\dot{U}_\varphi}{Z_{1\sum} + Z_{2\sum} + Z_{0\sum}} \tag{3.40}$$

式中,U_φ 为电源相电压;$Z_{1\sum}$,$Z_{2\sum}$,$Z_{0\sum}$ 为单相短路回路的正序、负序和零序阻抗。

式(3.39)只适用于远离发电机的无限大容量系统。如果是发电机出口短路时,则 $I_k^{(2)} = 1.5I_k^{(3)}$。在工程设计中,常利用下式计算单相短路电流:

$$I_k^{(1)} = \frac{U_\varphi}{|Z_{\varphi-0}|} \tag{3.41}$$

式中,U_φ 为电源相电压;$|Z_{\varphi-0}|$ 为单相短路回路的阻抗[模],可查有关手册,或按下式计算:

$$|Z_{\varphi-0}| = \sqrt{(R_T + R_{\varphi-0})^2 + (X_T + X_{\varphi-0})^2} \tag{3.42}$$

式中,R_T、X_T 分别为变压器单相等效电阻和电抗;$R_{\varphi-0}$、$X_{\varphi-0}$分别为相线与N线(或PE线、PEN线)的短路回路电阻和电抗,包括短路回路中低压断路器过电流线圈的阻抗、电流互感器一次线圈的阻抗和各开关触头的接触电阻等,可查有关手册或附录表5至附录表7。

单相短路电流与三相短路电流的关系如下:

在远离发电机的用户变电所低压侧发生单相短路时,$Z_{1\sum} \approx Z_{2\sum}$,因此由式(3.40)得单相短路电流:

$$\dot{I}_k^{(1)} = \frac{3\dot{U}_\varphi}{2Z_{1\sum} + Z_{0\sum}} \tag{3.43}$$

而三相短路时,三相短路电流为

$$\dot{I}_k^{(3)} = \frac{\dot{U}_\varphi}{Z_{1\sum}} \tag{3.44}$$

因此

$$\frac{\dot{I}_k^{(1)}}{\dot{I}_k^{(3)}} = \frac{3}{2 + \dfrac{Z_{0\sum}}{Z_{2\sum}}} \tag{3.45}$$

由于远离发电机发生短路时,$Z_{0\sum} > Z_{1\sum}$,因此

$$I_k^{(1)} < I_k^{(3)} \tag{3.46}$$

由式(3.29)和式(3.46)可知,在无限大容量系统中或远离发电机处发生短路时,两相短路电流和单相短路电流都比三相短路电流小,因此用于选择电气设备和导体的短路动、热稳定度校验的短路电流,应采用三相短路电流。而两相短路电流主要用于相间短路保护的灵敏度校验,单相短路电流主要用于单相短路保护的整定和单相热稳定度的校验。

3.4 短路电流的效应和校验

3.4.1 短路电流的电动效应和动稳定度校验

供电系统短路时,短路电流特别是短路冲击电流将使相邻导体之间产生很大的电动力,可使电器和载流导体遭受严重的机械性破坏。为此,要使电路元件能承受短路时最大电动力的作用,电路元件必须具有足够的电动稳定度。

(1)短路时的最大电动力

由电工原理知,处在空气中的两平行导体分别通以电流 i_1、i_2(单位为A)时,两导体间产生的电磁互作用力即电动力(单位为N)为

$$F=\mu_0 i_1 i_2 \frac{l}{2\pi a}=2i_1 i_2 \frac{l}{a}\times 10^{-7} \tag{3.47}$$

式中 a——两导体的轴线间距离;

l——导体的两相邻支持点距离,即档距;

μ_0——真空和空气的磁导率,$\mu_0=4\pi\times 10^{-7}\ \mathrm{N/A^2}$。

上式适用于圆形截面的实芯导体。对矩形截面导体,应计入一个形状系数 K_f,即

$$F=2K_f i_1 i_2 \frac{l}{a}\times 10^{-7} \tag{3.48}$$

形状系数 K_f 与导体的形状和相对位置有关。设矩形截面导体的宽为 b,高为 h,两导体轴线间距离为 a,则形状系数 K_f 值可根据 $\frac{a-b}{b+h}$ 和 $m=\frac{b}{h}$ 查图3.9所示形状曲线求得。

如果三相线路中发生两相短路,则两相短路冲击电流 $i_{sh}^{(2)}$ 通过两相导体时产生的电动力最大,其值为

$$F^{(2)}=2K_f i_{sh}^{(2)2}\frac{l}{a}\times 10^{-7} \tag{3.49}$$

如果三相线路中发生三相短路,则三相短路冲击电流 $i_{sh}^{(3)}$ 在中间相(水平放置或垂直放置,如图3.10所示)产生的电动力最大,其值为

$$F^{(3)}=\sqrt{3}K_f i_{sh}^{(3)2}\frac{l}{a}\times 10^{-7} \tag{3.50}$$

由于三相短路冲击电流与两相短路冲击电流的关系为 $i_{sh}^{(3)}/i_{sh}^{(2)}=2/\sqrt{3}$,因此三相短路与两相短路产生的最大电动力之比为

$$\frac{F^{(3)}}{F^{(2)}}=\frac{2}{\sqrt{3}}=1.15 \tag{3.51}$$

由此可见,三相线路发生三相短路时中间相导体所受电动力比两相短路时导体所受的电动力大,因此校验电器和载流导体的动稳定度,一般应采用三相短路冲击电流 $i_{sh}^{(3)}$ 或其有效值 $I_{sh}^{(3)}$。

(2)短路动稳定度的校验条件

电器和导体的动稳定度校验,依校验对象的不同而采用不同的校验条件。

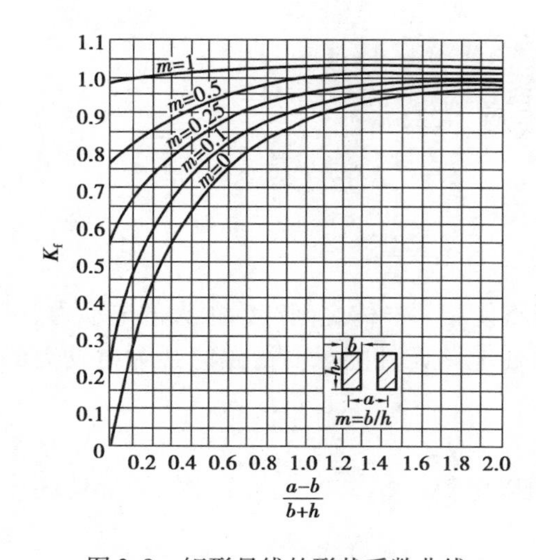

图 3.9　矩形母线的形状系数曲线

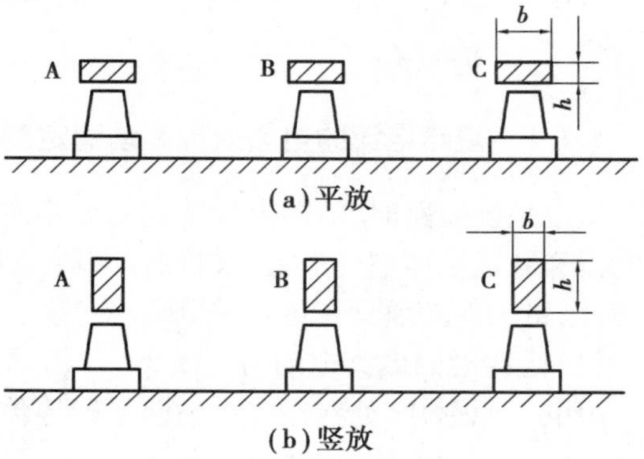

(a)平放

(b)竖放

图 3.10　水平放置的母线

1)一般电器的动稳定度校验条件

满足动稳定度的校验条件为

$$i_{\max} \geqslant i_{sh}^{(3)} \tag{3.52}$$

或

$$I_{\max} \geqslant I_{sh}^{(3)} \tag{3.53}$$

式中,$i_{\max}$为电器的极限通过电流(或称动稳定电流)峰值;$I_{\max}$为电器的极限通过电流(动稳定电流)有效值。以上 $i_{\max}$和 $I_{\max}$可由有关手册或产品样本查得。附录表 12 列出部分高压断路器的主要技术数据,供参考。

2)绝缘子的动稳定度校验条件

满足动稳定度的校验条件为

$$F_{al} \geqslant F_c^{(3)} \tag{3.54}$$

式中,F_{al}为绝缘子的最大允许负荷,可由有关手册或产品样本查得;如果手册或产品样本给出的是绝缘子的抗弯破坏负荷值,则可将其抗弯破坏负荷值乘以 0.6 作为 $F_c^{(3)}$;F_{al}为三相短路时作用于绝缘子上的计算力;如果母线在绝缘子上为平放(图 3.10a),按式(3.50)计算,即 $F_c^{(3)}=F^{(3)}$,如果母线为竖放(图 3.10b),则 $F_c^{(3)}=1.4F^{(3)}$。

3)硬母线的动稳定度校验条件

满足动稳定度的校验条件为

$$\sigma_{al} \geqslant \sigma_c \tag{3.55}$$

式中,σ_{al}为母线材料的最大允许应力(Pa)。硬铜母线(TMY),$\sigma_{al}=140$ MPa;硬铝母线(LMY),$\sigma_{al}=70$ MPa,为母线通过 $i_{sh}^{(3)}$时所受到的最大计算应力。

上述最大计算应力按下式计算:

$$\sigma_c=\frac{M}{W} \tag{3.56}$$

式中,M 为母线通过 $i_{sh}^{(3)}$ 时所受到的弯曲力矩;当档数为 1 ~2 时,$M=F^{(3)}l/8$;当档数大于 2 时,$M=F^{(3)}l/10$;这里 $F^{(3)}$ 按式(3.50)计算,l 为母线的档距;W 为母线的截面系数;当母线水平放置时(图 3.10),$W=b^2h/6$,此处 b 为母线的水平宽度,h 为母线截面的垂直高度。

电缆的机械强度很好,无须校验其短路动稳定度。

3.4.2　短路点附近交流电动机的反馈电流影响

当短路点附近所接交流电动机总容量超过100 kW,或者其额定电流之和超过系统短路电流的1%时,应计入电动机反馈电流的影响。由于短路时电动机端电压骤降,致使电动机因其定子绕组电动势反高于外施电压,从而向短路点反馈电流。但由于交流电动机在外电路短路后很快受到制动,使得它产生的反馈电流衰减很快,因此只在考虑短路冲击电流的影响时才计入电动机的反馈电流,使短路计算点的短路冲击电流增大。

当交流电动机进线端发生三相短路时,它反馈的最大短路电流瞬时值(称为电动机反馈冲击电流)可按下式计算:

$$i_{sh.M}=\sqrt{2}\frac{E''^{*}_{M}}{X''^{*}_{M}}K_{sh.M}I_{N.M}=CK_{sh.M}I_{N.M} \tag{3.57}$$

式中,E''^{*}_{M} 为电动机次暂态电动势标幺值(参看表3.3);X''^{*}_{M} 为电动机次暂态电抗标幺值(表3.3);C 为电动机反馈冲击系数(表3.3);$K_{sh.M}$为电动机短路电流冲击系数,对3~10 kV电动机可取1.4~1.7,对380 V电动机可取1;$I_{N.M}$为电动机额定电流。

表3.3　交流电动机的 E''^{*}_{M}、X''^{*}_{M} 和 C

电动机类型	E''^{*}_{M}	X''^{*}_{M}	C	电动机类型	E''^{*}_{M}	X''^{*}_{M}	C
感应电动机	0.9	0.2	6.5	同步补偿机	1.2	0.16	10.6
同步电动机	1.1	0.2	7.8	综合性负荷	0.8	0.35	3.2

例3.4　设例3.1所示工厂变电所380 V侧母线上接有380 V感应电动机组250 kW,平均 $\cos\varphi=0.7$,效率 $\eta=0.75$。该母线采用LMY-100×10的硬铝母线,水平平放,档距为900 mm,档数大于2,相邻两相母线的轴线距离为160 mm。试求该母线三相短路时所受的最大电动力,并校验其动稳定度。

解　(1)计算母线三相短路时所受的最大电动力

由例3.1的计算知,380 V母线三相短路的 $I_k^{(3)}=31.4$ kA,$i_{sh}^{(3)}=57.8$ kA;而接于380 V母线的感应电动机组的额定电流为

$$I_{N.M}=\frac{250\ \text{kW}}{\sqrt{3}\times380\ \text{V}\times0.7\times0.75}=0.72\ \text{kA}$$

由于 $I_{N.M}>0.01I_k^{(3)}=0.314$ kA(或由于 $P_{N.M}>100$ kW),故需计入此电动机组的反馈电流影响。

该电动机组的反馈冲击电流值为 $i_{sh.M}=6.5\times1\times0.724\ \text{kA}=4.7\ \text{kA}$

因此380 V母线在三相短路时所受的最大电动力为($K_f=1$)

$$F^{(3)}=\sqrt{3}(57.8\times10^{3}\ \text{A}+4.7\times10^{3}\ \text{A})^{2}\times\frac{0.9\ \text{m}}{0.16\ \text{m}}\times10^{-7}\ \text{N/A}^{2}=3\ 806\ \text{N}$$

(2)校验母线短路时的动稳定度

母线在 $F^{(3)}$ 作用下的弯曲力矩为

$$M=\frac{F^{(3)}l}{10}=\frac{3\ 806\ \text{N}\times0.9\ \text{m}}{10}=346\ \text{N}\cdot\text{m}$$

母线的截面系数为

$$W = \frac{b^2 h}{6} = \frac{(0.1\ \text{m})^2 \times 0.01\ \text{m}}{6} = 1.667 \times 10^{-5}\ \text{m}^3$$

母线在三相短路时所受的计算应力为

$$\sigma_c = \frac{M}{W} = \frac{346\ \text{N} \cdot \text{m}}{1.667 \times 10^{-5}\ \text{m}^3} = 20.8\ \text{MPa}$$

而铝母线(LMY)的允许应力为

$$\sigma_{al} = 70\ \text{MPa} > \sigma_c = 20.8\ \text{MPa}$$

由此可见,该母线满足短路动稳定度的要求。

3.4.3 短路电流的热效应和热稳定度校验

(1)短路电流的热效应

导体通过正常负荷电流时,导体具有电阻,因此要产生电能损耗。这种电能损耗转换为热能,一方面使导体温度升高,另一方面向周围介质散热。当导体内产生的热量与导体向周围介质散失的热量相等时,导体就维持在一定的温度值。

在线路发生短路时,极大的短路电流将使导体温度迅速升高。由于短路后线路的保护装置很快动作,切除短路故障,所以短路电流通过导体的时间不会很长,一般不超过 2 ~ 3 s。因此在短路过程中,可不考虑导体向周围介质的散热,即近似地认为导体在短路时间内是与周围介质绝热的,短路电流在导体内产生的热量全部用来使导体温度升高。

按照导体的允许发热条件,导体在正常负荷和短路时的最高温度见附录表 11。如果导体和电器在最严重短路时的发热温度不超过允许温度,则可认为其短路热稳定度是满足要求的。

要确定导体短路后达到的最高温度 θ_k,按理应先求出实际短路电流在短路时间 t_k 内产生的热量 Q_k,但由于实际短路电流是一个幅值变动的电流,用它来计算 θ_k 是相当困难的,因此一般采用一个恒定的短路稳态电流 I_∞ 来等效计算实际短路电流所产生的热量。即

$$Q_k = \int_0^{t_k} I_{k(t)}^2 R \mathrm{d}t = I_\infty^2 R t_{ima} \tag{3.58}$$

式中,R 为导体的电阻;t_{ima} 为短路发热假想时间,亦称热效时间。

短路发热假想时间 $t_{im\alpha}$ 可用下式近似地计算:

$$t_{ima} = t_k + 0.05\left(\frac{I''}{I_\infty}\right)_S^2 \tag{3.59}$$

在无限大容量系统中发生短路时,由于 $I'' = I_\infty$,因此

$$t_{im\alpha} = t_k + 0.05\ \text{s} \tag{3.60}$$

当 $t_k > 1$ s 时,可以认为 $t_{im\alpha} = t_k$。

短路时间 t_k 为短路保护装置实际最长的动作时间 t_{op} 与断路器(开关)的断路时间 t_{oc}(含固有分闸时间和灭弧时间)之和,即

$$t_k = t_{op} + t_{oc} \tag{3.61}$$

对于一般高压断路器(如油断路器),可取 $t_{oc} = 0.2$ s;对于高速断路器(如真空断路器、六氟化硫断路器),可取 $t_{oc} = 0.1 \sim 0.15$ s。

工程设计中,一般是利用图 3.11 所示曲线来确定 θ_k。该曲线的横坐标用导体加热系数 K 表示,纵坐标表示导体温度 θ。

利用图 3.11 曲线由 θ_L 查 θ_k 的步骤如下(参看图 3.12):

①先从纵坐标轴上找出导体在正常负荷时的温度 θ_L 值。如果实际负荷时导体的温度不详,可采用附录表 11 所列的额定负荷时的最高允许温度作为 θ_L。

②由 θ_L 向右查得相应曲线上的点 α,再由 α 点向下查得横坐标轴上的 K_L。

③利用下式计算 K_k:

$$K_k = K_L + \left(\frac{I_\infty}{A}\right)^2 t_{ima} \times 10^6 \tag{3.62}$$

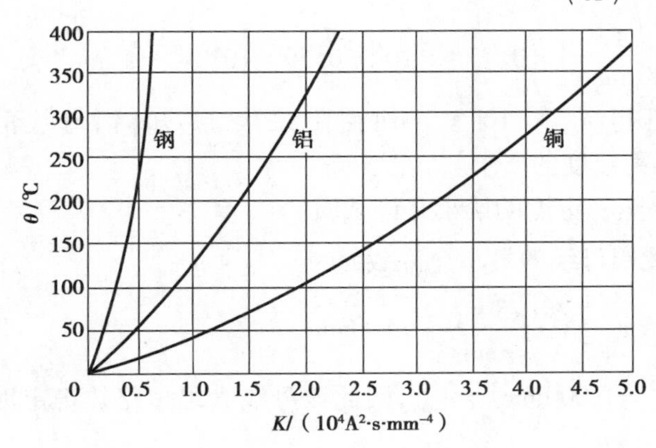

图 3.11　确定导体温度 θ_k 的曲线

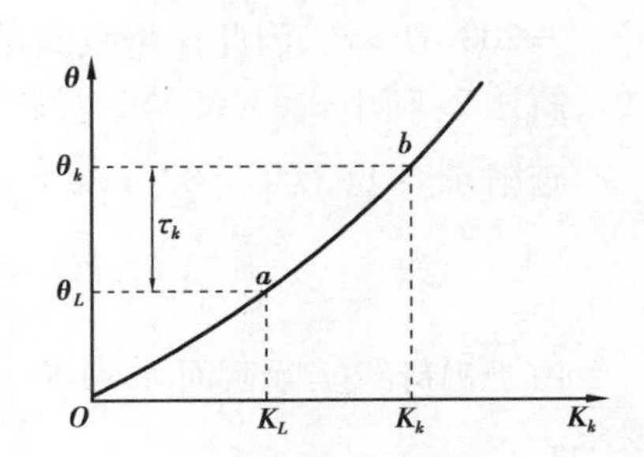

图 3.12　利用图 3.11 所示曲线由 θ_L 查 θ_k 的步骤说明

式中,A 为导体截面积(mm²),I_∞ 为三相短路稳态电流(kA);$t_{im\alpha}$ 为短路发热假想时间(s);K_L 和 K_k 分别为正常负荷时和短路时导体加热系数($A^2 \cdot s/mm^4$)。

④从纵坐标轴上找出 K_k 值。

⑤由 K_k 向上查得相应曲线上的 b 点,再由 b 点向左查得纵坐标轴上的 θ_k 值。

(2)短路热稳定度的校验条件

电器和导体的热稳定度校验,也依校验对象的不同而采用不同的校验条件。

1)一般电器的热稳定度校验条件

满足热稳定度的校验条件为

$$I_t^2 t \geqslant I_\infty^{(3)2} t_{ima} \tag{3.63}$$

式中,I_t 为电器的热稳定电流;t 为电器的热稳定试验时间。I_t 和 t 可查有关手册或产品样本。常用高压断路器的 I_t 和 t 可查附录表 12。

2)母线及绝缘导线和电缆等导体的热稳定度校验条件满足热稳定度的校验条件为

$$\theta_{k.max} \geqslant \theta_k \tag{3.64}$$

式中,$\theta_{k.max}$ 为导体在短路时的最高允许温度,见附录表 11。

如前所述,要确定 θ_k 比较麻烦,因此也可根据短路热稳定度的要求来确定其最小允许截面 A_{min}(mm²)。

由式(3.62)可得最小允许截面

$$A_{min} = I_\infty^{(3)} \times 10^3 \times \sqrt{\frac{t_{ima}}{K_k - K_L}} = I_\infty^{(3)} \times 10^3 \times \frac{\sqrt{t_{ima}}}{C} \tag{3.65}$$

式中,$I_\infty^{(3)}$ 为三相短路稳态电流(kA);C 为导体的热稳定系数($A\sqrt{s}/mm^2$),见附录表 11。

例 3.5　某变电所 380 V 侧铝母线为 LMY-100×10。已知此母线三相短路时 $I_k^{(3)}=34.57$ kA，短路保护动作时间为 0.6 s，低压断路器的断路时间为 0.1 s，母线正常运行时最高温度为 55 ℃。试校验该母线的短路热稳定度。

解法 1：用 $\theta_L=55$ ℃查图 3.11 的铝导体曲线，查得对应的 $K_L\approx0.5\times10^4\ \text{A}^2\cdot\text{s}/\text{mm}^4$，而

$$t_{ima}=t_k+0.05\ \text{s}=t_{op}+t_{oc}+0.05\ \text{s}=0.6\ \text{s}+0.1\ \text{s}+0.05\ \text{s}=0.75\ \text{s}$$

因此由式(3.62)可得

$$K_k=0.5\times10^4\ \text{A}^2\cdot\text{s/mm}^4+\left(\frac{34.5\ \text{kA}}{100\times100\ \text{mm}^2}\right)\times0.75\ \text{s}\times10^6=0.59\times10^4\ \text{A}^2\cdot\text{s/mm}^4$$

用 K_k 去查图 3.11 的铝导体曲线可得 $\theta_k\approx110$ ℃。而由附录表 11 知，铝母线的 $\theta_{k.max}=200\ ℃>\theta_k$，因此该母线满足短路热稳定度的要求。

解法 2：利用式(3.65)求母线满足短路热稳定度的最小允许截面。

查附录表 11 得 $C=87\ A\sqrt{s}/\text{mm}^2$。因此铝母线的最小允许截面为

$$A_{\min}=34.57\times10^3\ \text{A}\times\frac{\sqrt{0.75\ \text{s}}}{87\ \text{A}\sqrt{\text{s}}/\text{mm}^2}=344\ \text{mm}^2$$

由于铝母线实际截面 $A=100\times10\ \text{mm}^2=1\ 000\text{mm}^2>A_{\min}$，因此该母线满足短路热稳定度要求。

复习思考题

3.1　什么叫短路？短路产生的原因有哪些？它对电力系统有哪些危害？

3.2　短路有哪些形式？哪种短路形式发生的可能性最多？哪种短路形式的危害最为严重？

3.3　什么叫无限大容量电力系统？它有什么主要特征？突然短路时，系统中的短路电流将如何变化？

3.4　什么叫短路电流的电动效应？为什么采用短路冲击电流来计算？什么情况下应考虑短路点附近大容量交流电动机的反馈电流？

3.5　什么叫短路电流的热效应？为什么采用短路稳态电流来计算？什么叫短路发热假想时间？如何计算？

3.6　对一般开关电器，短路动稳定度和热稳定度校验的条件各是什么？对母线的短路动稳定度校验的条件是什么？对母线的短路热稳定度校验的条件又是什么？什么叫最小允许截面？

习　题

3.1　有一地区变电站通过一条长 4 km 的 10 kV 架空线路供电给某工厂变电所，该变电所装有两台并列运行的 Yyn0 联结的 S9-1000 型变压器。已知地区变电站出口断路器为 SN10-10 Ⅱ型。试用欧姆法计算该工厂变电所 10 kV 母线和 380 V 母线的短路电流 $I_k^{(3)}$、$I''^{(3)}$、

$I_{\infty}^{(3)}$、$i_{sh}^{(3)}$、$I_{sh}^{(3)}$ 及短路容量 $S_k^{(3)}$，并列出短路计算表。

3.2　试用标幺制法重做习题 3.1。

3.3　某变电所 380 V 侧母线采用 80 mm × 10 mm 铝母线，水平平放，两相邻母线轴线间距离为 200 mm，档距为 0.9 m，档数大于 2。该母线上接有一台 500 kW 同步电动机，$\cos\varphi = 1$ 时，$\eta = 94\%$。已知该母线三相短路时，由电力系统产生的 $I_k^{(3)} = 36.5$ kA，$i_{sh}^{(3)} = 67.2$ kA。试校验此母线的短路动稳定度。

3.4　设习题 3.3 所述 380 V 母线的短路保护时间为 0.5 s，低压断路器的断路时间为 0.05 s。试校验该母线的短路热稳定度。

第4章 供配电系统的主要电气设备

本章首先简单介绍供配电系统电气设备的分类，然后讲述电气设备电器触点间电弧产生和熄灭的基本知识，并提出了对电气触头的基本要求；接着分别介绍高低压一次设备、电力变压器、互感器和应急柴油发电机组的结构、性能及其选择。

4.1 供配电系统电气设备的分类

变电所中承担输送和分配电能任务的电路，称为一次电路或一次回路，也称主电路。一次电路中所有的电气设备，称为一次设备。

凡用来控制、指示、监测和保护一次设备运行的电路，称为二次电路或二次回路，亦称副电路。二次电路通常接在互感器的二次侧，二次电路中的所有设备称为二次设备。

一次设备按其功能来分，可分以下几类：

①变换设备：其功能是按电力系统工作的要求来改变电压或电流等，如电力变压器、电流互感器、电压互感器等。

②控制设备：其功能是按电力系统工作的要求来控制一次设备的投入和切除，如各种高低压开关。

③保护设备：其功能是用来对电力系统进行过电流和过电压等保护，如熔断器和避雷器等。

④补偿设备：其功能是用来补偿电力系统的无功功率，以提高电力系统的功率因数，如并联电容器。

⑤成套设备：它是按一次电路接线方案的要求，将有关一次设备及二次设备组合为一体的电气装置，如高压开关柜、低压配电屏、动力和照明配电箱等。

4.2 电气设备中的电弧问题及对触头的要求

4.2.1 电气设备中的电弧问题

电弧是电气设备运行中经常发生的一种物理现象，其特点是光亮很强和温度很高。电弧的产生对供电系统的安全运行有很大影响。首先,电弧延长了电路开断的时间。在开关分断短路电流时,开关触头上的电弧就延长了短路电流通过电路的时间,使短路电流危害的时间延长,可能对电路设备造成更大的损坏。同时,电弧的高温可能烧损开关的触头,烧毁电气设备和导线电缆,甚至可能引起火灾和爆炸事故。此外,强烈的弧光可能损伤人的视力,严重的可致人失明。因此,开关设备在结构设计上要保证其操作时电弧能迅速地熄灭。为此,在讲述开关设备之前,有必要简介电弧产生和熄灭的原理与方法,并提出对电气触头的一些基本要求。

4.2.2　对电气触头的基本要求

电气触头是开关电器中极其重要的部件。开关电器工作的可靠程度,与触头的结构和状况有着密切的关系。为保证开关电器可靠工作,电器触头必须满足下列基本要求:

(1)满足正常负荷的发热要求

正常负荷电流(包括过负荷电流)长期通过触头时,触头的发热温度不应超过允许值。为此,触头必须接触紧密良好,尽量减小或消除触头表面的氧化层,尽量降低接触电阻。

(2)具有足够的机械强度

触头要能经受规定的通断次数而不致发生机械故障或损坏。

(3)具有足够的动稳定度和热稳定度

即在可能发生的最大短路冲击电流通过时,触头不致因电动力作用而损坏;并在可能最长的短路时间内通过短路电流时,触头不致被其产生的热量过度烧损或熔焊。

(4)具有足够的断流能力

即在开断所规定的最大负荷电流或短路电流时,触头不应被电弧过度烧损,更不应发生熔焊现象。为了保证触头在闭合时尽量降低触头电阻,而在通断时又使触头能经受电弧高温的作用,因此有些开关触头分为工作触头和灭弧触头两部分。工作触头采用导电性好的铜或镀银铜触头,而灭弧触头采用耐高温的铜钨等合金触头。通路时,电流主要通过工作触头;而通断电流时,电弧在灭弧触头之间产生,不致使工作触头烧损。

4.3　高压一次设备及其选择

本节只介绍一次电路中常用的高压熔断器、高压隔离开关、高压负荷开关、高压断路器及高压开关柜等。

4.3.1　高压熔断器

熔断器(文字符号为FU)是一种当所在电路的电流超过规定值并经一定时间后,使其熔体熔化而分断电流、断开电路的一种保护电器。熔断器的功能主要是对电路和设备进行短路保护,但有的也具有过负荷保护的功能。

工厂供电系统中,室内广泛采用RN1、RN2等型高压管式限流熔断器;室外则广泛采用RW4-10、RW10-10F等型高压跌开式熔断器,也有的采用RW10-35型高压限流熔断器等。

高压熔断器全型号的表示和含义如下:

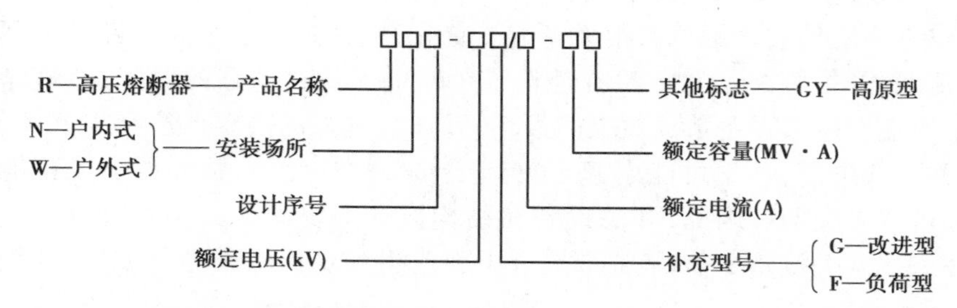

(1)RN1 和 RN2 型户内高压管式熔断器

RN1 型和 RN2 型的结构基本相同,都是瓷质熔管内充填石英砂的密闭管式熔断器。RN1 型主要用于高压线路和设备的短路保护,也能起过负荷保护的作用,其熔体要通过主电路的电流,因此其结构尺寸较大,额定电流可达 100 A。而 RN2 型只用作高压电压互感器一次侧的短路保护。由于电压互感器二次侧连接的都是阻抗很大的电压线圈,致使它接近于空载工作,其一次侧电流很小,因此 RN2 型的结构尺寸较小,其熔体额定电流一般为 0.5 A。

(2)RW4-10 和 RW10-10F 型户外高压跌开式熔断器

跌开式熔断器(drop-out fuse,文字符号一般用 FD,负荷型用 FDL)又称跌落式熔断器,广泛应用于环境正常的室外场所。其功能是:既可作 6 ~ 10 kV 线路和设备的短路保护,又可在一定条件下直接用高压绝缘操作棒(俗称令克棒)来操作熔管的分合。一般的跌开式熔断器如 RW4-10G 型等,只能在无负荷下操作,或通断小容量的空载变压器和空载线路等,其操作要求与下面将要介绍的高压隔离开关相同。而负荷型跌开式熔断器(如 RW10-10F 型)则能带负荷操作,其操作要求与下面将要介绍的负荷开关相同。

4.3.2 高压隔离开关

高压隔离开关(文字符号为 QS)的功能,主要是隔离高压电源,以保证其他设备和线路的安全检修。因此其结构有如下特点,即断开后有明显可见的断开间隙,而且断开间隙的绝缘及相间绝缘都是足够可靠的,能充分保证设备和线路检修人员的人身安全。但是隔离开关没有专门的灭弧装置,因此不允许带负荷操作。然而它可用来通断一定的小电流,如励磁电流不超过 2 A 的空载变压器、电容电流不超过 5 A 的空载线路以及电压互感器和避雷器等。

高压隔离开关按安装地点分户内式和户外式两大类。

高压隔离开关全型号的表示和含义如下:

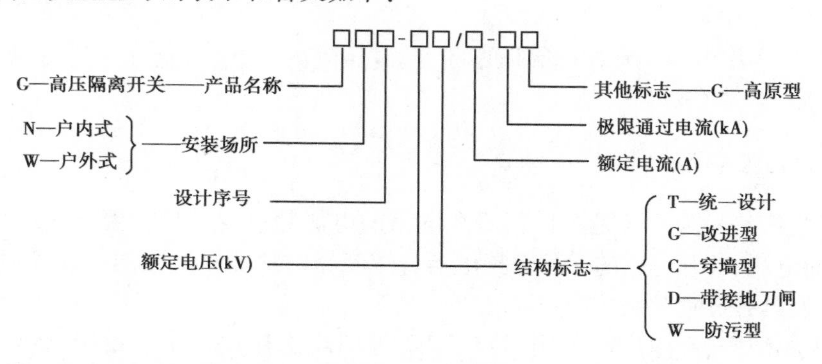

户内式高压隔离开关通常采用 CS6 型手动操作机构进行操作,而户外式则大多采用高压绝缘操作棒操作,也有的通过杠杆传动的手动操作机构进行操作。

4.3.3　高压负荷开关

高压负荷开关(文字符号为QL)具有简单的灭弧装置,能通断一定的负荷电流和过负荷电流,但不能断开短路电流,因此它必须与高压熔断器串联使用,以借助熔断器来切除短路故障。负荷开关断开后,与隔离开关一样,具有明显可见的断开间隙,因此它也具有隔离电源、保证安全检修的功能。

高压负荷开关全型号的表示和含义如下:

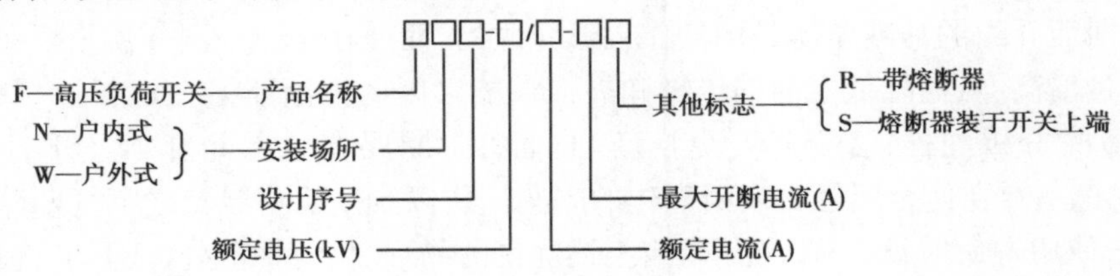

4.3.4　高压断路器

高压断路器(文字符号为QF)的功能是:不仅能通断正常的负荷电流,而且能接通和承受一定时间的短路电流,并能在保护装置作用下自动跳闸,切除短路故障。

高压断路器按其采用的灭弧介质分,有油断路器、六氟化硫(SF_6)断路器、真空断路器以及压缩空气断路器、磁吹断路器等。过去应用最广的是油断路器,但现在它已在很多场所被真空断路器和六氟化硫(SF_6)断路器所取代。油断路器现在主要在原有的老配电装置中继续使用。

油断路器按其油量多少和油的功能,又分多油式和少油式两大类。多油断路器的油量多,其油一方面作为灭弧介质,另一方面又作为相对地(外壳)甚至作为相与相之间的绝缘介质。而少油断路器的油量很少(一般只有几千克),其油只作为灭弧介质。过去3～10 kV户内配电装置中广泛采用少油断路器。下面重点介绍我国过去广泛应用的SN10-10型户内少油断路器及现在广泛应用的六氟化硫(SF_6)断路器和真空断路器。

高压断路器全型号的表示和含义如下:

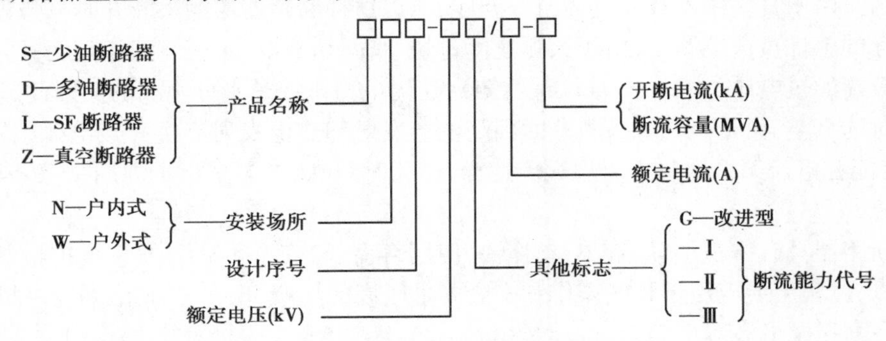

附录表12列出部分常用高压断路器的主要技术数据,供参考。

(1)SN10-10型高压少油断路器

SN10-10型少油断路器是我国统一设计、曾推广应用的一种少油断路器。按其断流容量(符号为S_{oc})分,有I、II、III型。SN10-10I型,S_{oc}=30 0MV·A;SN10-10II型,S_{oc}=500 MV·A;SN10-10III型,S_{oc}=750 MV·A。

(2)高压六氟化硫断路器

六氟化硫(SF_6)断路器,是利用 SF_6 气体作灭弧和绝缘介质的一种断路器。

SF_6 是一种无色、无味、无毒且不易燃烧的惰性气体。在 150 ℃以下时,其化学性能相当稳定。但它在电弧高温作用下要分解出有较强腐蚀性和毒性的氟(F_2),且氟能与触头表面的金属离子化合为一种具有绝缘性能的白色粉末状的氟化物。因此这种断路器的触头一般都设计成具有自动净化的功能。然而由于上述的分解和化合作用所产生的活性杂质,大部分能在几微秒的极短时间内自动还原。SF_6 不含碳元素(C),这对于灭弧和绝缘介质来说,是极为优越的特性。前面介绍的油断路器是用油作灭弧介质的,而油在电弧高温作用下要分解出碳,使油中的含碳量增高,从而降低了油的绝缘和灭弧性能。因此油断路器在运行过程中需要经常监视油色,适时分析油样,必要时要更换新油,而 SF_6 断路器就无此麻烦。SF_6 不含氧元素(O),因此它也不存在使金属触头表面氧化的问题。所以 SF_6 断路器较之空气断路器,其触头的磨损较少,使用寿命增长。SF_6 除了具有上述优良的物理、化学性能外,还具有优良的电绝缘性能。在 300 kPa 下,其绝缘强度与一般绝缘油的绝缘强度大体相当,特别优越的是,SF_6 在电流过零时,电弧暂时熄灭后,具有迅速恢复绝缘强度的能力,从而使电弧难以复燃而很快熄灭。

SF_6断路器的结构,按其灭弧方式分,有双压式和单压式两类。双压式具有两个气压系统,压力低的作为绝缘,压力高的作为灭弧。单压式只有一个气压系统,灭弧时,SF_6的气流靠压气活塞产生。单压式的结构简单,我国现在生产的 LN1、LN2 型 SF_6 型断路器均为单压式。

SF_6 断路器与油断路器比较,具有以下优点:断流能力强,灭弧速度快,电绝缘性能好,检修周期(间隔时间)长,适于频繁操作,而且没有燃烧爆炸危险;但缺点是:要求制造加工精度高,对其密封性能要求更严,因此价格比较昂贵。

SF_6 断路器适用于需频繁操作及有易燃易爆危险的场所,现在已开始广泛应用在高压配电装置中以取代油断路器,特别是封闭式组合配电装置中。SF_6断路器也配用 $CD_□$ 型电磁操作机构或 $CT_□$ 型弹簧储能操作机构,但主要是 $CT_□$ 型。

(3)高压真空断路器

高压真空断路器是利用"真空"(气压为 10^{-2} ~ 10^{-6}Pa)灭弧的一种断路器,其触头装在真空灭弧室内。由于真空中不存在气体游离问题,所以这种断路器的触头断开时电弧很难发生。但是在实际的感性负荷电路中,由于灭弧速度过快,瞬间切断电流,将使截流陡度极大,从而使电路出现极高的过电压(由 $u_L = L\mathrm{d}i/\mathrm{d}t$ 可知),这对电力系统是十分不利的。因此,这"真空"不宜是绝对的真空,而是能在触头断开时因高电场发射和热电发射产生一点电弧(称为"真空电弧"),且能在电流第一次过零时熄灭。这样,燃弧时间既短(至多半个周期),又不致产生很高的过电压。

真空断路器具有体积小、质量小、动作快、使用寿命长、安全可靠和便于维护检修等优点,但价格较贵,过去主要应用于频繁操作和安全要求较高的场所,现在已开始取代少油断路器而广泛应用在高压配电装置中。

4.3.5 高压开关柜

高压开关柜是按一定的线路方案将有关一、二次设备组装而成的一种高压成套配电装置。它在发电厂和变配电所中作为控制和保护发电机、变压器和高压线路之用,并向其供电;也可作为大型高压电动机的启动和保护之用。高压开关柜中安装有高压开关设备、保护设备,监测仪表和母线、绝缘子等。

高压开关柜有固定式和手车式(移开式)两大类型。在一般中小型工厂中,普遍采用较为经济的固定式高压开关柜。我国现在大量生产和广泛应用的固定式高压开关柜主要为GG-1A(F)型。这种防误型开关柜具有"五防"功能:①防止误分误合断路器;②防止带负荷误拉误合隔离开关;③防止带电误挂接地线;④防止带接地线误合隔离开关;⑤防止人员误入带电间隔。

20世纪80年代以来,我国设计生产了一些符合IEC(国际电工委员会)标准的新型开关柜,例如KGN型铠装式固定柜、XGN型箱式固定柜、JYN型间隔式手车柜、KYN型铠装式手车柜以及HXGN型环网柜等。其中,环网柜适用于环形电网供电,广泛应用于城市电网的改造和建设中。

现在新设计生产的环网柜,大多将原来的负荷开关、隔离开关、接地开关的功能合并为一个"三位置开关"。它兼有通断、隔离和接地三种功能,这样可缩小环网柜的占用空间。

国产老系列高压开关柜全型号的表示和含义如下:

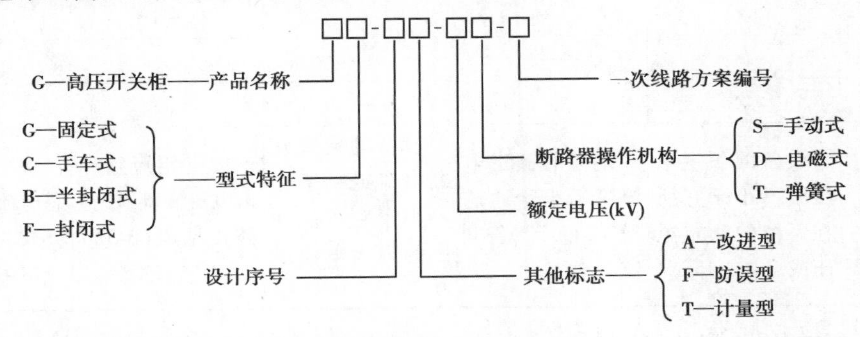

国产新系列高压开关柜全型号的表示和含义如下:

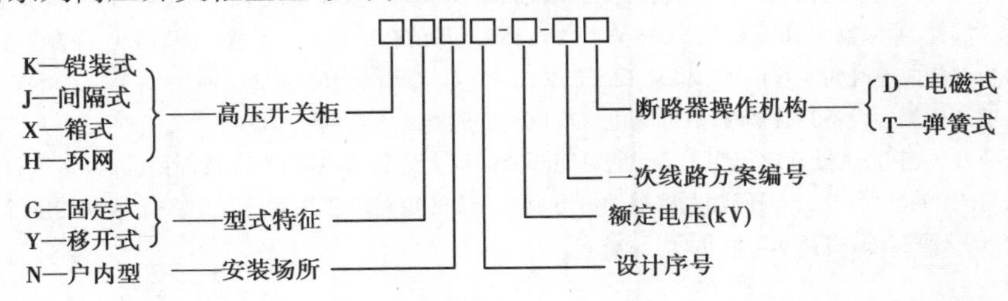

4.3.6 高压一次设备的选择

高压一次设备的选择,必须满足一次电路在正常条件下和短路故障条件下工作的要求,同时设备应工作安全可靠,运行维护方便,投资经济合理。

电气设备按正常条件下工作选择,就是要考虑电气装置的环境条件和电气要求。环境条件就是指电气装置所处的位置(室内或室外)、环境温度、海拔以及有无防尘、防腐、防火、防爆等要求。电气要求是指电气装置对设备的电压、电流、频率(一般为50 Hz)等方面的要求。对一些断流电器,如开关、熔断器等,还应考虑其断流能力。

电气设备按短路故障条件下工作选择,就是要按最大可能的短路故障时的动稳定度和热稳定度进行校验。但对熔断器及装有熔断器保护的电压互感器等,不必进行短路动稳定度和热稳定度的校验。对于电力电缆,也不要进行动稳定度的校验。高压一次设备的选择校验项目和条件,见表4.1。

表 4.1 高压一次设备的选择校验项目和条件

电气设备名称	电压/kV	电流/A	断流能力/kA 或 MVA	短路电流校验	
				动稳定度	热稳定度
高压熔断器	✓	✓	✓	—	—
高压隔离开关	✓	✓	—	✓	✓
高压负荷开关	✓	✓	✓	✓	✓
高压断路器	✓	✓	✓	✓	✓
电流互感器	✓	✓	—	✓	✓
电压互感器	✓	—	—	—	—
并联电容器	✓	—	—	—	—
母线	—	✓	—	✓	✓
电缆	✓	✓	—	—	✓
支柱绝缘子	✓	—	—	✓	—
套管绝缘子	✓	✓	—	✓	✓
选择校验条件	设备的额定电压应不小于它所在系统的额定电压或最高电压②	设备的额定电流应不小于通过设备的计算电流③	设备的最大开断电流或功率应不小于它可能开断的最大电流或功率④	按三相短路冲击电流校验,校验公式见式(3-52)~(3-55)	按三相短路稳态电流校验,校验公式见式(3-63)~(3-65)

注:①表中"✓"表示必须校验,"—"表示不要校验。

②GB/T 11022－1999《高压开关设备和控制设备的共同技术要求》规定,高压设备的额定电压,按其所在系统的最高电压上限确定。因此,原来额定电压为 3 kV、6 kV、10 kV、35 kV 等的高压开关电器,按此新标准,许多新生产的高压开关电器额定电压都相应地改为 3.6 kV、7.2 kV、12 kV、40.5 kV 等(参看前面表 1.2)。

③选择变电所高压侧的设备和导体时,其计算电流应取主变压器高压侧额定电流。

④对高压负荷开关,其最大开断电流应不小于它可能开断的最大过负荷电流;对高压断路器,其最大开断电流应不小于实际开断时间(继电保护动作时间加断路器固有分闸时间)的短路电流周期分量。关于熔断器断流能力的校验条件,与熔断器的类型有关,将在 6.2 节介绍。

例 4.1 试选择某 10 kV 高压进线侧的高压户内真空断路器的型号规格。已知该进线的计算电流为 340 A,10 kV 母线的三相短路电流周期分量有效值 $I_k^{(3)}=5.7$ kA,继电保护的动作时间为 1.2 s。

解:根据 $I_{30}=340$ A 和 $U_N=10$ kV,先试选 ZN5-10/630 型高压真空断路器。又按题给 $I_k^{(3)}=5.7$ kA 和 $t_{op}=1.2$ s 进行校验,其选择校验表见表 4.2。真空断路器的数据由附录表 12 查得。

表 4.2 例 4.1 中高压真空断路器的选择校验表

序号	安装地点的电气条件		ZN5-10/630 型真空断路器		
	项目	数据	项目	数据	结论
1	U_N	10 kV	U_{NQF}	10 kV	合格

续表

序号	安装地点的电气条件		ZN5-10/630 型真空断路器		
	项目	数据	项目	数据	结论
2	I_{30}	340 A	I_{NQF}	630 A	合格
3	I_k^{30}	5.7 kA	I_{oc}	20 kA	合格
4	$i_{ik}^{(3)}$	2.55×5.7 kA=14.5 kA	$i_{\max}$	50 kA	合格
5	$I_{\infty}^{(3)2}t$	$5.7^2\times(1.2+0.2)=45.5$	$I_t^2 t$	$20^2\times 2=800$	合格

4.4 低压一次设备及其选择

低压一次设备,是指供电系统中1 000 V(或略高)及以下的电气设备。本节只介绍常用的低压熔断器、低压开关和低压配电屏等。

4.4.1 低压熔断器

低压熔断器的类型很多,如插入式(RC□型)、螺旋式(RL□型)、无填料密封管式(RM□型)、有填料密封管式(RT□型),以及引进技术生产的有填料管式gF、aM系列和高分断能力的NT型等。

国产低压熔断器全型号的表示和含义如下:

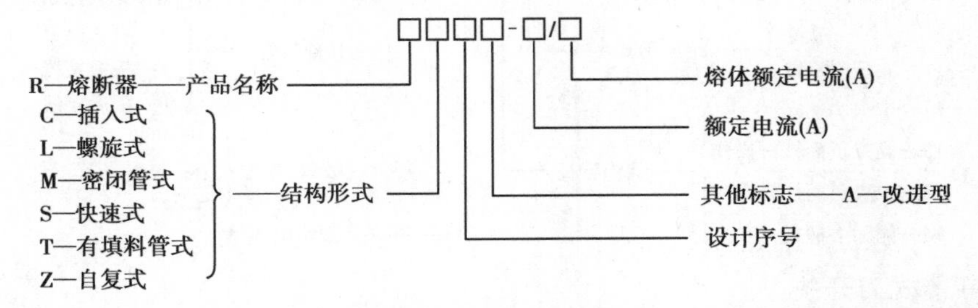

下面主要介绍供电系统中用得较多的密闭管式(RM10型)和有填料封闭管式(RT0型)两种熔断器。

(1)RM10型低压密闭管式熔断器

RM10型熔断器由纤维熔管、变截面锌熔片和触头底座等几部分组成。短路时,短路电流首先使熔片窄部(其电阻较大)加热熔化,使熔管内形成几段串联电弧,而且由于各段熔片跌落,迅速拉长电弧,使短路电弧加速熄灭。当过负荷电流通过时,由于电流加热时间较长,熔片窄部的散热较好,因此往往不在窄部熔断,而在宽窄之间的斜部熔断。根据熔片熔断的部位,可以大致判断熔断器熔断的故障电流性质。

当其熔片熔断时,纤维管的内壁将有极少部分纤维物质被电弧烧灼而分解,产生高压气体,压迫电弧,加强离子的复合,从而改善了灭弧性能。但是其灭弧断流能力仍然较差,不能在短路电流达到冲击值之前完全灭弧,所以这种熔断器属于非限流熔断器。但由于这种熔断器结构简单、价格低廉及更换熔片方便,因此仍普遍地应用在低压配电装置中。

(2)RT0 型低压有填料封闭管式熔断器

RT0 型熔断器主要由瓷熔管、栅状铜熔体和触头底座等几部分组成,其栅状铜熔体具有引燃栅。由于引燃栅的等电位作用,可使熔体在短路电流通过时形成多根并联电弧。同时熔体又具有变截面小孔,可使熔体在短路电流通过时又将长弧分割成多段短弧,而且所有电弧都在石英砂内燃烧,可使电弧中的正负离子强烈复合。因此这种有填料管式熔断器的灭弧能力很强,具有"限流"作用。此外,其熔体中段还具有"锡桥",可利用其"冶金效应"来实现对过负荷电流和小短路电流的保护。熔体熔断后,有红色的熔断指示器从熔管一端弹出,便于运行人员检视和处理。RT0 型熔断器由于其保护性能好,断流能力大,因此它广泛应用在低压配电装置中。但是其熔体一般为不可拆式,因此在熔体熔断后整个熔断体报废,不够经济。

4.4.2 低压刀开关和负荷开关

(1)低压刀开关

刀开关(文字符号为 QK)因其具有刀形动触头而得名,主要用于不频繁操作的场合。其分类方式很多,按其操作方式分,分为单投和双投;按其极数分,分为单极、双极和三极;按其有无灭弧结构分,分为不带灭弧罩和带灭弧罩的两种。不带灭弧罩的刀开关,一般只能在无负荷下操作,主要作隔离开关使用。带灭弧罩的刀开关,能通断一定的负荷电流。

低压刀开关全型号的表示和含义如下:

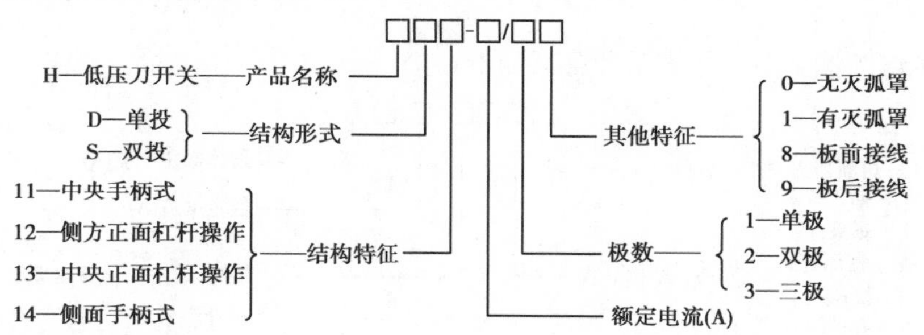

(2)熔断器式刀开关

熔断器式刀开关(fuse-switch,文字符号为 QKF 或 FU-QK),又称刀熔开关,是一种由低压刀开关与低压熔断器组合的开关电器,也主要用于不频繁操作的场合。最常见的 HR3 型刀熔开关,就是将 HD 型刀开关的闸刀换以 RT0 型熔断器的具有刀形触头的熔管。

刀熔开关具有刀开关和熔断器的双重功能。采用这种组合型开关电器,可以简化配电装置的结构,经济实用,因此越来越广泛地在低压配电屏上安装使用。

低压刀熔开关全型号的表示和含义如下:

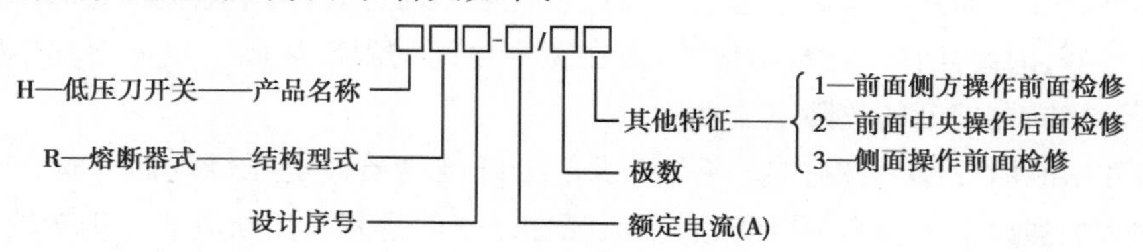

(3)低压负荷开关

低压负荷开关(文字符号为QL)是由带灭弧装置的刀开关与熔断器串联组合而成,外装封闭式铁壳或开启式胶盖的开关电器,也主要用于不频繁操作的场合。

低压负荷开关具有带灭弧罩刀开关和熔断器的双重功能,既可带负荷操作,又能实现短路保护;但其熔断器熔断后,需更换熔体后才能恢复供电。

低压负荷开关全型号的表示和含义如下:

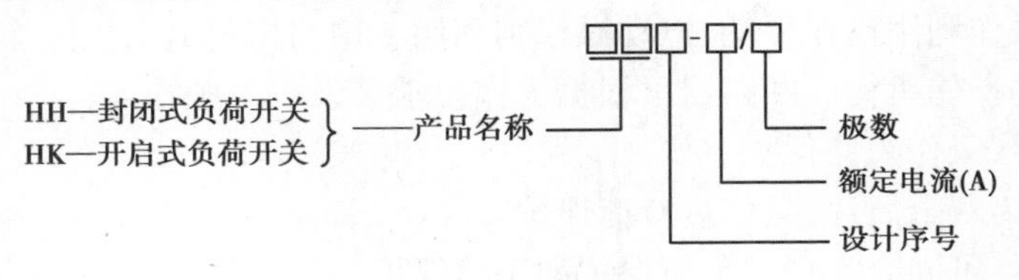

4.4.3　低压断路器

低压断路器(文字符号为QF),又称自动开关,它既能带负荷通断电路,又能在短路、过负荷和欠电压(或失压)情况下自动跳闸,其功能与高压断路器类似。

当线路上出现短路故障时,低压断路器过电流脱扣器动作,使开关跳闸。如果出现过负荷时,其串联在一次线路上的电阻发热,使双金属片弯曲,也使开关跳闸。当线路电压严重下降和电压消失时,其失压脱扣器动作,同样使开关跳闸。

低压断路器按灭弧介质分,分为空气断路器和真空断路器等;按用途分,分为配电用断路器、电动机用断路器、照明用断路器和漏电保护断路器等。

配电用低压断路器按保护性能分,分为非选择型和选择型两类。非选择型断路器一般为瞬时动作,只作短路保护用;也有的为长延时动作,只作过负荷保护用。选择型断路器有两段保护、三段保护和智能化保护等。两段保护为瞬时或短延时与长延时特性两段。三段保护为瞬时、短延时与长延时特性三段。其中,瞬时和短延时特性适用于短路保护,而长延时特性适用于过负荷保护。

配电用低压断路器按结构形式分,分为万能式和塑料外壳式两大类。国产低压断路器全型号的表示和含义如下:

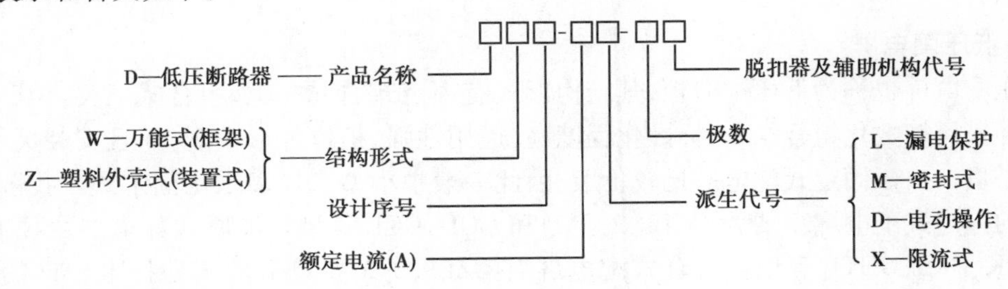

(1)万能式低压断路器

万能式低压断路器,又称框架式自动开关。它是敞开地装设在金属框架上的,而其保护方案和操作方案较多,装设地点也很灵活,故有"万能式"或"框架式"之名。它主要用作低压配电装置的主控制开关。

现在推广应用的万能式断路器,有DW15、DW15X、DW16等型及引进国外技术生产的ME、AH等型,此外还有智能型的DW48等型。

附录表13列出了部分万能式低压断路器的主要技术数据,供参考。

(2)塑料外壳式低压断路器

塑料外壳式低压断路器又称装置式自动开关,其全部机构和导电部分都装设在一个塑料外壳内,仅在壳盖中央露出操作手柄,供手动操作之用。它通常装设在低压配电装置中,多用作配电支线负荷端开关及不频繁启动电动机的控制和保护开关。

低压断路器的操作机构一般采用四连杆机构,可自由脱扣。从操作方式分,它分为手动和电动两种。手动操作利用操作手柄,电动操作则利用专用的控制电动机操作,但一般只有容量较大的才装设电动操作机构。断路器可根据工作要求装设以下脱扣器:

①电磁脱扣器,只作短路保护。

②热脱扣器,为双金属片,只作过负荷保护。

③复式脱扣器,可同时实现过负荷保护和短路保护。

现在推广应用的塑料外壳式低压断路器有DZX10、DZ15、DZ20等型及引进国外技术生产的H、3VE等型,此外还有智能型的DZ40等型。

(3)模数化小型断路器

塑料外壳式断路器中,有一类是63A及以下的小型断路器。它具有模数化结构和小型尺寸,因此通常称为模数化小型(或微型)断路器。它现在广泛应用在低压配电系统的终端,作为各种工业和民用建筑特别是住宅中照明线路和家用电器等的通断控制以及过负荷、短路和漏电保护等之用。

模数化小型断路器具有下列优点:体积小,分断能力高,机电寿命长,具有模数化的结构尺寸和通用型导轨式安装结构,组装灵活方便,安全性能好。

4.4.4 低压配电屏和配电箱

低压配电屏和低压配电箱都是按一定的线路方案将有关一、二次设备组装而成的一种成套配电装置,在低压配电系统中作动力和照明配电之用,两者没有实质的区别。不过低压配电屏的结构尺寸较大,安装的开关电器较多,一般装设在变电所的低压配电室内;而低压配电箱的结构尺寸较小,安装的开关电器不多,通常安装在靠近低压用电设备的车间或其他建筑的进线处。

(1)低压配电屏

低压配电屏也称为低压配电柜,其结构形式有固定式、抽屉式和组合式三类。其中,组合式配电屏采用模数化组合结构,标准化程度高,通用性强,柜体外形美观,而且安装灵活方便,但价格昂贵。由于固定式配电屏比较价廉,因此一般中小型工厂多采用固定式。我国现在广泛应用的固定式配电屏主要为PGL1、2、3型和GGD、GGL等型。抽屉式配电屏主要有BFC、GCL、GCK、GCS、GHT1等型。组合式配电屏有GZL1、2、3型及引进国外技术生产的多米诺(DOMINO)、科必可(CUBIC)等型。

国产老系列低压配电屏全型号的表示和含义如下:

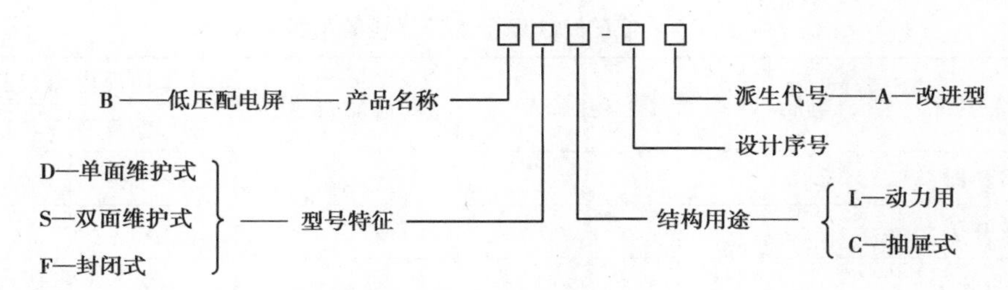

国产新系列低压配电屏全型号的表示和含义如下：

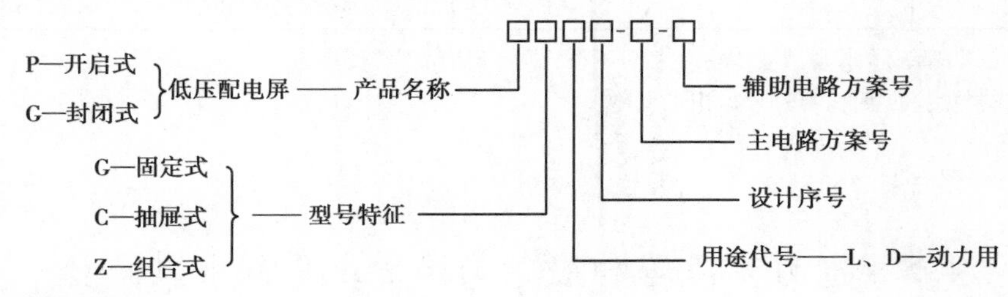

(2)低压配电箱

低压配电箱按用途分为动力配电箱和照明配电箱。动力配电箱主要用于对动力设备配电，但也可以兼向照明设备配电。照明配电箱主要用于照明配电，但也可以给一些小容量的单相动力设备包括家用电器配电。

低压配电箱按安装方式分为靠墙式、悬挂式和嵌入式等。靠墙式是靠墙安装，悬挂式是挂墙明装，嵌入式是嵌墙暗装。

低压配电箱常用的形式很多。动力配电箱有 XL-3、10、20 等型，照明配电箱有 XM4、7、10 等型。此外，还有多用途配电箱如 DYX(R)型，它兼有上述动力和照明配电箱的功能。

国产低压配电箱全型号的表示和含义如下：

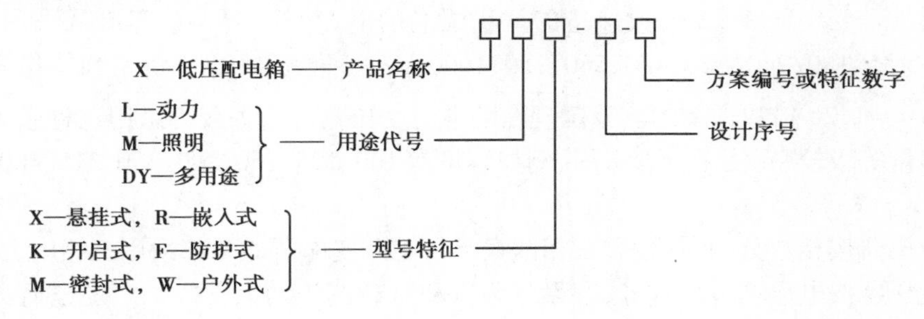

4.4.5　低压一次设备的选择

低压一次设备的选择与高压一次设备的选择相同，必须满足其在正常条件下和短路故障条件下工作的要求，同时设备应工作安全可靠，运行维护方便，投资经济合理。

低压一次设备的选择校验项目见表4.3。关于低压电流互感器、电压互感器、电容器及母线、电缆、绝缘子等的选择校验项目，与表4.1相同，此略。

表 4.3　低压一次设备的选择校验项目

电气设备名称	电压/V	电流/A	断流能力/kA	短路电流校验	
				动稳定度	热稳定度
低压熔断器	✓	✓	✓	—	—
低压刀开关	✓	✓	✓	✗	✗
低压负荷开关	✓	✓	✓	✗	✗
低压断路器	✓	✓	✓	✗	✗

注:①表中“✓”表示必须校验,“✗”表示一般可不校验,“—”表示不要校验。

②关于选择校验的条件,与表 4.1 相同,此略。

4.5　电力变压器和应急柴油发电机组及其选择

4.5.1　电力变压器的分类

电力变压器(文字符号为 T 或 TM),是变电所中最关键的一次设备,其功能是将电力系统中的电能电压升高或降低,以利于电能的合理输送、分配和使用。

电力变压器按功能分,有升压变压器和降压变压器两大类。工厂变电所都采用降压变压器。直接供电给用电设备的终端变电所变压器,通常称为配电变压器。

电力变压器按容量系列分,有 R8 容量系列和 R10 容量系列两大类。R8 容量系列是指容量等级是按 $R8=\sqrt[8]{10}\approx1.33$ 倍数递增的。我国老的电力变压器容量等级就采用这种系列,容量有 100、135、180、240、320、420、560、750、1000 kV · A 等。$R10$ 容量系列是指容量等级是按$R10=\sqrt[10]{10}\approx1.26$ 倍数递增的。我国现在的电力变压器容量等级都采用这种系列。这种容量系列的容量等级较密,便于合理选用,例如容量有 100、125、160、200、250、315、400、500、630、800、1000 kV · A 等。

电力变压器按相数分,有单相和三相两大类。工厂变电所通常都采用三相电力变压器。

电力变压器按电压调节方式分,有无载调压和有载调压两大类。工厂变电所大多采用无载调压型变压器。

电力变压器按绕组导体材质分,有铜绕组变压器和铝绕组变压器两大类。工厂变电所过去大多采用铝绕组变压器,而现在低损耗的铜绕组变压器已在现代工厂变电所中得到广泛应用。

电力变压器按绕组形式分,有双绕组变压器、三绕组变压器和自耦变压器。工厂变电所一般采用双绕组变压器。

电力变压器按绕组绝缘和冷却方式分,有油浸式、干式和充气(SF_6)式等,其中油浸式又有油浸自冷式、油浸风冷式和强迫油循环冷却式等。工厂变电所大多采用油浸自冷式变压器,但干式和充气(SF_6)式变压器适于安全防火要求高的场所。

电力变压器按用途分,有普通变压器、全封闭变压器和防雷变压器等。工厂变电所大多采用普通变压器,但在有防火防爆要求或有腐蚀性物质的场所则应采用全封闭变压器,在多雷区则宜采用防雷变压器。

4.5.2　电力变压器的结构、型号及联结组别

(1)电力变压器的结构和型号

电力变压器的基本结构,包括铁芯和一、二次绕组两大部分。

电力变压器全型号的表示和含义如下:

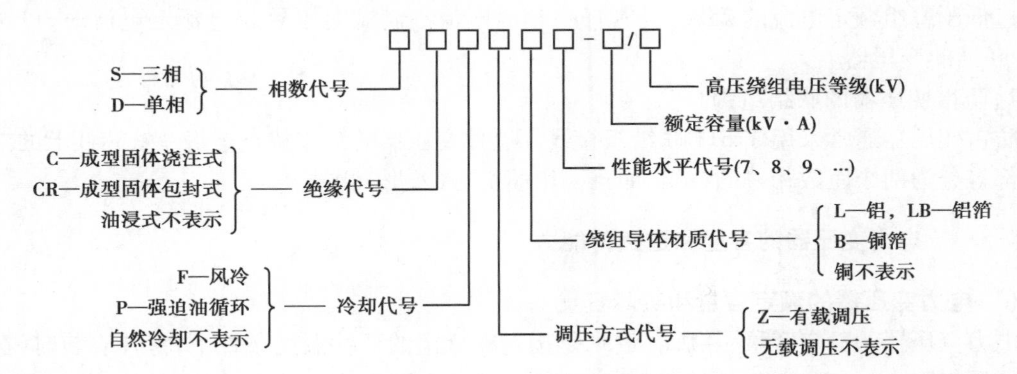

例如S9-800/10型,表示为三相铜绕组油浸式电力变压器,其性能水平代号为9,额定容量为800 kV·A,高压绕组电压等级为10 kV。

(2)电力变压器的联结组别

电力变压器的联结组别,是指变压器一、二次绕组因采取不同的联结方式而形成变压器一、二次侧对应线电压之间的不同相位关系。

1)配电变压器的联结组别

6~10 kV配电变压器(二次侧电压为220/380 V)有Yyn0和Dyn11两种常见的联结组。

我国过去差不多全采用Yyn0联结组别的配电变压器。近20年来,Dyn11联结的配电变压器已得到推广应用。

配电变压器采用Dyn11联结较之采用Yyn0联结有下列优点:

①对Dyn11联结的变压器来说,其$3n$次(n为正整数)谐波励磁电流在其三角形接线的一次绕组内形成环流,不致注入公共的高压电网中去。这较之一次绕组接成星形接线的Yyn0联结变压器,更有利于抑制高次谐波电流。

②Dyn11联结变压器的零序阻抗较之Yyn0联结变压器小得多,从而更有利于低压单相接地短路故障的保护和切除。①

③当接用单相不平衡负荷时,由于Yyn0联结变压器要求中性线电流不超过二次绕组额定电流的25%,因而严重限制了接用单相负荷的容量,影响了变压器设备能力的充分发挥。

---

①　单相接地短路故障的切除,决定于单相接地短路电流的大小,而此单相接地短路电流等于相电压除以单相短路回路的计算阻抗。计算阻抗为其正序、负序和零序阻抗之和的1/3,如式(3.40)所示。如果不计电阻只计电抗时,则Dyn11联结变压器的零序电抗$X_0=X_1$(X_1为变压器的正序电抗,亦即变压器电抗X_T);而Yyn0联结变压器的零序电抗$X_0=X_1+X_\mu$(X_μ为变压器的励磁电抗)。由于$X_\mu>>X_1$,故Dyn11联结变压器的X_0比Yyn0联结变压器的X_0小得多,因此Dyn11联结变压器的单相接地短路电流$I_k^{(1)}$比Yyn0联结变压器的$I_k^{(1)}$大得多,故Dyn11联结的变压器更有利于低压单相接地短路故障的保护和切除。

为此,GB 50052—1995《供配电系统设计规范》规定:低压 TN 系统及 TT 系统宜选用 Dyn11 联结的变压器。Dyn11 联结变压器的中性线电流允许达到相电流的 75% 以上,其承受单相不平衡负荷的能力远比 Yyn0 联结变压器大。这在现代供电系统中单相负荷急剧增长的情况下,推广应用 Dyn11 联结的变压器就显得更有必要。

但是,由于 Yyn0 联结变压器一次绕组的绝缘强度要求比 Dyn11 联结变压器稍低,故制造成本稍低于 Dyn11 联结变压器,因此在 TN 及 TT 系统中由单相不平衡负荷引起的中性线电流不超过低压绕组额定电流的 25%,且其任一相的电流在满载时不致超过额定电流时,可选用 Yyn0 联结的变压器。

2)防雷变压器的联结组别

防雷变压器通常采用 Yzn11 联结组接线。这种变压器的结构特点是每一铁芯柱上的二次绕组都等分为两个匝数相等的绕组,而且采用曲折形(Z 形)联结。

4.5.3 电力变压器的容量和过负荷能力

(1)电力变压器的额定容量和实际容量

电力变压器的额定容量(铭牌容量),是指它在规定的环境温度条件下,室外安装时,在规定的使用年限内(一般按 20 年计)所能连续输出的最大视在功率。

变压器的使用年限主要取决于变压器的绝缘老化速度,而绝缘老化速度又取决于绕组最热点的温度。变压器的绕组导体和铁芯,一般可以长期经受较高的温升而不致损坏。但绕组长期受热时,其绝缘的弹性和机械强度要逐渐减弱,这就是绝缘的老化现象。绝缘老化严重时,就会变脆,容易出现裂纹和剥落。试验表明:在规定的环境温度条件下,如果变压器绕组最热点的温度一直维持在 95 ℃,则变压器可连续运行 20 年;如果其绕组温度升高到 120 ℃时,则变压器只能运行 2.2 年,使用寿命大大缩短。这说明绕组温度对变压器的使用寿命有极大的影响。而绕组温度不仅与变压器负荷大小有关,而且受周围环境温度影响。

按 GB 1094—1996《电力变压器》规定,电力变压器正常使用的环境温度条件为:最高气温为 +40 ℃,最热月平均气温为 +30 ℃,最高年平均气温为 +20 ℃。最低气温对户外变压器为 -25 ℃,对户内变压器为 -5 ℃。油浸式变压器的顶层油温不得超过周围气温 55 ℃。如果按最高气温 +40 ℃计,则变压器顶层油温不得超过 +95 ℃。

如果变压器安装地点的环境温度超过上述规定温度最大值中的一个,则变压器顶层油温限值应予降低。当环境温度超过规定温度不大于 5 ℃时,顶层油温限值应降低 5 ℃;超过温度大于 5 ℃而不大于 10 ℃时,顶层油温限值应降低 10 ℃。因此,变压器的实际容量较之其额定容量要相应地有所降低。反之,如果变压器安装地点的环境温度比规定值低,则从绕组绝缘老化程度减轻而又保证变压器使用年限不变来考虑,变压器的实际容量较之其额定容量可以适当提高,或者说,变压器在某些时候可允许一定的过负荷。

一般规定,如果变压器安装地点的年平均气温 $\theta_{0.av} \neq 20$ ℃,则年平均气温每升高 1 ℃,变压器的容量应相应减小 1%。

因此变压器的实际容量(出力)应计入一个温度修正系数 K_θ。

对室外变压器,其实际容量为($\theta_{0.av}$以℃为单位)

$$S_T = K_\theta S_{N.T} = \left(1 - \frac{\theta_{0.av} - 20}{100}\right) S_{N.T} \tag{4.1}$$

式中，$S_{N.T}$为变压器的额定容量。

对室内变压器，由于散热条件较差，故变压器室的出风口与进风口有大约15 ℃的温度差，从而使处在室中央的变压器环境温度比室外温度大约要高出8 ℃，因此其容量还要减少8%，故室内变压器的实际容量为

$$S'_T = K'_\theta S_{N.T} = \left(0.92 - \frac{\theta_{0.av} - 20}{100}\right) S_{N.T} \tag{4.2}$$

(2)电力变压器的正常过负荷

电力变压器在运行中，其负荷总是变化的，不均匀的。就一昼夜来说，很大一部分时间的负荷都低于最大负荷，而变压器容量又是按最大负荷（计算负荷）来选择的，因此变压器运行时实际上没有充分发挥出负荷能力。从维持变压器规定的使用寿命（20年）来考虑，变压器在必要时完全可以过负荷运行。对于油浸式电力变压器，其允许过负荷包括以下两部分：

1)由于昼夜负荷不均匀而考虑的过负荷

可根据典型日负荷曲线的填充系数即日负荷率β和最大负荷持续时间t查图4.1所示曲线，得到油浸式变压器的允许过负荷系数$K_{OL(1)}$值。

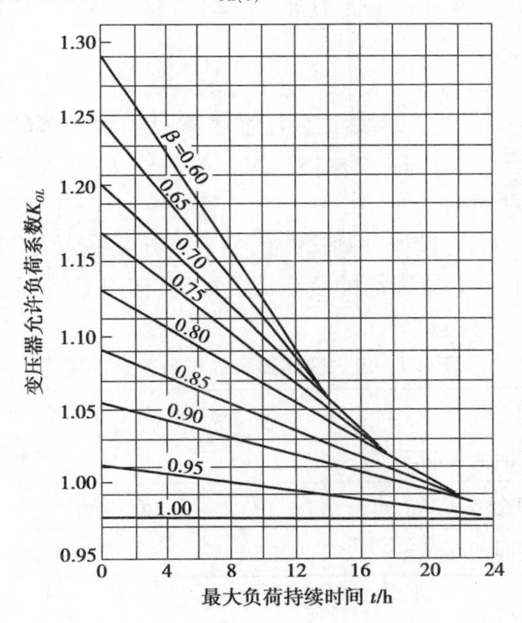

图4.1　油浸式变压器的允许过负荷系数与日负荷率及最大负荷持续时间的关系曲线

2)由于季节性负荷变化而考虑的过负荷

假如夏季平均日负荷曲线中的最大负荷S_{max}低于变压器的实际容量S_T时，则每低1%，可在冬季过负荷1%；反之亦然。但此项过负荷不得超过15%，即其允许过负荷系数为

$$K_{OL(2)} = 1 + \frac{S_T - S_{max}}{S_T} \leqslant 1.15 \tag{4.3}$$

以上两部分过负荷可以同时考虑，即变压器总的过负荷系数为

$$K_{OL} = K_{OL(1)} + K_{OL(2)} - 1 \tag{4.4}$$

但是一般规定，室内油浸式变压器总的过负荷不得超过20%，室外油浸式变压器总的过负荷不得超过30%。因此，油浸式变压器在冬季（或夏季）的正常过负荷能力即最大出力可达

$$S_{T(OL)} = K_{OL}S_T \leqslant (1.2 \sim 1.3)S_T \tag{4.5}$$

式中,系数1.2适用于室内油浸式变压器,1.3适用于室外油浸式变压器。

干式电力变压器一般不考虑正常过负荷。

例4.2 某车间变压器室装有一台630 kV·A的油浸式变压器。已知该车间的平均日负荷率$\beta=0.7$,日最大负荷持续时间为8 h,夏季的平均日最大负荷为450 kV·A,当地年平均气温为+22 ℃。试求该变压器的实际容量和冬季时的过负荷能力。

解:(1)求变压器的实际容量

由式(4.2),得

$$S_T = \left(0.92 - \frac{22-20}{100}\right) \times 630\ \text{kV}\cdot\text{A} = 567\ \text{kV}\cdot\text{A}$$

(2)求变压器冬季时的过负荷能力

由$\beta=0.7$及$t=8$ h,查图4.1曲线,得$K_{OL(1)}=1.12$。又由式(4.3)得

$$K_{OL(2)} = 1 + \frac{567-450}{567} = 1.21$$

但按规定$K_{OL(2)}$不得大于1.15,因此取$K_{OL(2)}=1.15$。

总的过负荷系数为

$$K_{OL} = K_{OL(1)} + K_{OL(2)} - 1 = 1.12 + 1.15 - 1 = 1.27$$

按规定,室内变压器$K_{OL}\leqslant 1.2$,因此该变压器冬季时的最大容量(出力)可达

$$S_{T(OL)} = 1.2 \times 567\ \text{kV}\cdot\text{A} = 680\ \text{kV}\cdot\text{A}$$

(3)电力变压器的事故过负荷

电力变压器在事故情况下(例如并列运行的两台变压器因故障切除一台时),允许短时间较大幅度地过负荷运行,而不论故障前的负荷情况如何,但过负荷运行时间不得超过表4.4所规定的时间。

表4.4 电力变压器事故过负荷允许值

油浸式变压器	过负荷百分数/(%)	30	60	75	100	200
	过负荷时间/min	120	45	20	10	1.5
干式变压器	过负荷百分数/(%)	10	20	30	50	60
	过负荷时间/min	75	60	45	16	5

4.5.4 变电所主变压器台数和容量的选择

(1)变电所主变压器台数的选择

选择主变压器台数时应考虑下列原则:

①应满足用电负荷对供电可靠性的要求。对供有大量一、二级负荷的变电所,应采用两台变压器,以便一台变压器发生故障或检修时,另一台变压器能对一、二级负荷继续供电。对只有二级负荷而无一级负荷的变电所,也可只采用一台变压器,但必须在低压侧敷设与其他变电所相连的联络线作为备用电源,或另备自备电源。

②对季节性负荷或昼夜负荷变动较大而宜于采用经济运行方式的变电所,也可考虑采用两台变压器。

③除上述两种情况外，一般车间变电所宜采用一台变压器。但是负荷集中而容量相当大的变电所，虽然是三级负荷，也可采用两台或多台变压器。

④在确定变电所主变压器台数时，应适当考虑负荷的发展，留有一定的余地。

(2)变电所主变压器容量的选择

1)只装一台主变压器的变电所

主变压器容量 S_T（设计中一般概略地取其额定容量 S_{NT}）应满足全部用电设备总计算负荷 S_{30} 的需要，即

$$S_T \approx S_{N.T} \geqslant S_{30} \tag{4.6}$$

2)装有两台主变压器的变电所

①任一台变压器单独运行时，宜满足总计算负荷 S_{30} 的60% ~70% 的需要，即

$$S_T \approx S_{N.T} = (0.6 \sim 0.7) S_{30} \tag{4.7}$$

②任一台变压器单独运行时，应满足全部一、二级负荷 $S_{30(I+II)}$ 的需要，即

$$S_T \approx S_{N.T} \geqslant S_{30(I+II)} \tag{4.8}$$

3)车间变电所主变压器的单台容量上限

车间变电所主变压器的单台容量，一般不宜大于1 000 kV · A（或1250 kV · A）。这一方面是受以往低压开关电器断流能力和短路稳定度要求的限制，另一方面也是考虑到可以使变压器更接近于车间的负荷中心，以减少低压配电线路的电能损耗、电压损耗和有色金属消耗量。我国自20世纪80年代以来，已能生产一些断流能力更大、短路稳定度更好的低压开关电器，例如DW15、ME等型低压断路器。因此，如果车间负荷容量较大、负荷集中且运行合理时，也可以选用单台容量为1 250（或1 600）~2 000 kV · A的配电变压器，这样可减少主变压器台数及高低压开关电器和电缆等。

住宅小区变电所的油浸式变压器单台容量不宜大于630 kV · A，因为油浸式变压器容量大于630 kV · A时，按规定应装设瓦斯保护，而这类变电所电源侧的断路器往往不在变压器附近，因此瓦斯保护很难实施，而且如果变压器容量增大，供电半径增大，势必造成供电末端电压偏低，给居民生活带来不便，例如荧光灯启燃困难、电冰箱不能启动等。

4)适当考虑今后负荷的发展

应适当考虑今后5 ~10年电力负荷的增长，留有一定的余地，同时可考虑变压器一定的正常过负荷能力。

最后必须指出：变电所主变压器台数和容量的最后确定，应结合变电所主接线方案的选择，对几个较合理的方案作技术经济比较，择优而定。

例4.3　某10/0.4 kV变电所，总计算负荷为1 400 kV · A，其中一、二级负荷为780 kV · A。试初步选择其主变压器的台数和容量。

解：根据该变电所有一、二级负荷的情况，确定选两台主变压器，每台容量 $S_{NT} = (0.6 \sim 0.7) \times 1\,400\ \text{kV}\cdot\text{A} = (840 \sim 980)\text{kV}\cdot\text{A}$，且 $S_{NT} \geqslant 780\ \text{kV}\cdot\text{A}$，因此初步确定每台主变压器容量为1 000kV · A。

4.5.5　电力变压器的并列运行条件

两台或多台电力变压器并列运行时，必须满足下列三个基本条件：

①并列变压器的额定一次电压和二次电压必须对应相等。即所有并列变压器的电压比必

须相同，允许差值不得超过 ±5%。如果并列变压器的电压比不同，则并列变压器二次绕组的回路内将出现环流，即二次电压较高的绕组将向二次电压较低的绕组供给电流，引起电能损耗，导致绕组过热甚至烧毁。

②并列变压器的短路电压（即阻抗电压）必须相等。由于并列变压器的负荷是按其阻抗电压值（或阻抗标幺值）成反比分配的，如果阻抗电压相差过大，可能导致阻抗电压较小的变压器发生过负荷现象。所以并列运行的变压器阻抗电压必须相等，允许差值不得超过 ±10%。

③并列变压器的联结组别必须相同。即所有并列变压器的一次电压和二次电压的相序和相位都应分别对应地相同，否则不能并列运行。

例 4.4 现有一台 S9-800/10 型变压器与一台 S9-2000/10 型变压器并列运行，两台均为 Dyn11 联结。问负荷达到 2 500kV · A 时，各台变压器分担多少负荷？哪一台变压器可能过负荷？

解：并列运行的变压器之间的负荷分配是与变压器的阻抗标幺值成反比的，因此先计算各台变压器的阻抗标幺值。变压器的阻抗标幺值按下式计算：

$$|Z_T^*| = \frac{U_k\% S_d}{100 S_N}$$

式中，$U_k\%$ 为变压器的短路电压（阻抗电压）百分值；S_N 为变压器的额定容量（kV · A）；S_d 为标幺值的基准容量，通常取 $S_d = 100\ \text{MV} \cdot \text{A} = 10^5\ \text{KV} \cdot \text{A}$。

查附录表 8，得 S9-800 型变压器（T1）的 $U_k\% = 5$；S9-2000 型变压器（T2）的 $U_k\% = 6$。因此两台变压器的阻抗标幺值分别为（取 $S_d = 10^5\ \text{kV} \cdot \text{A}$）

$$|Z_{T1}^*| = \frac{5 \times 10^5\ \text{kV} \cdot \text{A}}{100 \times 800\ \text{kV} \cdot \text{A}} = 6.25$$

$$|Z_{T2}^*| = \frac{6 \times 10^5\ \text{kV} \cdot \text{A}}{100 \times 2\ 000\ \text{kV} \cdot \text{A}} = 3.00$$

由此可求得两台变压器在负荷达 2 500 kV · A 时各自负担的负荷为

$$S_{T1} = 2\ 500\ \text{kV} \cdot \text{A} \times \frac{3.00}{6.25 + 3.00} = 810.8\ \text{kV} \cdot \text{A}$$

$$S_{T2} = 2\ 500\ \text{kV} \cdot \text{A} \times \frac{6.25}{6.25 + 3.00} = 1\ 689.2\ \text{kV} \cdot \text{A}$$

（或 $S_{T2} = 2\ 500\ \text{kV} \cdot \text{A} - 810.8\ \text{kV} \cdot \text{A} = 1\ 689.2\ \text{kV} \cdot \text{A}$）

由此可知 S9-800 型变压器将过负荷 10.8 kV · A。

4.5.6 应急柴油发电机组的选择

应急柴油发电机组的容量选择，应满足下列条件：

①应急柴油发电机组的额定容量（有功功率）P_N，应不小于其所供全部应急负荷（包括重要负荷、应急照明和消防用电等）的最大计算负荷 P_{30}，即

$$P_N \geqslant P_{30} \tag{4.9}$$

在初步设计中，应急柴油发电机组的容量（视在功率）S_N，可按变电所主变压器总容量 $S_{N \cdot \Sigma}$ 的 10% ~20% 考虑，通常取为 $S_{N \cdot \Sigma}$ 的 15%。

②在应急柴油发电机组所供电的应急负荷中，最大的笼型电动机的容量 $P_{N \cdot M}$ 与柴油发电机组容量 P_N 之比不宜大于 25%，以免电动机在启动时使变电所母线的电压下降过甚，影响其

他设备的正常运行,即

$$P_{\mathrm{N}} \geqslant 4P_{N.M} \tag{4.10}$$

③应急柴油发电机组的单台容量不宜大于1 000 kW。如果应急负荷的总计算负荷P_{30} > 1 000 kW时,则宜选用两台或多台机组。

4.6 互感器及其选择

4.6.1 互感器的主要功能

互感器是电流互感器和电压互感器的统称。从基本结构和工作原理来说,互感器就是一种特殊变压器。

电流互感器(缩写为CT,文字符号为TA),是一种变换电流(将大电流变换为小电流)的互感器,其二次侧额定电流一般为5 A。

电压互感器(缩写为PT,文字符号为TV),是一种变换电压(将高电压变换为低电压)的互感器,其二次侧额定电压一般为100 V。

互感器的主要功能是:

①用来使仪表、继电器等二次设备与主电路(一次电路)绝缘。这既可避免主电路的高电压直接引入仪表、继电器等二次设备,又可防止仪表、继电器等二次设备的故障影响主电路,提高一、二次电路的安全性和可靠性,并有利于人身安全。

②用来扩大仪表、继电器等二次设备的应用范围。通过采用不同变流比的电流互感器,用一只5 A量程的电流表就可以测量任意大的电流。同样,通过采用不同变压比的电压互感器,用一只100 V量程的电压表就可以测量任意高的电压。而且由于采用互感器,可使仪表、继电器等二次设备规格统一,有利于这些设备的批量生产。

4.6.2 电流互感器

(1)电流互感器的基本结构和接线方案

电流互感器的基本结构原理图如图4.2所示。它的结构特点是:其一次绕组的匝数很少,有的形式的电流互感器还没有一次绕组,而是利用穿过其铁芯的一次电路作为一次绕组(相当于一次绕组匝数为1),且一次绕组导体相当粗,而二次绕组匝数很多,导体较细。

工作时,一次绕组串联在一次电路中,而二次绕组则与仪表、继电器等的电流线圈相串联,形成一个闭合回路。由于这些电流线圈的阻抗很小,因此电流互感器工作时二次回路接近于短路状态。

电流互感器的一次电流I_1与其二次电流I_2之间有下列关系:

$$I_1 \approx \frac{N_2}{N_1} I_2 \approx K_i I_2 \tag{4.11}$$

式中,N_1、N_2为电流互感器一次和二次绕组的匝数;K_i为电流互感器的变流比,$K_i = I_{1\mathrm{N}}/I_{2\mathrm{N}}$,例如$K_i = 100$ A/5 A等。

电流互感器在三相电路中有如图4.3所示四种常见的接线方案。

1）一相式接线［图4.3（a）］

其电流线圈通过的电流，反映一次电路对应相的电流。这种接线通常用于负荷平衡的三相电路，如在低压动力线路中，供测量电流或接过负荷保护装置之用。

2）两相V形接线［图4.3（b）］

这种接线也称为两相不完全星形接线，如图4.3（b）所示。在继电保护装置中，这种接线称为两相两继电器接线。它在中性点不接地的三相三线制电路中（如一般的6～10 kV电路中），广泛用作三相电流、电能的测量和过电流继电保护。由图4.4的相量图可知，两相V形接线的公共线上的电流为$\dot{I}_a+\dot{I}_c=-\dot{I}_b$，反映的是未接电流互感器的那一相（B相）的电流。

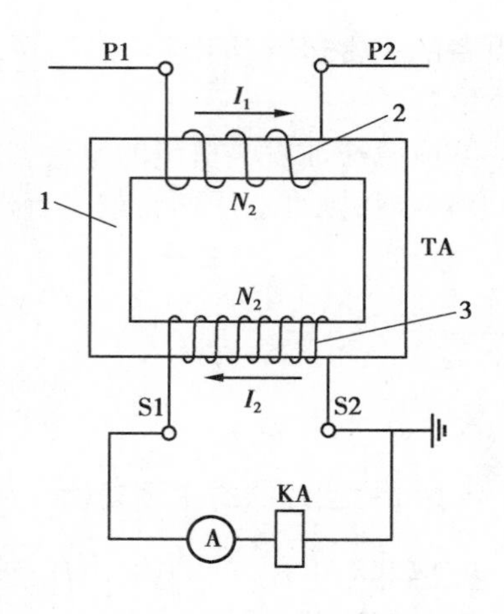

图4.2 电流互感器的基本结构和接线

1—铁芯；2— 一次绕组；3—二次绕组

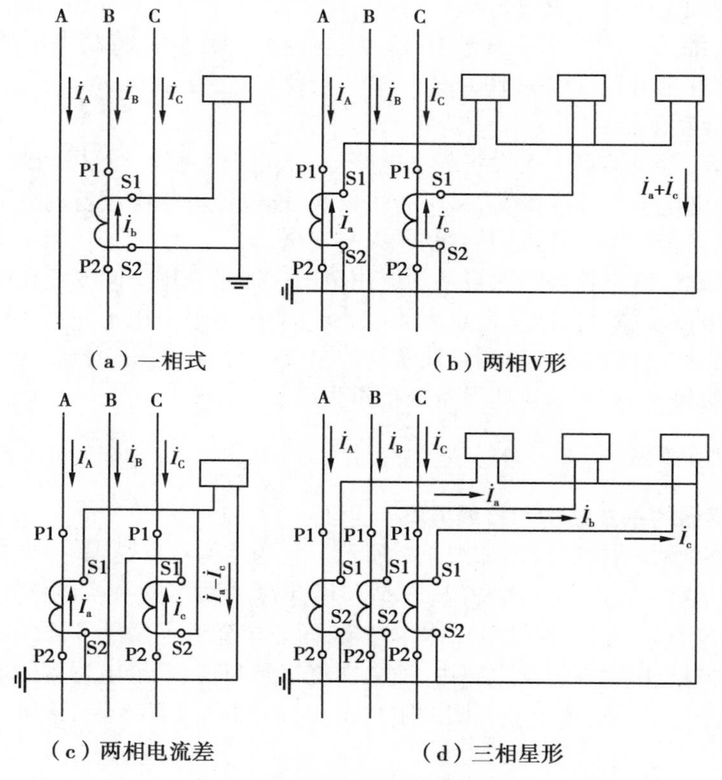

图4.3 电流互感器的接线方案

3）两相电流差接线［图4.3（c）］

由图4.5的相量图可知，二次侧公共线上的电流为$\dot{I}_a-\dot{I}_c$，其量值为相电流的$\sqrt{3}$倍。这种接线也适用于中性点不接地的三相三线制电路（如一般的6～10 kV电路）中的过电流继电保护。故这种接线也称为两相一继电器接线。

4）三相星形接线［图4.3（d）］

这种接线中的三个电流线圈，正好反映各相电流，广泛应用在负荷一般不平衡的三相四线制系统(如低压 TN 系统)中,也用在负荷可能不平衡的三相三线制系统中,用作三相电流、电能测量和过电流继电保护等。

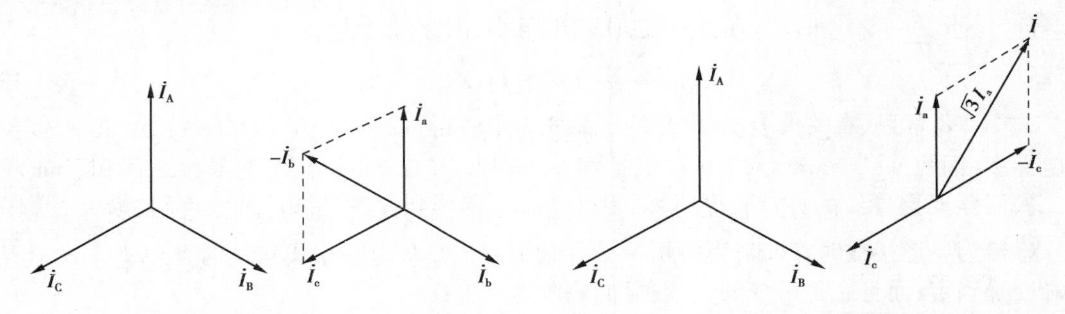

图4.4　两相 V 形接线电流互感器的一、二次侧电流相量图

图4.5　两相电流差接线电流互感器的一、二次侧电流相量图

(2)电流互感器的类别和型号

电流互感器的类型很多。按其一次绕组的匝数分,有单匝式(包括母线式、芯柱式、套管式)和多匝式(包括线圈式、线环式、串级式);按一次电压高低分,有高压和低压两大类。按绝缘及冷却方式分,有干式(含树脂浇注绝缘式)和油浸式两大类;按用途分,有测量用和保护用两大类。按准确度等级分,测量用电流互感器有 0.1、0.2、0.5、1、3、5 等级。保护用电流互感器有 5P 和 10P 两级。

高压电流互感器多制成不同准确度级的两个铁芯和两个绕组,分别接测量仪表和继电器,以满足测量和保护的不同准确度要求。电气测量对电流互感器的准确度要求较高,且要求在短路时仪表受的冲击小,因此测量用电流互感器的铁芯在一次电路短路时应易于饱和,以限制二次电流的增长倍数。而继电保护用电流互感器的铁芯则要求在一次电路短路时不应饱和,使二次电流能与一次短路电流成比例地增长,以适应保护灵敏度的要求。

电流互感器全型号的表示和含义如下:

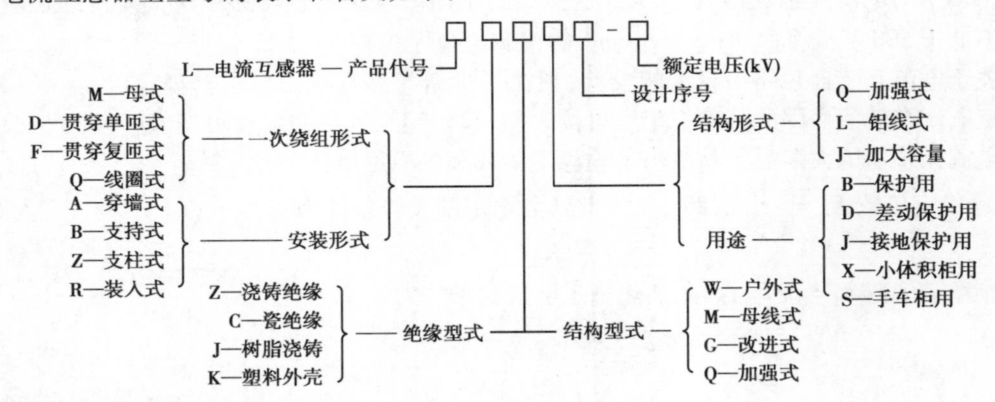

(3)电流互感器的选择和校验

电流互感器应按装设地点的条件及额定电压、一次电流、二次电流(一般为 5 A)、准确度等级等条件进行选择,并校验其短路动稳定度和热稳定度。

必须注意:电流互感器的准确度等级与其二次负荷容量有关。电流互感器的二次负荷 S_2 不得大于其准确度等级所限定的额定二次负荷 S_{2N},电流互感器满足准确度等级要求的条件为

$$S_{2N} \geqslant S_2 \tag{4.12}$$

电流互感器的二次负荷 S_2 由其二次回路的阻抗 $|Z_2|$ 来决定，而 $|Z_2|$ 应包括二次回路中所有串联的仪表、继电器电流线圈的阻抗 $\sum|Z_i|$、连接导线的阻抗 $|Z_{WL}|$ 和所有接头的接触电阻 R_{XC} 等。由于 $\sum|Z_i|$ 和 $|Z_{WL}|$ 的感抗远比其电阻小，因此可认为

$$|Z_2| \approx \sum|Z_i| + |Z_{WL}| + R_{XC} \tag{4.13}$$

式中，$|Z_i|$ 可从有关仪表、继电器的产品样本中查得；$|Z_{WL}| \approx R_{WL} = l/(\gamma A)$，这里 γ 为导线的电导率，铜线 $\gamma_{Cu} = 53\text{m}/(\Omega \cdot \text{mm}^2)$，铝线 $\gamma_{Al} = 32\text{m}/(\Omega \cdot \text{mm}^2)$，$A$ 为导线截面积（mm^2），l 为二次回路连接导线的计算长度（m）。假设电流互感器到仪表、继电器的纵向长度为 l_1，则电流互感器为星形接线时，$l = l_1$；为两相 V 形接线时，$l = \sqrt{3}l$；为一相式接线时，$l = 2l_1$。式中 R_{WL} 很难准确确定，而且它是可变的，一般近似地取为 0.1 Ω。

电流互感器的二次负荷 S_2 按下式计算：

$$S_2 = I_{2N}^2 |Z_2| \approx I_{2N}^2 \left(\sum|Z_i| + R_{WL} + R_{XC}\right)$$

或

$$S_2 \approx \sum S_i + I_{2N}^2 (R_{WL} + R_{XC}) \tag{4.14}$$

对于保护用电流互感器来说，通常采用 10P 准确度等级，其复合误差限值为 10% 。由式(4.14)可以看出，在互感器准确度等级一定即允许的二次负荷 S_2 值一定的条件下，其二次负荷阻抗是与其二次电流或一次电流的平方成反比的。因此，一次电流越大，则允许的二次阻抗越小；反之，一次电流越小，则允许的二次阻抗越大。互感器的生产厂家一般按出厂试验数据绘制电流互感器的误差为 10% 时一次电流倍数 K_1（即 I_1/I_{1N}）与最大允许二次负荷阻抗 $|Z_{2.al}|$ 的关系曲线（简称 10% 误差曲线或 10% 倍数曲线），如图 4.6 所示。如果已知互感器的一次电流倍数，就可以从相应的 10% 误差曲线上查得对应的允许二次负荷阻抗。因此，电流互感器满足保护的 10% 误差要求的条件为

$$|Z_{2.al}| \geqslant |Z_2| \tag{4.15}$$

假如电流互感器不满足式(4.12)或式(4.15)的要求，则应改选较大变流比或具有较大的 S_{2N} 或 $|Z_{2.al}|$ 的电流互感器，或者加大二次接线的截面。电流互感器的二次接线按规定应采用电压不低于 500 V、截面不小于 2.5 mm^2 的铜芯绝缘导线。

关于电流互感器短路稳定度的校验，现在不少新产品直接给出了动稳定电流峰值和 1 s 热稳定电流有效值。因此其动稳定度可按式(3.52)校验，其热稳定度可按式(3.63)校验。但过去电流互感器的大多数产品给出了动稳定倍数和热稳定倍数。

动稳定倍数 $K_{es} = i_{max}/(\sqrt{2}I_{1N})$，因此其动稳定度校验条件为

$$\sqrt{2}K_{es}I_{2N} \geqslant i_{sh}^{(3)} \tag{4.16}$$

热稳定倍数 $K_t = I_t/I_{1N}$，因此其热稳定度校验条件为

$$(K_t I_{1N})^2 t \geqslant I_{\infty}^{(3)2} t_{ima}$$

或

$$K_t I_{1N} \geqslant I_{\infty}^{(3)} \sqrt{\frac{t_{ima}}{t}} \tag{4.17}$$

一般电流互感器的热稳定试验时间 t =1 s，因此其热稳定度校验条件可改写为

$$K_t I_{1N} \geqslant I_{\infty}^{(3)} \sqrt{t_{ima}} \tag{4.18}$$

(4)电流互感器使用注意事项

1)电流互感器在工作时其二次侧不得开路

电流互感器在正常工作时，由于其二次负荷很小，因此接近于短路状态。根据磁动势平衡

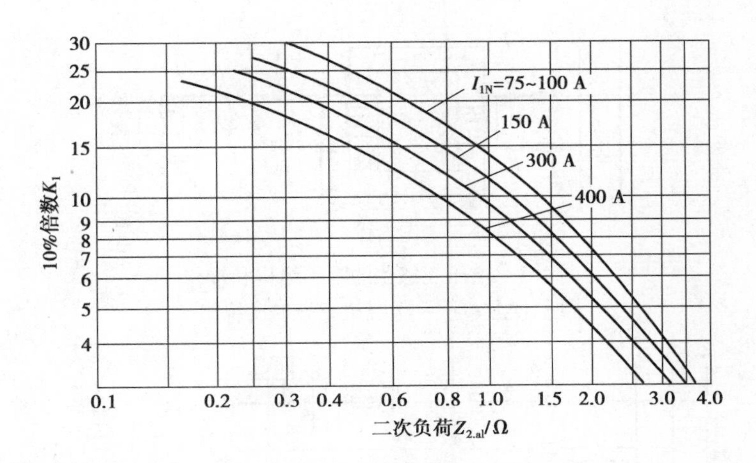

图 4.6 某型电流互感器的 10% 误差曲线

方程式 $\dot{I}_1N_1 - \dot{I}_2N_2 = \dot{I}_0N_1$ 可知,其一次电流 I_1 产生的磁动势 I_1N_1 绝大部分被二次电流 I_2 产生的磁动势 I_2N_2 所抵消,所以总的磁动势 I_0N_1 很小,励磁电流(即空载电流)I_0 只有一次电流 I_1 的百分之几。但是当二次侧开路时,$I_2=0$,这时迫使 $I_0N_1=I_1N_1$,而 I_1 是一次电路的负荷电流,与互感器二次负荷无关。现在 $I_0=I_1$,I_0 将突然增大几十倍,即励磁磁动势 I_0N_1 突然增大几十倍,因此将产生以下严重后果:①铁芯由于磁通剧增而过热,并产生剩磁,降低铁芯准确度级。②由于电流互感器二次绕组的匝数远比一次绕组的多,因此可在二次侧感应出危险的高电压,危及人身和设备的安全。所以电流互感器在工作时二次侧不允许开路。这就要求在安装时,其二次接线必须牢固可靠,且其二次侧不允许接入熔断器和开关。

2)电流互感器的二次侧有一端必须接地

互感器二次侧有一端接地,是为了防止其一、二次绕组间绝缘击穿时,一次侧的高电压窜入二次侧,危及人身和设备的安全。

3)电流互感器在连接时,要注意端子的极性

在安装和使用电流互感器时,一定要注意其端子的极性,否则其二次仪表、继电器中流过的电流就不是预想的电流,甚至会引起事故。

4.6.3 电压互感器

(1)电压互感器的基本结构原理和接线方案

电压互感器的基本结构原理如图 4.7 所示。它的结构特点是:其一次绕组匝数很多,而二次绕组匝数较少,相当于降压变压器。工作时,一次绕组并联在一次电路中,而二次绕组则并联仪表、继电器的电压线圈。由于这些电压线圈的阻抗很大,所以电压互感器工作时其二次绕组接近于空载状态。

电压互感器的一次电压 U_1 与其二次电压 U_2 的关系为

$$U_1 \approx \frac{N_1}{N_2}U_2 \approx K_uU_2 \tag{4.19}$$

式中,N_1、N_2 为电压互感器一、二次绕组的匝数;K_u 为电压互感器的变压比,即其额定一、二次电压比,例如 10 000 V/100 V 等。

电压互感器在三相电路中有如图 4.8 所示四种常见的接线方案。

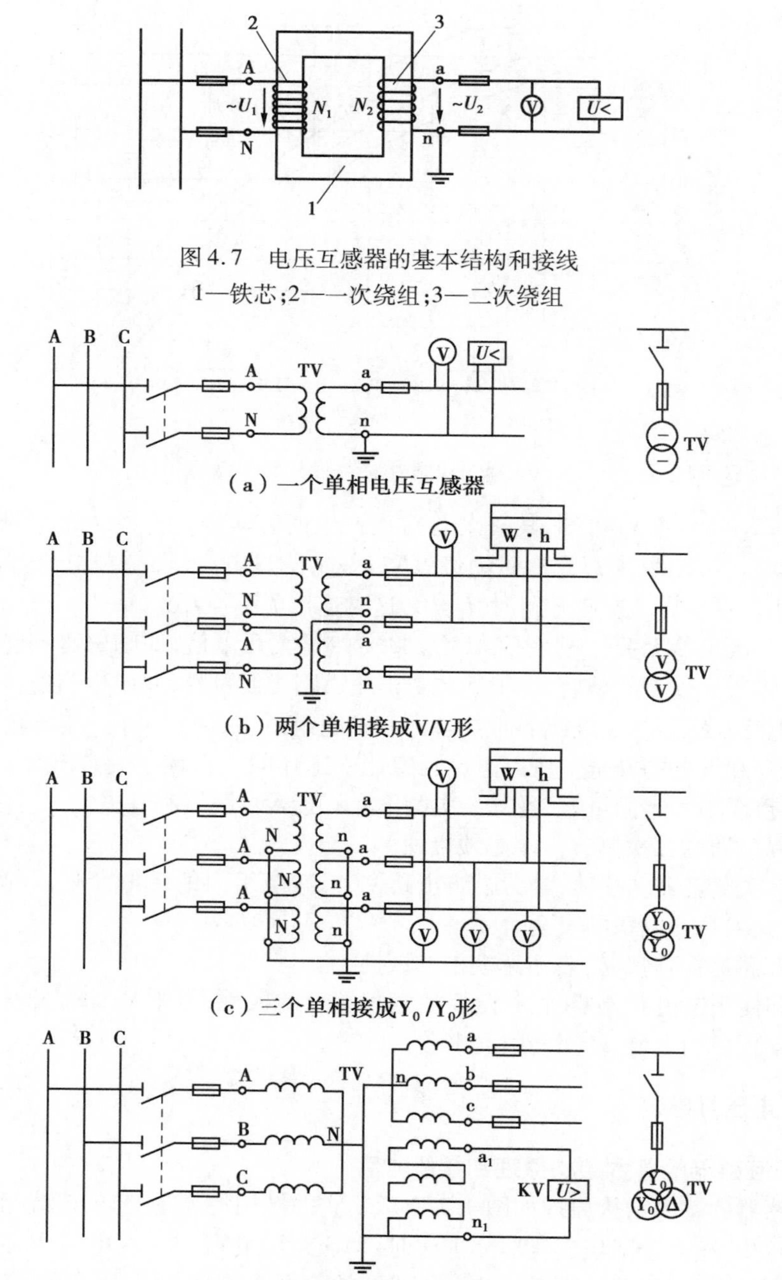

图 4.7　电压互感器的基本结构和接线

1—铁芯;2—一次绕组;3—二次绕组

(a)一个单相电压互感器

(b)两个单相接成V/V形

(c)三个单相接成Y_0/Y_0形

(d)三个单相三绕组或一个三相五芯柱三绕组电压互感器接成Y_0/Y_0形△开口三角)形

图 4.8　电压互感器的接线方案

1)一个单相电压互感器的接线[图 4.8(a)]

供仪表、继电器接于一个线电压。

2)两个单相电压互感器接成 V/V 形[图 4.8(b)]

供仪表、继电器接于三相三线制电路的各个线电压,它广泛应用在工厂变配电所的 6～10 kV高压配电装置中。

3)三个单相电压互感器接成 Y_0/Y_0 形[图4.8(c)]

供电给要求线电压的仪表、继电器,并供电给接相电压的绝缘监视电压表。由于小接地电流系统在一次侧发生单相接地时,另两相电压要升高到线电压,所以绝缘监视电压表的量程不能按相电压选择,而应按线电压选择,否则在发生单相接地时,电压表可能被烧毁。

4)三个单相三绕组电压互感器或一个三相五芯柱三绕组电压互感器接成 $Y_0/Y_0/\triangle$(开口三角)形[图4.8(d)]

其接成 Y_0 的二次绕组,供电给需线电压的仪表、继电器及绝缘监视用电压表,与图4.8(c)的二次接线相同。接成△(开口三角)形的辅助二次绕组,接电压继电器。当一次电压正常时,由于三个相电压对称,因此开口三角形开口两端的电压接近于零。但当一次电路有一相接地时,开口三角形开口两端将出现近100 V的零序电压,使电压继电器动作,发出故障信号。

(2)电压互感器的类型和型号

电压互感器按相数分,有单相和三相两类;按绝缘及冷却方式分,有干式(含树脂浇注式)和油浸式两类。

电压互感器全型号的表示和含义如下:

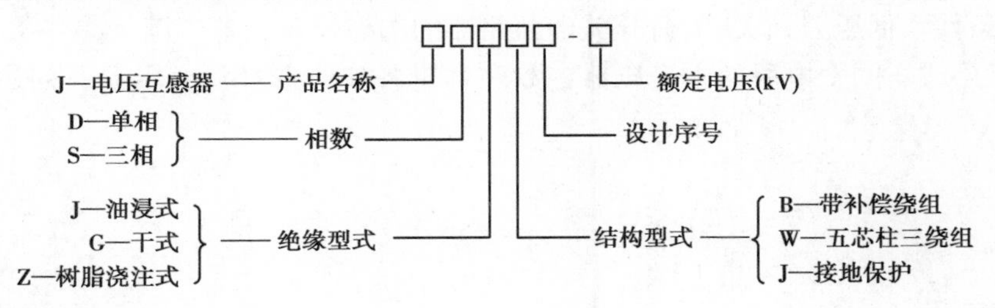

(3)电压互感器的选择

电压互感器应按装设地点的条件及一次电压、二次电压(一般为100 V)、准确度等级等条件进行选择。

电压互感器的准确度等级也与其二次负荷容量有关,满足的条件也是 $S_{2N} \geqslant S_2$,这里的 S_2 为其二次侧所有仪表、继电器电压线圈所消耗的总视在功率,即

$$S_2 = \sqrt{(\sum P_u)^2 + (\sum Q_u)^2} \tag{4.20}$$

式中,$\sum P_u = \sum (S_u \cos \varphi_u)$ 和 $\sum Q_u = \sum (S_u \cos \varphi_u)$ 分别为仪表、继电器电压线圈消耗的总有功功率和总无功功率。

(4)电压互感器的使用注意事项

1)电压互感器在工作时其二次侧不得短路

由于电压互感器一、二次绕组都是在并联状态下工作的,如果二次侧短路,将产生很大的短路电流,有可能烧毁互感器,甚至影响一次电路的安全运行。因此,电压互感器的一、二次侧都必须装设熔断器以进行短路保护。

2)电压互感器的二次侧有一端必须接地

这与电流互感器的二次侧接地的目的相同,也是为了防止一、二次绕组间的绝缘击穿时,一次侧的高电压窜入二次侧,危及人身和设备的安全。

3)电压互感器在连接时也必须注意极性

电压互感器的一、二次绕组端子,按GB 1207—1997《电压互感器》规定,单相分别标 A、N

和 a、n ,其中 A 与 a 、N 与 n 分别为对应的同名端(同极性端);而三相按相序,一次标 A、B、C、N,二次标 a、b、c、n ,其中 A 与 a 、B 与 b 、C 与 c 、N 与 n 分别为对应的同名端(同极性端)。

复习思考题

4.1　熔断器的主要功能是什么?什么是“限流”熔断器?什么叫“冶金效应”?

4.2　一般跌开式熔断器与一般高压熔断器在功能方面有何异同?负荷型跌开式熔断器与一般跌开式熔断器在功能方面又有什么区别?

4.3　高压隔离开关有哪些功能?它为什么不能带负荷操作?为什么能作为隔离电器来保证安全检修?

4.4　高压负荷开关有哪些功能?它本身能装设什么脱扣器?如何实现短路保护?

4.5　高压断路器有哪些功能?少油断路器中的油和多油断路器中的油各起什么作用?

4.6　熔断器的选择校验应满足哪些条件?高压隔离开关、负荷开关和断路器的选择校验应满足哪些条件?低压刀开关、负荷开关和断路器的选择校验又各应满足哪些条件?

4.7　工厂或车间变电所的主变压器台数和容量各如何选择?变压器并列运行应满足哪些条件?

习　题

4.1　某厂的有功计算负荷为 2 500 kW,功率因数经补偿后达到 0.91(最大负荷时)。该厂 10 kV 进线上拟安装一台 SN10－10 型少油断路器,其主保护动作时间为 0.9 s,断路器断路时间为 0.2 s,其 10 kV 母线上的 $I_K^{(3)}=18$ kA。试选择此少油断路器的规格。

4.2　某 10/0.4 kV 的车间变电所,总计算负荷为 780 kV·A,其中一、二级负荷为 460 kV·A。当地年平均气温为 25 ℃。试初步选择该车间变电所主变压器的台数和容量。

4.3　某 10/0.4 kV 的车间变电所,装有一台 S9-1000/10 型变压器。现负荷增长,计算负荷达到 1300 kV·A。问增加一台 S9-315/10 型变压器与 S9-1000/10 型变压器并列运行,有没有什么问题?如果引起过负荷,将是哪一台过负荷?(变压器均为 Yyn0 联结)

第5章 变配电所及其供配电系统

本章首先介绍变配电所的任务、类型及所址选择,然后讲述变配电所的主接线,变配电所的结构与布置,接着讲述工厂电力线路的任务、类型及其接线方式,介绍工厂电力线路的结构和敷设,然后重点讲述导线和电缆的选择计算。本章属于本课的主体内容。

5.1 变配电所的任务、类型及所址选择

5.1.1 工厂变配电所的任务与类型

工厂变电所担负着从电力系统受电,经过变压,然后分配电能的任务。工厂配电所担负着从电力系统受电,然后直接分配电能的任务。工厂变配电所是工厂供电系统的枢纽,在工厂中占有特殊重要的地位。

工厂变电所又分总降压变电所和车间变电所。一般中小型工厂不设总降压变电所。车间变电所按其主变压器的安装位置来分,有下列类型:

①车间附设变电所:变压器室的一面墙或几面墙与车间的墙共用,变压器室的大门朝车间外开。附设变电所又分内附式和外附式。内附式的变压器室位于车间的外墙内,如图5.1中的1、2所示;外附式的变压器室位于车间的外墙外,如图5.1中的3、4所示。

②车间内变电所:变压器或整个变电所位于车间内,通常位于车间中部,变压器室的大门朝车间内开,如图5.1中的5所示。

③露天变电所:变压器安装在室外抬高的地面上,如图5.1中的6所示。如果变压器的上方设有顶板或挑檐的,则称为半露天变电所。

④独立变电所:整个变电所设在与车间建筑物有一定距离的单独建筑物内,如图5.1中的7所示。

⑤杆上变电台:变压器安装在室外的电杆上面,如图5.1中的8所示。

⑥地下变电所:整个变电所设置在地下建筑物内,如图5.1中的9所示。

⑦楼上变电所:整个变电所设置在楼上建筑物内,如图5.1中的10所示。

⑧成套变电所:由电器制造厂按一定接线方案成套制造、现场装配的变电所。

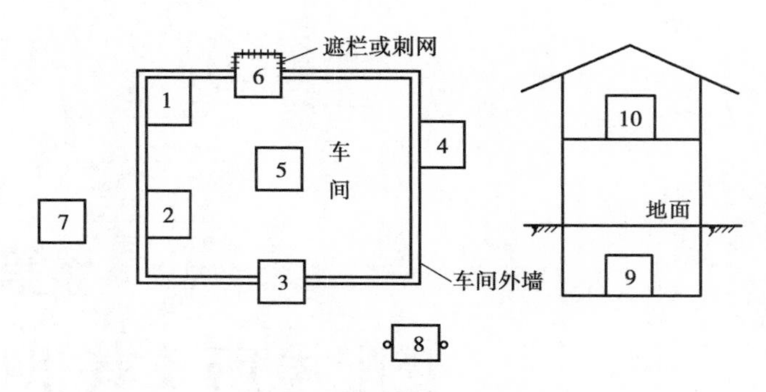

图 5.1　车间变电所的类型

1、2—内附式;3、4—外附式;5—车间内式;6—露天或半露天式;

7—独立式;8—杆上式;9—地下式;10—楼上式

⑨移动式变电所:整个变电所装设在一个可移动的车上。

上述的车间附设变电所、车间内变电所、独立变电所、地下变电所和楼上变电所,均属室内型(户内式)变电所,露天、半露天变电所和杆上变电台则属室外型(户外式)变电所。成套变电所和移动式变电所则室内型和室外型都有。

在负荷较大的大型厂房,负荷中心靠近厂房中部且环境条件许可时,可采用车间内式变电所。这种变电所位于负荷中心,可以缩短低压配电的距离,降低电能损耗和电压损耗,减少有色金属消耗量,因此这种变电所的技术经济指标比较好。但是它建在车间内部,要占用一定的生产面积,因此对一些生产面积比较紧凑和生产流程要经常调整、设备也要相应变动的生产车间不太适合,而且其变压器室门朝车间内开,对生产的安全有一定的威胁。这种变电所在大型冶金企业中较多。

生产面积比较紧凑和生产流程要经常调整、设备也要相应变动的生产车间,宜采用附设变电所的形式。至于是采用内附式还是外附式,要依具体情况而定。内附式要占一定的生产面积,但离负荷中心较外附式要近一些,而从建筑外观来看,内附式一般也比外附式好。外附式不占或少占生产面积,而且变压器室处在车间的墙外,比内附式要安全一些。因此内附式和外附式各有所长。这两种形式的车间变电所,在机械类工厂中比较普遍。

露天或半露天变电所的形式比较简单经济,通风散热好,因此只要周围环境条件正常,无腐蚀性爆炸性气体和粉尘,可以采用。这种形式的变电所在小型工厂及工厂的生活区中较为常见。但是这种变电所的安全可靠性较差,在靠近易燃易爆的厂房附近及大气中含有腐蚀性物质的场所不能采用。

独立变电所建筑费用较高,因此除非各车间的负荷相当小而分散,或者需要远离易燃易爆和有腐蚀性物质的场所可以采用外,一般车间变电所不宜采用。电力系统中的大型变配电站和工厂的总变配电所,则一般采用独立式。杆上变电台最为简单经济,一般用于 315 kV · A 及以下的变压器,而且多用于生活区供电。地下变电所的通风散热条件差,湿度较大,建筑费用也较高,但相当安全,不碍观瞻。这种形式的变电所多在高层建筑、地下工程和矿井中采用,其主变压器一般采用干式变压器。

楼上变电所适于高层建筑。这种变电所要求结构尽可能轻型、安全,其主变压器通常也采用干式变压器,也有不少采用成套变电所。成套变电所也可置于室外。

移动式变电所主要用于坑道作业及临时施工现场的供电。

工厂的高压配电所应尽可能与邻近的车间变电所合建,以节约建筑费用。

5.1.2　工厂变配电所的所址选择及负荷中心的确定

(1)变配电所所址选择的一般原则

变配电所所址的选择,应根据下列要求并经技术、经济分析比较确定:

①尽量靠近负荷中心,以降低配电系统的电能损耗、电压损耗和有色金属消耗量。

②进出线方便,特别是要考虑便于架空进出线。

③靠近电源侧,特别是在选择工厂总变配电所所址时要考虑这一点。

④设备运输方便,以便运输电力变压器和高低压开关柜等大型设备。

⑤不应设在有剧烈振动或高温的场所。

⑥不宜设在多尘或有腐蚀性气体的场所;当无法远离时,不应设在污源盛行风向的下风侧。

⑦不应设在厕所、浴室或其他经常积水场所的正下方,且不宜与上述场所相贴邻。

⑧不应设在有爆炸危险环境的正上方或正下方,且不宜设在有火灾危险环境的正上方或正下方。当与有爆炸或火灾危险环境的建筑物毗连时,应符合 GB 50058—1992《爆炸和火灾危险环境电力装置设计规范》的规定。

⑨不应设在地势低洼和可能积水的场所。

对工厂或车间的负荷中心,可用下面所讲的负荷指示图或负荷矩计算法近似地确定。

(2)负荷指示图

负荷指示图是将电力负荷按一定比例(例如以 1 mm^2 面积代表 0.5 kW 等)用负荷圆的形式标示在工厂或车间的平面图上。各车间(建筑)的负荷圆圆心应与车间(建筑)的负荷中心点大致相符。在负荷均匀分布的车间(建筑)内,负荷圆的圆心就在车间(建筑)的中心。在负荷分布不均匀的车间(建筑)内,负荷圆的圆心应偏向负荷集中的一侧。负荷圆的半径 r,由车间(建筑)的计算负荷公式 $P_{30}=K\pi r^2$ 得

$$r=\sqrt{\frac{P_{30}}{K\pi}} \tag{5.1}$$

式中,K 为负荷圆的比例(kW/mm^2)。

图 5.2 是工厂的负荷指示图。通过负荷指示图,可以直观和概略地确定工厂(或车间)的负荷中心,再结合上述选择变配电所所址的其他条件全面考虑,分析比较几种方案,最后选择其中最佳方案来确定变配电所所址。

(3)按负荷矩法确定负荷中心

设有负荷 P_1、P_2 和 P_3(均表示有功计算负荷),分布如图 5.3 所示。它们在任选的直角坐标系中的坐标分别为 $P_1(x_1,y_1)$、$P_2(x_2,y_2)$、$P_3(x_3,y_3)$。现假设总负荷的负荷中心位于坐标 $P_\Sigma(x,y)$处,这里的 K_Σ 为同时系数(混合系数),视最大负荷不同时出现的情况选取,一般取 0.7~1.0。因此,仿照力学中求重心的力矩方程可得

$$P_\Sigma x=P_1x+P_2x_2+P_3x_3$$

$$P_\Sigma y=P_1y+P_2y_2+P_3y_3$$

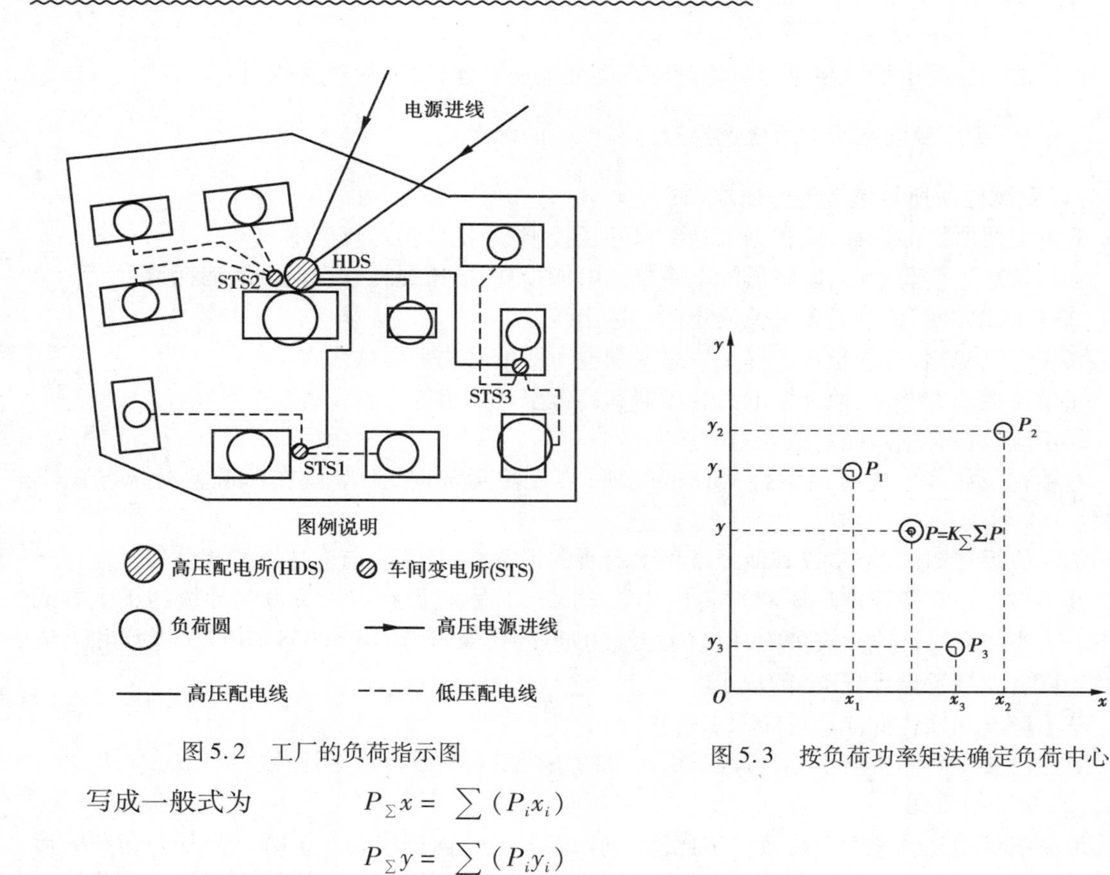

图 5.2　工厂的负荷指示图

图 5.3　按负荷功率矩法确定负荷中心

写成一般式为
$$P_{\Sigma}x = \sum (P_i x_i)$$
$$P_{\Sigma}y = \sum (P_i y_i)$$

因此可求得负荷中心的坐标为

$$x = \frac{\sum (P_i x_i)}{P_{\Sigma}} \tag{5.2}$$

$$y = \frac{\sum (P_i y_i)}{P_{\Sigma}} \tag{5.3}$$

这里必须指出：负荷中心虽然是选择变配电所所址的重要因素，但不是唯一因素，因此负荷中心的计算不要求十分精确。实际上，负荷中心也不是固定不变的，因此精确计算也是不必要的。

5.2　变配电所的主接线

5.2.1　变配电所的主接线基本要求

主接线图也就是主电路图，是表示电力系统中电能输送和分配路线的电路图。而表示用来控制、指示、测量和保护主电路（即一次电路）及其中设备运行的电路图，称为二次接线图或二次电路图，也称为二次回路图。

对工厂变配电所的主接线方案有下列基本要求：

①安全——应符合国家标准和有关技术规范的要求，能充分保证人身和设备的安全。例如在高压断路器的电源侧及可能反馈电能的负荷侧，必须装设高压隔离开关；对低压断路器也一样，在其电源侧及可能反馈电能的负荷侧，必须装设低压隔离开关（刀开关）。

②可靠——应满足各级电力负荷对供电可靠性的要求。例如对一、二级重要负荷，其主接线方案应考虑两台主变压器，且一般应为双电源供电。

③灵活——应能适应供电系统所需的各种运行方式，便于操作维护，并能适应负荷的发展，有扩充改建的可能性。

④经济——在满足上述要求的前提下，应尽量使主接线简单，投资少，运行费用低，并节约电能和有色金属，应尽可能选用技术先进又经济实用的节能产品。

5.2.2　高压配电所的主接线

高压配电所担负着从电力系统受电并向各车间变电所及某些高压用电设备配电的任务。图5.4是中型工厂供电系统中高压配电所及其附设2号车间变电所的主接线图。

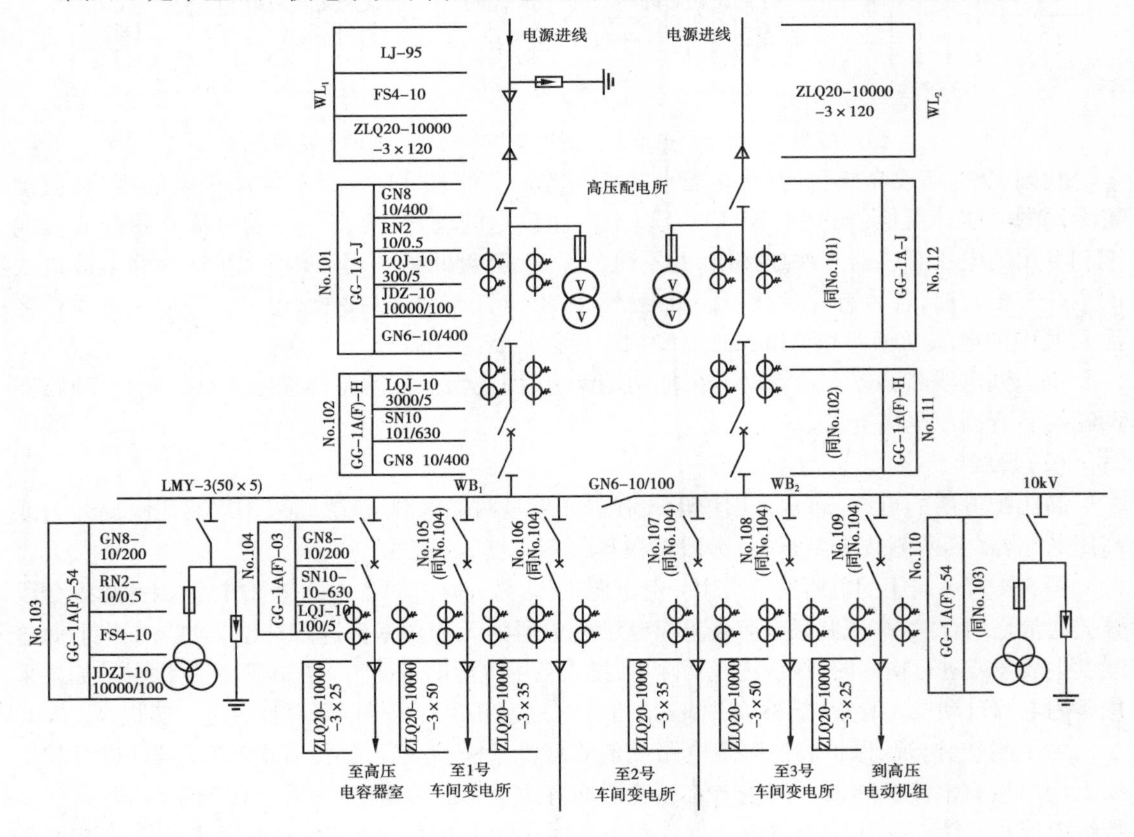

图5.4　高压配电所及其附设2号车间变电所的主接线图

(1)电源进线

这个配电所有两路10 kV电源进线，一路是架空线路WL_1，另一路是电缆线路WL_2。最常见的进线方式是，一路电源来自发电厂或电力系统变电站，作为正常工作电源；而另一路电源则来自邻近单位的高压联络线，作为备用电源。

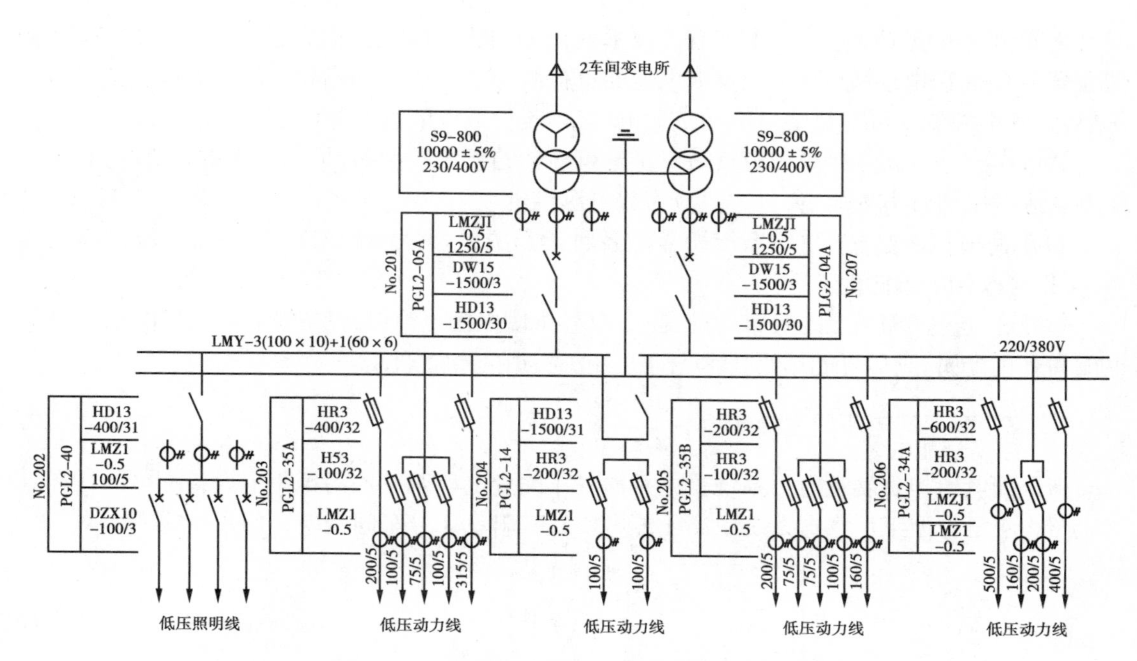

图 5.4(续)　高压配电所及其附设 2 号车间变电所的主接线图

我国 1996 年发布施行的《供电营业规则》规定:“对 10 kV 及以下电压供电的用户,应配置专用的电能计量柜(箱);对 35 kV 及以上电压供电的用户,应有专用的电流互感器二次线圈和专用的电压互感器二次连接线,并不得与保护、测量回路共用。”因此,在这两路电源进线的主开关柜之前,各装有一台高压计量柜(图中 No. 101 和 No. 112 柜,也可在进线主开关柜之后),其中的电流互感器和电压互感器专用来连接计费电能表。

考虑到进线断路器在检修时有可能两端来电,因此为保证断路器检修人员的安全,断路器两端均装有高压隔离开关。

(2)母线

高压配电所的母线,通常采用单母线制。如果是两路电源进线,则采用以高压隔离开关或高压断路器(其两侧装隔离开关)分段的单母线制。

图 5.4 所示高压配电所通常采用一路电源工作、另一路电源备用的运行方式,因此母线分段开关通常是闭合的,高压并联电容器组对整个配电所的无功功率都进行补偿。如果工作电源进线发生故障或进行检修时,在该进线切除后,投入备用电源即可使整个配电所恢复供电。如果采用备用电源自动投入装置(简称 APD,汉语拼音缩写为 BZT),则供电可靠性可进一步提高。

为了测量、监视、保护和控制主电路设备的需要,每段母线上都接有电压互感器,进线和出线上均串接有电流互感器。高压电流互感器均有两个二次绕组,其中一个接测量仪表,另一个接继电保护。为了防止雷电过电压侵入配电所时击毁其中的电气设备,各段母线上都装设了避雷器。避雷器与电压互感器同装在一个高压柜内,且共用一组高压隔离开关。

(3)高压配电出线

这个配电所共有 6 路高压出线。其中有两路分别由两段母线经隔离开关—断路器配电给 2 号车间变电所。一路由左段母线 WB_1 经隔离开关—断路器供 1 号车间变电所;另一路由右段母线 WB_2 经隔离开关—断路器供 3 号车间变电所。此外,有一路由左段母线 WB_1 经隔离开关—断路器供无功补偿用的高压并联电容器组，还有一路由右段母线 WB_2 经隔离开关—断路器供一组高压电动机用电。所有出线断路器的母线侧均加装了隔离开关，以保证断路器和出线的安全检修。

图5.4所示变配电所主接线图，是按照电能输送的顺序来安排各设备的相互连接关系的。这种绘制方式的主接线图称为“系统式”主接线图。这种简图多在运行中使用。变配电所运行值班用的模拟电路盘上绘制的一般就是这种系统式主接线图。这种主接线图全面、系统，但并不反映其中成套配电装置之间的相互排列位置。

在供电工程设计和安装施工中，往往采用另一种绘制方式的主接线图，是按照高压或低压成套配电装置之间的相互连接和排列位置关系而绘制的一种主接线图，称为“装置式”主接线图。例如图5.4中所示高压配电所主接线图，按“装置式”绘制就如图5.5所示。装置式主接线图中，各成套配电装置的内部设备和接线以及各装置之间的相互连接和排列位置一目了然，因此这种简图最适于安装施工使用。

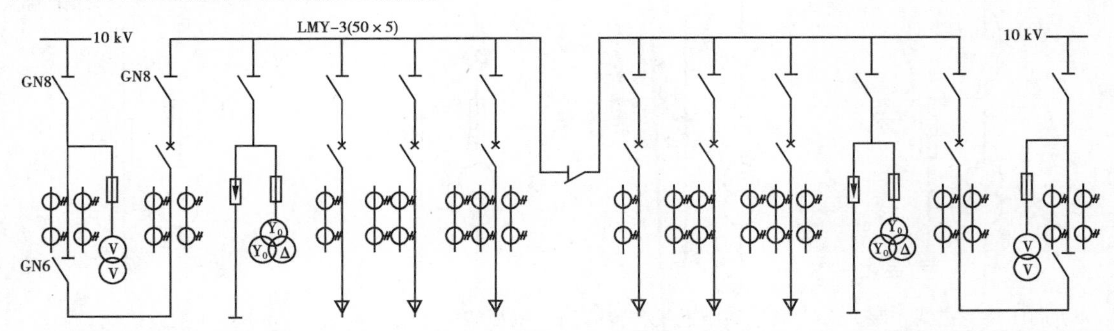

No. 101	No. 102	No. 103	No. 104	No. 105	No. 106		No. 107	No. 108	No. 109	No. 110	No. 111	No. 112
电能计量柜	1号进线开关柜	避雷器及电压互感器	出线柜	出线柜	出线柜	GN6-10/400	出线柜	出线柜	出线柜	避雷器及电压互感器	2号进线开关柜	电能计量柜
GG-1A-J	GG-1A (F)-11	GG-1A (F)-54	GG-1A (F)-03	GG-1A (F)-03	GG-1A (F)-03		GG-1A (F)-03	GG-1A (F)-03	GG-1A (F)-03	GG-1A (F)-54	GG-1A (F)-11	GG-1A-J

图5.5　图5.4所示高压配电所的装置式主接线图

5.2.3　车间和小型工厂变电所的主接线图

车间变电所和一些小型工厂变电所，是将6～10 kV降为一般用电设备所需低压220/380 V的终端变电所。它们的主接线比较简单。

(1)车间变电所主接线图

从车间变电所高压侧的主接线来看，分两种情况：

1)有工厂总降压变电所或高压配电所的车间变电所主接线

其高压侧的开关电器、保护装置和测量仪表等，一般都安装在高压配电线路的首端，即安装在总变、配电所的高压配电室内，而车间变电所只设变压器室（室外为变压器台）和低压配电室。其高压侧大多不装开关，或只装简单的隔离开关、熔断器（室外则装跌开式熔断器）、避雷器等，如图5.6所示。

由图5.5可以看出，凡是高压架空进线，无论变电所为户内式还是户外式，均须装设避雷器以防雷电波沿架空线侵入变电所；而采用高压电缆进线时，避雷器则装设在电缆首端（图上未示出），而且避雷器的接地端要连同电缆的金属外皮一起接地。如果变压器高压侧为架空线加一段引入电缆的进线方式,则变压器高压侧仍应装设避雷器。

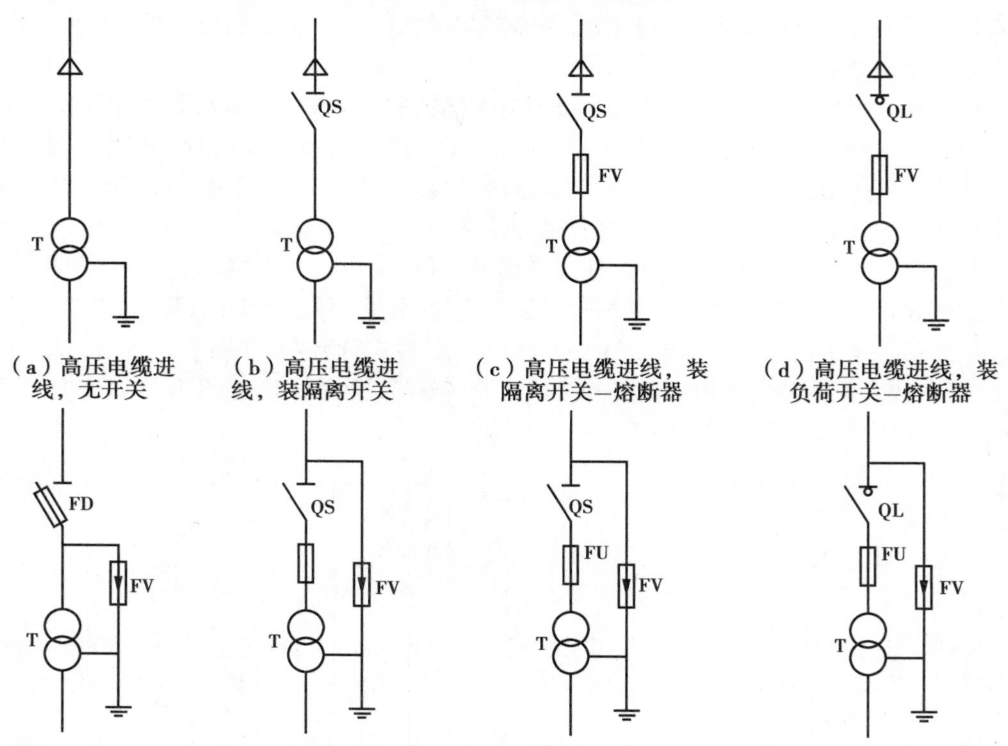

QS—隔离开关　QL—负荷开关　FD—跌开式熔断器　FV—阀式避雷器

图 5.6　车间变电所高压侧主接线方案(示例)

2)无工厂总变、配电所的车间变电所主接线

其车间变电所往往就是工厂的降压变电所,其高压侧的开关电器、保护装置和测量仪表等,都必须配备齐全,所以一般要设置高压配电室。在变压器容量较小、供电可靠性要求较低的情况下,也可以不设高压配电室,其高压熔断器、隔离开关、负荷开关及跌开式熔断器等就装在变压器室(室外为变压器台)的墙上或电杆上,而计量电能就在低压侧。如果高压开关柜不多于 6 台时,高压开关柜也可装在低压配电室内,仍在高压侧计量电能。

(2)小型工厂变电所主接线图

下面介绍小型工厂变电所几种较常见的主接线方案(主接线图中均未绘出电能计量柜接线):

1)只装有一台主变压器的小型变电所主接线图

只装有一台主变压器的小型变电所,其高压侧一般采用无母线的接线。根据其高压侧采用的开关电器不同,有以下三种比较典型的主接线方案:

①高压侧采用隔离开关—熔断器或户外跌开式熔断器的变电所主接线图,如图 5.7 所示。

这种主接线相当简单经济,但受隔离开关和跌开式熔断器切断空载变压器容量的限制,一般只用于容量 500 kV · A 及以下的变电所,且供电可靠性不高。当主变压器或高压侧发生故障或检修时,整个变电所都要停电。由于隔离开关和跌开式熔断器不能带负荷操作,因此变电所停电和送电的操作程序比较复杂,稍有疏忽,还容易发生带负荷拉闸的严重事故;而且在熔断器熔断后,更换熔体需一定时间,从而使故障排除后恢复供电的时间延长,更影响了供电的可靠性。这种主接线只适用于三级负荷的小型变电所。

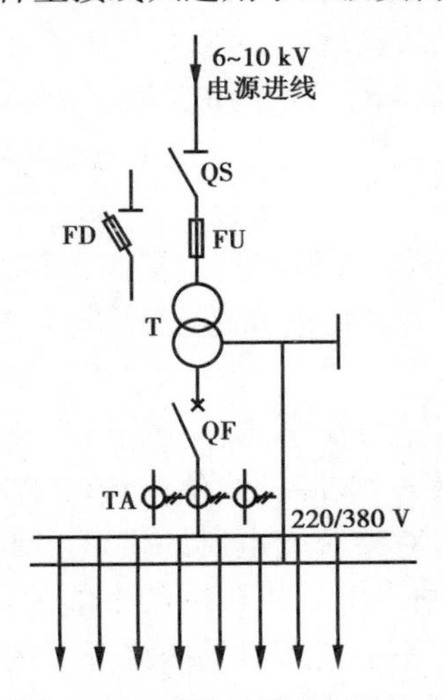

图5.7 高压侧采用隔离开关—熔断器或户外跌开式熔断器的变电所主接线图

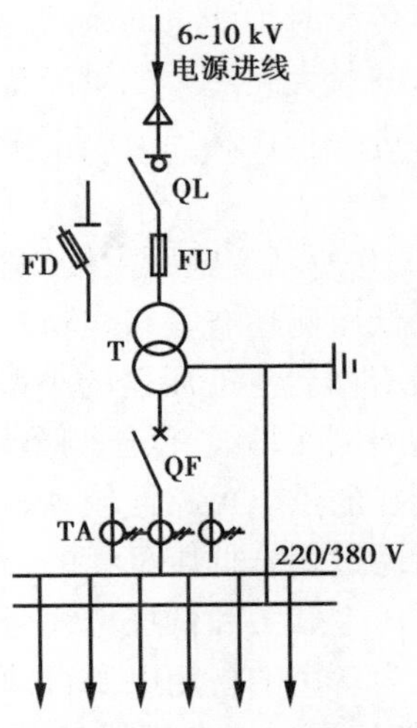

图5.8 高压采用负荷开关—熔断器的变电所主接线

②高压侧采用负荷开关—熔断器的变电所主接线图,如图5.8所示。由于负荷开关能带负荷操作,从而使变电所停电和送电的操作要简便灵活,也不存在带负荷拉闸的问题。在发生过负荷时,负荷开关装的热脱扣器保护动作,使开关跳闸。但在发生短路故障时,也是熔断器熔断,因此这种主接线的供电可靠性仍然不高,一般也只用于三级负荷的小型变电所。

③高压侧采用隔离开关—断路器的变电所主接线图,如图5.9和图5.10所示。

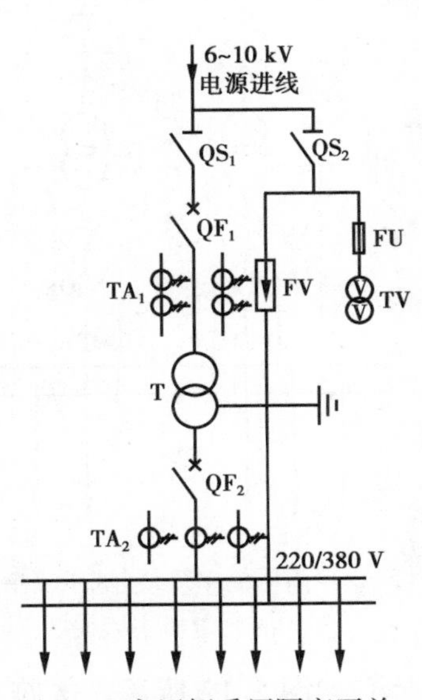

图5.9 高压侧采用隔离开关—断路器的变电所主接线图

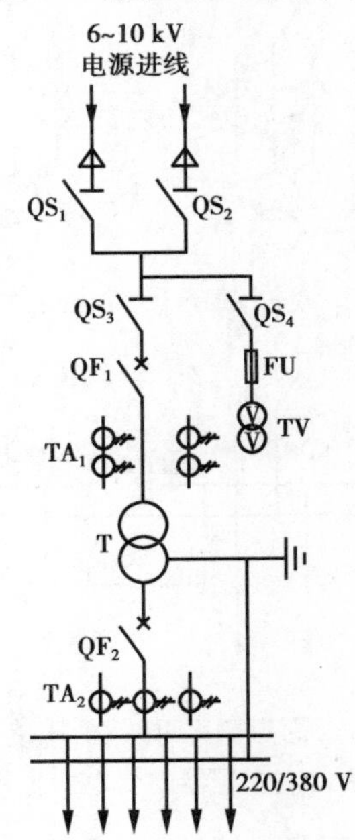

图5.10 高压双电源进线的一台主变压器变电所主接线图

图5.9是高压侧采用隔离开关—断路器的变电所主接线。由于采用了高压断路器，因此变电所的停、送电操作十分灵活方便，同时高压断路器都配备有继电保护装置，在变电所发生短路或过负荷时均能自动跳闸，而且在故障和异常情况消除后，又可直接迅速合闸从而使恢复供电的时间大大缩短。如果配备自动重合闸装置（简称ARD，汉语拼音缩写为ZCH），则供电可靠性可进一步提高。但是由于它只有一路电源进线，因此一般也只用于三级负荷，但供电容量较大。

图5.10所示变电所主接线有两路电源进线，因此供电可靠性相应提高，可供电给二级负荷。如果低压侧还有联络线与其他变电所相连，或者另有备用电源时，还可供少量一级负荷。

2）装有两台主变压器的小型变电所主接线

①高压侧无母线、低压侧单母线分段的两台主变压器的变电所主接线图，如图5.11所示。这种主接线的供电可靠性较高。当任一台主变压器或任一电源进线停电检修或发生故障时，该变电所通过闭合低压母线的分段开关，即可迅速恢复对整个变电所的供电。如果两台主变压器的低压主开关和低压母线分段开关都采用电磁合闸或电动机合闸的万能式低压断路器，并装设互为备用的备用电源自动投入装置（APD），则任一主变压器低压主开关因电源进线失压而跳闸时，另一主变压器低压主开关和低压母线分段开关就将在APD的作用下自动合闸，恢复整个变电所的正常供电。这种主接线可供一、二级负荷。

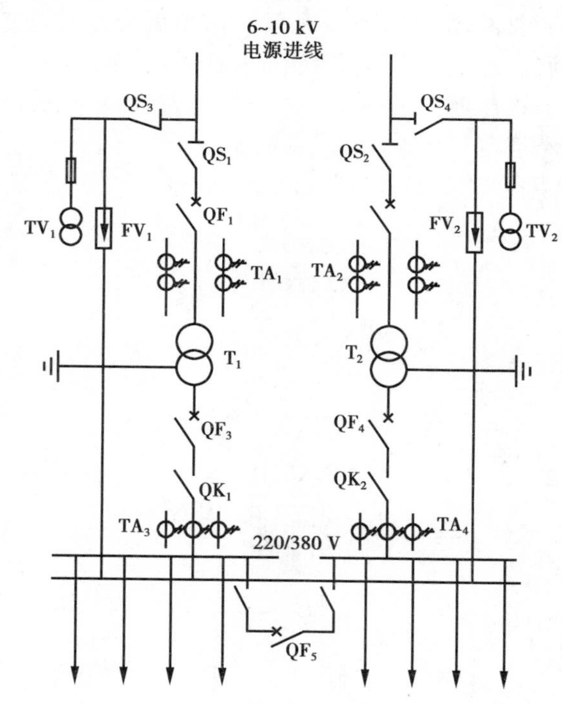

图5.11　高压侧无母线、低压单母线分段的两台主变压器的变电所主接线图

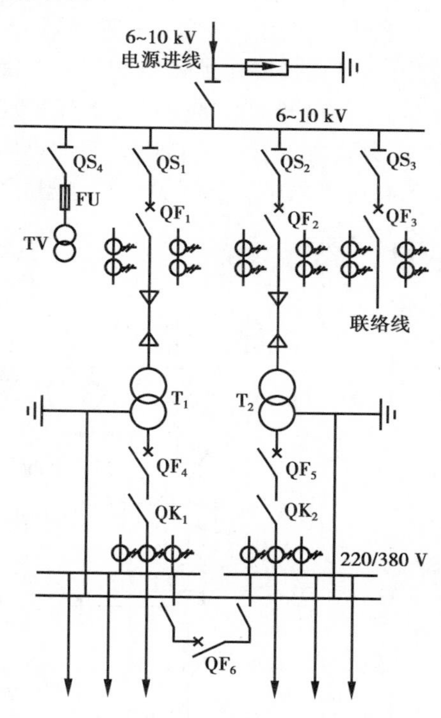

图5.12　高压侧单母线、低压侧单母线分段的变电所主接线图

②高压侧单母线、低压单母线分段的变电所主接线图，如图5.12所示。这种主接线适用于装有两台（或多台）主变压器或者具有多路高压出线的变电所。其供电可靠性也较高，任一主变压器检修或发生故障时，通过切换操作，可迅速恢复整个变电所的供电。但是高压母线或

者电源进线检修或发生故障时,整个变电所都要停电。如果有与其他变电所相连的低压或高压联络线时,供电可靠性则可大大提高。无联络线时,这种主接线只能供二、三级负荷,而有联络线时,则可供一、二级负荷。

③高低压侧均为单母线分段的变电所主接线图,如图5.13所示。这种主接线的高压分段母线,正常时可以接通运行,也可以分段运行。当一台主变压器或一路电源进线停电检修或发生故障时,通过切换操作,可迅速恢复整个变电所的供电,因此其供电可靠性相当高,可供一、二级负荷。

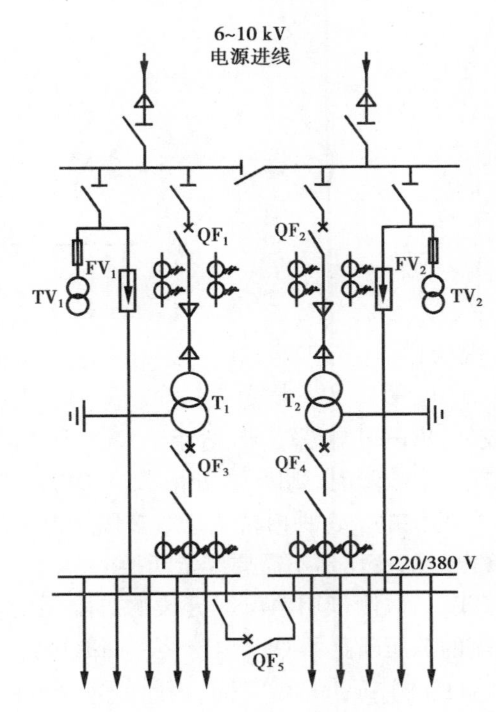

图5.13　高低压侧均为单母线分段的变电所主接线图

5.2.4　工厂总降压变电所的主接线图

对于电源进线电压为35 kV及以上的大中型工厂,通常是先经工厂总降压变电所降为6～10 kV的高压配电电压,然后经车间变电所,降为一般低压用电设备所需的电压如220/380 V。

下面介绍工厂总降压变电所常见的几种主接线方案。为了使主接线图简明起见,图上省略了包括电能计量柜在内的所有电流互感器、电压互感器和避雷器等一次设备。

(1)只装有一台主变压器的总降压变电所主接线图

通常采用一次侧无母线、二次侧为单母线的主接线,如图5.14所示。其一次侧采用高压断路器作为主开关。其特点是简单经济,但供电可靠性不高,只适用于三级负荷的工厂。

(2)装有两台主变压器的总降压变电所主接线图

①一次侧采用内桥式接线、二次侧采用单母线分段的总降压变电所主接线图,如图5.15所示。这种主接线,其一次侧的高压断路器QF_{10}跨接在两路电源进线WL_1和WL_2之间,犹如一座桥梁,而且处在线路断路器QF_{11}和QF_{12}的内侧,靠近主变压器,因此称为“内桥式”接线。

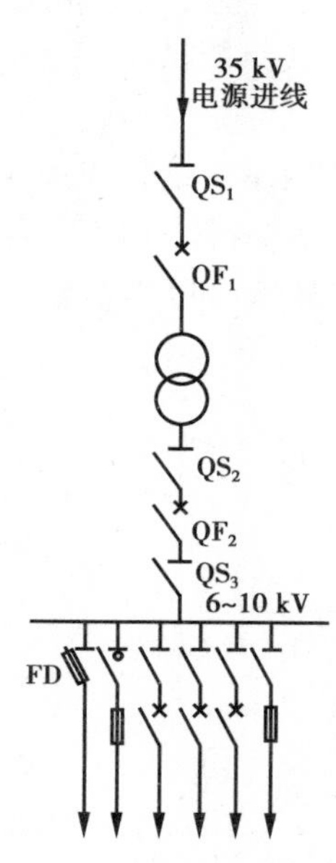

图 5.14　只装有一台主变压器的总降压变电所主接线图

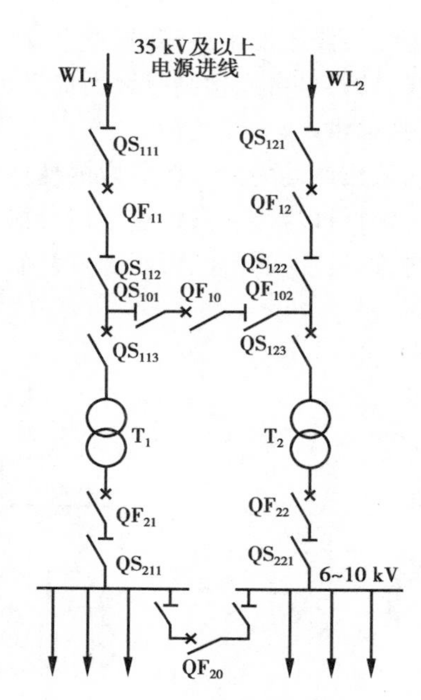

图 5.15　一次侧采用内桥式接线的总降压变电所主接线图

这种主接线的运行灵活性较好,供电可靠性较高,适用于一、二级负荷的工厂。如果某路电源(例如 WL_1 线路)停电检修或发生故障时,则断开 QF_{11},投入 QF_{10}(其两侧 QS 先行闭合),即可由 WL_2 线路恢复对变压器 T_1 的供电。这种内桥式接线多用于电源线路较长因而发生故障和停电检修的机会较多并且变电所的变压器不需要经常切换的总降压变电所。

②一次侧采用外桥式接线、二次侧采用单母线分段的总降压变电所主接线图,如图 5.16 所示。这种主接线,其一次侧的高压断路器 QF_{10} 也跨接在两路电源进线 WL_1 和 WL_2 之间,但处在线路断路器 QF_{11} 和 QF_{12} 的外侧,靠近电源方向,因此称为“外桥式”接线。

这种主接线的运行灵活性也较好,供电可靠性同样较高,也适用于一、二级负荷的工厂。但是这种外桥式接线与内桥式接线适用的场合有所不同。如果某台变压器(例如 T_1)停电检修或发生故障时,则断开 QF_{11},投入 QF_{10}(其两侧 QS 先行闭合),使两路电源进线又恢复并列运行。这种外桥式接线适用于电源线路较短而变电所昼夜负荷变动较大、适于经济运行而需要经常切换变压器的总降压变电所。当一次电源线路采用环形接线时,也宜采用这种接线,使环形电网的穿越功率不通过进线断路器 QF_{11} 和 QF_{12},这对改善线路断路器的工作及其继电保护的整定都极为有利。

③一、二次侧均采用单母线分段的总降压变电所主接线图,如图 5.17 所示。这种主接线兼有上述内桥式和外桥式两种接线的运行灵活性的优点,但所用高压开关设备较多,投资较大。可供一、二级负荷,适用于一、二次侧进出线较多的总降压变电所。

④一、二次侧均采用双母线的总降压变电所主接线图,如图 5.18 所示。采用双母线接线较之采用单母线接线,其供电可靠性和运行灵活性大大提高,但开关设备也相应大大增加,从而大大增加了初期投资,所以这种双母线接线在工厂变电所中很少采用,它主要用于电力系统的枢纽变电站。

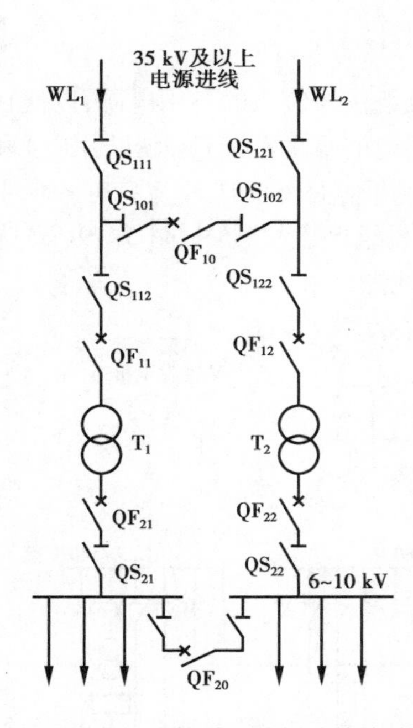

图 5.16　一次侧采用外桥式接线的总降压变电所主接线图

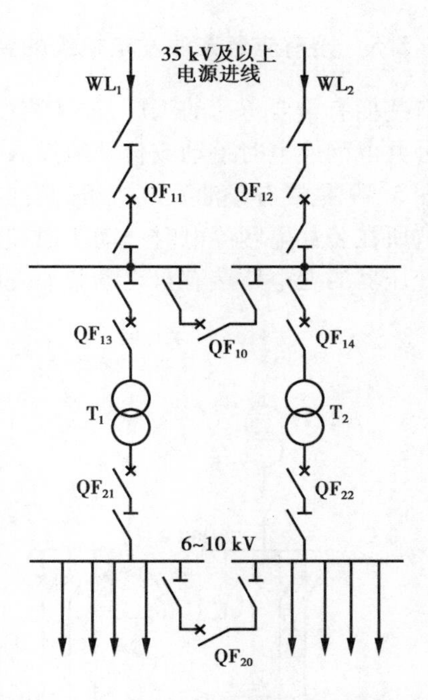

图 5.17　一、二次侧均采用单母线分段的总降压变电所主接线图

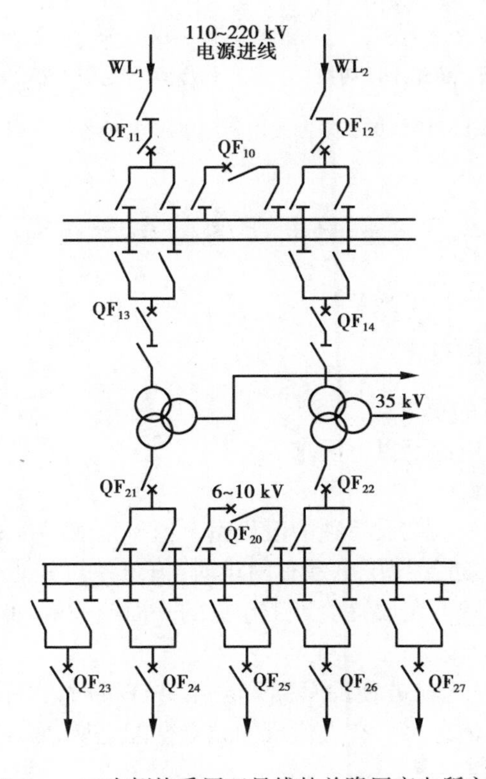

图 5.18　一 、二次侧均采用双母线的总降压变电所主接线图

5.2.5 接有应急柴油发电机组的变电所主接线图

有些拥有重要负荷的工厂,往往装设有柴油发电机组作为应急的备用电源,以便在正常供电的公共电网停电时手动或自动地投入,供电给不容停电的重要负荷(含消防用电)和应急照明。图5.19是接有柴油发电机组的变电所主接线图。其中,图5.19(a)为只有一台主变压器的变电所在公共电网停电时手动切换和投入柴油发电机组的主接线图;图5.19(b)为装有两台主变压器的变电所接有自启动柴油发电机组的主接线图。

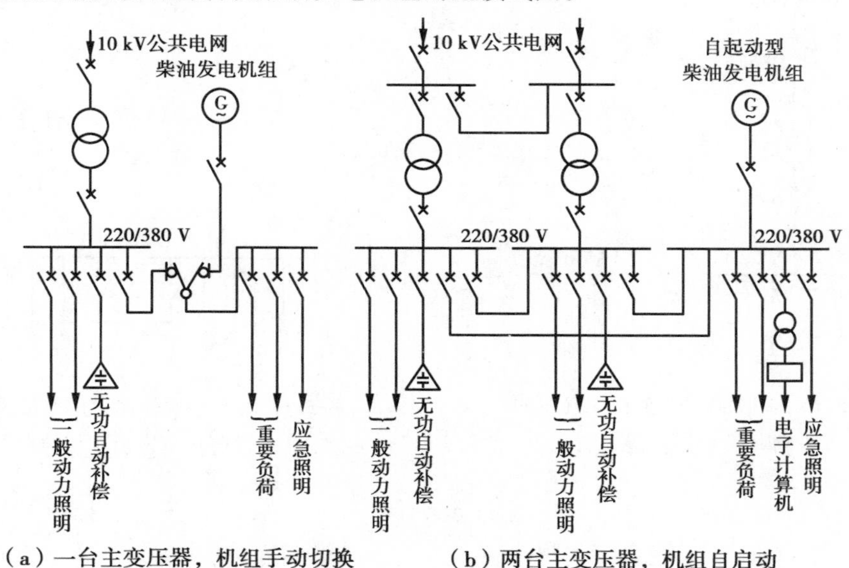

(a)一台主变压器,机组手动切换　　(b)两台主变压器,机组自启动

图5.19　接有柴油发电机组的变电所主接线图

5.3 变配电所的结构与布置

5.3.1 变配电所的总体布置

(1)变配电所总体布置的要求

变配电所的总体布置,应满足以下要求:

1)便于运行维护和检修

有人值班的变配电所,一般应设单独的值班室。值班室应尽量靠近高低压配电室,且有门直通。如果高低压值班室靠近高压配电室有困难时,值班室可经走廊与高压配电室相通。值班室亦可与低压配电室合并,但在放置值班工作桌的一面或一端,低压配电装置到墙的距离不应小于3 m 。

主变压器室应靠近交通运输方便的马路侧。条件许可时,可单设工具材料室或维修室。昼夜值班的变配电所,宜设休息室。有人值班的独立变配电所,宜设有厕所和给排水设施。

2)保证运行安全

值班室内不得有高压设备。值班室的门应朝外开。高低压配电室和电容器室的门应朝值班室开或朝外开。

油量为100 kg及以上的变压器应装设在单独的变压器室内。变压器室的大门应朝马路开,但应避免朝向露天仓库;在炎热地区,应避免朝西开门。

高压电容器组一般应装设在单独的高压电容器室内,但电容器柜数较少时,可装设在高压配电室内。低压电容器组可装设在低压配电室内,但电容器柜数较多时,宜装设在单独的低压电容器室内。

所有带电部分离墙和离地的尺寸以及各室中的维护操作通道宽度均应符合有关规程的要求,以确保运行安全。

3)便于进出线

如果是架空进线,则高压配电室宜位于进线侧。考虑到变压器低压出线通常是采用矩形裸母线,因此变压器的安装位置(户内式变电所即为变压器室)宜靠近低压配电室。低压配电室宜位于其低压架空出线侧。

4)节约土地和建筑费用

值班室可与低压配电室合并,这时低压配电室面积应适当增大,以便安置值班桌或控制台,以满足值班工作的要求。

高压开关柜数不多于6台时,可与低压配电屏设置在同一房间内,但高压柜与低压屏的间距应不小于2 m。

不带可燃性油的高低压配电装置和干式电力变压器,当环境允许时,可相互靠近布置在车间内。

高压电容器柜数较少时,可装设在高压配电室内。周围环境正常的变电所,宜采用露天或半露天式。高压配电所应尽量与邻近的车间变电所合建。

5)适应发展要求

变压器室应考虑到扩建时有更换大一级容量变压器的可能,高低压配电室内均应留有适当数量开关柜(屏)的备用位置。既要考虑到变配电所留有扩建的余地,又要不妨碍工厂或车间今后的发展。

(2)变配电所总体布置的方案

变配电所总体布置的方案,应因地制宜,合理设计。布置方案的最后确定,应先通过几个方案的技术经济比较。

1)6~10/0.4 kV车间变电所的布置方案示例

装有一台或两台6~10/0.4 kV配电变压器的独立式变电所布置示例,如图5.20(a)(户内式)和图5.20(b)(户外式)所示。

装有两台配电变压器的附设式变电所布置示例如图5.20(c)所示;只装有一台配电变压器的附设式变电所布置示例如图5.20(d)所示。露天或半露天变电所布置示例如图5.20(e)和(f)所示。

2)10 kV高压配电所及附设车间变电所布置方案示例

图5.21所示为10 kV高压配电所及附设车间变电所布置示例。

图5.22是总降压变电所单层布置方案示例。

图5.23是总降压变电所双层布置方案示例。

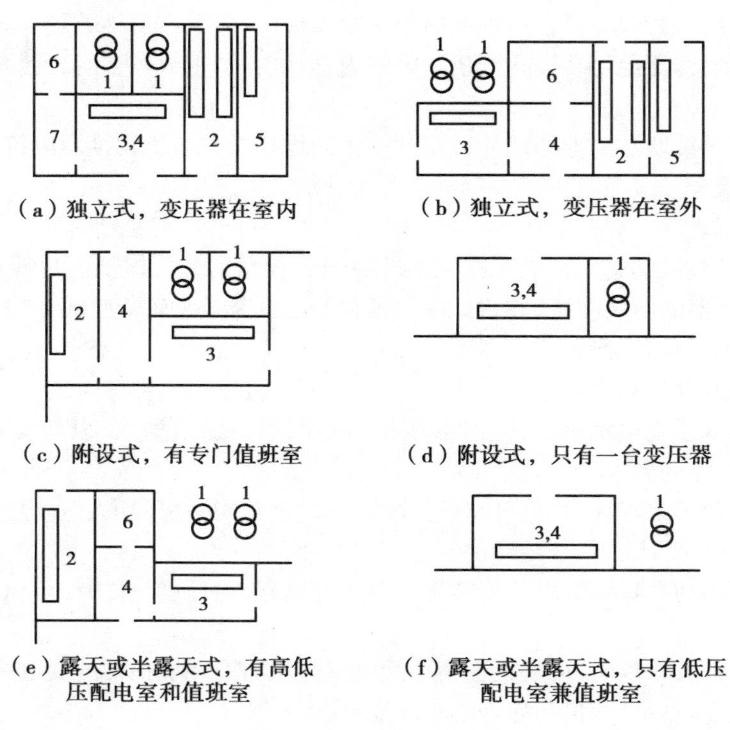

图 5.20 6～10/0.4 kV 车间变电所的布置方案示例

1—变压器室，或露天、半露天变压器装置；2—高压配电室；3—低压配电室；4—值班室；5—高压电容器室；6—维修间或工具间；7—休息室或生活间

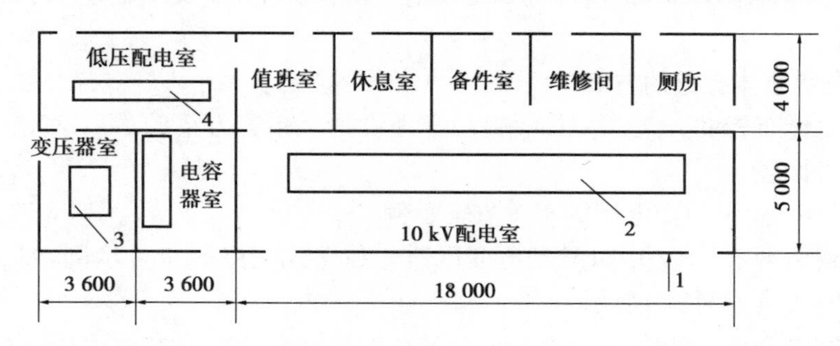

图 5.21 10 kV 高压配电所及附设车间变电所布置方案示例

1—10 kV 电缆进线；2—10 kV 高压开关柜；3—10/0.4 kV 配电变压器；4—380 V 低压配电屏

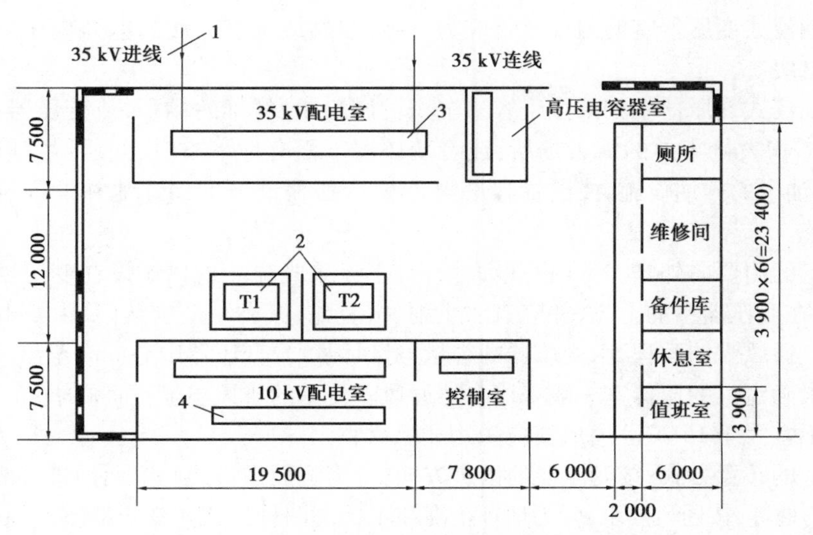

图5.22　35/10 kV总降压变电所单层布置方案示例

1—35 kV架空进线;2—主变压器(4 000 kV·A);3—35 kV高压开关柜;4—10 kV高压开关柜

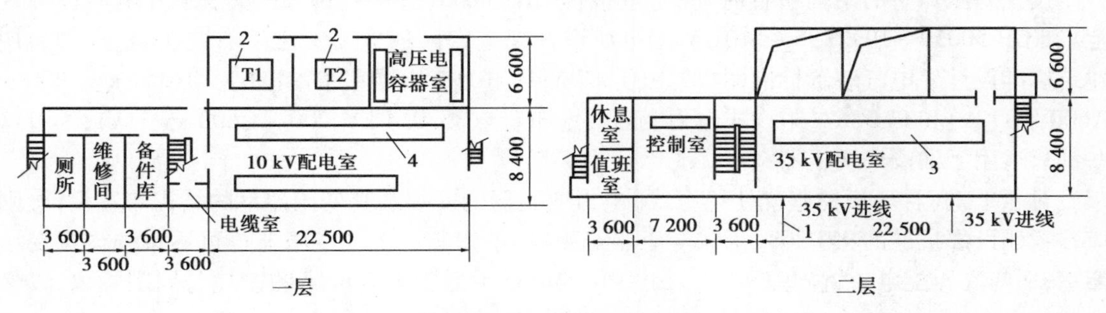

图5.23　35/10 kV总降压变电所双层布置方案示例

1—35 kV架空进线;2—主变压器(6 300 kV·A);3—35 kV高压开关柜;4—10 kV高压开关柜

5.3.2　变配电所及柴油发电机组机房的结构布置

(1)变压器室和室外变压器台的结构

1)变压器室的结构

变压器室的结构形式取决于变压器的形式、容量、放置方式、主接线方案及进出线的方式和方向等诸多因素,并应考虑运行维护的安全以及通风、防火等问题。考虑到发展,变压器室宜有更换大一级容量变压器的可能性。

对可燃油油浸式变压器的变压器室,GB 50053—1994《10 kV及以下变电所设计规范》及DL/T 5352—2006《高压配电装置设计技术规程》均规定,变压器外廓与变压器室墙壁和门的最小净距应如表5.1所示,以确保变压器的安全运行和便于运行维护。

表5.1　可燃油油浸式变压器外廓与变压器室墙壁和门的最小净距

(据GB 50053—1994和DL/T 5352—2006)

变压器容量/(kV·A)	100~1 000	1 250及以上
变压器外廓与后壁、侧壁净距/mm	600	800
变压器外廓与门净距/mm	800	1 000

可燃油油浸式变压器室的耐火等级应为一级，非燃或难燃介质的电力变压器室的耐火等级不应低于二级。

可燃油油浸式变压器室如果位于容易沉积可燃粉尘、纤维的场所，或变压器室附近有粮、棉及其他易燃物大量集中的露天场所，或者变压器下面有地下室时，变压器室应设置容量为100%变压器油量的挡油设施，或设置容量为20%变压器油量的挡油池并设置能将油排到安全处所的设施。

变压器室的门要向外开。室内只设通风窗，不设采光窗。进风窗设在变压器室前门的下方，出风窗设在变压器室的上方，并应有防止雨、雪及蛇、鼠类小动物从门、窗及电缆沟等进入室内的设施。通风窗的面积，由变压器的容量、进风温度及变压器中心标高至出风窗中心标高的距离等因素确定。变压器室一般采用自然通风。夏季的排风温度不宜高于45 ℃，进风和排风的温度差不宜大于15 ℃。通风窗应采用非燃材料。

变压器室的布置方式，按变压器的推进方向，分为宽面推进式和窄面推进式两种。

变压器的地坪，按通风要求，分为地坪抬高和不抬高两种形式。变压器室的地坪抬高时，通风散热更好，但建筑费用增加。变压器容量在630 kV · A及以下的变压器室地坪，一般不抬高。

设计变压器室的结构布置时，除了应根据GB 50053—1994《10 kV及以下变电所设计规范》和GB 50059—1992《35 ~ 110 kV变电所设计规范》外，还应参考建设部批准的《全国通用建筑标准设计 · 电气装置标准图集》中的88D264《电力变压器室布置》(6 ~ 10/0.4 kV, 200 ~ 1 600 kV · A)和97D267《附设式电力变压器室布置》(35/0.4 kV,200 ~ 1 600 kV · A)，不过这些都只适用于油浸式变压器室。

对于干式(含环氧树脂浇注绝缘式)电力变压器的安装及其变压器室的结构布置设计，则应参考建设部批准的99D268《干式变压器安装》标准图集。干式变压器也可不单独设置变压器室，而与高压配电装置同室布置，只是变压器应设不低于1.7 m高的遮拦与周围隔离，以保证运行安全。

2)室外变压器台的结构

露天或半露天变电所的变压器四周应设不低于1.7 m高的固定围栏(或墙)。变压器外廓与围栏(墙)的净距不应小于0.8 m，变压器底部距地面不应小于0.3 m，相邻变压器外廓之间的净距不应小于1.5 m。

油量为2 500 kg及以上的室外油浸式变压器之间的最小防火间距，按DL/T 5352—2006《高压配电装置设计技术规程》规定：电压等级35 kV及以下为5 m, 66 kV为6 m,110 kV为8 m,220 kV及以上为10 m。若间距小于上述规定时，应设置防火墙。防火墙应高出变压器油枕顶部，且墙两端应大于储油设施两侧各1 m。

设计室外变电所时，除应依照前述GB 50053—1994和GB 50059—1992两个设计规范外，还应参考建设部批准的86D266《落地式变压器台》标准图集。

当变压器容量在315kV · A及以下、环境正常且符合用户供电可靠性要求时，可考虑采用杆上变压器台的形式。设计时可参考建设部批准的《全国通用建筑标准设计 · 电气装置标准图集》中的86D265《杆上变压器台》。

(2)配电室、电容器室和值班室的结构

1)高低压配电室的结构

高低压配电室的结构形式主要取决于高低压开关柜(屏)的形式、尺寸和数量，同时要考虑运行维护的方便和安全,留有足够的操作维护通道,并且留有适当数量的备用开关柜(屏)的位置,但占地面积不宜过大,建筑费用不宜过高。

高压配电室内各种通道的最小宽度,按 GB 50053—1994 规定,如表 5.2 所示。

低压配电室内成列布置的低压配电屏,其屏前后通道的最小宽度按 GB 50053—1994 规定,见表 5.3。

表 5.2　高压配电室内各种通道的最小宽度(据 GB 50053—1994)

开关柜布置方式	柜后维护通道/mm	柜前操作通道/mm	
		固定式柜	手车式柜
单列布置	800	1 500	单车长度 +1 200
双列面对面布置	800[①]	2 000	双车长度 +900
双列背对背布置	1 000	1 500	单车长度 +1 200

注:①固定式开关柜为靠墙布置时,柜后与墙净距应大于 50 mm,侧面与墙净距应大于 200 mm。
②通道宽度在建筑物的墙面遇有柱类局部凸出时,凸出部位的通道宽度可减少 200 mm。
③当电源从柜后进线且需在柜的正背后墙上另设隔离开关及其手动操作机构时,柜后通道净宽不应小于 1 500 mm;当柜背面的防护等级为 IP2X(参考附录表 17)时,可减为 1 300 mm。
④按 DL/T 5352—2006 规定,开关柜双列布置时,维护通道最小净距为 1 000 mm。

表 5.3　低压配电室内屏前后通道最小宽度(据 GB 50053—1994)

配电屏形式	配电屏布置方式	屏前通道/mm	屏后通道/mm
固定式	单列布置	1 500	1 000
	双列面对面布置	2 000	1 000
	双列背对背布置	1 500	1 500
抽屉式	单列布置	1 800	1 000
	双列面对面布置	2 300	1 000
	双列背对背布置	1 800	1 000

注:①当建筑物墙面遇有局部凸出时,凸出部位的通道宽度可减少 200 mm。
②当低压配电屏的正背面墙上另设有开关和手动操作机构时,屏后通道净宽不应小于 1 500 mm;当屏背面的防护等级为 IP2X 时,通道可减为 1 300 mm。

低压配电室的高度,应与变压器室综合考虑,以便变压器低压出线。当配电室与抬高地坪的变压器室相邻时,配电室高度不应低于 4 m;与不抬高地坪的变压器室相邻时,配电室高度不应小于 3.5 m。为了布线需要,低压配电屏下面也应设电缆沟。

高压配电室的耐火等级不应低于二级;低压配电室的耐火等级不应低于三级。高压配电室宜设不能开启的自然采光窗,窗台距室外地坪不应低于 1.8 m;低压配电室可设能开启的自然采光窗。配电室临街的一面不宜开窗。高低压配电室的门应向外开;相邻配电室之间有门时,其门应能双向开启。配电室也应设置防止雨、雪和蛇、鼠类小动物从采光窗、通风窗、门、电缆沟等进入室内的设施。配电室的顶棚、墙面及地面的建筑装修应少积灰和不起灰,顶棚不应抹灰。长度大于 7 m 的配电室,应设两个出口,并宜布置在配电室的两端;长度大于 60 m 时,宜增加一个出口。

2)高低压电容器室的结构

高低压电容器室采用的电容器柜,通常都是成套型的。按 GB 50053—1994 规定,成套电容器柜单列布置时,柜正面与墙面距离不应小于 1.5 m;双列布置时,柜面之间距离不应小于 2.0 m。

高压电容器室的耐火等级不应低于二级;低压电容器室的耐火等级不应低于三级。

电容器室应有良好的自然通风,通风量应根据电容器允许温度,按夏季排风温度不超过电容器所允许的最高环境温度计算。当自然通风不能满足排热要求时,可增设机械排风。电容器室应设温度指示装置。电容器室的门也应向外开。电容器室同样应设置防止雨、雪和蛇、鼠类小动物从采光窗、通风窗、门、电缆沟等进入室内的设施。

3)值班室的结构

值班室的结构形式,要结合变配电所的总体布置和值班制度全盘考虑,以利于运行维护。值班室要有良好的自然采光,采光窗宜朝南。在采暖地区,值班室应采暖,采暖计算温度为 18 ℃。采暖装置宜采用排管焊接。在蚊虫较多的地区,值班室应装纱窗、纱门。值班室通往外边的门(除通往高低压配电室等的门外)应朝外开。

(3)组合式成套变电所的结构

组合式成套变电所又称箱式或预装式变电所,其各个单元都由生产厂家成套供应,现场组合安装即成。成套变电所不必建造变压器室和高低压配电室,从而可减少土建投资,而且便于深入负荷中心,简化供配电系统。它一般采用无油电器,因此运行更加安全,且维护工作量小。这种组合式变电所已在各类建筑特别是高层建筑中广泛应用。

组合式成套变电所分户内式和户外式两大类。户内式主要用于高层建筑和民用建筑群的供电,而户外式则主要用于工矿企业、公共建筑和住宅小区供电。

组合式成套变电所的电气设备一般分为三部分(以上海华通开关厂生产的 XZN-1 型户内组合式成套变电所为例)。

①高压开关柜:采用 GFC-10A 型手车式高压开关柜,其手车上装 ZN4-10C 型真空断路器。

②变压器柜:主要装配 SC 或 SCL 型树脂浇注绝缘干式变压器,防护式可拆装结构。变压器底部装有滚轮,便于取出检修。

③低压配电柜:采用 BFC-10A 型抽屉式低压配电柜,开关主要为 ME 型低压断路器等。

某 XZN-1 型户内组合式成套变电所的平面布置图如图 5.24 所示。该变电装置高度为 2.2 m。其对应的主接线图如图 5.25 所示。

(4)工厂应急柴油发电机组机房的结构布置

工厂自备应急柴油发电机组机房的结构布置,应保证运行安全可靠、经济合理、布置紧凑、便于维护。

机房应有良好的自然通风和采光,并便于废气的排出。

机房宜靠近变配电所或一级负荷。

柴油发电机室和控制室不应设在厕所、浴室及其他经常积水场所的正下方或贴邻。

机房内机组布置的有关尺寸要求,见表 5.4。其对应的机组布置,如图 5.26 所示。

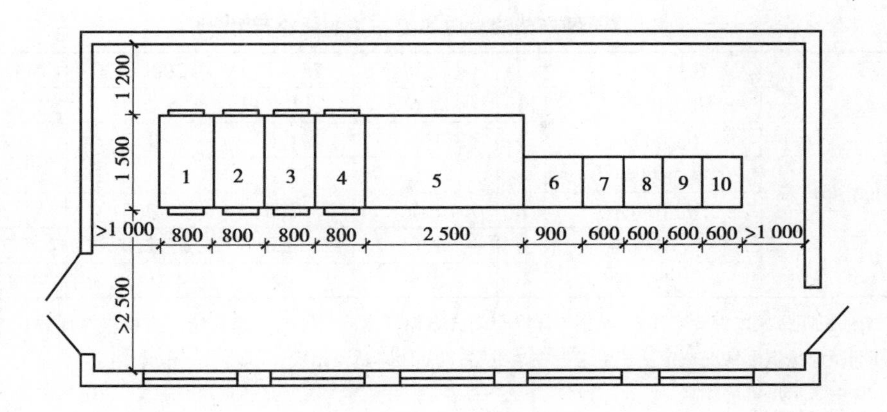

图5.24　某XZN-1型户内组合式成套变电所的平面布置图

1～4—GFC-10A型手车式高压开关柜；5—SC或SCL型树脂浇注绝缘干式变压器；6—低压总进线柜；7～10—BFC-10A型抽屉式低压配电柜

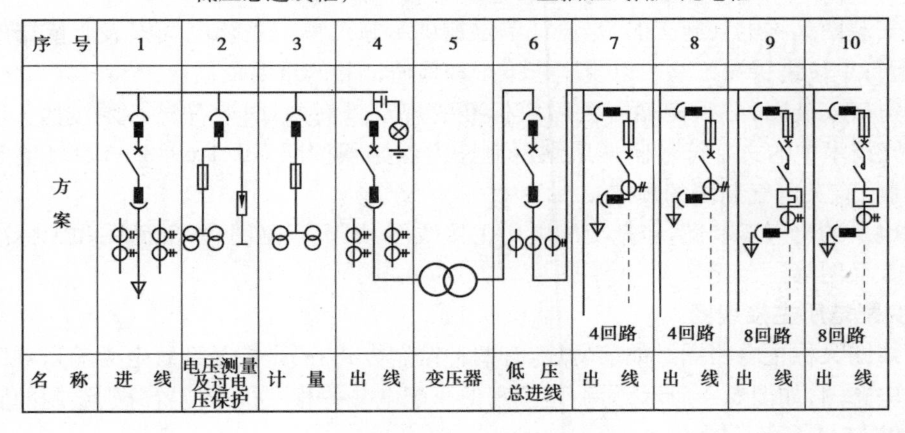

图5.25　XZN-1型成套变电所的高低压接线简图

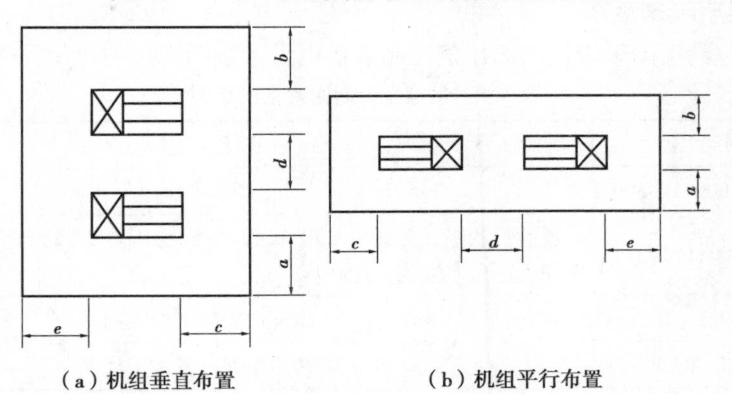

图5.26　柴油发电机组布置图(最小尺寸见表4.8)

表5.4 国产柴油发电机组布置的最小尺寸 单位:m

容量 i			64及以下	75~150	200~400	500~800
机组外壳部位	机组操作面	a	1.6	1.7	1.8	2.2
	机组背面	b	1.5	1.6	1.7	2.0
	柴油机端①	c	1.0	1.0	1.2	1.5
	机组间距	d	1.7	2.0	2.3	2.6
	发电机端	e	1.0	1.8	2.0	2.4
	机房净高②	h	3.5	3.5	4.0~4.3	4.3~5.0

注:①表中柴油机距排风口百叶窗间距,是根据国产封闭式自循环水冷却方式机组而定。当机组冷却方式与本表不同时,其间距应按实际情况选定。若机组设在地下层,其间距可适当增大。

②图5.30中未示出机房净高。

5.3.3 变配电所的电气安装图

电气安装图又称电气施工图,是设计单位提供给施工单位进行电气安装所依据的技术图纸,也是运行单位进行竣工验收以及运行维护和检修试验的重要依据。

绘制电气安装图,必须遵循有关国家标准的规定。例如,图形符号必须按照GB 7159—1987《电气技术中的文字符号制订通则》、制图方法必须按照GB/T 6988—1997《电气技术用文件的编制》有关电气制图的规定。

变配电所的电气安装图,包括变配电所主接线图、二次回路图、平剖面图和无标准图样的构件安装大样图等。

(1)变配电所主接线图

主接线图又称主电路图。如前所述,有两种绘制方式:一是按全系统电力输送顺序绘制的系统式主电路图,如图5.4所示;另一是按高低压配电装置相互排列位置分别绘制的装置式主电路图,如图5.5所示。

(2)变配电所平、剖面图

变配电所平、剖面图采用适当的比例绘制。供电设计制图常用的比例见表5.5。

表5.5 供电设计制图常用的比例

比例	适用范围
1: 2 000、1: 1 000、1: 500	工厂总平面图
1: 200、1: 100、1: 50	建筑物的平、剖面图;采用A2图纸时,工厂总变、配电所多采用1: 100,车间变电所多采用1: 50
1: 50、1: 20、1: 10	建筑物的局部放大图
1: 20、1: 10、1: 5	装置的配件及其构造详图

绘制平面图时必须注意:

①平面图一般在建筑物的门、窗洞口处水平剖切俯视,图上应包括剖切面及投影方向可见的建筑、设备及必要的尺寸等。

②对电力变压器和所有柜、屏、构架及穿墙绝缘子等,均应按在其上面俯视绘制。

③平面图上剖切符号的剖视方向宜向左和向上。

绘制剖面图时必须注意:

①应选择最能反映主要结构特征和最有代表性的部位进行剖切。

②剖面图上应包括剖切面及投射方向可见的建(构)筑物、设备及必要的尺寸、标高等。

③剖面图无论如何剖视,整个建(构)筑物和设备均应绘为垂直状态,不能按剖视方向倒置。

平、剖面图的图面布置,一般是平面图置于左上(或左下),而剖面图则对应地置于其下(或其上)和右侧,也可灵活布置,但都必须标出剖面图的代号。此外,在平、剖面图上还应附列设备一览表,依平、剖面图上设备的编号顺序在标题栏上方或其他空白处用表格列出设备名称、型号、规格、数量及备注等。

(3)无标准图样的构件安装大样图

对于在制作和安装上有特殊要求而无标准图样的构件,应绘制专门的大样图,注明尺寸、比例及有关材料和技术要求等,以便按图制作和安装。

5.4　电力线路的接线方式

5.4.1　电力线路的任务和类型

电力线路是电力系统的重要组成部分,担负着输送和分配电能的任务。

电力线路按电压高低分,有高压线路和低压线路。高压线路指1 kV及以上电压的电力线路,低压指1 kV以下的电力线路。也有的将1 kV至10 kV或35 kV的电力线路称为中压线路,35 kV或以上至110 kV或220 kV的电力线路称为高压线路,而将220 kV或330 kV以上的电力线路称为超高压线路。本书一般以1 kV及以上电压泛指“高压”。

电力线路按结构形式分,有架空线路、电缆线路和室内(车间)线路等。

5.4.2　高压线路的接线方式

工厂的高压线路有放射式、树干式和环形等基本接线方式。

(1)放射式接线(图5.27)

放射式接线的线路之间互不影响,因此供电可靠性较高,而且便于装设自动装置,保护装置也较简单。其缺点是高压开关设备用得较多,而且每台高压断路器须装设一个高压开关柜,从而使投资增加;在发生故障或检修时,该线路所供电的负荷都要停电。要提高这种放射式线路的供电可靠性,可在各车间变电所高压侧之间或低压侧之间敷设联络线。

(2)树干式接线(图5.28)

树干式接线与上述放射式接线相比,具有以下优点:多数情况下能减少线路的有色金属消耗量;采用的高压开关数量少,投资较省。但有下列缺点:供电可靠性较低;当高压干线发生故障或检修时,接于干线的所有变电所都要停电,且在实现自动化方面,适应性较差。要提高其供电可靠性,可采用如图5.29(a)所示的双干线供电或图5.29(b)所示的两端供电的接线方式。

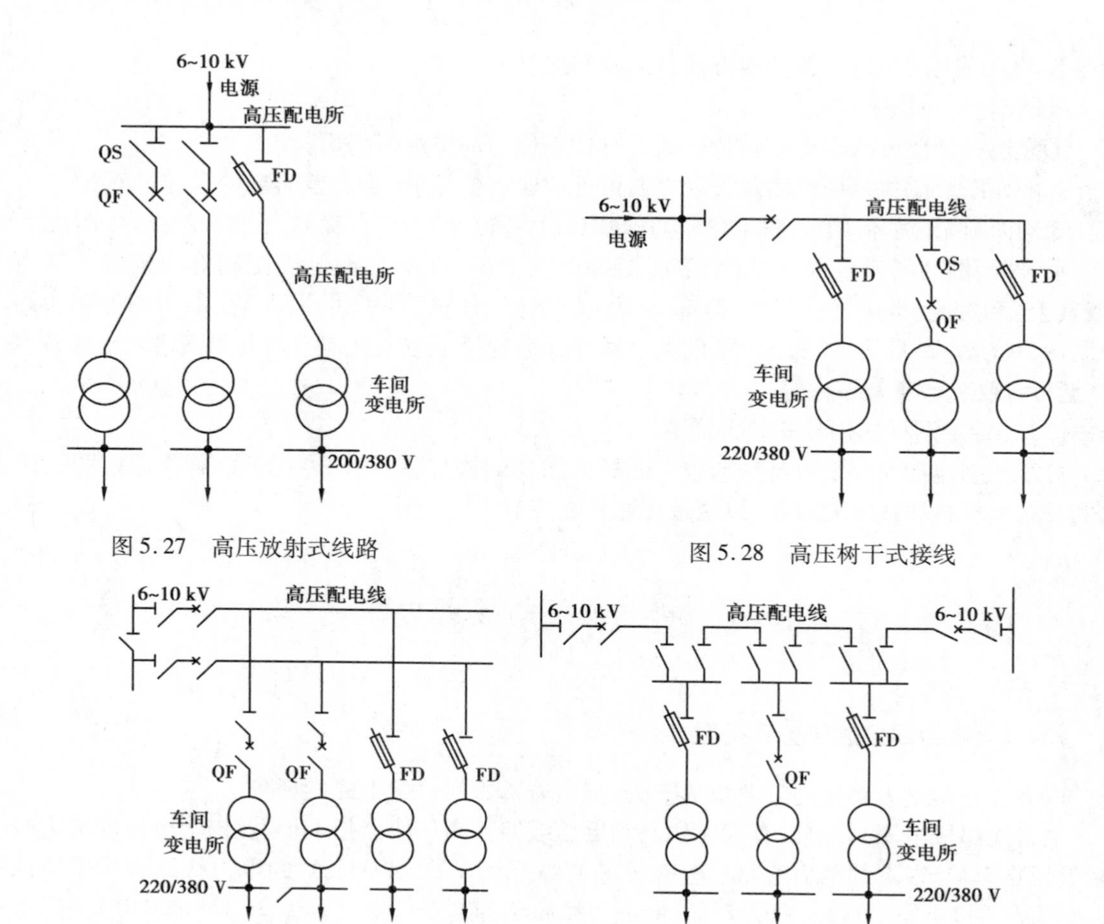

图 5.27　高压放射式线路

图 5.28　高压树干式接线

(a)双干线供电

(b)两端供电

图 5.29　双干线供电和两端供电的接线方式

(3)环形接线(图 5.30)

环形接线,实质上与两端供电的树干式接线相同。这种接线在现代化城市电网中应用很广。

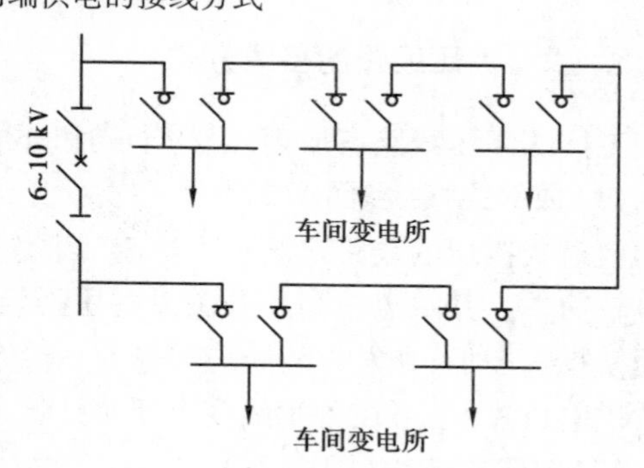

图 5.30　高压环形接线

为了避免环形线路在发生故障时影响整个电网,也为了实现环形线路保护的选择性,绝大多数环形线路都采取"开口"运行的方式,即环形线路中间有一处的开关是断开的。

实际上,工厂的高压配电线路往往是几种接线方式的组合,依具体情况而定。不过对大中型工厂,其高压配电系统多优先选用放射式,因为放射式接线的供电可靠性较高,且便于运行管理。但放射式接线采用的高压开关设备较多,投资较大,因此对于供电可靠性要求不高的辅助生产区和生活住宅区,则多采用比较经济的树干式或环形配电。

5.4.3　低压线路的接线方式

工厂的低压配电线路也有放射式、树干式和环形等基本接线方式。

(1)放射式接线(图5.31)

放射式接线的特点是:其引出线发生故障时互不影响,供电可靠性较高,但是一般情况下,其有色金属消耗量较多,采用的开关设备也较多。因此,放射式接线多用于设备容量较大或对供电可靠性要求较高的设备供电。

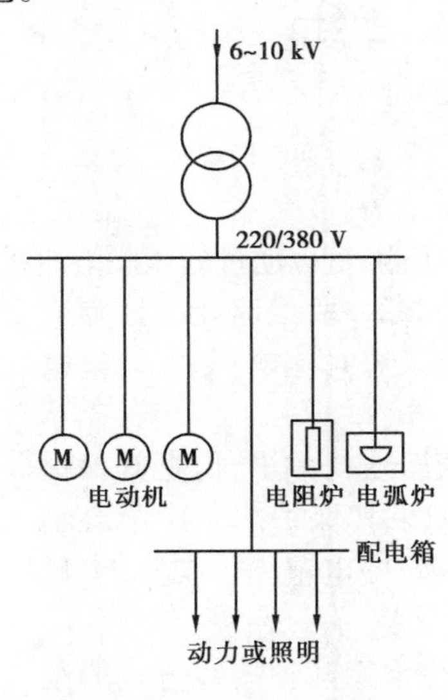

图5.31　低压放射式接线

(2)树干式接线(图5.32)

树干式接线的特点正好与放射式接线相反。一般情况下,树干式接线采用的开关设备较少,有色金属消耗量也较少,但是当干线发生故障时,影响停电的范围大,因此供电可靠性较低。图5.32(a)所示树干式接线在机械加工车间、工具车间和机修车间中应用比较普遍,而且多采用成套的封闭型母线,灵活方便,也比较安全,很适于供电给容量较小而分布较均匀的用电设备(如机床、小型加热炉等)。图5.32(b)所示"变压器—干线组"接线,省去了变电所低压侧整套低压配电装置,从而使变电所的结构大为简化,投资大为降低。

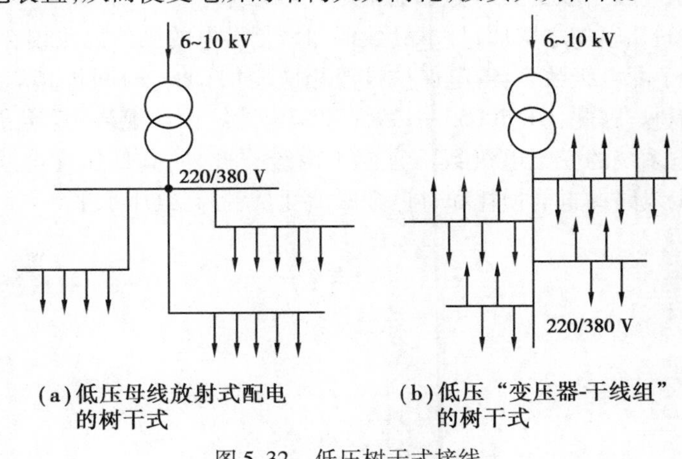

图5.32　低压树干式接线

图 5.33 是树干式接线的变形,称为链式接线。链式接线的特点与树干式基本相同,适用于用电设备彼此相距很近、容量都较小的情况。链式相连的用电设备一般不超过 5 台,链式相连的低压配电箱不宜超过 3 台,且总容量不宜超过 10 kW。

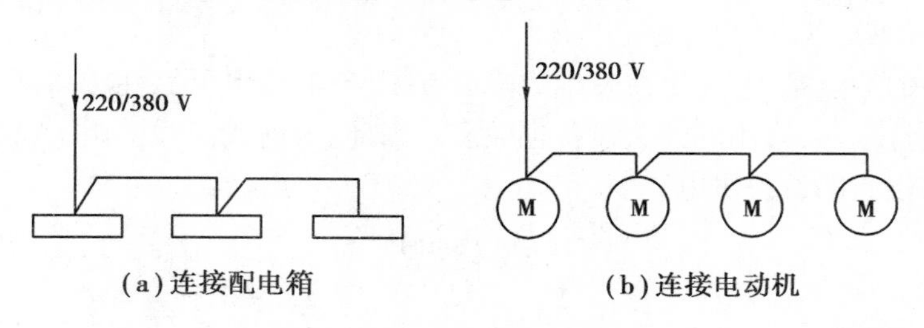

图 5.33　低压链式接线

(3)环形接线(图 5.34)

工厂内的一些车间变电所低压侧,可以通过低压联络线相互连接成为环形。

环形接线,供电可靠性较高。任一段线路发生故障或检修时,都不致造成供电中断,或只短时停电,一旦切换电源的操作完成,即能恢复供电。

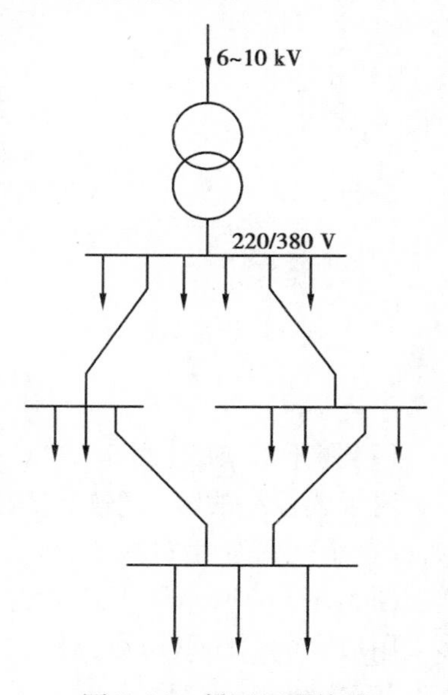

图 5.34　低压环形接线

环形接线可使电能损耗和电压损耗减少,但是其保护装置及其整定配合比较复杂。如果其保护的整定配合不当,容易发生误动作,反而扩大故障停电范围。实际上,低压环形接线也多采用"开口"方式运行。

工厂的低压配电系统,也往往采用几种接线方式的组合,依具体情况而定。不过在正常环境的车间或建筑内,若大部分用电设备不是很大且无特殊要求时,宜采用树干式配电。这一方面是由于树干式配电较之放射式配电更经济,另一方面是由于我国各工厂的供电技术人员对采用树干式配电积累了相当成熟的运行经验。

总的来说,工厂电力线路的接线应力求简单。运行经验证明,供电系统如果接线复杂,层次过多,不仅浪费投资,维护不便,而且由于电路串联的元件过多,因操作失误或元件故障而发生事故的几率随之增加,且事故处理和恢复供电的操作也比较麻烦,从而延长了停电的时间。同时由于配电级数多,继电保护级数相应增加,动作时间也相应延长,对供电系统的故障保护十分不利。因此,GB 50052—1995《供配电系统设计规范》规定:"供电系统应简单可靠,同一电压供电系统的变配电级数不宜多于两级。"此外,高低压配电线路都应尽可能深入负荷中心,以减少线路的电能损耗和有色金属消耗量,提高电压水平。

5.5　电力线路的结构和敷设

5.5.1　架空线路的结构和敷设

由于架空线路与电缆线路相比具有较多优点，如成本低投资少，安装容易，维护和检修方便，易于发现和排除故障等，所以架空线路在一般工厂中应用相当广泛。但是架空线路直接受大气影响，易受雷击和污秽空气危害，且架空线路要占用一定的地面和空间，有碍交通和观瞻，因此受到一定的限制。现代化工厂有逐渐减少架空线路、改用电缆线路的趋向。

架空线路由导线、电杆、绝缘子和线路金具等主要元件组成，其结构如图5.35所示。为了防雷，有的架空线路上还装设有避雷线（又称架空地线）。为了加强电杆的稳固性，有的电杆还安装有拉线或扳桩。

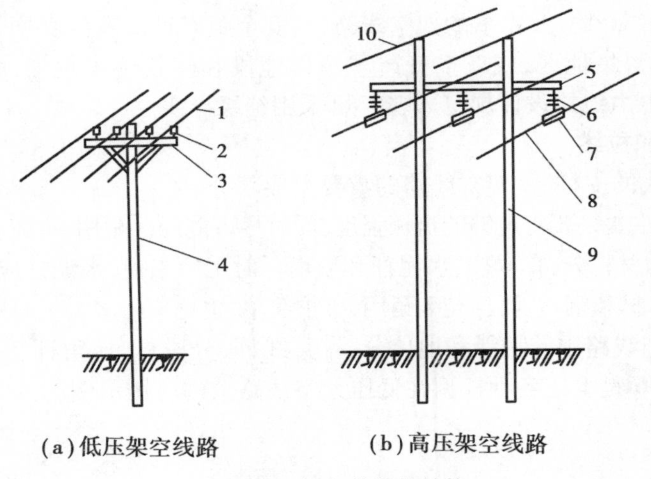

(a)低压架空线路　　(b)高压架空线路

图5.35　架空线路的结构

1—低压导线；2—针式绝缘子；3—低压横担；4—低压电杆；5—高压横担；
6—高压悬式绝缘子串；7—线夹；8—高压导线；9—高压电杆；10—避雷线

(1)架空线路的导线

导线是电力线路的主体，承担着输送电能的功能。它架设在电杆上面，要经常承受自重和各种外力的作用，并要承受大气中各种有害物质的侵蚀。因此，导线必须具有良好的导电性，并要具有一定的机械强度和耐腐蚀性，尽可能质轻而价廉。

导线材质有铜、铝和钢。铜的导电性最好（电导率为53 MS/m），机械强度也相当高（抗拉强度约为380 MPa），但铜属于贵重金属，应尽量节约。铝的机械强度较差（抗拉强度约为160 MPa），但其导电性较好（电导率为32 MS/m），且具有质轻、价廉的优点。因此在能以铝代铜的场合，应尽量采用铝导线。钢的机械强度很高（多股钢绞线的抗拉强度达1 200 MPa），而且价廉，但其导电性差（电导率为7.52 MS/m），功率损耗大（对交流电流还有铁磁损耗），并且容易锈蚀。因此，钢线在架空线路上一般只用作避雷线，而且规定要使用截面不小于35 mm^2的镀锌钢绞线。

架空线路一般采用裸导线。裸导线按结构分,有单股线和多股绞线。工厂供电系统中一般采用多股绞线。绞线又分为铜绞线、铝绞线和钢芯铝绞线。架空线路上一般采用铝绞线。

在机械强度要求较高和35 kV及以上的架空线路上,则多采用钢芯铝绞线。其芯线是钢线,用以增强导线的抗拉强度,弥补铝线机械强度较差的缺点,而其外围为铝线,用以传导电流,取其导电性较好的优点。由于交流电流在导线中的集肤效应,交流电流实际上只从铝线通过,从而弥补了钢线导电性差的缺点。钢芯铝线型号中表示的截面积就是导电的铝线部分的截面积。例如LGJ-185,这185表示钢芯铝线(LGJ)中铝线(L)的额定截面积为185 mm^2。

架空线路常用裸导线全型号的表示和含义如下:

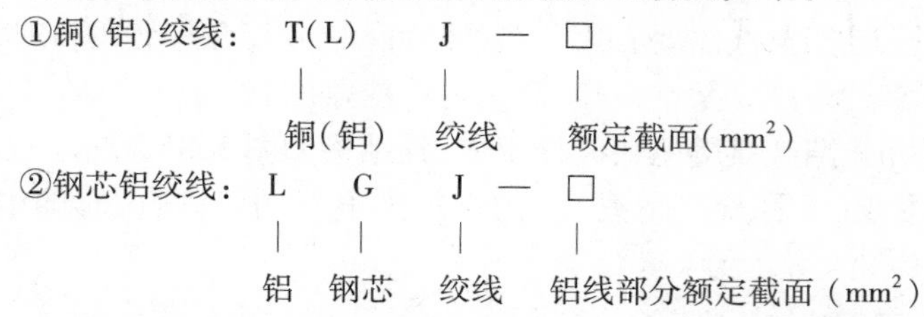

对于工厂和城市10 kV及以下的架空线路,当安全距离难以满足要求,或者邻近高层建筑及在繁华街道、人口密集地区,或者空气严重污秽地段和建筑施工现场,按GB 50061—1997《66 kV及以下架空电力线路设计规范》规定,可采用绝缘导线。

(2)电杆、横担和拉线

电杆是支持导线的支柱,是架空线路的重要组成部分。

对电杆的要求,主要是要有足够的机械强度,同时尽可能经久耐用、价廉,便于搬运和安装。

电杆按其采用的材料分,有木杆、水泥杆和铁塔。对工厂来说,水泥杆应用最为普遍。因为水泥杆可节约大量木材和钢材,而且经久耐用,维护简单,也比较经济。

电杆按其在架空线路中的功能和地位分,有直线杆、分段杆、转角杆、终端杆、跨越杆和分支杆等形式。图5.36是上述各种杆型在低压架空线路上的应用示例。

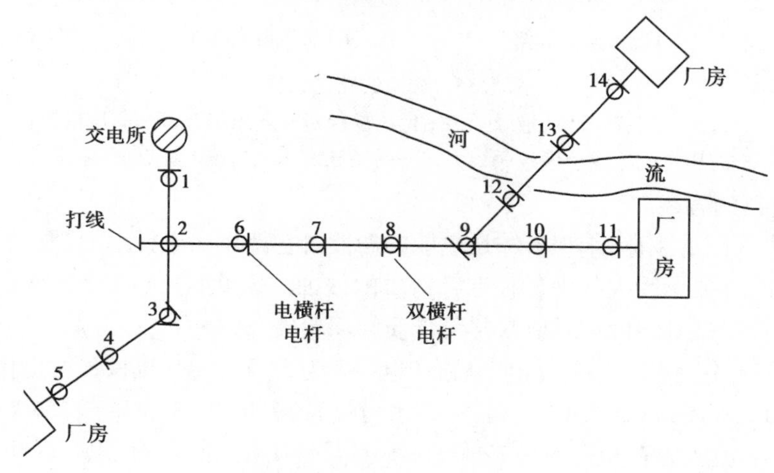

图5.36 各种杆型在低压架空线路上的应用

1、5、11、14—终端杆;2、9—分支杆;3—转角杆;8—分段杆(耐张杆);

4、6、7、10—直线杆(中间杆);12、13—跨越杆

横担安装在电杆的上部,用来安装绝缘子以架设导线。常用的横担有木横担、铁横担和瓷

横担。现在工厂的架空线路上普遍采用的是铁横担和瓷横担。瓷横担是我国独创的产品，具有良好的电气绝缘性能，兼有横担和绝缘子的双重功能，能节约大量的木材和钢材，可有效利用电杆高度，降低线路造价。它结构简单，安装方便，但比较脆，安装和使用中必须注意。

拉线是为了平衡电杆各方面的作用力并抵抗风压以防止电杆倾倒用的，例如终端杆、转角杆、分段杆等往往都装有拉线。

(3)线路绝缘子和金具

绝缘子又称瓷瓶。线路绝缘子用来将导线固定在电杆上，并使导线与电杆绝缘。因此，对绝缘子既要求具有一定的电气绝缘强度，又要求具有足够的机械强度。

线路绝缘子按电压高低分，有高压绝缘子和低压绝缘子两大类。

线路金具是用来连接导线、安装横担和绝缘子等的金属附件，图5.37(a)、(b)所示是用来安装低压针式绝缘子的直脚和弯脚；图5.37(c)所示是用来安装蝴蝶式绝缘子的穿芯螺钉；图5.37(d)所示是用来将横担或拉线固定在电杆上的U形抱箍；图5.37(e)所示是用来调节拉线松紧的花篮螺钉；图5.37(f) 所示是高压悬式绝缘子串的挂环、挂板、线夹等。

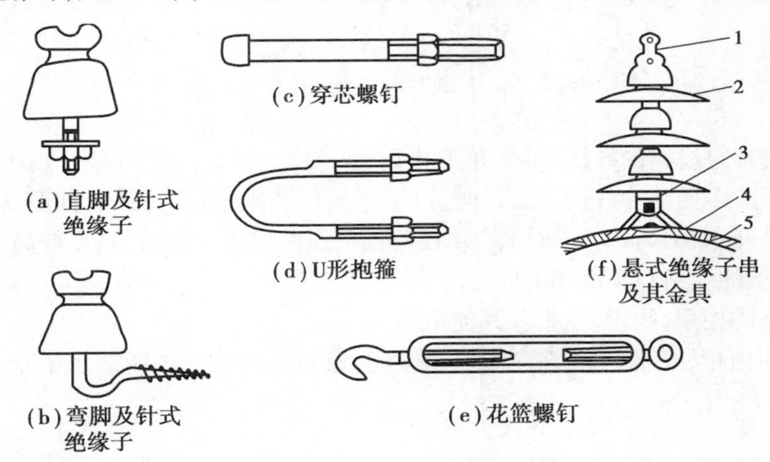

图5.37 架空线路用的金具

1—球头挂环；2—悬式绝缘子；3—碗头挂板；4—悬垂线夹；5—架空导线

(4)架空线路的敷设

1)架空线路敷设的要求及其路径的选择

敷设架空线路时，要严格遵守有关规程的规定。整个施工过程中，要重视安全教育，采取有效的安全措施，特别是在立杆、组装和架线时，更要注意人身安全，防止发生事故。竣工以后，要按照规定的程序和要求进行检查和验收，确保工程质量。

架空线路路径的选择，应认真进行调查研究，综合考虑运行、施工、交通条件和路径长度等因素，统筹兼顾，全面安排，进行多方案的比较，做到经济合理、安全适用。市区和工厂架空线路的选择，应符合下列要求：

①路径要短，转角要少，尽量减少与其他设施交叉；当与其他架空电力线路或弱电线路交叉时，其间的间距及交叉点或交叉角的要求应符合GB 50061—1997《66 kV及以下架空电力线路设计规范》的有关规定。

②尽量避开河洼和雨水冲刷地带、不良地质地区及易燃、易爆等危险场所。

③不应引起机耕、交通和行人困难。

④不宜跨越房屋,应与建筑物保持一定的安全距离。

⑤应与工厂和城镇的总体规划协调配合,并适当考虑今后的发展。

2)导线在电杆上的排列方式

三相四线制低压架空线路的导线,一般都采用水平排列,如图5.38(a)所示。由于中性线(N线或PEN线)电位在三相对称时为零,而且其截面也较小,机械强度较差,所以中性线一般架设在靠近电杆的位置。

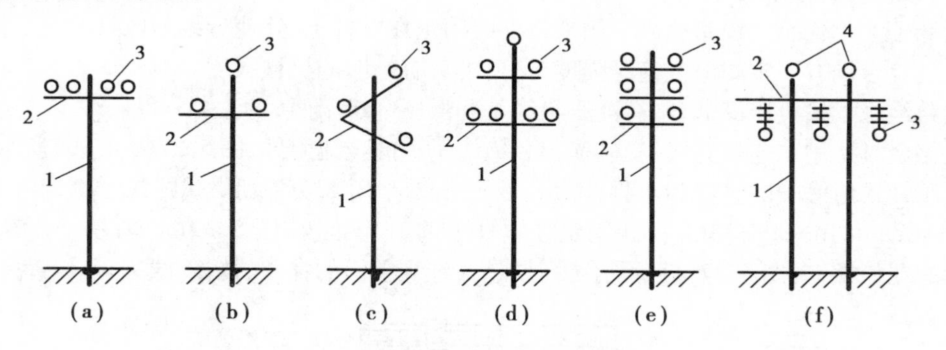

图5.38　导线在电杆上的排列方式

1—电杆;2—横担;3—导线;4—避雷线

三相三线制架空线路的导线,可三角形排列,如图5.38(b)、(c)所示;也可水平排列,如图5.38(f)所示。多回路导线同杆架设时,可呈三角形和水平混合排列,如图5.38(d)所示;也可全部垂直排列,如图5.38(e)所示。电压不同的线路同杆架设时,电压较高的线路应架设在上面,电压较低的线路则架设在下面。

3)架空线路的档距、线距、弧垂及其他距离

架空线路的档距,又称跨距,是指同一线路上相邻两根电杆之间的水平距离,如图5.39所示。

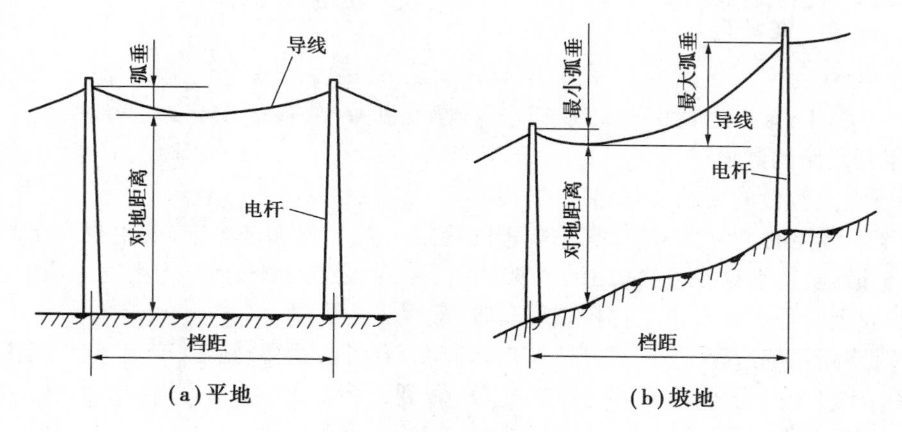

图5.39　架空线路的档距和弧垂

10 kV及以下架空线路的挡距,按GB 50061—1997规定,见表5.6。

表5.6 10 kV及以下架空线路的档距(据GB 50061—1997)

区域	线路电压3~100 kV	线路电压3 kV以下
市区	档距40~50 m	档距40~50 m
郊区	档距50~100 m	档距40~60 m

10 kV及以下架空线路采用裸导线时的最小线间距离,按GB 50061—1997规定,见表5.7。如果采用绝缘导线,则线距可结合当地运行经验确定。

表5.7 10 kV及以下架空线路采用裸导线时的最小线距(据GB 50061—1997)

线路电压	档距/m						
	40及以下	50	60	70	80	90	100
	最小线间距离/m						
6~10 kV	0.6	0.65	0.7	0.75	0.85	0.9	1.0
3 kV以下	0.3	0.4	0.45	—	—	—	—

注:3 kV以下架空线路靠近电杆的两导线间的水平距离不应小于0.5 m。

同杆架设的多回路线路,不同回路的导线间最小距离,按GB 50061—1997规定,应符合表5.8的规定。

表5.8 不同回路导线间的最小距离(据GB 50061—1997)

线路电压	3~10 kV	35 kV	66 kV
线间距离	1.0 m	3.0 m	3.5 m

架空线路导线的弧垂,又称弛垂,是指其一个档距内导线的最低点与两端电杆上导线悬挂点间的垂直距离。导线的弧垂是由于导线存在着荷重所形成的。弧垂不宜过大,也不宜过小:过大则在导线摆动时容易引起相间短路,而且可造成导线对地或对其他物体的安全距离不够;过小则使导线的内应力增大,天冷时可能使导线收缩而绷断。

架空线路的导线与建筑物之间的垂直距离,按GB 50061—1997规定,在最大计算弧垂的情况下,应符合表5.9的要求。

表5.9 架空线路导线与建筑物间的最小垂直距离(据GB 50061—1997)

线路电压	3 kV以下	3~10 kV	35 kV	66 kV
垂直距离	2.5 m	3.0 m	4.0 m	5.0 m

架空线路在最大计算风偏情况下,边导线与城市多层建筑或规划建筑线间的最小水平距离,按GB 50061—1997规定,应符合表5.10的要求。

表5.10 架空线路边导线与建筑物间的最小水平距离(据GB 50061—1997)

线路电压	3 kV以下	3~10 kV	35 kV	66 kV
水平距离	1 m	1.5 m	3.0 m	4.0 m

架空线路导线对地面和水面的最小距离、架空线路与各种设施接近和交叉的最小距离等，在 GB 50061—1997 等技术规范中均有规定，设计和安装时必须遵循，限于篇幅，此略。

5.5.2 电缆线路的结构和敷设

电缆线路与架空线路相比，具有成本高、投资大、维修不便等缺点，但是它具有运行可靠、不易受外界影响、不用架设电杆、不占地面、不碍观瞻等优点，特别是在有腐蚀性气体和易燃、易爆场所，不宜架设架空线路时，只能敷设电缆线路。在现代化工厂和城市中，电缆线路得到了越来越广泛的应用。

(1)电缆和电缆头

电缆是一种特殊结构的导线，在其几根(或单根)绞绕的绝缘导电芯线外面，统包有绝缘层和保护层。保护层又分内护层和外护层。内护层用以直接保护，常用的材料有铅、铝或塑料等。而外护层用以防止内护层受到机械损伤和腐蚀，通常采用钢丝或钢带构成钢铠，外覆麻被、沥青或塑料护套。

电缆的类型很多。供电系统中常用的电力电缆，按其缆芯材质分，有铜芯和铝芯两大类。按其采用的绝缘介质分，有油浸纸绝缘电缆和塑料绝缘电缆两大类。油浸纸绝缘电缆具有耐压强度高、耐热性能好和使用寿命长等优点，因此应用相当普遍。但是它在运行中，其中的浸渍油会流动，因此对它两端安装的高度差有一定的限制，否则电缆中低的一端可能因油压过大而使端头胀裂漏油，而其高的一端则可能因油流失而干枯，使耐压强度下降，甚至被击穿损坏。塑料绝缘电缆具有结构简单、制造加工方便、自重较轻、敷设安装方便、不受敷设高度差的限制及抗酸碱腐蚀性好等优点，因此在工厂供电系统中有逐步取代油浸纸绝缘电缆的趋势。目前，我国生产的塑料绝缘电缆有两种：一种是聚氯乙烯绝缘及护套电缆；另一种是交联聚乙烯绝缘聚氯乙烯护套电缆，其电气性能更优越。

电力电缆全型号的表示和含义如下：

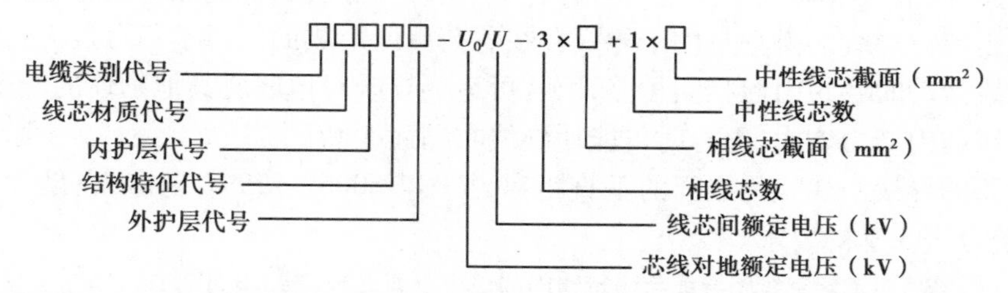

①电缆类别代号：Z—油浸纸绝缘电力电缆；V—聚氯乙烯绝缘电力电缆；YJ—交联聚乙烯绝缘电力电缆；X—橡皮绝缘电力电缆；JK—架空电力电缆，加在上列代号之前；ZR 或 Z—阻燃型电力电缆，也加在上列代号之前。

②线芯材质代号：L—铝芯；LH—铝合金芯；T—铜芯，一般不标；TR—软铜芯。

③内护层代号：Q—铅包；L—铝包；V—聚氯乙烯护套。

④结构特征代号：P—滴干式；D—不滴流式；F—分相铅包式。

⑤外护层代号：02—聚氯乙烯套；03—聚乙烯套；20—裸钢带铠装；22—钢带铠装聚氯乙烯套；23—钢带铠装聚乙烯套；30—裸细钢丝铠装；32—细钢丝铠装聚氯乙烯套；33—细钢丝铠装聚乙烯套；40—裸粗钢丝铠装；41—粗钢丝铠装纤维外被；42—粗钢丝铠装聚氯乙烯套；43—粗钢丝铠装聚乙烯套；441—双粗钢丝铠装纤维外被；241—钢带-粗钢丝铠装纤维外被。

必须注意：在考虑电缆线芯材质时，一般情况下可选用较价廉的铝芯电缆。但在下列情况下应选用铜芯电缆：

①振动剧烈、有爆炸危险或对铝有腐蚀性等严酷的工作环境下；

②安全性、可靠性要求高的重要回路中；

③用于耐火电缆及紧靠高温设备的电缆等。

电缆头包括电缆中间头和终端头。电缆头使用的绝缘材料或填充材料，有电缆胶、环氧树脂和热缩材料等。由于热缩材料的电缆头具有施工简便、价廉和性能良好等优点而在现代电缆工程中得到了推广应用。

(2)电缆的敷设

1)电缆的敷设方式

工厂中常见的电缆敷设方式，有直接埋地敷设、沿墙敷设、利用电缆沟和电缆桥架等；而电缆排管和电缆隧道多见于发电厂和大型变电站，一般工厂中很少采用。

2)电缆敷设路径的选择

电缆敷设路径选择，应符合下列条件：

①避免电缆遭受机械性外力、过热及腐蚀等危害。

②在满足安全要求条件下，电缆线路应尽可能短。

③便于运行维护。

④应避开将要挖掘施工的地段。

3)电缆敷设的一般要求

敷设电缆一定要严格遵守有关技术规范的规定和设计的要求。竣工以后，要按规定程序和要求进行检查和验收，确保线路质量。

部分重要的技术要求如下：

①电缆长度宜按实际线路长度考虑5% ~10%的裕量，以作为安装、检修时的备用；直埋电缆应作波浪形埋设。

②下列场合的非铠装电缆应采取穿管敷设：电缆进出建(构)筑物；电缆穿过楼板及墙壁处；从电缆沟引出至电杆，或沿墙敷设的电缆距地面2 m高度及埋入地下小于0.3 m深度的一段；电缆与道路、铁路交叉的一段。电缆保护管的内径不得小于电缆外径或多根电缆包络外径的1.5倍。

③多根电缆敷设在同一通道位于同侧的多层支架上时，应按下列要求进行配置：电力电缆应按电压等级由高至低的顺序排列，控制、信号电缆和通信电缆应按强电至弱电的顺序排列。支架层数受通道空间限制时，35 kV及以下的相邻电压级的电力电缆可排列在同一层支架上，1 kV及以下的电力电缆也可与强电控制、信号电缆配置在同一层支架上。同一重要回路的工作电缆与备用电缆实行耐火分隔时，宜适当配置在不同层次的支架上。

④明敷的电缆不宜平行敷设于热力管道上边。电缆与管道之间无隔板保护时，按GB 50217—1994《电力工程电缆设计规范》规定，其相互间距应符合表5.11的要求。

⑤电缆应远离爆炸性气体释放源。敷设在爆炸性危险较小的场所时，应符合下列要求：易爆气体比空气重时，电缆应在较高处架空敷设，且对非铠装电缆采取穿管保护或置于托盘、槽盒内。易爆气体比空气轻时，电缆敷设在较低处的管、沟内，沟内非铠装电缆应埋沙。

表 5.11　电缆与管道相互间的允许距离(据 GB 50217—1994)

电缆与管道之间走向		电力电缆	控制和信号电缆
热力管道	平行	1 000 mm	500 mm
	交叉	500 mm	250 mm
其他管道	平行	150 mm	100 mm

⑥电缆沿输送易燃气体的管道敷设时,应配置在危险程度较低的管道一侧,且应符合下列规定:易燃气体比空气重时,电缆宜在管道上方;易燃气体比空气轻时,电缆宜在管道下方。

⑦电缆沟的结构应考虑到防火和防水。电缆沟从厂区进入厂房处应设置防火隔板。为了使排水顺畅,电缆沟的纵向排水坡度不得小于0.5%,而且不得排向厂房内侧。

⑧直埋于非冻土地区的电缆,其外皮至地下构筑物基础的距离不得小于0.3 m;至对面的距离不得小于0.7 m。当位于车行道或耕地的下方时,应适当加深,且不得小于1 m。电缆直埋于冻土地区时,宜埋入冻土层以下。直埋敷设的电缆,严禁位于地下管道的正上方或正下方。在有化学腐蚀的土壤中,电缆不宜直埋敷设。

⑨电缆的金属外皮、金属电缆头及保护钢管和金属支架等,均应可靠接地。

5.5.3　车间线路的结构和敷设

车间线路,包括室内配电线路和室外配电线路。室内(厂房内)配电线路大多采用绝缘导线,但配电干线多采用裸导线(母线),少数采用电缆。室外配电线路指沿车间外墙或屋檐敷设的低压配电线路,也包括车间之间短距离的低压架空线路,一般都采用绝缘导线。

(1)绝缘导线的结构和敷设

绝缘导线按芯线材质分,有铜芯和铝芯两种。重要的、安全可靠性要求较高的线路,例如办公楼、实验楼、图书馆和住宅等线路和高温、振动场所及对铝有腐蚀的场所,均应采用铜芯绝缘导线,而其他场合一般可采用铝芯绝缘导线。

绝缘导线按绝缘材料分,有橡皮绝缘和塑料绝缘两种。橡皮绝缘导线的绝缘性能和耐热性能均较好,但耐油和抗酸碱腐蚀的能力较差,且价格较贵。而塑料绝缘导线的绝缘性能好,且耐油和抗酸碱腐蚀,价格较低,并可节约大量橡胶和棉纱,因此在室内明敷和穿管敷设中应优先选用塑料绝缘导线。但是塑料绝缘材料在高温时易软化和老化,低温时又要变硬变脆。因此,室外敷设及靠近热源的场合,宜优先选用耐热性较好的橡皮绝缘导线。

绝缘导线全型号的表示和含义如下:

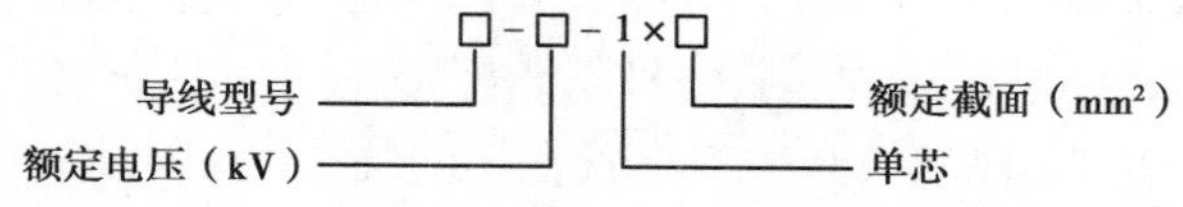

①聚氯乙烯绝缘导线型号:BV(BLV)—铜(铝)芯聚氯乙烯绝缘导线;BVV(BLVV)—铜(铝)芯聚乙烯绝缘聚氯乙烯护套圆型导线;BVVB(BLVVB)—铜(铝)芯聚氯乙烯绝缘聚氯乙烯护套平型导线;BVR—铜芯聚氯乙烯绝缘软导线。

②橡皮绝缘导线型号:BX(BLX)—铜(铝)芯橡皮绝缘棉纱或其他纤维编织导线;BXR—铜芯橡皮绝缘棉纱或其他纤维编织软导线;BXS—铜芯橡皮绝缘双股软导线。

绝缘导线的敷设方式,分明敷和暗敷两种。明敷是导线直接或穿管子、线槽等敷设于墙壁、顶棚的表面及桁架、支架等处。暗敷是导线穿管子、线槽等敷设于墙壁、顶棚、地坪及楼板等的内部，或者在混凝土板孔内敷设。

绝缘导线的敷设要求，应符合有关规程的规定。其中有几点要特别提出：

①线槽布线和穿管布线的导线，在中间不许接头，接头必须经专门的接线盒。

②穿金属管和穿金属线槽的交流线路，应将同一回路的所有相线和中性线（如有中性线时）穿于同一管、槽内；如果只穿部分导线，则由于线路电流不平衡而产生交变磁场作用于金属管、槽，在金属管、槽内产生涡流损耗，对钢管还要产生磁滞损耗，使管、槽发热导致其中绝缘导线过热甚至烧毁。

③穿导线的管、槽与热水管、蒸汽管同侧敷设时，应敷设在水、汽管的下方；有困难时，可敷设在其上方，但相互间距应适当增大，或采取隔热措施。

(2)裸导线的结构和敷设

车间内的配电裸导线大多采用硬母线的结构，其截面形状有圆形、管形和矩形等，其材质有铜、铝和钢。车间中以采用LMY型硬铝母线较为普遍；也有少数采用TMY型硬铜母线的，但投资较大。现代化的生产车间大多采用封闭式母线（通称“母线槽”）布线。封闭式母线安全、灵活、美观，但耗费的钢材较多，投资也较大。

封闭式母线水平敷设时，至地面的距离不应小于2.2 m。垂直敷设时，其距地面1.8 m以下部分应采取防止机械损伤的措施，但敷设在电气专用房间如配电室、电机室内的除外。

封闭式母线水平敷设的支持点间距不宜大于2 m。垂直敷设时，应在通过楼板处采用专用附件支承。垂直敷设的封闭式母线，当进线盒及末端悬空时，应采用支架固定。

封闭式母线终端无引出或引入线时，端头应封闭。

封闭式母线的插接分支点，应设在安全及便于安装和维修的地方。

为了识别导线相序，以利于运行维修，GB 2681—1981《电工成套装置中的颜色》规定，交流三相系统中的裸导线应按表5.12所示涂色。裸导线涂色，主要是为了辨别相序及其用途，同时也有利于防腐和改善散热条件。

表5.12　交流三相系统中裸导线的涂色(据GB 268—1981)

裸导线类别	A相	B相	C相	N线、PEN线	PE线
涂漆颜色	黄	率	红	淡蓝	黄绿双色

5.6　导线和电缆的选择计算

5.6.1　导线和电缆选择的一般规定

(1)架空线路导线的选择

①110 kV及以上架空线路宜采用钢芯铝绞线，截面不宜小于150～185 mm^2。35～66 kV架空线路亦宜采用钢芯铝绞线，截面不宜小于70～95 mm^2。城市电网中，3～10 kV架空线路宜采用铝绞线，主干线截面应为150～240 mm^2，分支线截面不宜小于70 mm^2；但在化工污秽及沿海地区，宜采用绝缘导线、铜绞线或钢芯铝绞线。当采用绝缘导线时，绝缘子绝缘水平应按

15 kV 考虑;采用铜绞线或钢芯铝绞线时,绝缘子绝缘水平应按20 kV 考虑。农村电网中10 kV 架空线路宜选用钢芯铝绞线或铝绞线,其主干线截面应按中期规划(5~10 年)一次选定,不宜小于 70 mm^2。

②市区和工厂 10 kV 及以下架空线路,遇下列情况可采用绝缘铝绞线(据 GB 50061—1997 规定):线路走廊狭窄,与建筑物之间的距离不能满足安全要求的地段;高层建筑邻近地段;繁华街道或人口密集地区;游览区和绿化区;空气严重污秽地段;建筑施工现场。

③城市和工厂的低压架空线路宜采用铝芯绝缘线,主干线截面宜采用 150 mm^2,一次建成;次干线宜采用 120 mm^2,分支线宜采用 50 mm^2。农村的低压架空线路可采用钢芯铝绞线或铝芯绝缘线,其主干线亦宜一次建成。

④架空线路导线的持续允许载流量,应按周围空气温度进行校正。周围空气温度(环境温度)应采用当地 10 年或以上的最热月的每日最高温度的月平均值。

⑤从供电变电所二次侧出口到线路末端变压器一次侧入口的 6~10 kV 架空线路的电压损耗,不宜超过供电变电所二次侧额定电压的 5%。

⑥架空线路导线的截面,不应小于机械强度所要求的最小截面。

(2)电缆的选择

①电缆型号应根据线路的额定电压、环境条件、敷设方式和用电设备的特殊要求等进行选择。

②电缆的持续允许载流量,应按敷设处的周围介质温度进行校正:a. 当周围介质为空气时,空气温度应取敷设处 10 年或以上的最热月的每日最高温度的月平均值。b. 在生产厂房、电缆隧道及电缆沟内,周围空气温度还应计入电缆发热、散热和通风等因素的影响。当缺乏计算资料时,可按上述空气温度加 5 ℃。c. 当周围介质为土壤时,土壤温度应取敷设处历年最热月的平均温度。电缆的持续允许载流量,还应按敷设方式和土壤热阻系数等因素进行校正。

③沿不同冷却条件的路径敷设电缆时,当冷却条件最差段的长度超过 10 m 时,应按该段冷却条件来选择电缆截面。

④电缆应按短路条件验算其热稳定度。电缆在短路时的最高允许温度应符合附录表 11 的规定。

⑤农村电网中各级配电线路不宜采用电缆线路。

(3)住宅供电系统导线的选择

GB 50096—1999《住宅设计规范》规定:住宅供电系统(220/380 V)的电气线路应采用符合安全和防火要求的敷设方式配线,导线应采用铜线,每套住宅的进户线截面不应小于 10 mm^2,分支回路导线截面不应小于 2.5 mm^2。

5.6.2 导线和电缆截面选择计算的条件

为了保证供电系统安全、可靠、优质、经济地运行,导线和电缆截面的选择必须满足下列条件:

(1)发热条件

导线和电缆在通过正常最大负荷电流即计算电流时产生的发热温度,不应超过其正常运行时的最高允许温度。

(2)电压损耗条件

导线和电缆在通过正常最大负荷电流即计算电流时产生的电压损耗,不应超过其正常运行时允许的电压损耗。对于工厂内较短的高压线路,可不进行电压损耗校验。

根据设计经验,一般10 kV及以下的高压线路及1 kV以下的低压动力线路,通常是先按发热条件来选择导线或电缆截面,再校验电压损耗和机械强度。低压照明线路,因其对电压水平要求较高,故通常是先按允许电压损耗进行选择,再校验发热条件和机械强度。对长距离大电流线路和35 kV及以上高压线路,可先按经济电流密度确定一个截面,再校验其他条件。按上述经验选择计算,比较容易满足要求,较少返工。

下面分别介绍按发热条件、经济电流密度和电压损耗选择导线和电缆截面的问题。关于机械强度,对于工厂的电力线路,只需按其最小允许截面校验就行了,因此后面不再赘述。

5.6.3　按发热条件选择导线和电缆截面

(1)三相系统相线截面的选择

电流通过导线(包括电缆、母线等,下同)时,会产生电能损耗,使导线发热。导线温度过高时,会使导线接头处的氧化加剧,增大接触电阻,使之进一步氧化,最后可能发展到断线。而绝缘导线和电缆的温度过高时,可使绝缘加速老化甚至烧毁,或引起火灾。因此,导线的正常发热温度不得超过正常额定负荷时的最高允许温度。

按发热条件选择三相系统中的相线截面时,应使其允许载流量I_{al}不小于通过相线的计算电流I_{30},即

$$I_{al} \geqslant I_{30} \tag{5.4}$$

所谓导线的允许载流量就是在规定的环境温度条件下,导线能够持续承受而不致使其稳定温度超过允许值的最大电流。如果导线敷设地点的环境温度与导线允许载流量所采用的环境温度不同,则导线的允许载流量应乘以温度校正系数

$$K_{\theta} = \sqrt{\frac{\theta_{al} - \theta'_0}{\theta_{al} - \theta_0}} \tag{5.5}$$

式中,θ_{al}为导线额定负荷时的最高允许温度;θ_0为导线的允许载流量所采用的环境温度;θ'_0为导线敷设地点的实际环境温度。

这里所说的"环境温度",是按发热条件选择导线所采用的特定温度。如前所述,在室外,环境温度一般取当地最热月的每日最高温度的月平均值(即最热月平均最高气温)。在室内(包括电缆沟内和隧道内),则可取当地最热月平均最高气温加5 ℃。对土中直埋的电缆,则取当地最热月地下0.8~1 m的土壤平均温度,或近似地取当地最热月平均气温。

必须注意:按发热条件选择的绝缘导线和电缆截面,还必须与其相应的过电流保护装置(如熔断器或低压断路器的过电流脱扣器)的动作电流相配合。不允许发生绝缘导线和电缆因过电流作用引起过热甚至起燃而保护装置不动作的情况,因此绝缘导线和电缆的允许载流量还要满足下列条件:

$$I_{al} \geqslant I_{op}/K_{OL} \tag{5.6}$$

式中,I_{op}为过电流保护装置的动作电流,对于熔断器为熔体额定电流;K_{OL}为绝缘导线和电缆允许的短时过负荷倍数。

(2)中性线、保护线和保护中性线截面的选择

1)中性线(N线)截面的选择

三相四线制系统中的中性线,要通过系统中的不平衡电流即零序电流,因此中性线的允许

载流量不应小于三相系统的最大不平衡电流，同时应考虑系统中谐波电流的影响。

一般三相四线制线路的中性线截面 A_0 应不小于相线截面 A_φ 的50%，即

$$A_0 \geqslant 0.5A_\varphi \tag{5.7}$$

由三相四线线路中引出的两相三线线路和单相线路，由于其中性线电流与相线电流相等，因此其中性线截面 A_0 应与相线截面 A_φ 相等，即

$$A_0 = A_\varphi \tag{5.8}$$

对于三次谐波电流突出的三相四线制线路，由于各相的三次谐波电流都要通过中性线，使得中性线电流可能接近甚至超过相线电流，因此其中性线截面 A_0 宜等于或大于相线截面 A_φ，即

$$A_0 \geqslant A_\varphi \tag{5.9}$$

2）保护线（PE线）截面的选择

保护线要考虑三相系统发生单相短路故障时单相短路电流通过的短路热稳定度。

根据短路热稳定度的要求保护线的截面 A_{PE}，应按GB 50054—1995《低压配电设计规范》的下列规定选择：

①当 $A_\varphi \leqslant 16\ \text{mm}^2$ 时，

$$A_{PE} \geqslant A_\varphi \tag{5.10}$$

②当 $16\ \text{mm}^2 < A_\varphi < 35\ \text{mm}^2$ 时，

$$A_{PE} \geqslant 16\ \text{mm}^2 \tag{5.11}$$

③当 $A_\varphi > 35\ \text{mm}^2$ 时，

$$A_{PE} \geqslant 0.5A_\varphi \tag{5.12}$$

3）保护中性线（PEN线）截面的选择

保护中性线兼有保护线和中性线的双重功能，因此其截面选择应同时满足上述保护线和中性线的要求，取其中最大值。

5.6.4 按经济电流密度选择导线和电缆截面

导线（或电缆，下同）的截面越大，电能损耗越小，但是线路投资、维修管理费用和有色金属消耗量都要增加。因此从经济方面考虑，导线应选择一个比较合理的截面，既要使电能损耗小，又不要过分增加线路投资、维修管理费用和有色金属消耗量。

图5.40是线路年运行费用 C 与导线截面 A 的关系曲线。其中，曲线1表示线路的年折旧费（即线路投资除以折旧年限之值）和线路的年维修管理费之和与导线截面的关系曲线；曲线2表示线路的年电能损耗费与导线截面的关系曲线；曲线3为曲线1与曲线2的叠加，表示线路的年运行费用（包括线路的年折旧费、维修管理费和电能损耗费）与导线截面的关系曲线。由曲线3可以看出，与年运行费用最小值 C_a（曲线3上 a 点）相对应的导线截面 A_a 不一定是很经济合理的截面，这是因为 a 点附近的曲线3比较平坦。如果将导线截面再选小一些，例如选为 A_b（b 点），年运行费用 C_b 增加不多，而导线截面即有色金属消耗量却显著减少。因此从全面的经济效益来考虑，导线截面选为 A_b 看来比选为 A_a 更为经济合理。这种从全面经济效益考虑，既使线路的年运行费用接近于最小，又适当考虑有色金属节约的导线截面，称为经济截面，用符号 A_{ec} 表示。

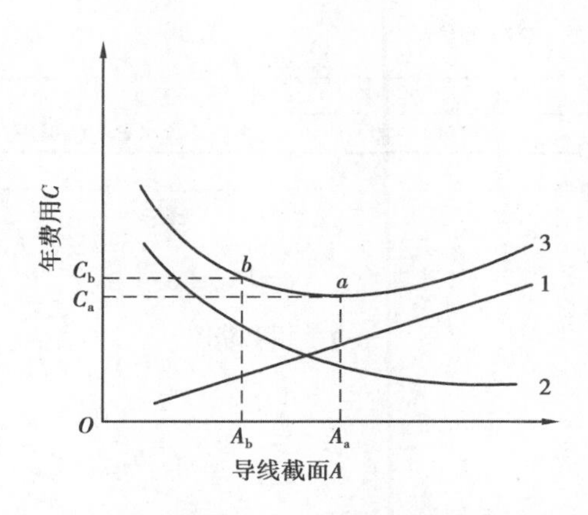

图5.40　线路的年运行费用与导线截面的关系曲线

与经济截面对应的导线电流密度,称为经济电流密度。我国现行的经济电流密度值见表5.13。

表5.13　**导线和电缆的经济电流密度**　　单位:A/mm^2

线路类别	导线材质	年最大负荷利用小时		
		3 000 h 以下	3 000 ~5 000 h	5 000 h 以上
架空线路	铜	3.00	2.25	1.75
	铝	1.65	1.15	0.90
电缆线路	铜	2.50	2.25	2.00
	铝	1.92	1.73	1.54

按经济电流密度j_{ec}计算导线经济截面A_{ec}的公式为

$$A_{ec}=\frac{I_{30}}{j_{ec}} \tag{5.13}$$

式中,I_{30}为线路的计算电流。

按上式计算出A_{ec}后,应选最接近的标准截面(可取较小的标准截面),然后校验其他条件。

5.6.5　线路电压损耗的计算

由于线路存在着阻抗,所以在负荷电流通过线路时要产生电压损耗。按一般规定:高压配电线路的电压损耗,一般不得超过线路额定电压的5%;从变压器低压侧母线到用电设备受电端的低压配电线路的电压损耗,一般不得超过用电设备额定电压的5%;对视觉要求较高的照明线路,则为2% ~3%。如果线路的电压损耗值超过了允许值,则应适当增大导线的截面,使之满足允许电压损耗的要求。

以图5.41(a)所示的带两个集中负荷的三相线路为例。线路图中的负荷电流都用小写表示,各线段电流都用大写I表示;各线段的长度、每相电阻和电抗分别用小写l、r和x表示,而线路首端至各负荷点的线段长度、每相电阻和电抗则分别用大写L、R和X表示。

以线路末端的相电压$U_{\varphi 2}$【1】作为参考轴,绘制成如图5.41(b)所示的线路电压电流相量图。由于线路上的电压降相对于线路电压来说很小(相量图上为了说明电压降的组成而将它

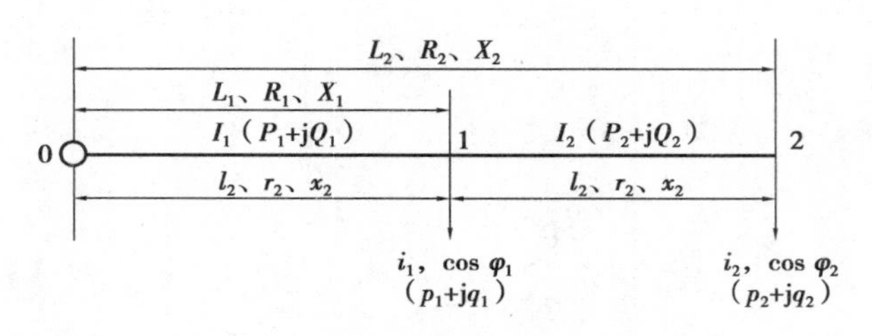

(a)单相电路图

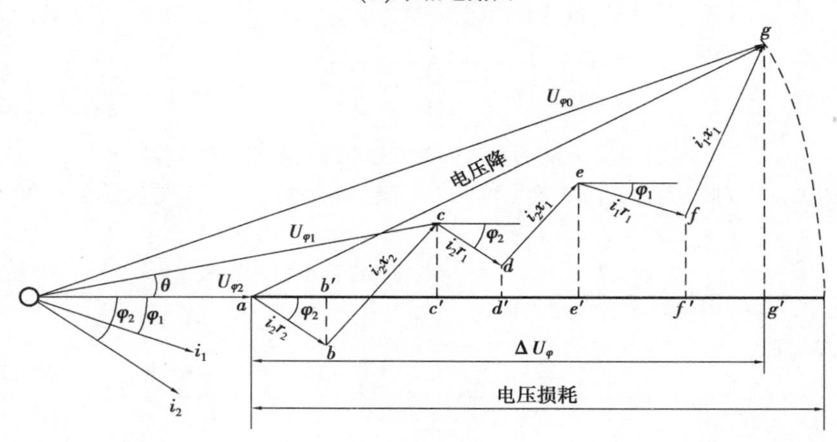

(b)电压电流相量图

图 5.41　带两个集中负荷的三相线路

大大地放大了)，$U_{\varphi 1}$ 与 $U_{\varphi 2}$ 间的相位差 θ 实际上也很小，因此负荷电流 i_1 与电压 $U_{\varphi 1}$ 间的相位差 φ_1 在这里绘成 i_1 与 $U_{\varphi 2}$ 间的相位差。

线路的电压降定义为线路首端电压与末端电压的相量差。

线路的电压损耗定义为线路首端电压与末端电压的代数差。

电压降在参考轴(纵轴)上的投影，称为电压降的纵分量，用 ΔU_φ 表示。

电压降在参考轴垂直方向(横轴)上的投影，称为电压降的横分量，用 δU_φ 表示。

在地方电网和工厂供电系统中，由于线路的电压降相对于线路电压来说很小，因此可近似地认为电压降纵分量 ΔU_φ 就是电压损耗。

由图 5.41(b)所示相量图可知，图 5.41(a)所示线路的相电压损耗可按下式近似地计算：

$$\begin{aligned}\Delta U_\varphi &= \overline{ab'} + \overline{b'c'} + \overline{c'd'} + \overline{d'e'} + \overline{e'f'} + \overline{f'g'} \\ &= i_2 r_2 \cos\varphi_2 + i_2 x_2 \sin\varphi_2 + i_2 r_1 \cos\varphi_2 + i_2 x_1 \sin\varphi_2 + i_1 r_1 \cos\varphi_1 + \\ &\quad i_1 x_1 \sin\varphi_1 \\ &= i_2 (r_1 + r_2) \cos\varphi_2 + i_2 (x_1 + x_2) \sin\varphi_2 + i_1 r_1 \cos\varphi_1 + i_1 x_1 \sin\varphi_1 \\ &= i_2 R_2 \cos\varphi_2 + i_2 X_2 \sin\varphi_2 + i_1 R_1 \cos\varphi_1 + i_1 X_1 \sin\varphi_1\end{aligned}$$

将上式中的 ΔU_φ 换算为 ΔU，并以带任意个集中负荷的一般公式来表示，即得电压损耗的一般计算公式为

$$\Delta U = \sqrt{3} \sum (I_r \cos\varphi + I_x \sin\varphi) = \sqrt{3} \sum (I_a r + I_r x) \tag{5.14}$$

式中　$I_a = I\cos\varphi$——线段电流有功分量；

$I_r = I\sin\varphi$——线段电流无功分量。

如果用负荷功率 p、q 来计算感性负荷，即可得电压损耗的一般公式：

$$\Delta U = \frac{\sum(pR + qX)}{U_N} \tag{5.15}$$

如果用线段功率 P、Q 来计算，则可得电压损耗的一般计算公式：

$$\Delta U = \frac{\sum(Pr + Qx)}{U_N} \tag{5.16}$$

对于"无感"线路，即线路感抗可略去不计或负荷的 $\cos\varphi \approx 1$ 的线路，其电压损耗为

$$\Delta U = \sqrt{3}\sum(iR) = \sqrt{3}\sum(Ir) = \frac{\sum(pR)}{U_N} = \frac{\sum(Pr)}{U_N} \tag{5.17}$$

对于"均一无感"线路，即全线路的导线型号规格一致且可不计感抗或负荷的线路，则电压损耗为

$$\Delta U = \frac{\sum(pL)}{\gamma A U_N} = \frac{\sum(Pl)}{\gamma A U_N} = \frac{\sum M}{\gamma A U_N} \tag{5.18}$$

式中　γ——导线的电导率；

A——导线截面；

$\sum M$——线路的所有有功功率矩之和；

U_N——线路额定电压。

线路电压损耗的百分值为

$$\Delta U\% = \frac{\Delta U}{U_N} \times 100\% \tag{5.19}$$

"均一无感"线路的三相线路电压损耗百分值为

$$\Delta U\% = \frac{100\sum M}{\gamma A U_N^2} = \frac{\sum M}{CA} \tag{5.20}$$

式中 C 为计算系数，如表5.14所示。

表5.14　$\Delta U\% = \frac{\sum M}{CA}$ 中的计算系数 C 值

线路电压/V	线路类别	C 的计算式	计算系数 $C/(\mathrm{kW \cdot m \cdot mm^{-2}})$	
			铜线	铝线
220/380	三相四线	$rU_N^2/100$	76.5	46.2
	两相三线	$rU_N^2/225$	34.0	20.5
220	单相及直流	$rU_N^2/200$	12.8	7.74
110			3.21	1.94

根据上面公式可得均一无感线路按允许电压损耗 $\Delta U_{al}\%$ 选择导线截面的公式为

$$A = \frac{\sum M}{C\Delta U_{al}\%} \tag{5.21}$$

上式常用于照明线路导线截面的选择。

复习思考题

5.1　车间附设变电所与车间内变电所相比较,各有哪些优缺点?各适用于什么情况?

5.2　变配电所所址选择有考虑哪些要求?所址靠近负荷中心有哪些好处?如何确定负荷中心?

5.3　试比较放射式接线、树干式接线和环形接线的优缺点。

5.4　试比较架空线路和电缆线路的优缺点。

5.5　导线和电缆截面的选择应考虑哪些条件?它们在哪些方面有所不同?低压动力线路的导线截面一般先按什么条件选择,再校验哪些条件?照明线路的导线截面一般先按什么条件选择,再校验哪些条件?

5.6　低压配电系统中的中性线(N 线)截面一般情况下如何选择?两相三线线路和单相线路的中性线截面应如何选择?3 次谐波比较严重的三相系统中的中性线截面又该如何选择?

5.7　低压配电系统的保护线(PE 线)和保护中性线(PEN 线)的截面各如何选择?

5.8　什么是"经济截面"?如何按经济电流密度来选择导线和电缆的截面?

习　题

5.1　试按发热条件选择 220/380 V、TN-S 系统中的相线、中性线(N 线)和保护线(PE 线)的截面及穿线的硬塑料管(PC)的内径。已知线路的计算电流为 150 A,敷设地点的环境温度为 25 ℃,拟用 BLV 型铝芯塑料线穿硬塑料管埋地敷设。

5.2　有一条 380 V 的三相架空线路,配电给 2 台 40 kW、$\cos\varphi=0.8$、$\eta=85.5\%$ 的电动机。该线路长 70 m,线路的线间几何均距为 0.6 m,允许电压损耗为 5%,该地区最热月平均最高气温为 30 ℃。试选择该线路的相线和 PEN 线的 LJ 型铝绞线截面。

5.3　试选择一条供电给图 5.42 所示两台低损耗配电变压器的 10 kV 架空线路的 LJ 型铝绞线截面。全线截面一致。线路允许电压损耗为 5%。两台变压器的年最大负荷利用小时数均为 4 500 h,$\cos\varphi=0.9$。当地环境温度为 35 ℃。线路的三相导线作水平等距排列,线距为1 m。(注:变压器的功率损耗可按近似公式计算)

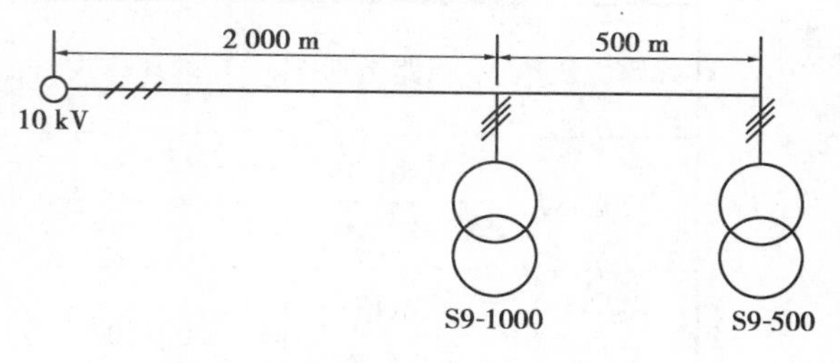

图 5.42　习题 5.3 的线路

5.4　某 380 V 的三相线路,供电给 16 台 4 kW、$\cos\varphi=0.87$、$\eta=85.5\%$ 的 Y 型电动机,各台电动机之间相距 2 m,线路全长 50 m。试按发热条件选择明敷的 BLX-500 型导线截面(环境温度为 30 ℃)并校验其机械强度,计算其电压损耗。(建议 K_{Σ} 取为 0.7)

第 6 章 供配电系统的保护

本章首先讲述供电系统中保护的任务和基本要求,然后依次讲述供配电系统中常用的几种过电流保护装置——熔断器保护、低压断路器保护和继电保护。其中,继电保护(主要为机电型的)广泛应用在高压供电系统中,其保护功能很多,而且是实现供电自动化的基础,因此将予以重点介绍。此外,还要简介晶体管继电保护和微机继电保护知识。本章内容是用以保证供电系统安全可靠运行的基本技术措施。

6.1 供配电系统保护的任务和要求

6.1.1 供配电系统保护的类型和任务

为了保证工厂供电系统安全可靠地运行,以防过负荷和短路引起的过电流对系统的影响,因此在工厂供电系统中装设有不同类型的过电流保护装置。

工厂供电系统的过电流保护装置有:熔断器保护、低压断路器保护和继电保护。

熔断器保护,适用于高低压供电系统。由于其简单、经济,所以在供电系统中应用广泛。但是其断流能力较小,选择性较差,且其熔体熔断后要进行更换,不能迅速恢复供电,因此在要求供电可靠性较高的场合不宜采用。

低压断路器保护,又称低压自动开关保护,适用于要求供电可靠性较高和操作灵活方便的低压供电系统中。

继电保护,适用于要求供电可靠性较高、操作灵活方便特别是自动化程度较高的高压供电系统中。

熔断器保护和低压断路器保护都能在过负荷和短路时动作,断开电路,以切除过负荷特别是短路故障部分,而使系统的其他部分保持正常运行。但熔断器通常主要用于短路保护,而低压断路器有的还可在失电压或欠电压时动作。

继电保护装置在过负荷时动作,一般只发出报警信号,引起值班人员注意,以便及时处理;而在短路时,就要使相应的高压断路器跳闸,将短路故障部分切除。

6.1.2　对保护装置的基本要求

供电系统对保护装置有下列基本要求：

(1)选择性

当供电系统发生故障时，要求最靠近故障点的保护装置动作，切除故障，而供电系统的其他部分仍能正常运行。满足这一要求的动作，称为"选择性动作"。如果供电系统发生故障时，靠近故障点的保护装置不动作(拒动作)，而离故障点远的前一级保护装置动作(越级动作)，这就叫做"失去选择性"。

(2)速动性

为了防止故障扩大，减轻其危害程度，并提高电力系统运行的稳定性，因此在系统发生故障时，要求保护装置尽快动作，切除故障。

(3)可靠性

保护装置在应该动作时，就应该动作，而不应拒动作；在不应该动作时，就不应误动作。保护装置的可靠程度，与保护装置的元器件质量、接线方案以及安装、整定和运行维护等多种因素有关。

(4)灵敏度

灵敏度是表征保护装置对其保护区内故障和不正常工作状态反应能力的一个参数。如果保护装置对其保护区内极轻微的故障都能及时地反应动作，就说明保护装置的灵敏度高。灵敏度用保护装置在保护区内电力系统最小运行方式时的最小短路电流与保护装置一次动作电流(即保护装置动作电流换算到一次电路的值)$I_{op.1}$的比值来表示，这一比值就称为保护装置的灵敏系数或灵敏度，即

$$S_p = \frac{I_{k.\min}}{I_{op.1}} \tag{6.1}$$

在GB 50062—1992《电力装置的继电保护和自动装置设计规范》中，对各种继电保护的灵敏度(灵敏系数)都有规定，这将在后面讲述各种保护时分别介绍。

以上四项基本要求对一个具体的保护装置来说，不一定是同等重要的，而往往有所侧重。例如对电力变压器，由于它是供电系统中最关键的设备，因此对它的保护装置的灵敏度要求就比较高，而对一般电力线路的保护装置，灵敏度要求就可低一些，而对其选择性要求就较高。又如，在无法兼顾选择性和速动性的情况下，为了快速切除故障以保护某些关键设备，或者为了尽快恢复系统对某些重要负荷的供电，有时甚至牺牲选择性来保证速动性。

6.2　熔断器保护

6.2.1　熔断器在供电系统中的配置

熔断器在供电系统中的配置，应符合选择性保护的要求，即熔断器要配置得使故障范围缩小到最低限度。此外应考虑经济性，即供电系统中配置的熔断器数量要尽量少。

图6.1是低压放射式配电系统中熔断器配置的一种合理方案示例，既可满足保护选择性

的要求，又使得配置的熔断器数量较少。图中，FU_5 用来保护电动机及其支线。当 k-5 处短路时，FU_5 熔断。FU_4 ~ FU_1 均各有其主要保护对象，当 k-4 ~ k-1 中任一处短路时，对应的熔断器熔断，切除故障。

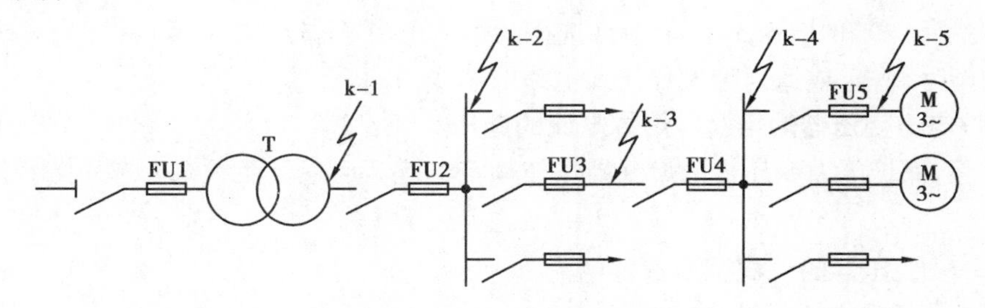

图 6.1　熔断器在低压配电系统中的合理配置示例

必须注意：低压配电系统中的 PE 线和 PEN 线上，不允许装设熔断器，以免 PE 线或 PEN 线因熔断器熔断而断路时，使所有接 PE 线或接 PEN 线的设备外壳带电，危及人身安全。

6.2.2　熔断器熔体电流的选择

(1) 保护电力线路的熔断器熔体电流的选择

保护电力线路的熔断器熔体电流，应满足下列条件：

①熔体额定电流 $I_{N.FE}$ 应不小于线路的计算电流 I_{30}，以使熔体在线路正常运行时不致熔断，即

$$I_{N.FE} \geqslant I_{30} \tag{6.2}$$

②熔体额定电流 $I_{N.FE}$ 还应躲过线路的尖峰电流 I_{pk}，即在线路出现正常尖峰电流（如电动机的启动电流）时熔体不致熔断，满足的条件是

$$I_{N.FE} \geqslant KI_{pk} \tag{6.3}$$

式中，K 为小于 1 的系数。对供电给一台电动机的线路熔断器来说，K 应根据熔断器的特性和电动机的启动情况决定：启动时间在3 s以下（轻载启动），宜取 $K = 0.25 \sim 0.35$；启动时间在 3 ~ 8 s（重载启动），宜取 $K = 0.35 \sim 0.5$；启动时间超过 8 s 或频繁启动、反接制动，宜取 $K = 0.5 \sim 0.6$。对供电给多台电动机的线路熔断器来说，此系数应视线路上容量最大的一台电动机的启动情况、线路尖峰电流与计算电流的比值及熔断器的特性而定，取为 $K = 0.5 \sim 1$；如果线路尖峰电流与计算电流的比值接近于 1，则可取 $K = 1$。但必须说明，由于熔断器类型繁多，特性各异，因此上述有关计算系数 K 的统一取值方法不一定很恰当，故 GB 50055—1993《通用用电设备配电设计规范》规定：保护交流电动机的熔断器熔体额定电流“应大于电动机的额定电流，且其安秒特性曲线计及偏差后略高于电动机启动电流和启动时间的交点。当电动机频繁启动和制动时，熔体的额定电流应再加大 1 ~ 2 级。”

③熔断器保护还应与被保护的线路相配合，使之不致发生因过负荷和短路引起绝缘导线和电缆过热起燃而熔体不熔断的事故，因此熔断器熔体电流还应满足以下条件：

$$I_{N.FE} \leqslant K_{OL}I_{al} \tag{6.4}$$

式中，I_{al} 为绝缘导线和电缆的允许载流量；K_{OL} 为绝缘导线和电缆的允许短时过负荷倍数。如果熔断器只作短路保护时，对明敷绝缘导线，取 $K_{OL} = 2.5$。如果熔断器不只作短路保护，还要求作过负荷保护时，例如住宅建筑、重要仓库和公共建筑中的照明线路，有可能长时间过负荷

的动力线路以及在可燃建筑物构架上明敷的有延燃性外层的绝缘导线线路等，则应取 $K_{OL}=1$；当 $I_{N.FE}\leqslant 25$ A 时，则应取 $K_{OL}=0.85$。对有爆炸性气体和粉尘的区域内的线路，应取 $K_{OL}=0.8$。

如果按式（6.2）和式（6.3）两个条件选择的熔体电流不满足式（6.4）的配合要求，则应改选熔断器的型号规格，或适当加大导线或电缆的芯线截面。

（2）保护电力变压器的熔断器熔体电流的选择

根据经验，保护电力变压器的熔断器熔体额定电流 $I_{N.FE}$ 应满足下式要求：

$$I_{N.FE}=(1.5\sim 2)I_{1N.T} \tag{6.5}$$

式中　$I_{1N.T}$——变压器的一次绕组额定电流。

上式考虑了下列几个因素：

①熔断器熔体电流要躲过变压器允许的正常过负荷电流。前面讲过，油浸式变压器的正常过负荷可达20%～30%，而在事故情况下，变压器（含油浸式和干式）允许短时过负荷更多，但此时熔断器仍不应该熔断。

②熔断器熔体电流要躲过来自变压器低压侧的电动机自启动引起的尖峰电流。

③熔断器熔体电流还要躲过变压器本身的励磁涌流。变压器的励磁涌流，又称空载合闸电流，是变压器在空载投入时或在外部故障被切除后突然恢复电压时所产生的类似涌浪的一次侧电流，其最大值可达变压器额定一次电流的8～10倍。此电流有点像三相电路突然短路时所产生的短路全电流（参看图3.3），也要衰减，但衰减速度比短路全电流稍慢一些。显然，保护变压器的熔断器在变压器空载投入时或电压突然恢复时不能熔断，即其熔体电流必须躲过变压器的励磁涌流，否则将破坏供电系统的正常运行。

表6.1列出6～10 kV部分配电变压器配用 RN_1 型和 RW_4 型高压熔断器的规格，供选择时参考。

表6.1　6～10 kV部分配电变压器配用的高压熔断器规格　　单位：A

<table>
<tr><td colspan="2">变压器容量/（kV·A）</td><td>250</td><td>315</td><td>400</td><td>500</td><td>630</td><td>800</td><td>1 000</td></tr>
<tr><td rowspan="2">$I_{1N.T}$/A</td><td>6 kV</td><td>24</td><td>30.2</td><td>38.4</td><td>48</td><td>60.5</td><td>76.8</td><td>96</td></tr>
<tr><td>10 kV</td><td>14.4</td><td>18.2</td><td>23</td><td>29</td><td>36.5</td><td>46.2</td><td>58</td></tr>
<tr><td rowspan="2">RN_1 型熔断器</td><td>6 kV</td><td>75/40</td><td>75/50</td><td colspan="2">75/75</td><td>100/100</td><td colspan="2">200/150</td></tr>
<tr><td>10 kV</td><td colspan="2">50/30</td><td>50/40</td><td>50/50</td><td colspan="2">100/75</td><td>100/100</td></tr>
<tr><td rowspan="2">RW_4 型熔断器</td><td>6 kV</td><td>50/40</td><td>50/50</td><td colspan="2">100/75</td><td>100/100</td><td colspan="2">200/150</td></tr>
<tr><td>10 kV</td><td>50/30</td><td colspan="2">50/40</td><td>50/50</td><td colspan="2">100/75</td><td>100/100</td></tr>
</table>

（3）保护电压互感器的熔断器熔体电流的选择

由于电压互感器二次侧的负荷很小，因此保护电压互感器的 RN_2 型等高压熔断器的熔体额定电流一般为0.5 A。

6.2.3　熔断器保护灵敏度的检验

为了保证熔断器在其保护区内发生短路故障时可靠地熔断。按规定，熔断器保护的灵敏度应满足下列条件：

$$S_p = \frac{I_{k.\min}}{I_{N.FE}} \geqslant K \tag{6.6}$$

式中，$I_{k.\min}$为熔断器保护线路末端在电力系统最小运行方式下的最小短路电流，对TN系统和TT系统为线路末端的单相短路电流或单相接地故障电流，对IT系统为线路末端的两相短路电流；对保护降压变压器的高压熔断器来说，为低压侧母线的两相短路电流折算到高压侧之值。$I_{N.FE}$为熔断器熔体的额定电流；K为检验熔断器保护灵敏度的最小比值，按GB 50054—1995《低压配电设计规范》规定，见表6.2。

表6.2　检验熔断器保护灵敏度的最小比值(据GB 50054—1995)

熔体额定电流/A		4~10	16~32	40~63	80~200	250~500
熔断时间	5	4.5	5	5	6	7
	0.4	8	9	10	11	—

6.2.4　熔断器的选择与校验

选择熔断器时应满足下列条件：

①熔断器的额定电压应不低于保护线路的额定电压。对于额定电压是以最高工作电压来标注的高压熔断器，则其额定电压应不低于保护线路的最高电压。

②熔断器的额定电流应不小于它所安装的熔体额定电流。

③熔断器的类型应符合安装场所(户内或户外)及被保护设备对保护的技术要求。

熔断器还必须进行断流能力的校验：

①对限流式熔断器，如RN_1、RT_0等，由于它们能在短路电流达到冲击值之前完全熄灭电弧，切除短路故障，因此需满足条件：

$$I_{oc} \geqslant I''^{(3)} \tag{6.7}$$

式中，I_{oc}为熔断器的最大分断电流；$I''^{(3)}$为熔断器安装地点的三相次暂态短路电流有效值，在无限大容量系统中，$I''^{(3)} = I_{\infty}^{(3)} = I_k^{(3)}$。

$$I_{oc} \geqslant I_{sh}^{(3)} \tag{6.8}$$

式中，$I_{sh}^{(3)}$为熔断器安装地点的三相短路冲击电流有效值。

②对具有断流能力上下限的熔断器，如RW_4型等跌开式熔断器，其断流能力的上限应满足以式(6.8)的条件；而其断流能力的下限应满足条件：

$$I_{oc.\min} \leqslant I_k^{(2)} \tag{6.9}$$

式中，$I_{oc.\min}$为熔断器的最小分断电流；$I_k^{(2)}$为熔断器保护线路末端的两相短路电流(对中性点不接地的电力系统而言)。

6.2.5　前后熔断器之间的选择性配合

前后熔断器之间的选择性配合，就是要求在线路发生故障时，靠近故障点的熔断器最先熔断，切除故障部分，而使系统的其他部分仍能正常运行。

前后熔断器的选择性配合，宜按它们的保护特性曲线(安秒特性曲线)进行检验。

如图6.2(a)所示配电线路中假设支线WL_2的首端k点发生三相短路，则三相短路电流I_k

要通过 FU_2 和 FU_1。但是根据保护选择性的要求,应该是 FU_2 的熔体首先熔断,切除故障线路 WL_2 而 FU_1 不熔断,干线 WL_1 正常运行。不过熔体的实际熔断时间与其产品的标准保护特性曲线所查得的熔断时间可能有 ±30% ~ ±50% 的偏差。从最不利的情况考虑,设 k 点短路时,FU_1 的实际熔断时间 t_1' 比标准保护特性曲线查得的时间 t_1 小 50%(为负偏差),即 $t_1' = 0.5\ t_1$;而 FU_2 的实际熔断时间 t_2' 又比标准保护特性曲线查得的时间 t_2 大 50%(为正偏差),即 $t_2' = 1.5\ t_2$。这时由图 6.2(b)可以看出,要保证前后两熔断器 FU_1 和 FU_2 的保护选择性,必须满足的条件是 $t_1' > t_2'$,即 $0.5\ t_1 > 1.5\ t_2$。因此,保证前后熔断器保护选择性的条件为

$$t_1 > 3t_2 \tag{6.10}$$

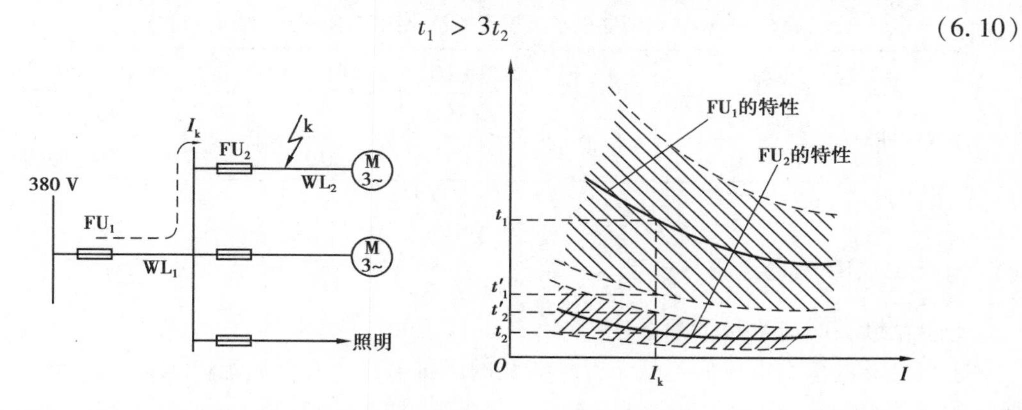

(a)熔断器在低压配电线路中的选择性配置　　(b)熔断器按保护特性曲线进行选择性

图 6.2　熔断器保护的选择性配合

式(6.10)说明:在后一熔断器所保护线路的首端发生三相短路时,前一熔断器根据其产品保护特性曲线得到的熔断时间,至少应为后一熔断器根据其产品保护特性曲线得到的熔断时间的 3 倍,才能确保前后两熔断器动作的选择性。如果不满足这一要求时,则应将前一熔断器的熔体电流提高 1 ~2 级,再进行校验。

如果不用熔断器的保护特性曲线来检验选择性,则一般只有前一熔断器的熔体电流大于后一熔断器的熔体电流 2 ~3 级以上,才有可能保证其保护的选择性。

6.3　低压断路器保护

6.3.1　低压断路器在低压配电系统中的配置

在低压配电系统中,低压断路器通常有下列几种配置方式:

①对于只装一台主变压器的变电所,由于高压侧装有高压隔离开关,因此低压侧可单独装设低压断路器作主开关,如图 6.3(a)所示。

②对于装有两台主变压器的变电所,低压侧采用低压断路器作主开关时,应在低压断路器与低压母线之间加装刀开关,以便检修变压器或低压断路器时隔离来自低压母线的反馈电源,确保人身安全,如图 6.3(b)所示。

③对于低压配电出线上装设的低压断路器,为保证检修低压出线和低压断路器的安全,应

在低压断路器之前(低压母线侧)加装刀开关,如图6.3(c)所示。

④对于频繁操作的低压配电线路,宜采用低压断路器与接触器配合的接线,如图6.3(d)所示。接触器用作频繁操作的控制,利用热继电器作过负荷保护,而低压断路器主要用作短路保护。

⑤如果低压断路器的断流能力不足以断开电路的短路电流,则它可与熔断器或熔断器式刀开关配合使用,如图6.3(e)所示。利用熔断器作短路保护,而低压断路器用于电路的通断控制和过负荷保护。

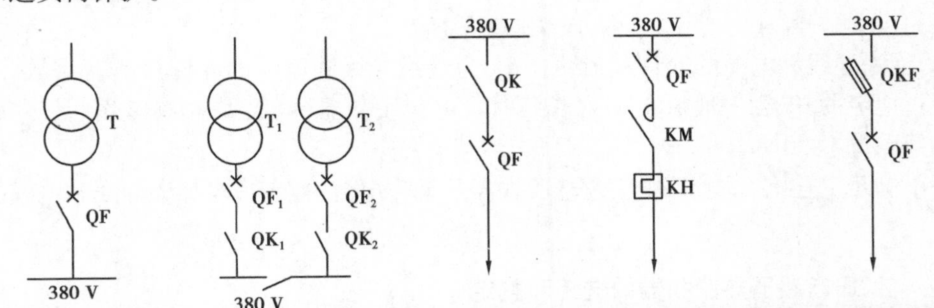

图6.3　低压断路器常见的配置方式

6.3.2　低压断路器脱扣器的选择和整定

(1)低压断路器过电流脱扣器额定电流的选择

过电流脱扣器的额定电流 $I_{N.OR}$ 应不小于线路的计算电流 I_{30},即

$$I_{N.OR} \geqslant I_{30} \tag{6.11}$$

(2)低压断路器过电流脱扣器动作电流的整定

1)瞬时过电流脱扣器动作电流的整定

瞬时过电流脱扣器的动作电流 $I_{op(0)}$ 应躲过线路的尖峰电流 I_{pk},即

$$I_{op(0)} \geqslant K_{rel} I_{pk} \tag{6.12}$$

式中,K_{rel}为可靠系数。对动作时间在0.02 s以上的万能式低压断路器(DW型),可取1.35;对动作时间在0.02 s及以下的塑料外壳式(DZ型),则宜取2~2.5。

动作电流,亦称整定电流。

2)短延时过电流脱扣器动作电流和动作时间的整定

短延时过电流脱扣器的动作电流应躲过线路短时间出现的负荷尖峰电流 I_{pk},即

$$I_{op(s)} \geqslant K_{rel} I_{pk} \tag{6.13}$$

式中　K_{rel}——可靠系数,一般取1.2。

短延时过电流脱扣器的动作时间通常分0.2 s、0.4 s和0.6 s三级,按前后保护装置保护选择性的要求来确定,应使前一级保护的动作时间比后一级保护的动作时间长一个时间级差0.2 s。

3)长延时过电流脱扣器动作电流和动作时间的整定

长延时过电流脱扣器主要用来保护过负荷,因此其动作电流 $I_{op(l)}$ 只需躲过线路的最大负荷电流,即计算电流 I_{30},即

$$I_{op(l)} \geqslant K_{rel} I_{30} \tag{6.14}$$

式中　K_{rel}——可靠系数,一般取1.1。

长延时过电流脱扣器的动作时间应多过允许过负荷的持续时间。其动作特性通常是反时限的,即过负荷电流越大,其动作时间越短。一般动作时间为1~2 h。

4)过电流脱扣器与被保护线路的配合要求

为了不致发生因过负荷或短路引起绝缘导线或电缆过热起燃而其低压断路器不跳闸的事故,低压断路器过电流脱扣器的动作电流还应满足条件

$$I_{op} \leqslant K_{OL} I_{al} \tag{6.15}$$

式中,I_{al}为绝缘导线和电缆的允许载流量。K_{OL}为绝缘导线和电缆的允许过负荷倍数,对瞬时和短延时过电流脱扣器,一般取4.5;对长延时过电流脱扣器,可取1;对有爆炸性气体和粉尘区域内的线路,应取0.8。

如果不满足上述配合要求,则应改选脱扣器的动作电流,或者适当加大导线和电缆的线芯截面。

6.3.3　低压断路器热脱扣器的选择和整定

(1)热脱扣器额定电流的选择

热脱扣器的额定电流$I_{N.TR}$应不小于线路的计算电流I_{30},即

$$I_{N.TR} \geqslant I_{30} \tag{6.16}$$

(2)热脱扣器动作电流的整定

热脱扣器用于过负荷保护,其动作电流按下式整定:

$$I_{op.TR} \geqslant K_{rel} I_{30} \tag{6.17}$$

式中,K_{rel}为可靠系数,一般取1.1,但宜通过实际运行试验进行检验。

(3)低压断路器过电流保护灵敏度的检验

为了保证低压断路器的瞬时或短延时过电流脱扣器在电力系统最小运行方式下在其保护区内发生最轻微的短路故障时也能可靠地动作,低压断路器保护的灵敏度必须满足条件:

$$S_p = \frac{I_{k.\min}}{I_{op}} \geqslant K \tag{6.18}$$

式中,I_{op}为瞬时或短延时过电流脱扣器的动作电流;$I_{k.\min}$为低压断路器所保护线路的末端在系统最小运行方式下的单相短路电流(对TN或TT系统)或两相短路电流(对IT系统);K为灵敏度的最小比值,一般取1.3。

6.3.4　低压断路器的选择与校验

选择低压断路器时应满足下列条件:

①低压断路器的额定电压应不低于保护线路的额定电压。

②低压断路器的额定电流应不小于它所安装的脱扣器额定电流。

③低压断路器的类型应符合其安装场所、保护性能及操作方式的要求,因此应同时选择其操作机构的形式。

低压断路器还必须进行断流能力的校验:

①对动作时间在0.02 s以上的万能式断路器(DW型),其极限分断电流应不小于通过它

的最大三相短路电流周期分量有效值 $I_k^{(3)}$，即

$$I_{oc} \geqslant I_k^{(3)} \tag{6.19}$$

②对动作时间在0.02 s及以下的塑料外壳式断路器(DZ型)，其极限分断电流应不小于通过它的最大三相短路冲击电流 $i_{sh}^{(3)}$ 或 $I_{sh}^{(3)}$，即

$$i_{oc} \geqslant I_{sh}^{(3)} \tag{6.20}$$

或

$$I_{oc} \geqslant I_{sh}^{(3)} \tag{6.21}$$

6.3.5　前后低压断路器之间及低压断路器与熔断器之间的选择性配合

(1)前后低压断路器之间的选择性配合

前后两低压断路器之间是否符合选择性配合，宜按其保护特性曲线进行检验，可按产品样本给出的保护特性曲线考虑±20%～±30%的偏差范围。如果在后一断路器出口发生三相短路时，前一断路器保护动作时间在计入负偏差而后一断路器保护动作时间在计入正偏差的情况下，前一级的动作时间仍大于后一级的动作时间，则说明能满足选择性保护的要求。

对于非重要负荷，前后保护电器之间允许无选择性动作。

一般来说，要保证前后两低压断路器之间能选择性动作，前一级低压断路器宜采用带短延时的过电流脱扣器，后一级低压断路器则采用瞬时过电流脱扣器，而且动作电流也应是前一级大于后一级，至少前一级的动作电流不小于后一级动作电流的1.2倍，即

$$i_{op.1} \geqslant 1.2 I_{op.2} \tag{6.22}$$

(2)低压断路器与熔断器之间的选择性配合

低压断路器与熔断器之间是否符合选择性配合，也只有通过保护特性曲线来检验。前一级低压断路器可按厂家提供的保护特性曲线考虑－30%～－20%的负偏差，而后一级熔断器可按厂家提供的保护特性曲线考虑＋30%～＋50%的正偏差。在这种情况下，如果两条曲线不重叠也不交叉，且前一级的曲线总在后一级的曲线之上，则前后两级保护可实现选择性动作，而且两条曲线之间间距越大，动作选择性越有保证。

6.4　常用的保护继电器

6.4.1　概　述

继电器是一种在其输入的物理量(电量或非电量)达到规定值时，其电气输出电路被接通(导通)或分断(阻断、关断)的自动电器。

继电器按其输入量性质分，有电气继电器和非电气继电器两大类；按其用途分，有控制继电器和保护继电器两大类。控制继电器用于自动控制电路中，保护继电器用于继电保护电路中。这里只介绍保护继电器。

保护继电器按其在继电保护装置中的功能分，有测量继电器和有或无继电器两大类。测量继电器装设在继电保护装置电路中的第一级，用来反映被保护元件的特性变化，当其特性量达到动作值时即时动作，它属于基本继电器，或称启动继电器。有或无继电器是一种只按电气量是否在其工作范围内或者为零时而动作的电气继电器，包括时间继电器、信号继电器、中间

继电器等，在继电保护装置中用来实现特定的逻辑功能，属于辅助继电器，或称逻辑继电器。

保护继电器按其构成元件分，有机电型、晶体管型和微机型。由于机电型继电器具有简单可靠、便于维修等优点，因此我国工厂供电系统中现在仍普遍应用传统的机电型继电器。

机电型继电器按其结构原理分，有电磁式、感应式等。

保护继电器按其反映的物理量分，有电流继电器、电压继电器、功率继电器、瓦斯（气体）继电器等。

保护继电器按其反映的数量变化分，有过量继电器和欠量继电器，例如过电流继电器、欠电压继电器。

保护继电器按其在保护装置中的功能分，有启动继电器、时间继电器、信号继电器、中间（出口）继电器等。图6.4是过电流保护的接线框图。当线路上发生短路时，启动用的电流继电器KA瞬时动作，使时间继电器KT启动。KT经整定的一定时限（延时）后，接通信号继电器KS和中间继电器KM。KM就接通断路器的跳闸回路，使断路器自动跳闸。

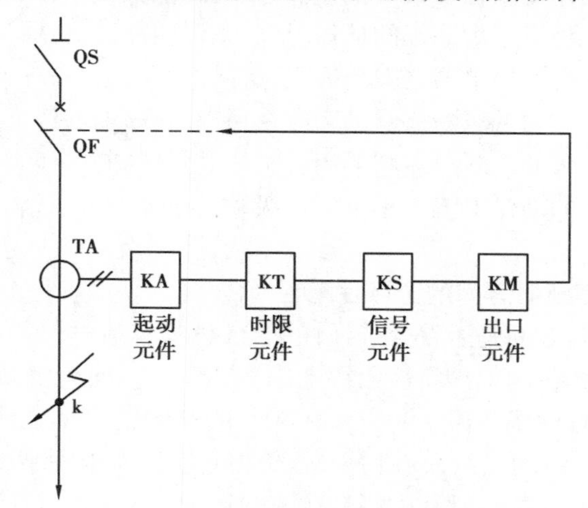

图6.4　过电流保护的接线框图

KA—电流继电器；KT—时间继电器；KS—信号继电器；KM—中间继电器

保护继电器按其动作于断路器的方式分，有直接动作式和间接动作式两大类。断路器操作机构中的脱扣器实际上就是一种直动式继电器，而一般的保护继电器则为间接动作式。

保护继电器按其与一次电路联系的方式分，有一次式继电器和二次式继电器。一次式继电器的线圈是与一次电路直接相连的，例如低压断路器的过电流脱扣器和失压脱扣器，实际上就是一次式继电器，同时又是直动式继电器。二次式继电器的线圈是通过互感器接入一次电路的。高压系统中的保护继电器都是二次式继电器，均接在互感器的二次侧。

保护继电器型号的组成格式如下：

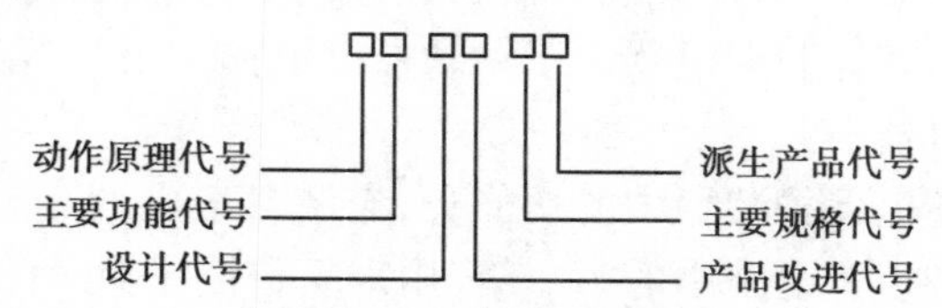

其中，继电器原理代号见表6.3；继电器功能代号见表6.4；设计序号和规格代号，均用阿拉伯数字表示；产品改进代号，一般用字母A、B、C等表示；派生产品代号用其产品特征的汉语

拼音缩写字母表示，例如“长期通电”用字母C表示，“前面接线”用字母Q表示，“带信号牌”用字母X表示。

表6.3　继电器动作原理代号(部分)

代号	含义	代号	含义
B	半导体式	J	晶体管或集成电路式
C	磁电式	L	整流式
D	电磁式	S	数字式
G	感应式	W	微机式

表6.4　继电器主要功能代号(部分)

代号	含义	代号	含义	代号	含义
C	冲击	G	功率	S	时间
CD	差动	L	电流	X	信号
CR	重合闸	LL	零序电流	Y	电压
D	接地	R	逆流	Z	中间

6.4.2　电磁式电流继电器和电压继电器

电磁式电流继电器和电压继电器在继电保护装置中均为启动元件，属于测量继电器。电流继电器的文字符号为KA，电压继电器的文字符号为KV。

供电系统中常用的DL-10系列电磁式电流继电器的内部结构如图6.5所示，其内部接线和图形符号如图6.6所示。

由图6.5可知，当继电器线圈1通过电流时，电磁铁2中产生磁通，力图使Z形钢舌片3向凸出磁极偏转。与此同时，轴10上的反作用弹簧9又力图阻止钢舌片偏转。当继电器线圈中的电流增大到使钢舌片所受的转矩大于弹簧的反作用力矩时，钢舌片便被吸近磁铁，使常开触点闭合，常闭触点断开，这就叫做继电器动作。

过电流继电器线圈中使继电器动作的最小电流，称为继电器的动作电流，用I_{op}表示。

过电流继电器动作后，减小其线圈电流到一定值时，钢舌片在弹簧作用下返回起始位置。

过电流继电器线圈中使继电器由动作状态返回到起始位置的最大电流，称为继电器的返回电流，用I_{re}表示。

继电器的返回电流与动作电流的比值，称为继电器的返回系数，用K_{re}表示，即

$$K_{re} = \frac{I_{re}}{I_{op}} \tag{6.23}$$

对于过量继电器(例如过电流继电器)，K_{re}总小于1，一般为0.8。如果过电流继电器的K_{re}过低时，还可能使保护装置发生误动作，这将在后面讲过电流保护的电流整定时加以说明。

电磁式电流继电器的动作电流有两种调节方法：

①平滑调节，即拨动调节转杆6(见图6.5)来改变弹簧9的反作用力矩。

②级进调节，即利用线圈1的串联或并联。当线圈由串联改为并联时，相当于线圈匝数减

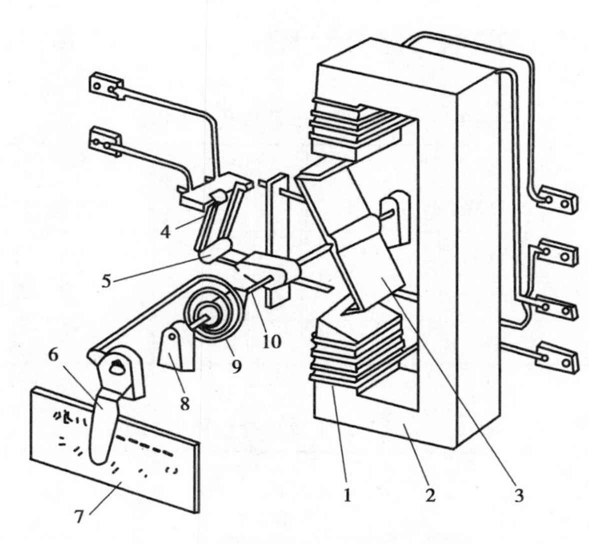

图 6.5 DL-10 系列电磁式电流继电器的内部结构

1—线圈;2—电磁铁;3—Z 形钢舌片;4—静触点;5—动触点;
6—启动电流调节转杆;7—标度盘(铭牌);8—轴承;9—反作用弹簧;10—轴

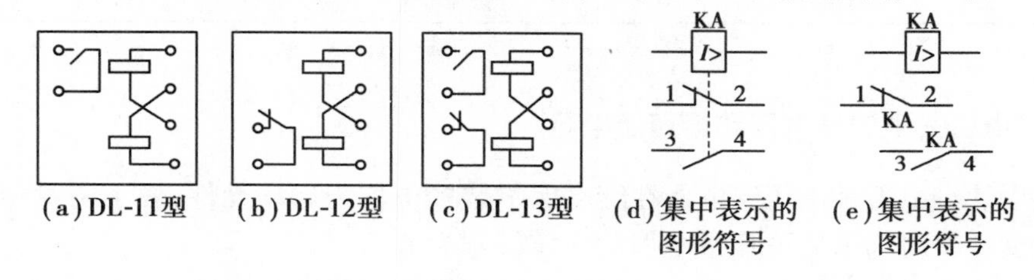

图 6.6 DL-10 系列电磁式电流继电器的内部接线和图形符号

KA1-2—常闭(动断)触点;KA3-4—常开(动合)触点

少一半。由于继电器动作所需的电磁力是一定的,即所需的磁动势(IN)是一定的,因此动作电流将增大一倍。反之,当线圈由并联改为串联时,动作电流将减少一半。

这种电流继电器的动作极为迅速,可认为是瞬时动作的,因此它是一种瞬时继电器。

电磁式电压继电器的结构和原理与上述电磁式电流继电器极为相似,只是电压继电器的线圈为电压线圈,而且大多做成低电压(欠电压)继电器。低电压继电器的动作电压 U_{re},为其电压线圈上加的使继电器动作的最高电压;而其返回电压 U_{op},为其电压线圈上加的使继电器由动作状态返回到起始位置的最低电压。低电压的返回系数 $K_{re} = U_{re}/U_{op} > 1$,其值越接近于 1,说明继电器越灵敏,一般为 1.25。

6.4.3 电磁式时间继电器

在继电保护装置中,电磁式时间继电器用来使保护装置获得所要求的延时(时限)。它属于机电式有或无继电器。时间继电器的文字符号为 KT。

供电系统中常用的 DS-110、120 系列电磁式时间继电器的内部结构如图 6.7 所示,其内部接线和图形符号如图 6.8 所示。其 DSK-110 系列用于直流,DS-120 系列用于交流。

当继电器线圈接上工作电压时,铁芯被吸入,使卡住的一套钟表机构被释放,同时切换瞬

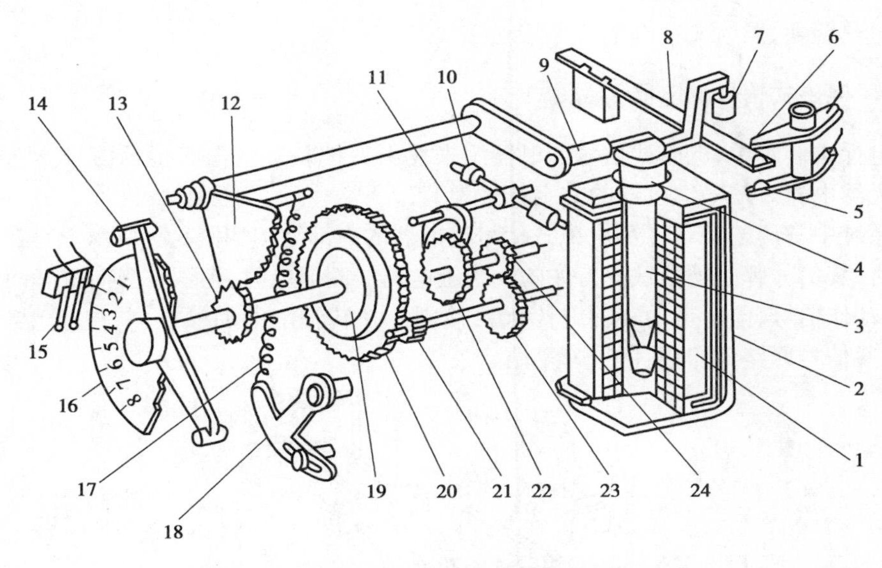

图6.7　DS-110、120系列时间继电器的内部结构

1—线圈；2—电磁铁；3—可动铁芯；4—返回弹簧；5、6—瞬时静触点；7—绝缘杆；8—瞬时动触点；9—压杆；10—平衡锤；11—摆动卡板；12—扇形齿轮；13—传动齿轮；14—主动触点；15—主静触点；16—动作时限标度盘；17—拉引弹簧；18—弹簧拉力调节机构；19—摩擦离合器；20—主齿轮；21—小齿轮；22—掣轮；23、24—钟表机构传动齿轮

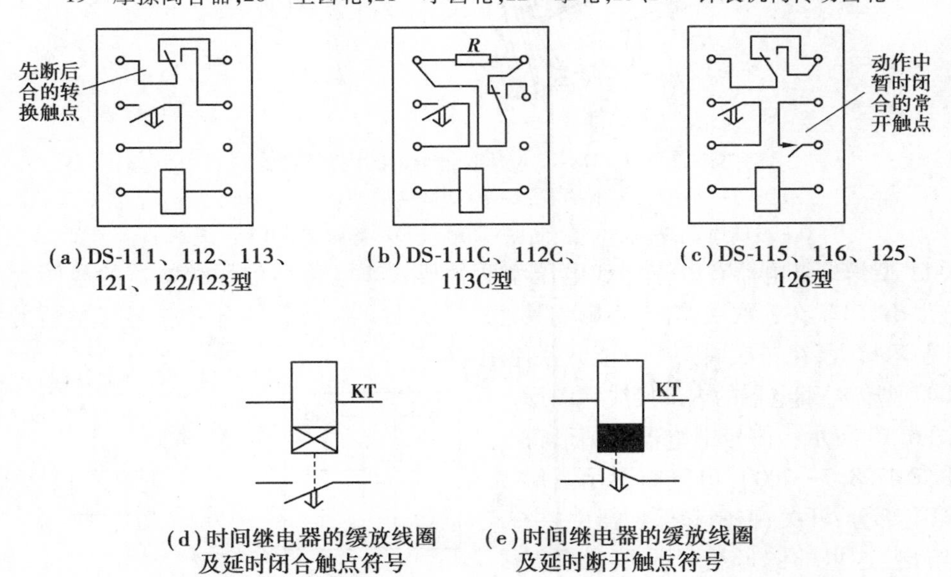

图6.8　DS-110、120系列时间继电器的内部接线和图形符号

时触点。在拉引弹簧作用下，经过整定的时间，使主触点闭合。继电器的延时可借改变主静触点的位置（即它与主动触点的相对位置）来调节。调节的时间范围，在标度盘上标出。

当继电器线圈断电时，继电器在弹簧作用下返回起始位置。

为了缩小继电器尺寸和节约材料，时间继电器的线圈通常不按长时间接上额定电压来设计。因此，凡需长时间通电工作的时间继电器（如DS111C型等），应在继电器动作后，利用其常闭的瞬时触点的断开，使继电器线圈串入限流电阻（参看图6.8（b）），以限制线圈的电流，防止线圈过热烧毁，同时又使继电器保持动作状态。

6.4.4 电磁式信号继电器

在继电保护装置中，电磁式信号继电器用来发出保护装置动作的指示信号。它也属于机电式有或无继电器。信号继电器的文字符号为 KS。

供电系统中常用的 DX-11 型电磁式信号继电器的内部结构如图 6.9 所示。它在正常状态即未通电时，其信号牌是被衔铁支持住的。当继电器线圈通电时，衔铁被吸向铁芯而使信号牌掉下，显示动作信号，同时带动转轴旋转 90°，使固定在转轴上的动触点（导电条）与静触点接通，从而接通信号回路，同时使信号牌复位。

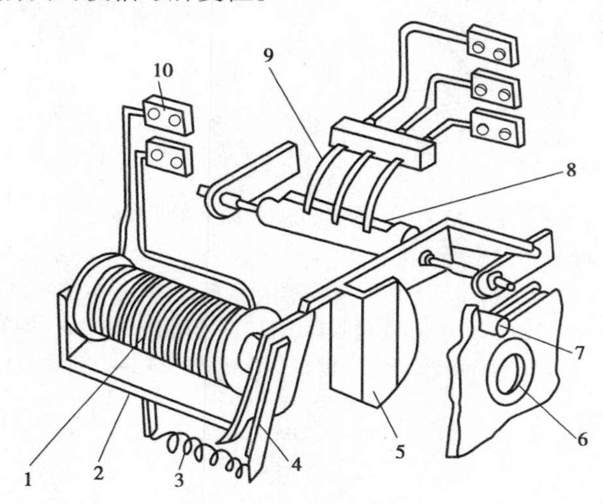

图 6.9 DX-11 型信号继电器的内部结构

1—线圈；2—电磁铁；3—弹簧；4—衔铁；5—信号牌；

6—玻璃窗孔；7—复位旋钮；8—动触点；9—静触点；10—接线端子

DX-11 型信号继电器有电流型和电压型两种形式。电流型信号继电器的线圈为电流线圈，阻抗很小，串联在二次回路内，不影响其他二次元件的动作。电压型信号继电器的线圈为电压线圈，阻抗大，在二次回路中只能并联使用。

DX-11 型信号继电器的内部接线和图形符号如图 6.10 所示。信号继电器的图形符号在 GB/T 4728.7—2000《电气简图用图形符号　第七部分：开关、控制和保护器件》中未直接给出，这里的图形符号是编者根据 GB/T 4728 规定的派生原则派生的［文献 28］，而且得到广泛的认同。由于该继电器的操作器件具有机械保持的功能，因此继电器线圈采用 GB/T 4728 中机电式有或无继电器类的“机械保持继电器”的线圈符号；又由于该继电器的触点不能自动返回，因此其触点符号就在一般触点符号上面附加一个 GB/T 4728 规定的“非自动复位”的限定符号。

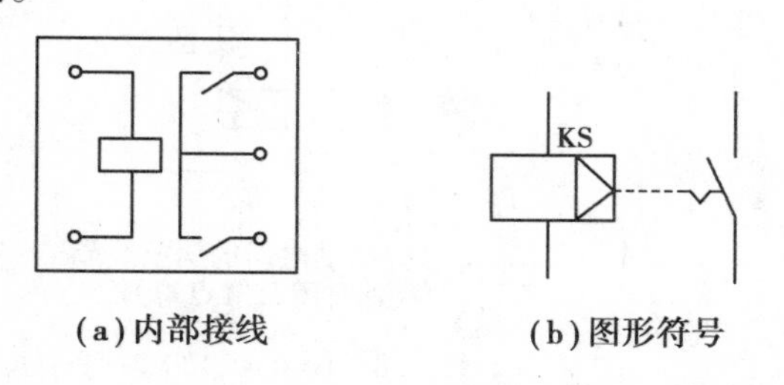

图 6.10 DX-11 型信号继电器的内部接线和图形符号

6.4.5　电磁式中间继电器

电磁式中间继电器在继电保护装置中用作辅助继电器(此亦中间继电器的又一英文名)，以弥补主继电器触点数量或触点容量的不足。中间继电器通常装在保护装置的出口回路中，用来接通断路器的跳闸线圈,所以它也称为出口继电器。中间继电器也属于机电式有或无继电器,其文字符号采用KM。

供电系统中常用的DZ-10系列中间继电器的内部结构如图6.11所示。当其线圈通电时,衔铁被快速吸向电磁铁,从而使触点切换。当线圈断电时,继电器就快速释放衔铁,触点全部返回起始位置。

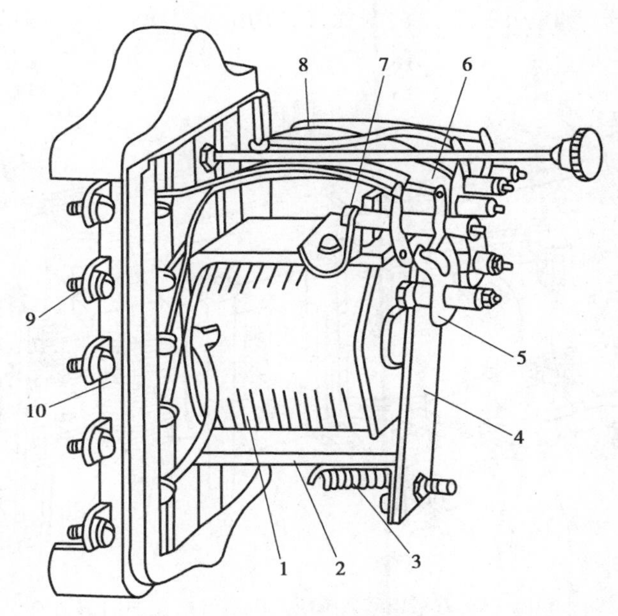

图6.11　DZ-10系列中间继电器的内部结构

1—线圈;2—电磁铁;3—弹簧;4—衔铁;5—动触点; 6、7—静触点;8—连接线;9—接线端子;10—底座

这种快吸快放的电磁式中间继电器的内部接线和图形符号如图6.12所示。中间继电器的图形符号在GB/T 4728中也未直接给出,这里的图形符号也是编者根据GB/T 4728规定的派生原则派生的[文献28],也得到广泛的认同。中间继电器的线圈符号就采用GB/T 4728中机电式有或无继电器的“快速(快吸快放)继电器”的线圈符号。

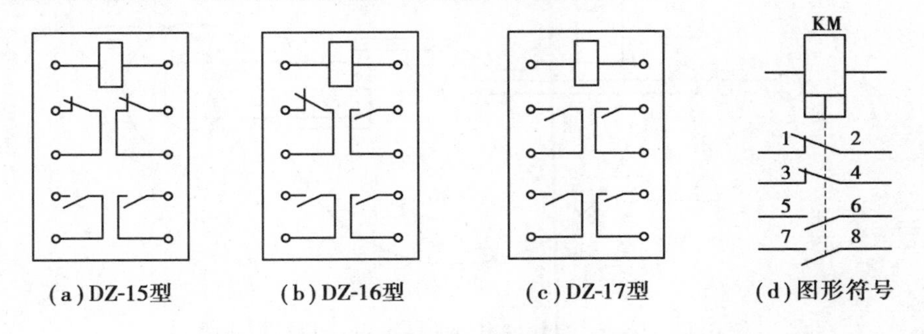

图6.12　DZ-10系列中间继电器的内部接线和图形符号

6.4.6 感应式电流继电器

在工厂供电系统中,广泛采用感应式电流继电器来作过电流保护兼电流速断保护,因为感应式电流继电器兼有上述电磁式电流继电器、时间继电器、信号继电器和中间继电器的功能,从而可大大简化继电保护装置。而且感应式电流继电器组成的保护装置采用交流操作,可降低投资,因此它在中小工厂变配电所中应用非常普遍。

供电系统中常用的GL-10、20系列感应式电流继电器的内部结构如图6.13所示。这种继电器由两组元件构成:一组为感应元件,另一组为电磁元件。感应式元件主要包括线圈1、带短路环3的电磁铁2及装在可偏转的框架6上的转动铝盘4。电磁元件主要包括线圈1、电磁铁2和衔铁15。线圈1和电磁铁2是两组元件共用的。

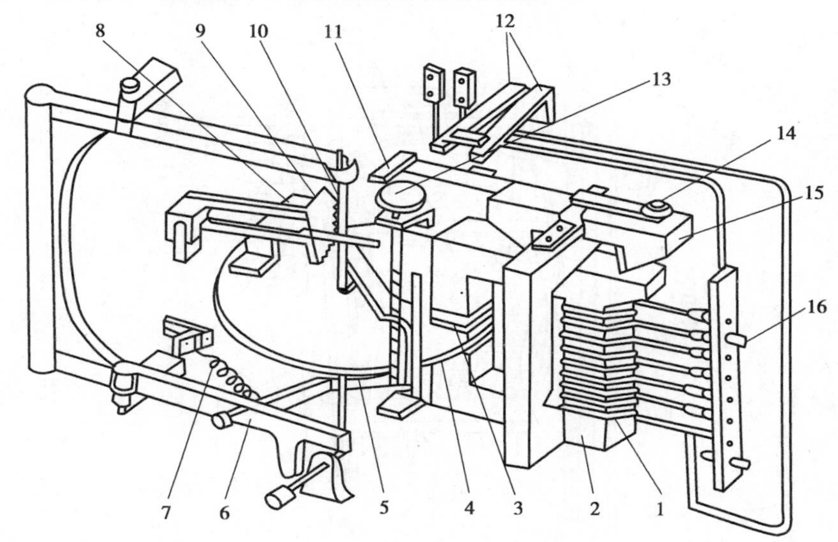

图6.13 GL-10、20系列感应式电流继电器的内部结构
1—线圈;2—电磁铁;3—短路环;4—铝盘;5—钢片;6—铝框架;7—调节弹簧;
8—制动永久磁铁;9—扇形齿轮;10—蜗杆;11—扁杆;12—继电器触点;
13—时限调节螺杆;14—速断电流调节螺钉;15—衔铁;16—动作电流调节插销

感应式电流继电器的工作原理可用图6.14来说明。

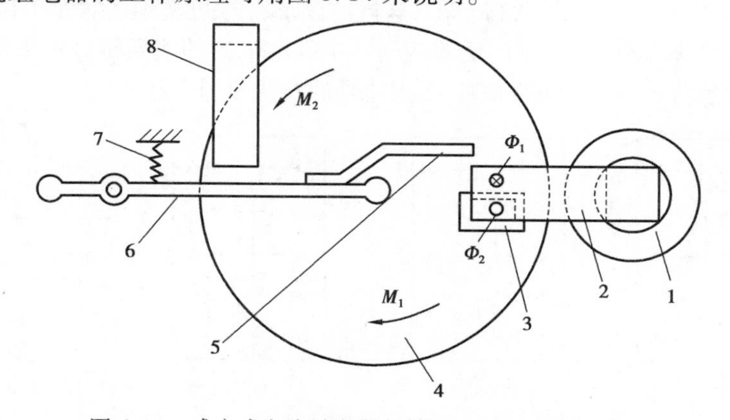

图6.14 感应式电流继电器的转矩 M_1 和制动力矩 M_2

1—线圈;2—电磁铁;3—短路环;4—铝盘;5—钢片;6—铝框架;7—调节弹簧;8—制动永久磁铁

当线圈1有电流通过时,电磁铁2在短路环3的作用下,产生相位一前一后的两个磁通Φ_1和Φ_2,穿过铝盘4。这时作用于铝盘上的转矩为

$$M_1 \propto \phi_1 \phi_2 \sin\psi \tag{6.24}$$

式中,ψ为Φ_1与Φ_2之间的相位差。上式通常称为感应式机构的基本转矩方程。

$$M_1 \propto I_{KA}^2 \tag{6.25}$$

铝盘4在转矩M_1作用下转动后,铝盘切割永久磁铁8的磁通,在铝盘上感应出涡流。涡流又与永久磁铁磁通作用,产生一个与M_1反向的制动力矩M_2,它与铝盘转速n成正比,即

$$M_2 \propto n \tag{6.26}$$

当铝盘转速n增大到某一值时,$M_1=M_2$,这时铝盘匀速转动。

继电器的铝盘在上述M_1和M_2的同时作用下,铝盘受力有使框架6绕轴顺时针方向偏转的趋势,但受到弹簧7的阻力。

当继电器线圈的电流增大到继电器的动作电流值I_{op}时,铝盘受到的力也增大到可克服弹簧阻力的程度,这时铝盘带动框架前偏(参看图6.13),使蜗杆10与扇形齿轮9啮合,这就叫做继电器动作。由于铝盘继续转动,使扇形齿轮沿着蜗杆上升,最后使触点12切换,同时使信号牌(图6.13上未绘出)掉下,从外壳上的观察孔可看到红色或白色的指示,表示继电器已经动作。

继电器线圈中的电流越大,铝盘转动越快,扇形齿轮沿蜗杆上升的速度也越快,因此动作时间也越短,这也就是感应式电流继电器的"反时限(或反比延时)特性",如图6.15所示的曲线abc,这一动作特性是其感应元件产生的。

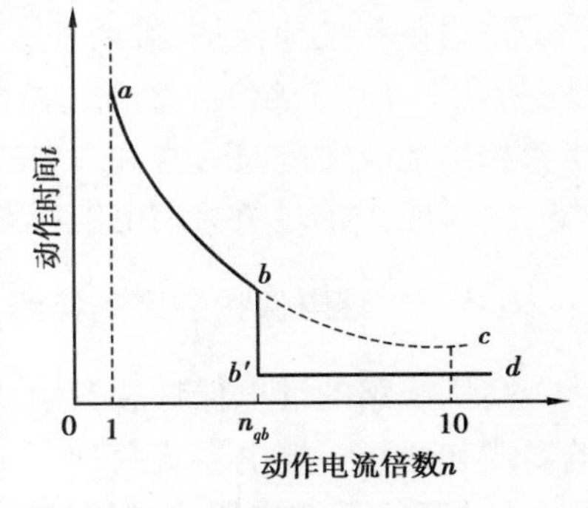

图6.15　感应式电流继电器的动作特性曲线
abc—感应元件的反时限特性;
$bb'd$—电磁元件的速断特性

当继电器线圈进一步增大到整定的速断电流(quick-break current)时,电磁铁2(参看图6.13)瞬时将衔铁15吸下,使触点12瞬时切换,同时也使信号牌掉下。很明显,电磁元件的作用又使感应式电流继电器兼有"电流速断特性",如图6.15所示$bb'd$曲线。因此该电磁元件又称为电流速断元件。图6.15所示动作特性曲线上对应于开始速断时间的动作电流倍数,称为速断电流倍数,即

$$n_{qb} = \frac{I_{qb}}{I_{op}} \tag{6.27}$$

速断电流I_{qb}的含义,是指继电器线圈中的使电流速断元件动作的最小电流。GL-10、20系列电流继电器的速断电流倍数$n_{qb}=2\sim8$。

感应式电流继电器的这种有一定限度的反时限动作特性,称为"有限反时限特性"。

继电器的动作电流(亦称整定电流),可利用插销16(见图6.13)以改变线圈匝数来进行级进调节,也可利用调节弹簧7的拉力来进行平滑细调。

可利用螺钉14以改变衔铁15与电磁铁2之间的气隙来调节继电器的速断电流倍数n_{qb}。气隙越大,n_{qb}越大。

继电器感应元件的动作时间(亦称动作时限)是利用螺杆13(见图6.13)来改变扇形齿轮顶杆行程的起点,以使动作特性曲线上下移动。不过要注意,继电器动作时限调节螺杆的标度尺,是以"10倍动作电流的动作时间"来刻度的,也就是标度尺上所标示的动作时间是继电器线圈通过的电流为其整定的动作电流10倍时的动作时间。因此,继电器实际的动作时间与实

际通过继电器线圈的电流大小有关,需从继电器的动作特性曲线上去查得。

附录表24列出GL$^{-11,15}_{-21,25}$型电流继电器的主要技术数据及其动作特性曲线。动作特性曲线上标出的动作时间0.5 s、0.7 s、1.0 s等均为10倍动作电流的动作时间。

6.5 高压线路的继电保护

6.5.1 概 述

按GB 50062—1992《电力装置的继电保护和自动装置设计规范》规定,对3~66 kV电力线路,应装设相间短路保护、单相接地保护和过负荷保护。

由于一般工厂的高压线路不很长,容量不是很大,因此其继电保护装置通常比较简单。

作为线路的相间短路保护,主要采用带时限的过电流保护和瞬时动作的电流速断保护。但过电流保护的动作时间不大于0.5~0.7 s时,按GB 50062—1992规定,可以不再装设电流速断保护。相间短路保护应动作于断路器的跳闸机构,使断路器跳闸,切除短路故障部分。

作为单相接地保护,有两种方式:①绝缘监视装置,装设在变电所的高压母线上,动作于信号(将在7.4中介绍)。②有选择性的单相接地保护(又称零序电流保护),也动作于信号;但当单相接地故障危及人身和设备安全时,应动作于跳闸。

对可能经常过负荷的电缆线路,应装设过负荷保护。

6.5.2 继电保护装置的接线方式

高压线路的继电保护装置中,启动继电器与电流互感器之间的连接方式主要有两相两继电器式和两相一继电器式两种。

(1)两相两继电器式接线(图6.16)

这种接线,如果一次电路发生三相短路或任意两相短路,都至少有一个继电器动作,从而使一次电路的断路器跳闸。

为了表述这种接线方式中继电器电流I_{KA}与电流互感器二次电流I_2的关系,特引入一个接线系数K_w

$$K_w = \frac{I_{KA}}{I_2} \tag{6.28}$$

两相两继电器式接线在一次电路发生任何形式的相间短路时,$K_w = 1$,即其保护灵敏度都相同。

(2)两相一继电器式接线(图6.17)

这种接线,又称为两相电流差接线。正常工作时,流入继电器的电流为两相电流互感器二次电流之差。

在一次电路发生三相短路时,流入继电器的电流为电流互感器二次电流的$\sqrt{3}$倍(参看图6.18(a)的相量图),即$K_W^{(3)} = \sqrt{3}$。

在一次电路的A、C两相间发生短路时,由于两相短路电流反应在A相和C相中是大小相等、相位相反(参看图6.18(b)的相量图),因此流入继电器的电流(两相电流差)为互感器二

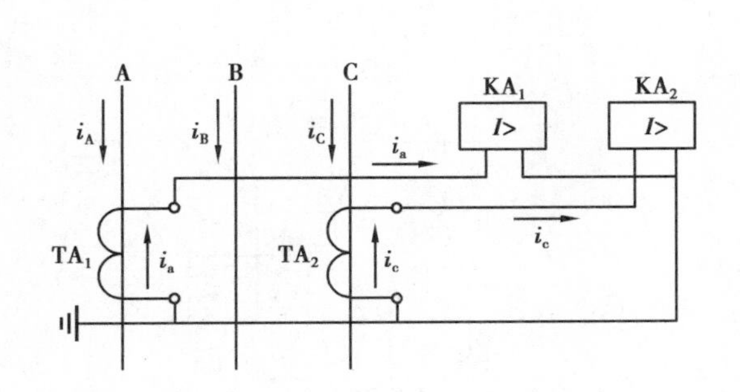

图6.16　两相两继电器式接线

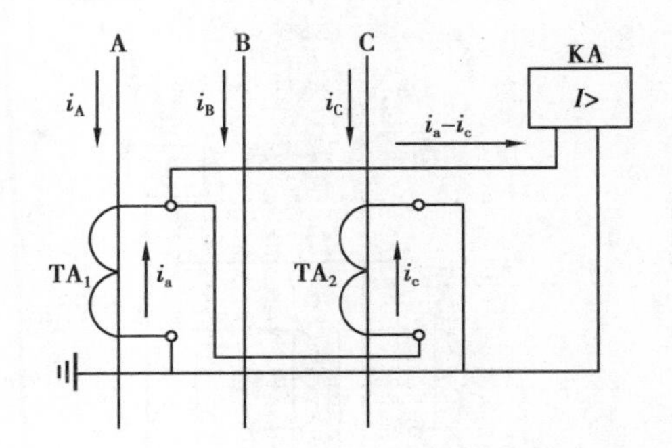

图6.17　两相一继电器式接线

次电流的2倍，即 $K_W^{(A \cdot C)} = \sqrt{3}$。

在一次电路的A、B两相或B、C两相间发生短路时，流入继电器的电流只有一相（A相或C相）互感器的二次电流（参看图6.18（c）、（d）的相量图），即 $K_W^{(A \cdot B)} = K_W^{(B \cdot C)} = 1$。

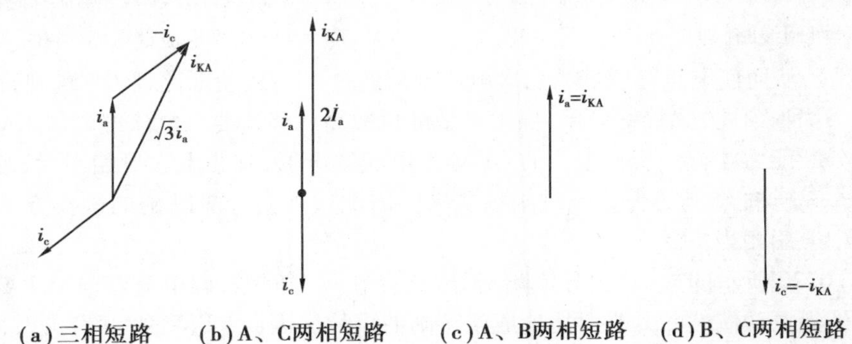

图6.18　两相一继电器式接线发生不同相间短路时的电流相量分析

由以上分析可知，两相一继电器式接线能反映各种相间短路，但保护灵敏度各有不同，有的甚至相差一倍，因此不如两相两继电器式接线，但是它少用一个继电器，较为简单经济。这种接线主要用于高压电动机的保护。

6.5.3　继电保护装置的操作方式

继电保护装置的操作电源，有直流操作电源和交流操作电源两大类。由于交流操作电源具有投资少、运行维护方便和二次回路简单可靠等优点，因此它在中小工厂中应用最为广泛。

交流操作电源供电的继电保护装置现在通用的有以下两种操作方式：

（1）直接动作式（图6.19）

利用断路器手动操作机构内的过流脱扣器（跳闸线圈）YR作为直动式过流继电器，接成两相一继电器式或两相两继电器式。正常运行时，YR中流过的电流远小于YR的动作电流，因此不动作。而在一次电路发生相间短路时，短路电流反映到电流互感器的二次侧，流过YR，达到或超过YR的动作电流，从而使断路器QF跳闸。这种操作方式简单经济，但保护灵敏度低，实际上较少应用。

（2）“去分流跳闸”的操作方式（图6.20）

正常运行时，电流继电器KA的常闭触点将跳闸线圈YR短路分流，所以断路器QF不会跳闸。而在一次电路发生短路时，KA动作，其常闭触点断开，使YR的短路分流支路被切断

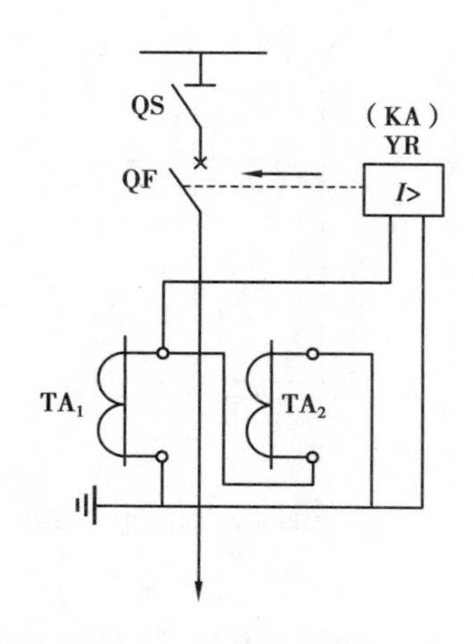

图 6.19　直接动作式过电流保护电路
QF—断路器；TA_1、TA_2—电流互感器；
YR—断路器跳闸线圈（即直动式继电器 KA）

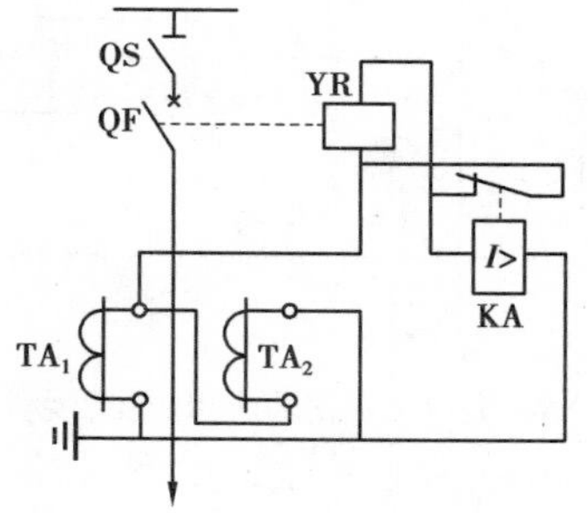

图 6.20　“去分流跳闸”的过电流保护电路
QF—断路器；TA_1、TA_2—电流互感器；
KA－GL－11、21 型电流继电器；YR—跳闸线圈

（即“去分流”），从而使电流互感器的二次电流全部通过 YR，致使断路器 QF 跳闸，这就是“去分流跳闸”。这种操作方式接线简单，保护灵敏度也较高。但这要求电流继电器 KA 的触点具有足够大的分断能力才行。现在生产的 GL 等型电流继电器，其触点容量相当大，短时分断电流可达 150 A，完全能够满足去分流跳闸的要求。因此这种去分流跳闸的操作方式现在在工厂供电系统中应用相当广泛。

但是，图 6.20 所示的这一“去分流跳闸”电路存在一个问题，即电流继电器 KA 的常闭触点如果由于外界振动偶然断开时可能造成误跳闸的事故。因此，实际的“去分流跳闸”电路要利用“先合后断转换触点”来弥补这一缺陷，这将在下面讲述反时限过电流保护时（图 6.22）予以介绍。

6.5.4　带时限的过电流保护

带时限的过电流保护，按其动作时间特性分，有定时限过电流保护和反时限过电流保护两种。定时限就是保护装置的动作时间是按整定的动作时间固定不变的，与故障电流大小无关。而反时限就是保护装置的动作时间与故障电流成反比关系，故障电流越大，动作时间越短，所以反时限特性也称为反比延时特性。

（1）定时限过电流保护装置的组成和原理

定时限过电流保护装置的原理电路如图 6.21 所示。其中，图（a）为集中表示的原理电路图，通常称为接线图；图（b）为分开表示的原理电路图，通常称为展开图。从原理分析的角度来说，展开图更简明清晰，因此在二次回路图（包括继电保护电路图）中应用最为普遍。

下面分析图 6.21 所示定时限过电流保护的工作原理。

当一次电路发生相间短路时，电流继电器 KA 瞬时动作，闭合其触点，使时间继电器 KT 动作。KT 经过整定的时限后，其延时触点闭合，使串联的信号继电器 KS（电流型）和中间继电器 KM 动作。KS 动作后，其指示牌掉下，同时接通信号回路，给出灯光信号和音响信号。KM 动作后，接通跳闸线圈 YR 回路，使断路器 QF 跳闸，切除短路故障。QF 跳闸后，其辅助触点 QF1-2 随之切断跳闸回路，以减轻 KM 触点的工作。在短路故障被切除后，继电保护装置除 KS

外的其他所有继电器均自动返回起始状态，而KS可手动复位。

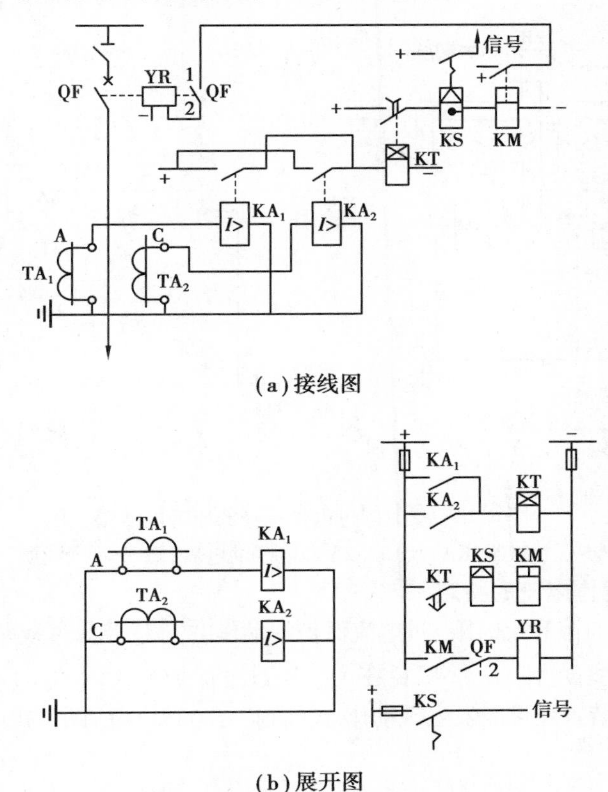

图6.21　定时限过电流保护的原理电路图

QF—断路器；KA—DL型电流继电器；KT—DS型时间继电器；

KS—DX型信号继电器；KM—DZ型中间继电器；YR—跳闸线圈

(2)反时限过电流保护装置的组成和原理

反时限过电流保护装置由GL型电流继电器组成，其原理电路图如图6.22所示。

当一次电路发生相间短路时，电流继电器KA动作，经过一定的延时后，其常开触点闭合，紧接着其常闭触点断开（这两对触点为图6.17所示的“先合后断转换触点”）。这时断路器因其跳闸线圈YR“去分流”而跳闸，切除短路故障。在GL型继电器去分流跳闸的同时，其信号牌掉下，指示保护装置已经动作。在短路故障被切除后，继电器自动返回，其信号牌可利用外壳上的旋钮手动复位。

比较图6.22和图6.20可知，图6.22中的电流继电器（GL-15、25型）比图6.20中的电流继电器（GL-11、21型）增加了一对常开触点与跳闸线圈YR串联，其目的是防止其与YR并联的常闭触点在一次电路正常运行时由于外界振动的偶然因素使之断开而导致断路器误跳闸的事故。增加了这对触点后，即使常闭触点偶然断开，也不会造成断路器误跳闸。但是继电器的这两对触点的动作程序必须是：常开触点先闭合，常闭触点后断开，即必须采用“先合后断转换触点”。否则，如果常闭触点先断开，将造成电流互感器二次侧带负荷开路，这是不允许的，同时将使继电器失电返回，不起保护作用。

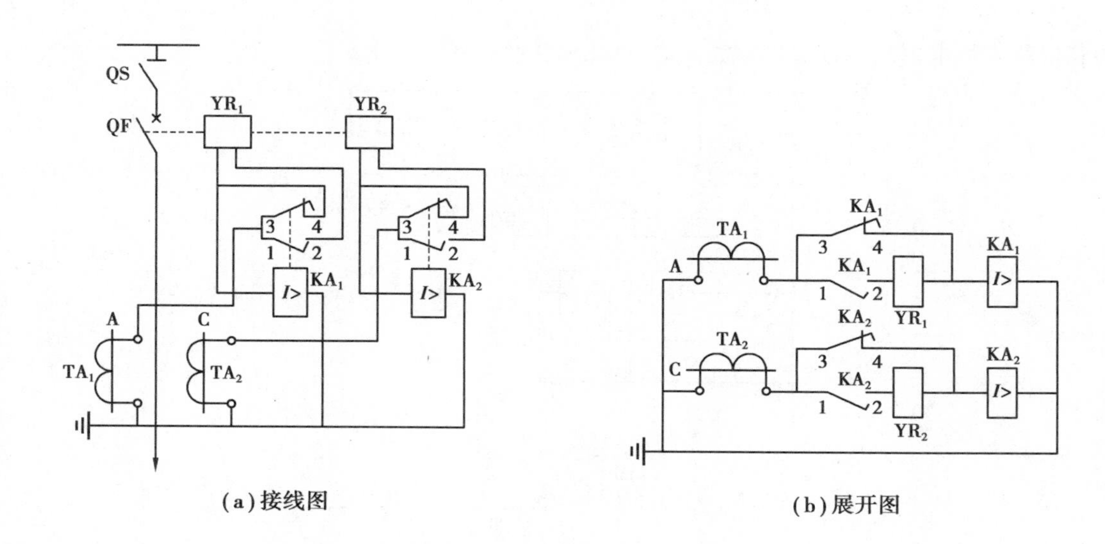

图 6.22　反时限过电流保护的原理电路图

QF—断路器;KA—GL15、25 型电流继电器;YR—跳闸线圈

(3)过电流保护动作电流的整定

带时限的(包括定时限和反时限)过电流保护的动作电流 I_{op} 应躲过线路的最大负荷电流(包括正常过负荷电流和尖峰电流)$I_{L\max}$,以免在 $I_{L\max}$ 通过时保护装置误动作,而且其返回电流 I_{re} 也应躲过 $I_{L\max}$,否则保护装置还可能发生误动作。下面以图 6.23(a)所示的电路图为例来说明。

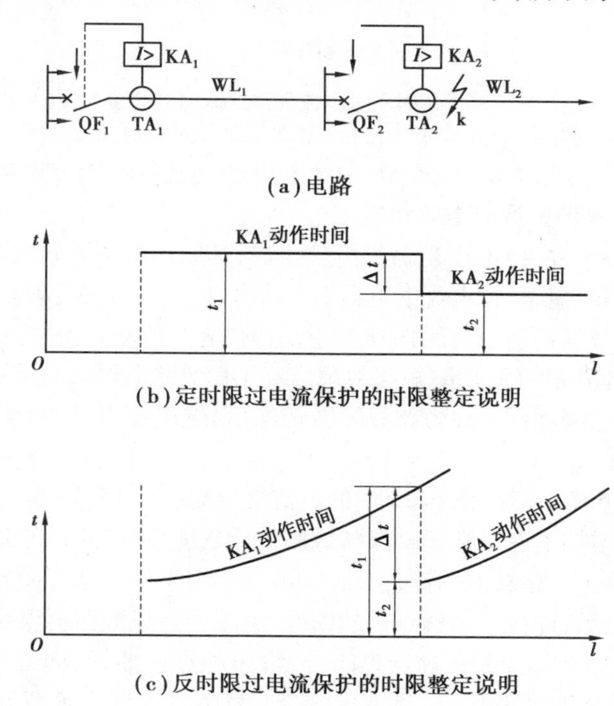

图 6.23　线路过电流保护整定说明图

当线路 WL_2 的首端 k 点发生短路时,由于短路电流远大于线路上的所有负荷电流,所以

沿线路的过电流保护装置(包括 KA_1、KA_2)均要动作。按照保护选择性的要求,靠近故障点 k 的保护装置 KA_2 首先断开 QF_2,切除故障线路 WL_2。这时由于故障已被切除,保护装置 KA_1 应立即返回起始位置,不致再断开 QF_1。假设 KA_1 的返回电流未躲过线路 WL_1 的最大负荷电流,即 KA_1 的返回系数过低时,则在 KA_2 动作并切除故障线路 WL_2 后,KA_1 可能不返回而继续保持动作状态,而经过 KA_1 所整定的时限后,错误地断开断路器 QF_1,造成 WL_1 停电,扩大了故障停电范围,这是不允许的。所以保护装置的返回电流也必须躲过线路的最大负荷电流。

设电流互感器的变流比为 K_i,保护装置的接线系数为 K_w,保护装置的返回系数为 K_{re},则最大负荷电流换算到继电器中的电流为 $K_w I_{L.\max}/K_i$。由于要求返回电流也躲过最大负荷电流,即 $I_{re} > K_w I_{L.\max}/K_i$,而 $I_{re} = K_{re} I_{op}$,因此 $K_{re} I_{op} > K_w I_{L.\max}/K_i$,即 $I_{op} > K_w I_{L.\max}/(K_{re} K_i)$, 即

$$I_{op} = \frac{K_{rel} K_w}{K_{re} K_i} I_{L.\max} \tag{6.29}$$

式中,K_{rel}为保护装置电流整定的可靠系数(reliability coefficient),对 DL 型继电器,取$K_{rel} = 1.2$,对 GL 型继电器,取 $K_{rel} = 1.3$;K_w 为保护装置的接线系数,对两相两继电器接线(相电流接线)取1,对两相一继电器接线(两相电流差接线)取$\sqrt{3}$;$I_{L.\max}$为线路上的最大负荷电流,可取为$(1.5 \sim 3)I_{30}$,这里 I_{30}为线路计算电流。

如果采用断路器手动操作机构中的过流脱扣器 YR 作过电流保护(参看图6.19),则脱扣器的动作电流(脱扣电流)应按下式整定:

$$I_{op(YR)} = \frac{K_{rel} K_w}{K_i} I_{L.\max} \tag{6.30}$$

式中,K_{rel}为脱扣器电流整定的可靠系数,可取2 ~2.5,这里已计入脱扣器的返回系数。

(4)过电流保护动作时间的整定

过电流保护的动作时间应按“阶梯原则”整定,以保证前后两级保护装置动作的选择性,也就是在后一级保护装置所保护的线路首端(如图6.23(a)中的 k 点)发生三相短路时,前一级保护的动作时间 t_1应比后一级保护中最长的动作时间 t_2,再大一个时间级差 Δt,如图6.23(b)和(c) 所示,即

$$t_1 \geqslant t_2 + \Delta t \tag{6.31}$$

这一时间级差 Δt,应考虑到前一级保护的动作时间 t_1可能发生的负偏差(提前动作)Δt_1及后一级保护的动作时间 t_2可能发生的正偏差(延后动作)Δt_2,还要考虑保护装置(特别是 GL型继电器)动作时的惯性误差。为了确保前后保护装置的动作选择性,还应加上一个保险时间 Δt_4(可取0.1 ~0.15 s)。因此前后两级保护装置动作时间的时间级差

$$\Delta t = \Delta t_1 + \Delta t_2 + \Delta t_3 + \Delta t_4 \tag{6.32}$$

对于定时限过电流保护,可取 $\Delta t = 0.5$ s;对于反时限过电流保护,可取 $\Delta t = 0.7$ s。

定时限过电流保护的动作时间,利用时间继电器来整定。反时限过电流保护的动作时间,由于 GL 型电流继电器的时限调节机构是按10倍动作电流的动作时间来标度的,因此要根据前后两级保护的 GL 型继电器的动作特性曲线来整定。假设图6.23(a)所示电路中后一级保护 KA_2 的10倍动作电流的动作时间已经整定为 t_2,现在要确定前一级保护 KA_1 的10倍动作电流的动作时间 t_1,整定计算的方法步骤如下(参看图6.24):

①计算 WL_2 首端的三相短路电流反映到 KA_2 中的电流值:

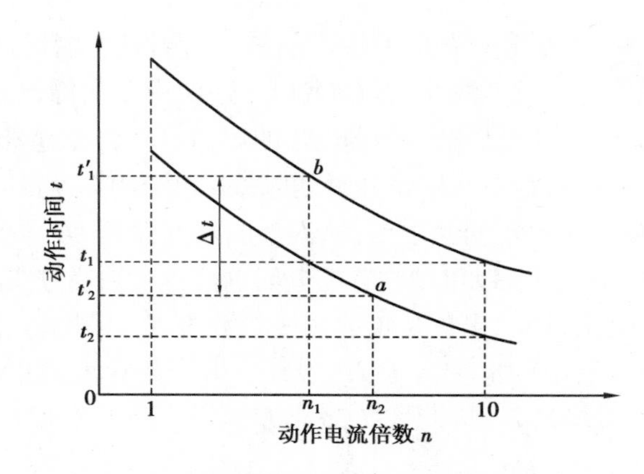

图 6.24　反时限过电流保护的动作时间整定

$$I'_{k(2)} = \frac{K_{w(2)}}{K_{i(2)}} I_k \tag{6.33}$$

式中，$K_{w(2)}$ 为 KA_2 与电流互感器相连的接线系数；$K_{i(2)}$ 为 KA_2 所连电流互感器的变流比。

②计算 $I'_{k(2)}$ 对 KA_2 的动作电流 $I_{op(2)}$ 的倍数，即

$$n_2 = \frac{I'_{k(2)}}{I_{op(2)}} \tag{6.34}$$

③确定 KA_2 的实际动作时间。在图 6.24 所示 KA_2 的动作特性曲线的横坐标轴上找出 n_2，然后往上找到该曲线上的 a 点。该点所对应的动作时间就是 KA_2 在通过 $I'_{k(2)}$ 时的实际动作时间。

④计算 KA_1 的实际动作时间。根据保护选择性的要求，KA_1 的实际动作时间 $t'_1 = t'_2 + \Delta t$。取 $\Delta t = 0.7$ s，故 $t'_1 = t'_2 + 0.7$ s。

⑤计算 WL_2 首端的三相短路电流反映到 KA_1 中的电流值，即

$$I'_{k(1)} = \frac{K_{w(1)}}{K_{i(1)}} I_k \tag{6.35}$$

式中，$K_{w(1)}$ 为 KA_1 与电流互感器相连的接线系数；$K_{i(1)}$ 为 KA_1 所连的电流互感器的变流比。

⑥计算 $I'_{k(1)}$ 对 KA_1 的动作电流 $I_{op(1)}$ 的倍数，即

$$n_1 = \frac{I'_{k(1)}}{I_{op(1)}} \tag{6.36}$$

⑦确定 KA_1 的 10 倍动作电流的动作时间。从图 6.24 所示 KA_1 的动作特性曲线的横坐标轴上找出 n_1，从纵坐标轴上找出 t'_1，然后找到 n_1 与 t'_1 相交的坐标 b 点。这 b 点所在曲线所对应的 10 倍动作电流的动作时间即为所求。

必须注意：有时 n_1 与 t'_1 相交的坐标点不在给出的动作特性曲线上，而在两条曲线之间，这时只有从上下两条曲线来粗略地估计其 10 倍动作电流的动作时间。

(5)过电流保护的灵敏度

根据式(6.1)，保护灵敏度 $S_p = I_{k.\min}/I_{op.1}$。对于线路过电流保护，$I_{k.\min}$ 应取被保护线路末端在系统最小运行方式下的两相短路电流 $I^{(2)}_{k.\min}$，而 $I_{op.1} = I_{op}K_i/K_w$，因此按规定，过电流保护的灵敏度必须满足下列要求：

$$S_p = \frac{K_w I^{(2)}_{k.\min}}{K_i I_{op}} \geqslant 1.5 \tag{6.37}$$

如果过电流保护为后备保护时,其即满足要求。

当过电流保护灵敏度达不到上述要求时,可采用低电压闭锁保护来提高其灵敏度。

(6)提高过电流保护灵敏度的措施——低电压闭锁

如图6.25所示,在线路过电流保护的电流继电器KA的常开触点回路中串入低电压继电器KV的常闭触点,而KV经过电压互感器TV接至被保护线路的母线上。

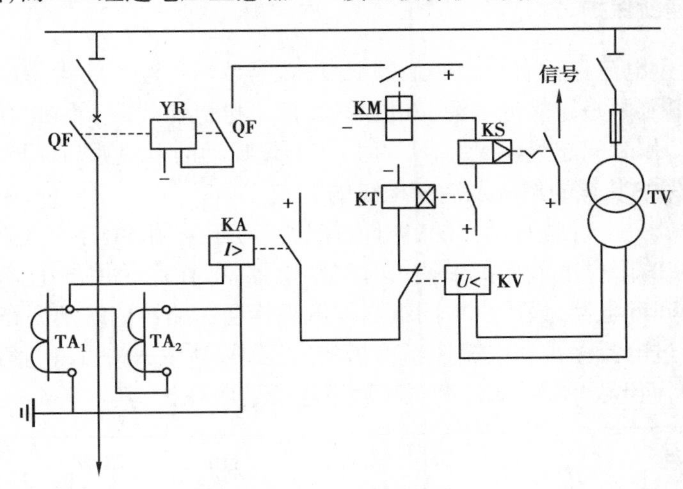

图6.25　低电压闭锁的过电流保护

QF—断路器;TA—电流互感器;TV—电压互感器;KA—电流继电器;KT—时间继电器;
KS—信号继电器;KM—中间继电器;KV—电压继电器

当供电系统正常运行时,母线电压接近于额定电压,因此电压继电器KV的常闭触点是断开的。这时的电流继电器KA即使由于过负荷而误动作,使其触点闭合,断路器QF也不会误跳闸。正因为如此,凡装有低电压闭锁的过电流保护动作电流和返回电流不必按躲过线路的最大负荷电流$I_{L.\max}$来整定,而只需按躲过线路的计算电流来整定,即

$$I_{op} = \frac{K_{rel}K_w}{K_{re}K_i}I_{30} \tag{6.38}$$

式中各系数含义和取值与式(6.29)相同。

由于其I_{op}值的减小,从式(6.37)可知,能有效地提高过电流保护的灵敏度。

上述低电压继电器KV的动作电压按躲过母线正常最低工作电压$U_{\min}$来整定,同时返回电压也应躲过$U_{\min}$。因此低电压继电器动作电压的整定计算公式为

$$U_{op} = \frac{U_{\min}}{K_{rel}K_{re}K_u} \approx 0.6\frac{U_N}{K_u} \tag{6.39}$$

式中,$U_{\min}$为母线最低工作电压,取$(0.85\sim0.95)U_N$;U_N为线路额定电压;K_{rel}为保护装置的可靠系数,可取1.2;K_{re}为低电压继电器的返回系数,一般取1.25;K_u为电压互感器的变压比。

(7)定时限过电流保护与反时限过电流保护的比较

定时限过电流保护的优点是:动作时间比较精确,整定简便,而且不论短路电流大小,动作时间不变,不会出现因短路电流小、动作时间长而延长故障时间的问题。但缺点是:所需继电器多,接线复杂,且需直流操作,投资较大。此外,越靠近电源的保护装置,其动作时间越长,这是带时限过电流保护共有的缺点。

反时限过电流保护的优点是:继电器的数量大为减少,而且可同时实现电流速断保护,加之可采用交流操作,因此相当简单经济,投资大大降低,故它在中小工厂供电系统中得到了广泛应用。但缺点是:动作时间的整定比较麻烦,而且误差较大;当短路电流较小时,其动作时间可能相当长,延长了故障持续时间。

6.5.5 电流速断保护

上述带时限的过电流保护有一个明显的缺点,就是越靠近电源的线路过电流保护,其动作时间越长,而短路电流则是越靠近电源,其值越大,危害也更加严重。因此 GB 50062—1992 规定,在过电流保护动作时间超过 0.5 ~0.7 s 时,应装设瞬动的电流速断保护装置。

(1)电流速断保护装置的组成及速断电流的整定

电流速断保护就是一种瞬时动作的过电流保护。对于采用 DL 系列电流继电器的速断保护来说,就相当于定时限过电流保护中抽去时间继电器,即在启动用的电流继电器之后,直接接信号继电器和中间继电器,最后由中间继电器触点接通断路器的跳闸回路。图 6.26 是线路上同时装有定时限过电流保护和电流速断保护的电路图,其中 KA_1、KA_2、KT、KS_1 和 KM 属于定时限过电流保护,而 KA_3、KA_4、KS_2 和 KM 属于电流速断保护,其中 KM 是两种保护共用的。

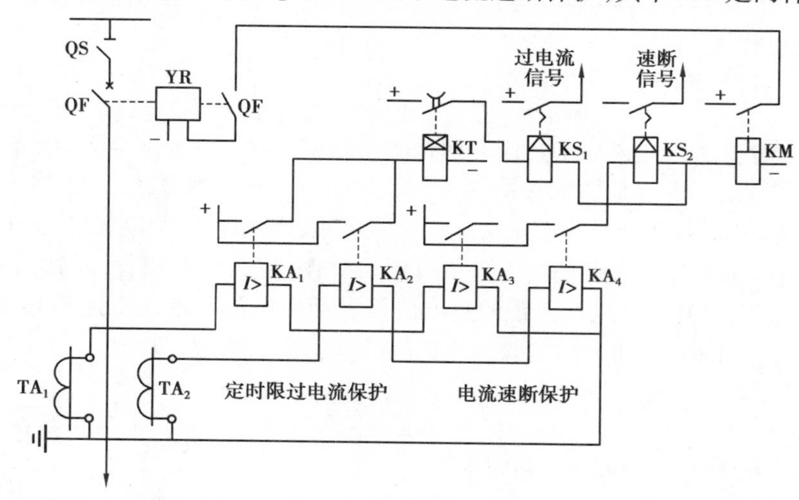

图 6.26 线路定时限过电流保护和电流速断保护电路图

$I_{k.max}$—前一级速断保护躲过的最大短路电流;$I_{qb.1}$—前一级速断保护整定的一次动作电流

如果采用 GL 系列电流继电器,则利用该继电器的电磁元件来实现电流速断保护,而其感应元件则用来作反时限过电流保护,因此非常简单经济。

为了保证前后两级瞬动电流速断保护的选择性,电流速断保护的动作电流即速断电流 I_{qb},应按躲过它所保护线路末端的最大短路电流即其三相短路电流 $I_{k.max}$ 来整定。因为只有如此整定,才能避免在后一级速断保护所保护的线路首端发生三相短路时前一级速断保护误动作,确保选择性。

以图 6.26 所示线路为例,前一段线路 WL_1 末端 k-1 点的三相短路电流,实际上与后一段线路 WL_2 首端 k-2 点的三相短路电流是差不多相等的(由于 k-1 点与 k-2 点之间距离很短)。KA_1 的速断电流 I_{qb} 只有躲过 $I_{k-1}^{(3)}$(即上述 $I_{k.max}$),才能躲过 $I_{k-2}^{(3)}$,防止 k-2 点短路时 KA_1 误动

作。因此，电流速断保护的动作电流即速断电流的整定计算公式为

$$I_{op} = \frac{K_{rel}K_w}{K_i}I_{k.\max} \tag{6.40}$$

式中，$I_{k.\max}$为保护线路末端的三相短路电流；K_{rel}为可靠系数，对 DL 型继电器取 1.2～1.3，对 GL 型继电器取 1.4～1.5；对过电流脱扣器取 1.8～2。

(2)电流速断保护的“死区”及其弥补

由于电流速断保护的动作电流要躲过线路末端的最大短路电流，因此靠近末端的一段线路上发生的不一定是最大的短路电流（例如两相短路电流）时，电流速断保护不会动作。这说明，电流速断保护不可能保护线路的全长。这种保护装置不能保护的区域，称为死区（dead band），如图 6.27 所示。

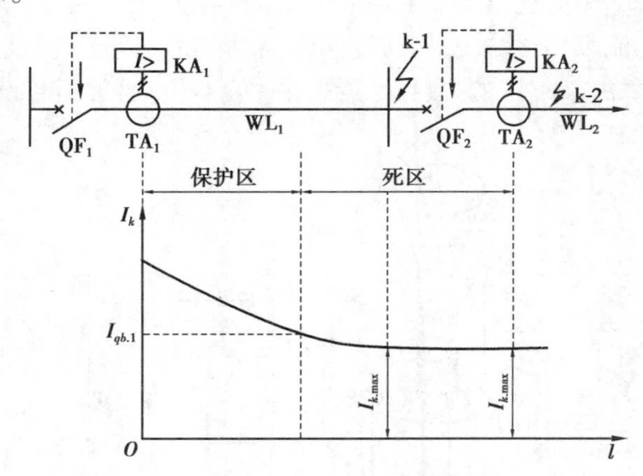

图 6.27　线路电流速断保护说明图

为了弥补死区得不到保护的缺陷，凡是装设有电流速断保护的线路，必须配备带时限的过电流保护。过电流保护的动作时间比电流速断保护至少长一个时间级差 $\Delta t = 0.5 \sim 0.7$ s，而且前后的过电流保护动作时间又要符合“阶梯原则”，以保证选择性。

在电流速断保护的保护区内，速断保护作主保护，过电流保护作为后备；而在电流速断保护的死区内，则过电流保护为基本保护。

(3)电流速断保护的灵敏度

电流速断保护的灵敏度，应按安装处即线路首端在系统最小运行方式下的两相短路电流 $I_k^{(2)}$ 作为最小短路电流 $I_{k.\min}$来检验。因此，电流速断保护的灵敏度必须满足的条件为

$$S_p = \frac{K_w I_k^{(2)}}{K_i I_{op}} \geqslant 1.5 \sim 2 \tag{6.41}$$

一般宜取 $S_p \geqslant 2$；如果有困难时，$S_p \geqslant 1.5$。GB 50062—1992《电力装置的继电保护和自动装置设计规范》规定：电流保护的最小灵敏系数为 1.5，未另行规定电流速断保护的灵敏系数。而 JBJ 6—1996《机械工厂电力设计规范》和 JGJ/T 16—1992《民用建筑电气设计规范》等行业标准则规定：电流速断保护的最小灵敏系数为 2。

6.5.6　有选择性的单相接地保护

在小接地电流的电力系统中，若发生单相接地故障时只有很小的接地电容电流，而相间电

压仍然是对称的,因此可暂时继续运行。但是这毕竟是一种故障,而且由于非故障相的对地电压要升高为原对地电压的$\sqrt{3}$倍,因此对线路绝缘是一种威胁。长此以往,可能引起非故障相的对地绝缘击穿而导致两相接地短路。这将引起线路开关跳闸,线路停电。因此,在系统发生单相接地故障时,必须通过无选择性的绝缘监视装置或有选择性的单相接地保护装置,发出报警信号,以便运行值班人员及时发现和处理。

(1)单相接地保护的基本原理

单相接地保护又称零序电流保护。它利用单相接地所产生的零序电流使保护装置动作,给予信号。当单相接地故障危及人身和设备安全时,则动作于跳闸。

单相接地保护必须通过零序电流互感器(对电缆线路,图6.28)或由三个相的电流互感器两端同极性并联构成的零序电流过滤器(对架空线路)将一次电路单相接地时产生的零序电流反映到其二次侧的电流继电器中去。电流继电器动作后,接通信号回路,发出接地故障信号,必要时动作于跳闸。由于工厂的高压架空线路一般不长,通常不装设单相接地保护。

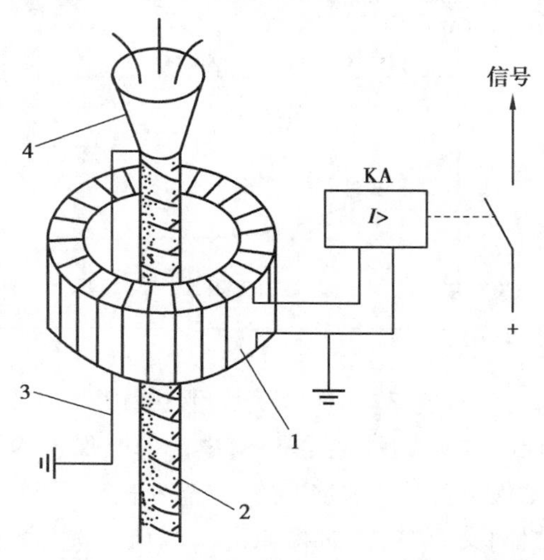

图6.28　单相接地保护的零序电流互感器的结构和接线

1—零序电流互感器(其环形铁芯上绕二次绕组,环氧树脂浇注);

2—电缆;3—接地线;4—电缆头;KA—电流继电器(DL型)

单相接地保护的原理说明(以电缆线路WL_1的A相发生单相接地为例),如图6.29所示。

图中所示供电系统中,母线WB上接有三路出线WL_1、WL_2和WL_3。每路出线上都装有零序电流互感器。现在假设电缆WL_1的A相发生接地故障,这时A相的电位为地电位,所以A相没有对地电容电流,只有B相和C相有对地电容电流I_1和I_2。电缆WL_2和WL_3,也只有B相和C相有对地电容电流I_3、I_4和I_5、I_6。所有的这些对地电容电流$I_1 \sim I_6$都要经过接地故障点。

由图6.29可以看出,故障电缆WL_1的故障芯线上流过所有对地电容电流$I_1 \sim I_6$,且与该电缆的其他两完好芯线和金属外皮上所流过的对地电容电流$I_1 \sim I_6$正好抵消,而其他正常电缆WL_2、WL_3的所有对地电容电流$I_3 \sim I_6$则经过故障电缆WL_1的电缆头接地线流入地中。接地线流过的这一不平衡电流——零序电流就要在零序电流互感器TAN_1的铁芯中产生磁通,使TAN_1的二次绕组感应出电动势,使接于二次侧的电流继电器KA动作,发出信号。而在系统正常运行时,由于三相电流之和为零,没有不平衡电流(零序电流),因此零序电流互感器

TAN 的铁芯中不会产生磁通,继电器 KA 也不会动作。

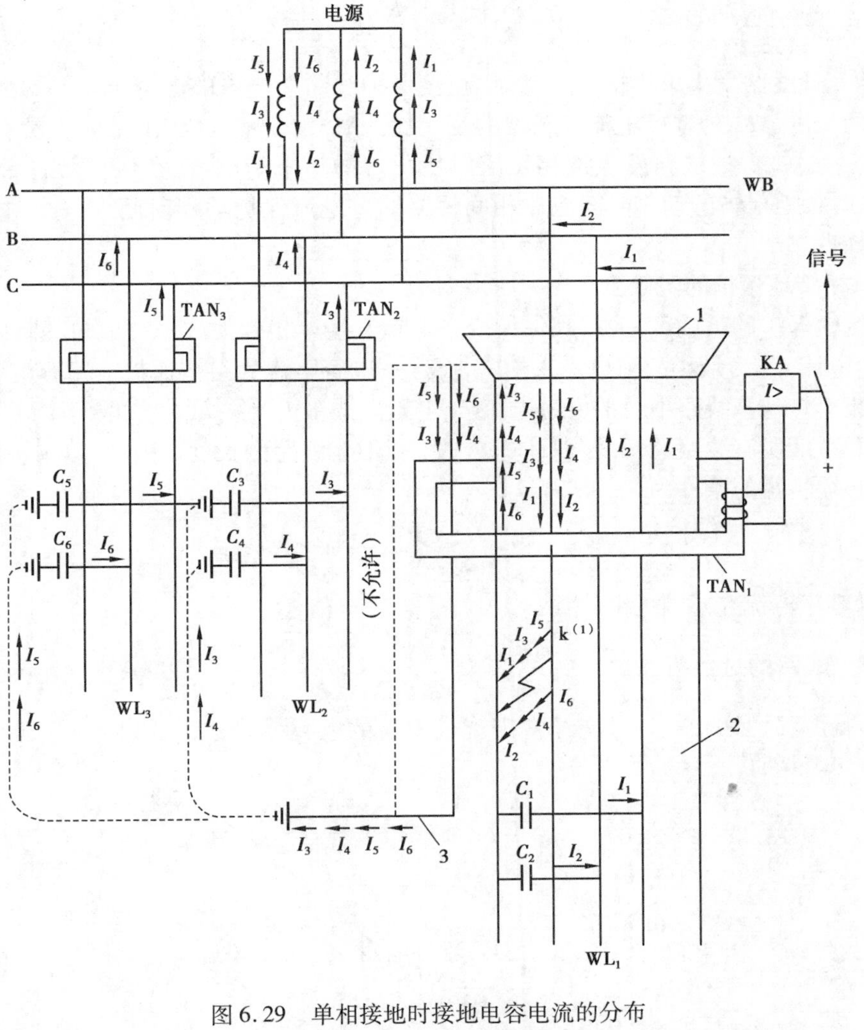

图 6.29 单相接地时接地电容电流的分布

1—电缆头;2—电缆金属外皮;3—接地线;TAN—零序电流互感器;KA—电流继电器

$I_1 \sim I_6$—通过线路对地电容 $C_1 \sim C_6$ 的接地电容电流

由此可见,这种单相接地保护装置能够相当灵敏地监视小接地电流系统的对地绝缘状况,而且能具体地判断出发生故障的线路,因此 GB 50062—1992 规定:对 3 ~66 kV 中性点非直接接地的线路“宜装设有选择性的接地保护,并动作于信号。当危及人身和设备安全时,保护装置应动作于跳闸”。

这里必须强调指出:电缆头的接地线必须穿过零序电流互感器的铁芯,否则接地保护装置不起作用。

(2)单相接地保护装置动作电流的整定

由图 6.29 可以看出,当供电系统某一线路发生单相接地故障时,其他线路上都会出现不平衡的电容电流,但这些线路因本身是正常的,其接地保护装置不应该动作,因此单相接地保护的动作电流 $I_{op(E)}$ 应该躲过在其他线路上发生单相接地时在本线路上引起的电容电流 I_C,故

单相接地保护动作电流的整定计算公式为

$$I_{op(E)} = \frac{K_{rel}}{K_i} I_C \tag{6.42}$$

式中，I_C 为其他线路发生单相接地故障时，在被保护线路上产生的电容电流，只是 l 应采用被保护线路的长度。K_i 为零序电流互感器的变流比。K_{rel} 为可靠系数，在保护装置不带时限时，取4～5，以躲过被保护线路发生两相短路时所出现的不平衡电流；在保护装置带时限时，取1.5～2，这时接地保护的动作时间应比相间短路的过电流保护动作时间大一个时间级差 Δt，以保证选择性。

(3)单相接地保护的灵敏度

单相接地保护的灵敏度，应按被保护线路末端发生单相接地故障时流过接地线的不平衡电流（电容电流）作为最小故障电流来检验，而这一电容电流为与被保护线路有电联系的总电网电容电流 $I_{C.\Sigma}$ 与该线路本身的电容电流 I_C 之差。式中 l 计算 $I_{C.\Sigma}$ 时，取与该线路同一电压级的有电联系的所有线路总长度，而计算 I_C 时，只取本线路的长度。因此，单相接地保护装置的灵敏度必须满足的条件为

$$S_{op} = \frac{I_{C.\Sigma} - I_C}{K_i I_{op(E)}} \geqslant 1.5 \tag{6.43}$$

式中，K_i 为零序电流互感器的变流比。

6.5.7 线路的过负荷保护

线路的过负荷保护，只对可能经常出现过负荷的电缆线路才予装设，一般延时动作于信号，其接线如图6.30所示。

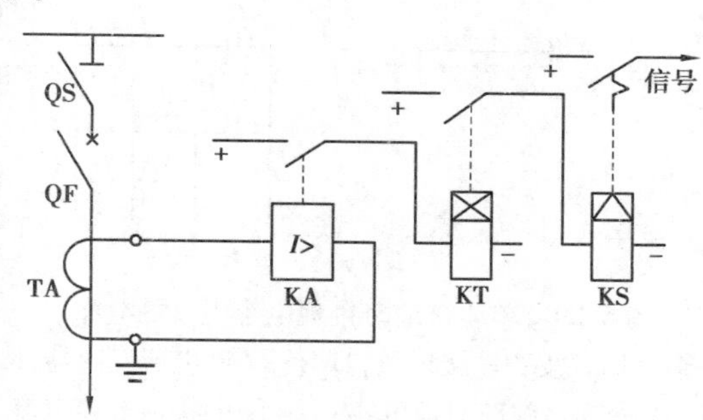

图6.30 线路过负荷保护电路

TA—电流互感器；KA—电流继电器；KT—时间继电器；KS—信号继电器

过负荷保护的动作电流按躲过线路的计算电流 I_{30} 来整定，其整定计算公式为

$$I_{op(OL)} = \frac{1.2 \sim 1.3}{K_i} I_{30} \tag{6.44}$$

式中，K_i 为电流互感器的变流比。

过负荷保护的动作时间一般取10～15 s。

6.6　电力变压器的继电保护

6.6.1　概　述

GB 50062—1992《电力装置的继电保护和自动装置设计规范》规定：对电力变压器的下列故障及异常运行方式，应装设相应的保护装置：①绕组及其引出线的相间短路和在中性点直接接地侧的单相接地短路；②绕组的匝间短路；③外部相间短路引起的过电流；④中性点直接接地电力网中外部接地短路引起的过电流及中性点过电压；⑤过负荷；⑥油面降低；⑦变压器温度升高，或油箱压力升高，或冷却系统故障。

对于高压侧为6～10 kV的车间变电所主变压器来说，通常装设有带时限的过电流保护；如果过电流保护的动作时间大于0.5～0.7 s时，还应装设电流速断保护。容量在800 kV·A及以上的油浸式变压器和400 kV·A及以上的车间内油浸式变压器，按规定应装设瓦斯保护（又称气体继电保护）。容量在400 kV·A及以上的变压器，当数台并列运行或单台运行并作为其他负荷的备用电源时，应根据可能过负荷的情况装设过负荷保护。过负荷保护及瓦斯保护在变压器轻微故障时（通称“轻瓦斯”），动作于信号；而其他保护包括瓦斯保护在变压器发生严重故障时（通称“重瓦斯”），一般均动作于跳闸。

对于高压侧为35 kV及以上的工厂总降压变电所主变压器来说，也应装设过电流保护、电流速断保护和瓦斯保护（对油浸式变压器）；对有可能过负荷时，也应装设过负荷保护。如果单台运行的变压器容量在1 000 kV·A及以上和并列运行的变压器每台容量在6 300 kV·A及以上时，则要求装设纵联差动保护来取代电流速断保护。

6.6.2　变压器低压侧短路时换算到高压侧的穿越电流值

常用的Yyn0联结和Dyn11联结的降压变压器在低压侧发生各种形式短路时在高压侧引起的穿越电流值，如表6.5所示。

表6.5　变压器低压侧短路时在高压侧引起的穿越电流值

联结组别	三相短路	两相短路	单相短路
Yyn0	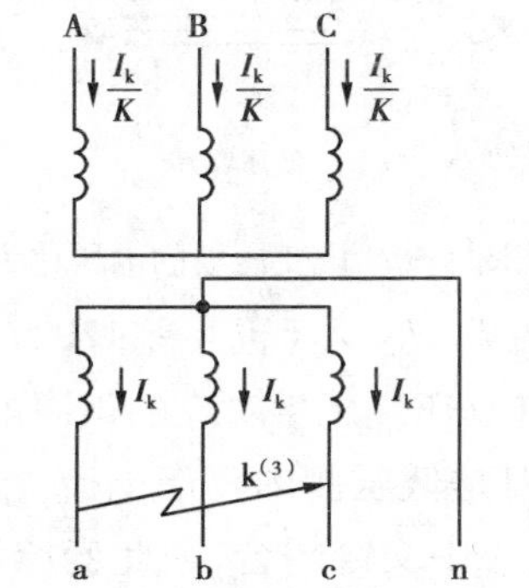 A B C；$\frac{I_k}{K}$ $\frac{I_k}{K}$ $\frac{I_k}{K}$；I_k I_k I_k；$k^{(3)}$；a b c n	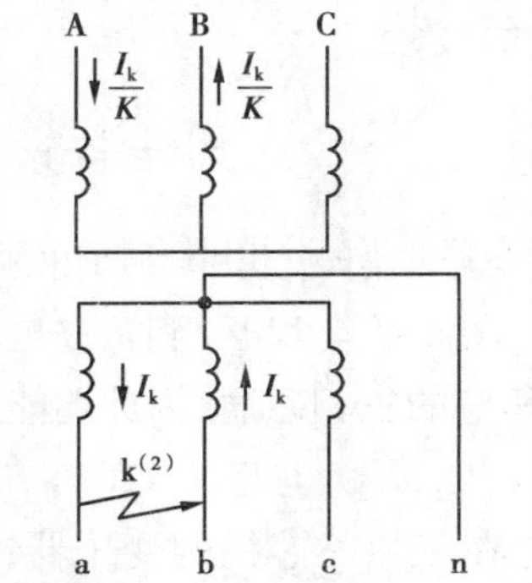 A B C；$\frac{I_k}{K}$ $\frac{I_k}{K}$；I_k I_k；$k^{(2)}$；a b c n	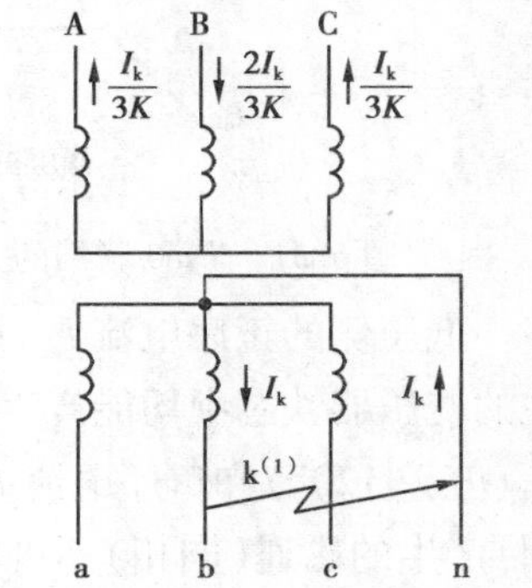 A B C；$\frac{I_k}{3K}$ $\frac{2I_k}{3K}$ $\frac{I_k}{3K}$；I_k I_k；$k^{(1)}$；a b c n

续表

联结组别	三相短路	两相短路	单相短路
Dyn11	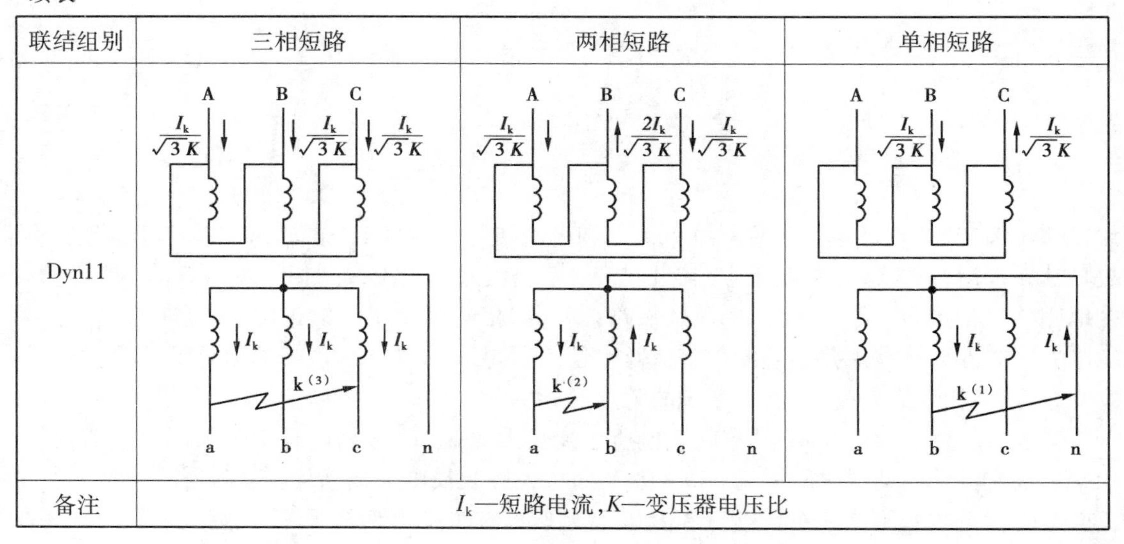		
备注	I_k—短路电流,K—变压器电压比		

下面分别就 Yyn0 联结的变压器和 Dyn11 联结的变压器当其低压侧发生单相短路时在其高压侧引起的穿越电流的换算关系作一分析。其余的请读者自行分析。

(1) Yyn0 联结的变压器低压侧短路时在高压侧引起的穿越电流的换算关系分析

假设低压侧 b 相发生单相短路,其短路电流 $I_k = I_b$。根据对称分量法,这一单相短路 I_b 可分解为正序分量 $I_{b1} = I_b/3$,负序分量 $I_{b2} = I_b/3$,零序分量 $I_{b0} = I_b/3$。由此可绘出该变压器低压侧 b 相短路时低压和高压两侧各序电流分量的相量图(设变压器的电压比为 1),如图 6.31 所示。

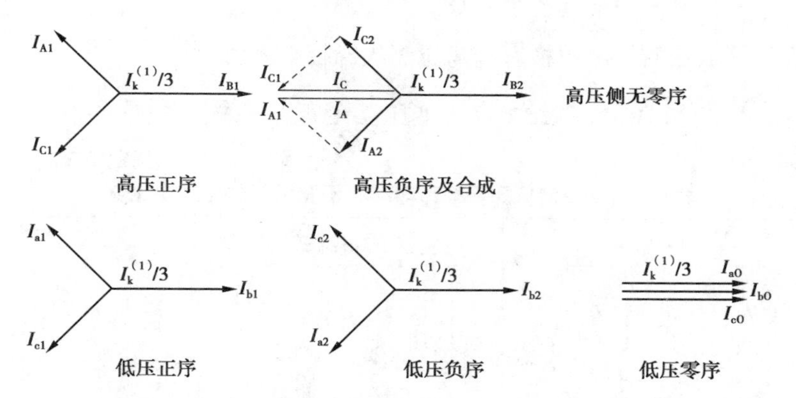

图 6.31 Yyn0 联结的变压器低压侧 b 相短路时的电流相量分析(设变压器的电压比为 1)

低压侧的正序电流 I_{a1},I_{b1},I_{c1}(互差 120°)和负序电流 I_{a2},I_{b2},I_{c2}(也互差 120°)在三相三芯柱的变压器铁芯中均能产生相应的三相磁通,因此均能在高压侧感生对应的正序电流 I_{A1},I_{B1},I_{C1}(互差 120°)和负序电流 I_{A2},I_{B2},I_{C2}(也互差 120°)。但是低压侧的零序电流 I_{a0},I_{b0},I_{c0}(同相)产生的磁通(同相)不可能在三相三芯柱的变压器铁心中交链闭合,因此变压器高压侧不可能感生对应的零序电流。由此可得,高压侧 $I_{A1} = I_{A1} + I_{A2}$,其量值(式中为变压器电压比)。同理,$I_B = I_{B1} + I_{B2}$,其量值 $I_B = 2I_k/3K$;$I_C = I_{C1} + I_{C2}$,其量值 $I_C = I_k/3K$,如表 6.5 右上栏内的接线图所示。

(2) Dyn11 联结的变压器低压侧单相短路时在高压侧引起的穿越电流的换算关系分析

假设 Dyn11 联结的变压器低压侧 b 相发生单相短路，则根据图 6.31 的相量图可知，其高压侧各相绕组中的电流分布应与 Yyn0 联结变压器高压绕组中的电流分布相同，而其高压侧三相线路中的电流分布则如图 6.32 所示。由于 Dy 联结的三相变压器两侧的电压比是指其两侧的线电压比，即 $K=U_1/U_2$，而线电压 $U_1=U_{\varphi1}$，$U_2=\sqrt{3}U_{\varphi2}$，故 $K=U_{\varphi1}/\sqrt{3}U_{\varphi2}$，即 $U_{\varphi1}/U_{\varphi2}=\sqrt{3}K$。这说明 Dy 联结的变压器两侧绕组匝数比 $N_1/N_2=\sqrt{3}K$。因此变压器低压侧 b 相发生单相短路时，其高压侧的所有电流（如图 6.32 所示）均应除以$\sqrt{3}K$。故如表 6.5 右下栏内的接线图所示，A 相电流为零，B 相和 C 相电流均为 $I_k/\sqrt{3}K$。

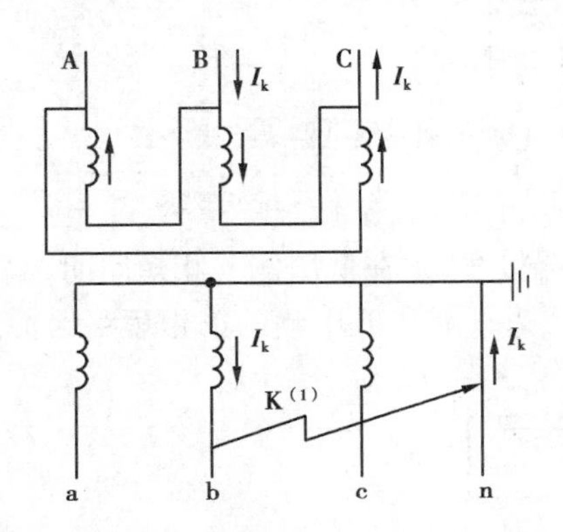

图 6.32　Dyn11 联结的变压器在低压侧 b 相短路时的短路电流分布（设变压器两侧匝数比为 1）

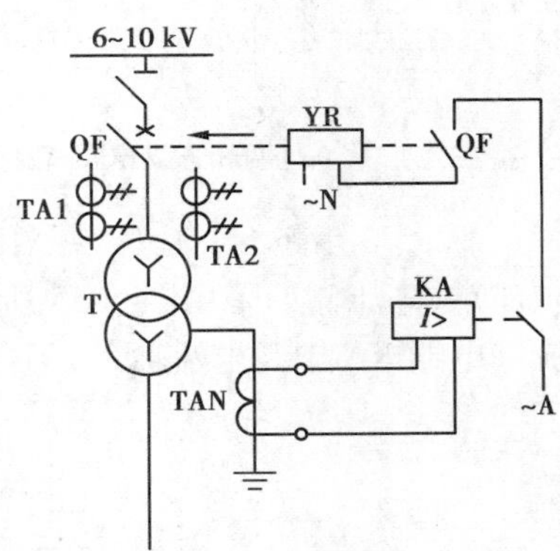

图 6.33　变压器的零序电流保护
QF-高压断路器；
TAN-零序电流互感器；
KA-GL 型电流继电器；YR-跳闸线圈

6.6.3　变压器低压侧的单相短路保护

对变压器低压侧的单相短路保护，可采用下列措施之一：

①在变压器低压侧装设三相都带过流脱扣器的低压断路器。这一低压断路器，既作低压主开关，操作方便，且便于实现自动化，又可用来保护低压侧的相间短路和单相短路。

②在变压器低压侧装设熔断器。这同样可用来保护低压侧的相间短路和单相短路；但熔断器熔断后需更换熔体后才能恢复供电，因此只适用于供不重要负荷的变压器。

③在变压器低压侧中性点引出线上装设零序电流保护，如图 6.33 所示。这种零序电流保护的动作电流 $I_{op(0)}$ 按躲过变压器低压侧最大不平衡电流来整定，其整定计算的公式为

$$I_{op(0)}=\frac{K_{rel}K_{dsq}}{K_i}I_{2N.T} \tag{6.45}$$

式中　$I_{2N.T}$——变压器的额定二次电流；

K_{dsq}——不平衡系数，一般取为 0.25；

K_i——零序电流互感器 TAN 的变流比；

K_{rel}——可靠系数，可取 1.3。

零序电流保护的动作时间一般取为 0.5 ~0.7 s。

零序电流保护的灵敏度，按低压干线末端发生单相短路来检验。对架空线，$S_p \geqslant 1.5$；对电缆线，$S_p \geqslant 1.25$。采用这种零序电流保护，灵敏度较高，但投资较大。

④高压侧采用两相三继电器接线或三相三继电器接线的过电流保护，如图6.34所示。这两种保护接线可使低压侧发生单相短路时的保护灵敏度大大提高。

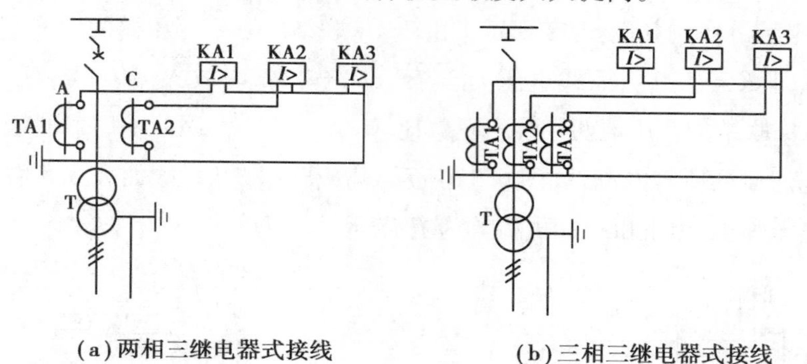

图6.34 适于变压器低压侧单相短路保护的过电流保护接线

必须注意，高压侧如采用图6.35所示两相一继电器接线，则在低压侧b相短路时，高压侧的过电流继电器KA中无电流通过，不会动作，因此它不适于兼作低压侧的单相短路保护。

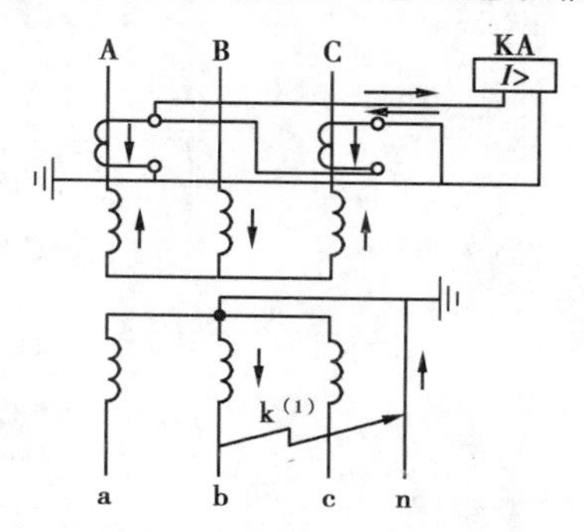

图6.35 高压侧采用两相一继电器接线的过电流保护不适于兼作低压侧单相短路保护说明图

上述四项适于低压侧单相短路保护的措施中，以第一项措施应用最广，因为它既满足了低压侧单相短路保护的要求，又操作方便，便于实现自动化。

6.6.4 变压器的过电流保护、电流速断保护和过负荷保护

(1)变压器的过电流保护

变压器过电流保护的组成、原理，无论是定时限还是反时限，均与线路过电流保护相同。变压器过电流保护的动作电流整定计算公式也与线路过电流保护基本相同，仍按式(6.29)或式(6.30)计算，只是其中的$I_{L.\max}$应改为$(1.5 \sim 3)I_{1N.T}$，这里$I_{1N.T}$为变压器的额定一次电流。其过电流保护动作时间亦按"阶梯原则"整定，与线路过电流保护完全相同。但对车间变电所(电力系统终端变电所)的变压器，其动作时间可整定为最小值0.5 s。

变压器过电流保护的灵敏度，按变压器低压侧母线在系统最小运行方式下发生两相短路时高压侧的穿越电流值来检验，要求$S_p \geqslant 1.5$。如果灵敏度达不到要求，可采用低电压闭锁的过电流保护，如图6.24所示。

(2)变压器的电流速断保护

变压器的电流速断保护,其组成原理与线路的电流速断保护完全相同。变压器电流速断保护动作电流(速断电流)的整定计算公式也与线路速断保护基本相同,仍采用式(6.40)计算,只是其中的$I_{k.\max}$应取低压母线的三相短路周期分量有效值换算到高压侧的穿越电流值,也就是变压器电流速断保护的动作电流应按躲过低压母线三相短路电流周期分量有效值来整定。

变压器电流速断保护的灵敏度,按其装设的高压侧在系统最小运行方式下发生两相短路的短路电流$I_k^{(2)}$来检验,要求$S_p \geqslant 1.5 \sim 2$。

变压器的电流速断保护,与线路的电流速断保护一样,也存在"死区"。弥补死区的措施,也是配置带时限的过电流保护。

考虑到变压器在空载投入或突然恢复电压时将出现一个冲击性的励磁涌流,为了避免这种情况下电流速断保护误动作,可在速断电流整定后,将变压器空载试投若干次,以检验速断保护是否误动作。

(3)变压器的过负荷保护

变压器过负荷保护的组成原理,与线路过负荷保护完全相同。其动作电流的整定计算公式也与线路过负荷保护基本相同,也采用式(6.44)计算,只是其中的I_{30}应改为变压器的额定一次电流$I_{1N.T}$。其动作时间一般取10~15 s。

图6.36所示为变压器的定时限过电流保护、电流速断保护和过负荷保护的综合电路图,供参考。

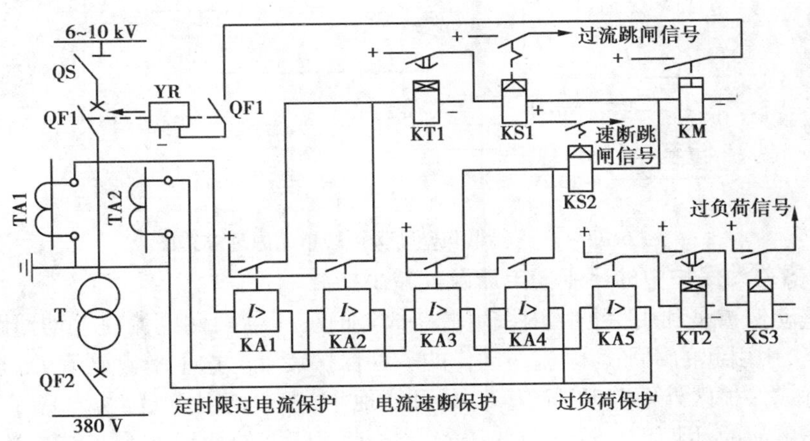

图6.36　变压器的定时限过电流保护、电流速断保护和过负荷保护的综合电路

6.6.5　变压器的差动保护

差动保护分纵联差动保护和横联差动保护两种。纵联差动保护用于单回路,横联差动保护用于双回路。这里讲的变压器差动保护是一种纵联差动保护。

差动保护利用故障时产生的不平衡电流来动作,保护灵敏度很高,而且动作迅速。按GB 50052—1992规定:10 000 kV·A及以上单独运行变压器和6 300 kV·A及以上的并列运行变压器,应装设纵联差动保护;6 300 kV·A及以下单独运行的重要变压器,也可装设纵联差动保护。当电流速断保护灵敏度不符合要求时,亦可装设纵联差动保护。

(1)变压器差动保护的基本原理

变压器差动保护,主要用来保护变压器内部以及引出线和绝缘套管的相间及相对外壳的短路,并且也可用来保护变压器的匝间短路,其保护范围在变压器一、二次侧所装电流互感器之间。

图6.37是变压器纵联差动保护的单相原理电路图。在变压器正常运行或差动保护的保护区外的k-1点发生短路时,变压器一次侧电流互感器TA1的二次电流与变压器二次侧电流互感器TA2的二次电流相等或接近相等,因此流入电流继电器KA(或差动继电器KD)的电流$I_{KA}=I'_1-I'_2\approx 0$,继电器KA(或KD)不动作。而在差动保护的保护区内k-2点发生短路时,对于单端供电的变压器来说,$I'_2=0$,因此$I_{KA}=I'_1$,超过继电器KA(或KD)所整定的动作电流$I_{op(d)}$,使KA(或KD)瞬时动作,然后通过出口继电器KM使断路器QF跳闸,同时通过信号继电器KS发出信号。

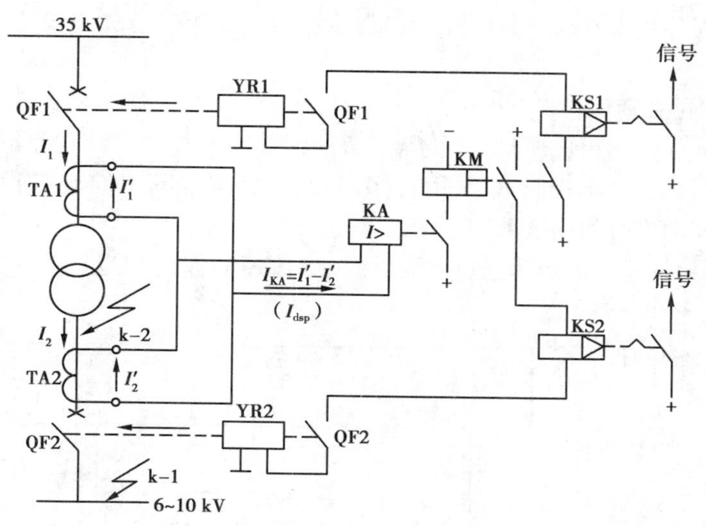

图6.37　变压器纵联差动保护的单相原理电路图

(2)变压器差动保护中的不平衡电流及其减小措施

变压器差动保护是利用保护区内发生短路故障时变压器两侧电流在差动回路(即其连接继电器的回路)中引起的不平衡电流而动作的一种保护装置。这不平衡电流$I_{dsq}=I'_1-I'_2$在变压器正常运行或保护区外短路时,希望I_{dsq}尽可能地小,理想情况下是$I_{dsq}=0$。但是这种理想情况几乎是不可能的,因为I_{dsq}不仅与变压器及电流互感器的接线方式和结构性能等因素有关,而且与变压器的运行有关,因此只能设法使之尽可能地减小。下面介绍不平衡电流产生的原因及其减小或消除的措施。

1)由变压器接线引起的不平衡电流及其消除措施

工厂总降压变电所的主变压器通常采用Yd11联结组,这就造成变压器两侧电流有30°的相位差。虽然可以通过恰当地选择变压器两侧电流互感器的变流比,使互感器二次电流相等,但由于这两个电流之间存在30°相位差,所以在差动回路中仍然有相当大的不平衡电流$I_{dsq}=0.268I_2$,I_2为互感器二次电流。为了消除差动回路中的这一不平衡电流,因此将装设在变压器星形联结一侧的电流互感器接成三角形联结,而将变压器三角形联结一侧的电流互感器接成星形联结,如图6.38(a)的电路所示。由图6.38(b)的相量图可知,这样联结使变压器两侧电流相位差相互补偿后,即可消除差动回路中因变压器两侧电流相位不同而引起的不平衡电流。

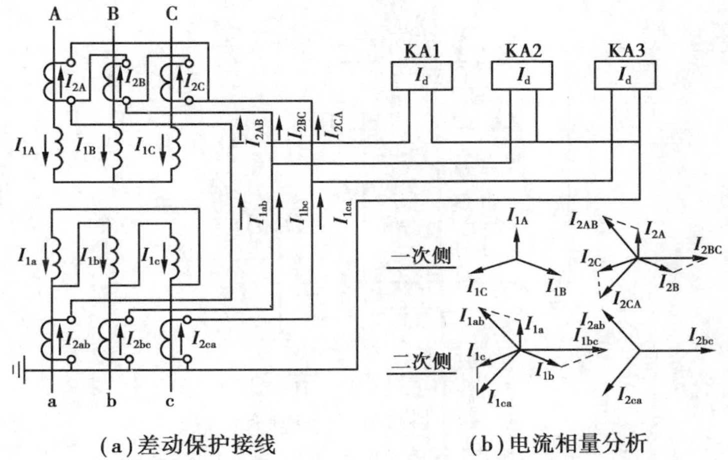

(a)差动保护接线　　(b)电流相量分析

图 6.38　Yd11 联结变压器的纵联差动保护接线及电流相量分析
(假设变压器和互感器的变比均为 1)

2)由变压器两侧电流互感器变流比选择引起的不平衡电流及其消除措施

由于变压器的电压比和电流互感器的变流比各有标准,因此不太可能使之完全配合恰当,从而不太可能使差动保护两边的电流完全相等,这就必然在差动回路中产生不平衡电流。为了消除这一不平衡电流,可在电流互感器的二次回路接入一个自耦电流互感器来进行平衡,或利用速饱和电流互感器中的平衡线圈或专门的差动继电器中的平衡线圈来实现平衡,消除不平衡电流。

3)由变压器励磁涌流引起的不平衡电流及其减小措施

由于变压器空载投入时产生的励磁涌流只通过变压器的一次绕组,而二次绕组因开路而无电流,从而在差动回路中产生相当大的不平衡电流。这可通过在差动回路中接入速饱和电流互感器,继电器则接在速饱和电流互感器的二次侧,以减小励磁涌流对差动保护的影响。

此外,在变压器正常运行和外部短路时,由于变压器两侧电流互感器的形式和特性不同,从而也在差动回路中产生不平衡电流。变压器分接头电压的改变,改变了变压器的电压比,而电流互感器的变流比不可能相应改变,从而破坏了差动回路中原有的电流平衡状态,也会产生新的不平衡电流。总之,产生不平衡电流的因素很多,不可能完全消除,而只能设法使之减小到最小值。

6.6.6　变压器的瓦斯保护

瓦斯保护的主要元件是瓦斯继电器(气体继电器)。它装在油浸式电力变压器的油箱与油枕(储油柜)之间的联通管中部,如图 6.39 所示。为了使油箱内产生的气体能够顺畅地通过瓦斯继电器排往油枕,变压器安装时应取 1% ~1.5% 的倾斜度,而在制造变压器时,联通管对油箱顶盖也有 2% ~4% 的倾斜度。

(1)瓦斯继电器的结构和工作原理

瓦斯继电器主要有浮筒式和开口杯式两种形式,现在广泛应用的是开口杯式。开口杯式瓦斯继电器与浮筒式继电器相比,其抗震性较好,误动作的可能性大大减少,可靠性大大提高。

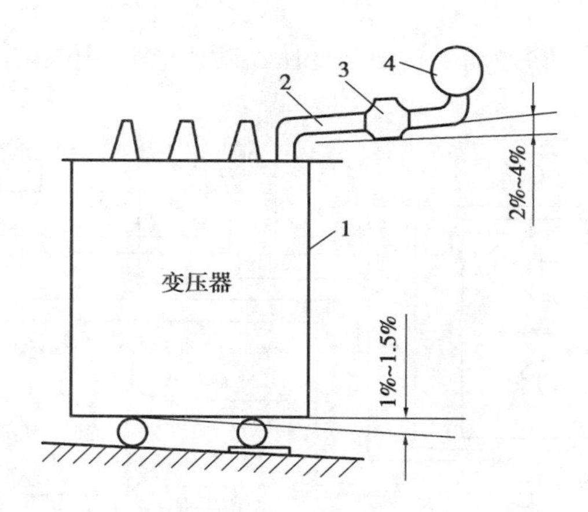

图 6.39 瓦斯继电器在变压器上的安装

1—变压器油箱；2—联通管；

3—瓦斯继电器（气体继电器）；4—油枕（储油柜）

当变压器油箱内部发生轻微故障时（如匝间短路等），由故障产生的少量气体慢慢上升，进入瓦斯继电器容器内并由上而下地排除其中的油，使油面下降，上油杯因其中盛有残余的油而使其力矩大于另一端平衡锤的力矩而降落。这时上触点闭合而接通信号回路，发出音响和灯光信号，这称为“轻瓦斯动作”。

当变压器油箱内部发生严重故障时（如相间短路、铁芯起火等），由于故障产生的气体很多，带动油流迅猛地由变压器油箱通过联通管进入油枕。大量的油气混合体在经过瓦斯继电器时，冲击挡板，使下油杯下降。这时下触点闭合而接通跳闸回路（通过中间继电器），使断路器跳闸，同时发出音响和灯光信号（通过信号继电器），这称为“重瓦斯动作”。

如果变压器油箱漏油，使得瓦斯继电器容器内的油也慢慢流尽。先是继电器的上油杯下降，发出报警信号，接着继电器的下油杯下降，使断路器跳闸，同时发出跳闸信号。

(2)变压器瓦斯保护的接线

图 6.40 是变压器瓦斯保护电路图。当变压器内部发生轻微故障（轻瓦斯）时，瓦斯继电器 KG 的上触点 KG1-2 闭合，动作于报警信号。当变压器内部发生严重故障（重瓦斯）时，KG 的下触点 KG3-4 闭合，通常是经中间继电器 KM 动作于断路器 QF 的跳闸机构 YR，同时通过

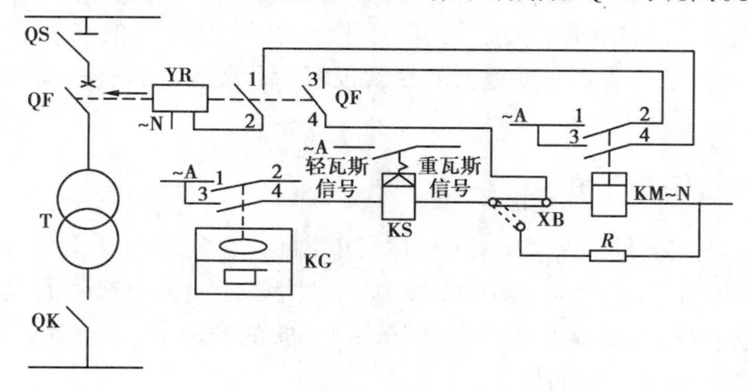

图 6.40 变压器瓦斯保护电路

T—油浸式变压器；KG—瓦斯继电器；KS—信号继电器；KM—中间继电器；

QF—断路器；YR—跳闸线圈；XB—切换片

信号继电器 KS 发出跳闸信号。但是 KG3-4 闭合,也可以利用切换片 XB 切换触点,使信号继电器 KS 串入限流电阻 R,只动作于报警信号。

由于瓦斯继电器 KG 的下触点 KG3-4 在重瓦斯故障时可能有"抖动"(接触不稳定)的情况,因此为了使跳闸回路稳定地接通,使断路器 QF 能够可靠地跳闸,这里利用中间继电器 KM 的上触点 KM1-2 作"自保持"触点。只要 KG3-4 因重瓦斯动作一闭合,就使 KM 动作,并借其上触点 KM1-2 的闭合而自保持其动作状态,同时其下触点 KM3-4 也闭合,使断路器 QF 跳闸。断路器 QF 跳闸后,其辅助触点 QF1-2 断开跳闸回路;而另一对辅助触点 QF3-4 则切断中间继电器 KM 的自保持回路,使中间继电器 KM 返回。

(3)变压器瓦斯保护动作后的故障分析

变压器瓦斯保护动作后,可由蓄积在瓦斯继电器容器内的气体性质来分析和判断故障的原因,并采取相应的处理措施,如表 6.6 所示。

表 6.6　瓦斯继电器动作后气体分析和处理要求

气体性质	故障原因	处理要求
无色、无臭、不可燃	变压器内含有空气	允许继续运行
灰白色、剧臭、可燃	纸质绝缘烧毁	应立即停电检修
黄色、难燃	木质绝缘烧毁	应停电检修
深灰或黑色、易燃	油内闪络,油质碳化	分析油样,必要时停电检修

复习思考题

6.1　供电系统中有哪些常用的过电流保护装置? 对保护装置有哪些基本要求?

6.2　选择熔断器时应考虑哪些条件? 在校验熔断器的断流能力时,限流熔断器与非限流熔断器各应满足什么条件? 高压跌开式熔断器又应满足哪些条件?

6.3　低压断路器如何选择? 校验万能式断路器和塑料外壳式断路器的断流能力时各应满足什么条件?

6.4　电磁式电流继电器、时间继电器、信号继电器和中间继电器在继电保护装置中各起什么作用? 感应式电流继电器又具有哪些功能?

6.5　过电流保护灵敏度达不到要求时,为什么采用低电压闭锁可提高其保护灵敏度?

6.6　电流速断保护的动作电流(速断电流)如何整定? 什么叫"死区"? 电流速断保护的死区如何消除或弥补?

6.7　变压器在哪些情况下需装设瓦斯保护?

习　题

6.1　有一台电动机,额定电压为 380 V,额定电流为 22 A,启动电流为 140 A,该电动机端子处的三相短路电流周期分量有效值为 16 kA。试选择保护该电动机的 RT0 型熔断器及其熔体额定电流,并选择该电动机的配电线(采用 BLV 型导线穿硬塑料管)的导线截面及穿线管管径。环境温度按 +30 ℃计。

6.2　有一条 380 V 线路,其 $I_{30}=280$ A,$I_{pk}=600$ A,线路首端 $I_k^{(3)}=7.8$ kA,末端 $I_k^{(3)}=2.5$ kA。试选择线路首端装设的 DW16 型低压断路器,选择和整定其瞬时动作的电磁脱扣器,并检验其灵敏度。

6.3　某 10 kV 线路,采用两相两继电器式接线的去分流跳闸方式的反时限过电流保护装置,电流互感器的变流比为 200/5 A,线路的最大负荷电流(含尖峰电流)为 180 A,线路首端的三相短路电流周期分量有效值为 2.8 kA,末端的三相短路电流周期分量有效值为 1 kA。试整定该线路采用的 GL15/10 型电流继电器的动作电流和速断电流倍数,并检验其保护灵敏度。

6.4　现有前后两级反时限过电流保护,均采用 GL-15 型过电流继电器。前一级采用两相两继电器接线,后一级采用两相电流差接线。后一级继电器的 10 倍动作电流的动作时间已整定为 0.5 s,动作电流整定为 9 A,前一级继电器的动作电流已整定为 5 A。前一级的电流互感器变流比为 100/5 A,后一级的电流互感器变流比为 75/5 A。后一级线路首端的 $I_k^{(3)}=400$ A。试整定前一级继电器的 10 倍动作电流的动作时间(取 $\Delta t=0.7$ s)。

第 7 章 供配电系统的二次回路和自动装置

本章首先讲述供配电系统二次回路的概念,然后介绍二次回路的操作电源,接着分别讲述高压断路器的控制和信号回路、变配电所的中央信号装置、电测量仪表与绝缘监视装置、自动重合闸与备用电源自动投入装置以及供电系统自动化基本知识,最后讲述二次回路的安装接线和接线图。本章和上一章的内容都是为保证供电一次系统安全可靠运行服务的。

7.1 二次回路及其操作电源

7.1.1 概 述

工厂供电系统或变配电所的二次回路(即二次电路)是指用来控制、指示、监测和保护一次电路运行的电路,亦称二次系统,包括控制统、信号系统、监测系统及继电保护和自动化系统等。

二次回路按其电源性质分,有直流回路和交流回路。交流回路又分交流电流回路和交流电压回路。交流电流回路由电流互感器供电,交流电压回路由电压互感器供电。

二次回路按其用途分,有断路器控制(操作)回路、信号回路、测量和监视回路、继电保护和自动装置回路等。

二次回路在供电系统中虽然是一次电路的辅助系统,但是它对一次电路的安全、可靠、优质和经济合理地运行有着十分重要的作用,因此必须予以充分的重视。

二次回路的操作电源,是供高压断路器跳、合闸回路和继电保护装置、信号回路、监测系统及其他二次回路所需的电源。因此,对操作电源的可靠性要求很高,容量要求足够大,且尽可能不受供电系统运行的影响。

二次回路操作电源,分直流和交流两大类。直流操作电源有由蓄电池组供电的电源和由整流装置供电的电源两种。交流操作电源有由所(站)用变压器供电和通过电流、电压互感器供电两种。下面先重点介绍直流操作电源,然后简介交流操作电源。

7.1.2 直流操作电源

(1)由蓄电池组供电的直流操作电源

蓄电池主要有铅酸蓄电池和镉镍蓄电池两种。

1)铅酸蓄电池

铅酸蓄电池由二氧化铅(PbO_2)的正极板、铅(Pb)的负极板及密度为 1.2 ~ 1.3 g/cm³ 的稀硫酸(H_2SO_4)电解液构成,容器多为玻璃。

铅酸蓄电池在放电和充电时的化学反应式为

$$PbO_2 + Pb + 2H_2SO_4 \underset{\text{充电}}{\overset{\text{放电}}{\rightleftharpoons}} 2PbSO_4 + 2H_2O$$

铅酸蓄电池的额定端电压(单个)为 2 V。但是蓄电池充电终了时,其端电压可达 2.7 V;而放电后,其端电压可下降到 1.95 V。为获得 220 V 的操作电压,需蓄电池的个数为 $n = 230 \div 1.95 \approx 118$ 个。考虑到充电终了时端电压的升高,因此长期接入操作电源母线的蓄电池个数为 $n_1 = 230 \div 2.7 \approx 88$ 个,而剩余 30 个蓄电池则用于调节电压,接于专门的调节开关上。

铅酸蓄电池组作操作电源,可不受供电系统运行情况的影响,工作可靠;但是它在充电过程中要排出氢和氧的混合气体(由于水被电解而产生的),有爆炸危险,而且随着气体带出的硫酸蒸气有强腐蚀性,对人身健康和设备安全都有很大的危害。因此,铅酸蓄电池组一般要求单独装设在一房间内,而且要考虑防腐防爆,从而投资较大,现在一般工厂供电系统中不予采用。

2)镉镍蓄电池

镉镍蓄电池的正极板为氢氧化镍[$Ni(OH)_3$]或三氧化二镍(Ni_2O_3)的活性物,负极板为镉(Cd),电解液为氢氧化钾(KOH)或氢氧化钠(NaOH)、氢氧化镉[$Cd(OH)_2$]、氢氧化镍[$Ni(OH)_3$]等碱溶液。

镉镍蓄电池在放电和充电时的化学反应式为

$$Cd + 2Ni(OH)_3 \underset{\text{充电}}{\overset{\text{放电}}{\rightleftharpoons}} Cd(OH)_2 + 2Ni(OH)_2$$

由以上反应式可以看出,电解液并未参与反应,它只起传导电流的作用,因此在放电和充电过程中,电解液的密度不会改变。

镉镍蓄电池的额定端电压(单个)为 1.2 V。充电终了时端电压可达 1.75 V;放电后端电压为 1 V。

采用镉镍蓄电池组作操作电源,除了不受供电系统运行情况的影响、工作可靠外,还有其大电流放电性能好、功率大、机械强度高、使用寿命长、腐蚀性小、无须专用房间从而大大降低投资等优点,因此它在工厂供电系统中应用比较普遍。

(2)由整流装置供电的直流操作电源

整流装置主要有硅整流电容储能式和复式整流两种。

1)硅整流电容储能式直流电源

如果单独采用硅整流器来作直流操作电源,则当交流供电系统电压降低或电压消失时,将严重影响直流系统的正常工作。因此,宜采用有电容储能的硅整流电源。在供电系统正常运行时,通过硅整流器供给直流操作电源;通过电容器储能,在交流供电系统电压降低或电压消失时,由储能电容器对继电器和跳闸回路放电,使其正常动作。

图7.1是一种硅整流电容储能式直流操作电源系统接线图。

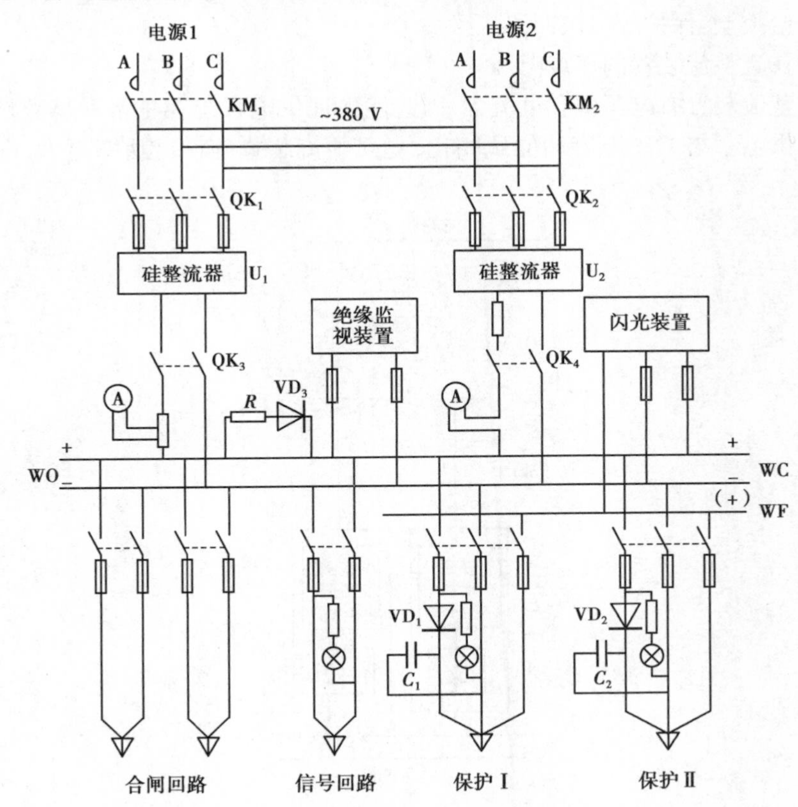

图7.1　硅整流电容储能式直流操作电源系统接线

C_1、C_2—储能电容器；WC—控制小母线；WF—闪光信号小母线；WO—合闸小母线

为了保证直流操作电源的可靠性，采用两个交流电源和两台硅整流器。硅整流器 U_1 主要用作断路器合闸电源，并向控制、信号和保护回路供电。硅整流器 U_2 的容量较小，仅向控制、信号和保护回路供电。

逆止元件 VD_1 和 VD_2 的主要功能：一是当直流电源电压因交流供电系统电压降低而降低时，使储能电容 C_1、C_2 所储能量仅用于补偿自身所在的保护回路，而不向其他元件放电；二是限制 C_1、C_2 向各断路器控制回路中的信号灯和重合闸继电器等放电，以保证其所供电的继电保护和跳闸线圈可靠动作。逆止元件 VD_3 和限流电阻 R 接在两组直流母线之间，使直流合闸母线只向控制小母线WC供电，防止断路器合闸时硅整流器 U_2 向合闸母线供电。

限流电阻 R 用来限制控制回路短路时通过 VD_3 的电流，以免 VD_3 烧毁。

储能电容器 C_1 用于对高压线路的继电保护和跳闸回路供电，而储能电容器 C_2 用于对其他元件的继电保护和跳闸回路供电。储能电容器多采用容量大的电解电容器，其容量应能保证继电保护和跳闸回路可靠地动作。

2）复式整流的直流操作电源

复式整流器是指提供直流操作电压的整流器电源有两个：

①电压源——由所用变压器或电压互感器供电，经铁磁谐振稳压器（当稳压要求较高时装设）和硅整流器供电给控制、保护等二次回路。

②电流源——由电流互感器供电,同样经铁磁谐振稳压器(也是稳压要求较高时装设)和硅整流器供电给控制、保护等二次回路。

图7.2是复式整流装置的接线图。

由于复式整流装置有电压源和电流源,因此能保证供电系统在正常和事故情况下直流系统均能可靠地供电。与上述电容储能式相比,复式整流装置的输出功率更大,电压的稳定性更好。

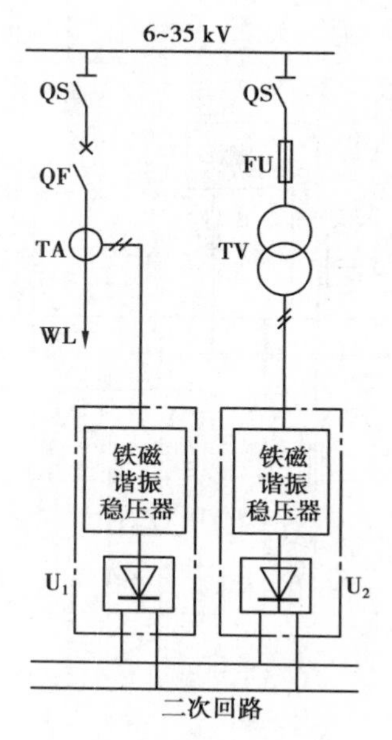

图7.2　复式整流装置的接线示意图
TA—电流互感器;TV—电压互感器;
U_1、U_2—硅整流器

7.1.3　交流操作电源

对采用交流操作的断路器,应采用交流操作电源。相应地,所有保护继电器、控制设备、信号装置及其他二次元件均应采用交流形式。

交流操作电源可分电流源和电压源两种。电流源取自电流互感器,主要供电给继电保护和跳闸回路。电压源取自变配电所的所用变压器或电压互感器,通常所用变压器作为正常工作电源,而电压互感器因其容量小,只作为保护油浸式变压器内部故障的瓦斯保护的交流操作电源。

根据高压断路器跳闸线圈的供电方式,交流操作又可分直接动作式和"去分流跳闸"式,因前面已经介绍,这里不再赘述。

采用交流操作电源,可使二次回路大大简化,投资大大减少,工作可靠,维护方便,但是它不适于比较复杂的继电保护、自动装置及其他二次回路。交流操作电源广泛用于中小型工厂变配电所中采用手动操作或弹簧储能操作及继电保护采用交流操作的场合。

7.2　高压断路器的控制和信号回路

7.2.1　概　述

高压断路器的控制回路，是指控制（操作）高压断路器分、合闸的回路。它取决于断路器操作机构的形式和操作电源的类别。电磁操作机构只能采用直流操作电源，弹簧操作机构和手动操作机构可交直流两用，不过一般采用交流操作电源。

信号回路是用来指示一次系统设备运行状态的二次回路。信号按用途分，有断路器位置信号、事故信号和预告信号等。

断路器位置信号用来显示断路器正常工作的位置状态。一般是红灯亮，表示断路器处在合闸位置；绿灯亮，表示断路器处在分闸位置。

事故信号用来显示断路器在一次系统事故情况下的工作状态。一般是红灯闪光，表示断路器自动合闸；绿灯闪光，表示断路器自动跳闸。此外，还有事故音响信号和光字牌等。

预告信号是在一次系统出现不正常工作状态时或在故障初期发出的报警信号。例如变压器过负荷或者轻瓦斯动作时，就发出区别于上述事故音响信号的另一种预告音响信号，同时光字牌亮，指示出故障的性质和地点，值班员可根据预告信号及时处理。

对断路器的控制和信号回路有下列主要要求：

①应能监视控制回路的保护装置（如熔断器）及其分、合闸回路的完好性，以保证断路器正常工作，通常采用灯光监视的方式。

②合闸或分闸完成后，应能使命令脉冲解除，即能切断合闸或分闸的电源。

③应能指示断路器正常合闸和分闸的位置状态，并在自动合闸和自动跳闸时有明显的指示信号。如前所述，通常用红、绿灯的平光来指示断路器的正常合闸和分闸的位置状态，而用红、绿灯的闪光来指示断路器的自动合闸和跳闸。

④断路器的事故跳闸信号回路应按"不对应原理"接线。当断路器采用手动操作机构时，利用操作机构的辅助触点与断路器的辅助触点构成"不对应"关系，即操作机构手柄在合闸位置而断路器已经跳闸时，发出事故跳闸信号。当断路器采用电磁操作机构或弹簧操作机构时，则利用控制开关的触点与断路器的辅助触点构成"不对应"关系，即控制开关手柄在合闸位置而断路器已经跳闸时，发出事故跳闸信号。

⑤对有可能出现不正常工作状态或故障的设备，应装设预告信号。预告信号应能使控制室或值班室的中央信号装置发出音响或灯光信号，并能指示故障地点和性质。通常预告音响信号用电铃，而事故音响信号用电笛，两者有所区别。

7.2.2　采用手动操作的断路器控制和信号回路

图7.3是手动操作的断路器控制和信号回路的原理图。

合闸时，推上操作机构手柄使断路器合闸。这时断路器的辅助触点QF3-4闭合，红灯RD亮，指示断路器QF已经合闸。由于有限流电阻R，跳闸线圈YR虽有电流通过，但电流很小，不会动作。红灯RD亮，还表示跳闸线圈YR回路及控制回路的熔断器FU_1、FU_2是完好的，即

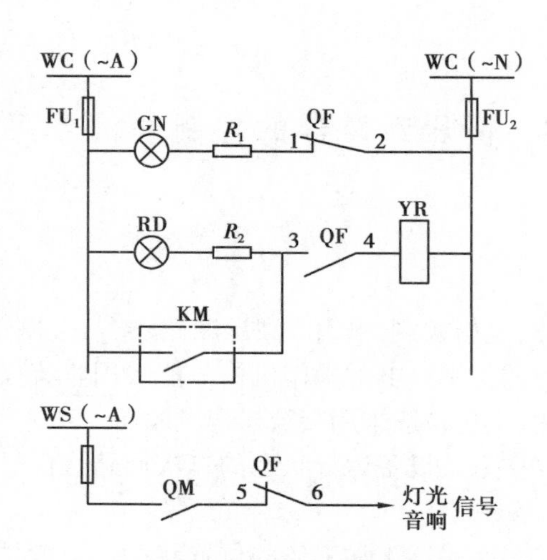

图 7.3　手动操作的断路器控制和信号回路

WC—控制小母线；WS—信号小母线；GN—绿色指示灯；RD—红色指示灯；

R—限流电阻；YR—跳闸线圈（脱扣器）；KM—继电保护出口继电器触点；

QF1～6—断路器 QF 的辅助触点；QM—手动操作机构辅助触点

红灯 RD 同时起着监视跳闸回路完好性的作用。

分闸时，扳下操作机构手柄使断路器分闸。这时断路器的辅助触点 QF3-4 断开，切断跳闸回路，同时辅助触点 QF1-2 闭合，绿灯 GN 亮，指示断路器 QF 已经分闸。绿灯 GN 亮，还表示控制回路的熔断器 FU_1、FU_2 是完好的，即绿灯 GN 同时起着监视控制回路完好性的作用。

在正常操作断路器分、合闸时，由于操作机构辅助触点 QM 与断路器的辅助触点 QF5-6 是同时切换的，总是一开一合，所以事故信号回路总是不通的，因而不会错误地发出事故信号。

当一次电路发生短路故障时，继电保护装置动作，其出口继电器 KM 的触点闭合，接通跳闸线圈 YR 的回路（触点 QF3-4 原已闭合），使断路器 QF 跳闸。随后触点 QF3-4 断开，使红灯 RD 灭，并切断 YR 的跳闸电源。与此同时，触点 QF1-2 闭合，使绿灯 GN 亮。这时操作机构的操作手柄虽然仍在合闸位置，但其黄色指示牌掉下，表示断路器已自动跳闸。同时事故信号回路接通，发出音响和灯光信号。这事故信号回路正是按"不对应原理"来接线的：由于操作机构仍在合闸位置，其辅助触点 QM 闭合，而断路器因已跳闸，其辅助触点 QF5-6 也返回闭合，因此事故信号回路接通。当值班员得知事故跳闸信号后，可将操作手柄扳下至分闸位置，这时黄色指示牌随之返回，事故信号也随之解除。

控制回路中分别与指示灯 GN 和 RD 串联的电阻 R_1 和 R_2，主要用来防止指示灯的灯座短路造成控制回路短路或断路器误跳闸。

7.2.3　采用电磁操作机构的断路器控制和信号回路

图 7.4 是采用电磁操作机构的断路器控制和信号回路原理图。其操作电源采用图 7.1 所示的硅整流电容储能的直流系统。控制开关采用双向自复式并具有保持触点的 LW5 型万能转换开关，其手柄正常为垂直位置（0°）。顺时针扳转 45°，为合闸（ON）操作，手松开即自动返回（复位），保持合闸状态。反时针扳转 45°，为分闸（OFF）操作，手松开也自动返回，保持分闸状态。图中虚线上打黑点（·）的触点，表示在此位置时触点接通；而虚线上标出的箭头（→），表示控制开关 SA 手柄自动返回的方向。

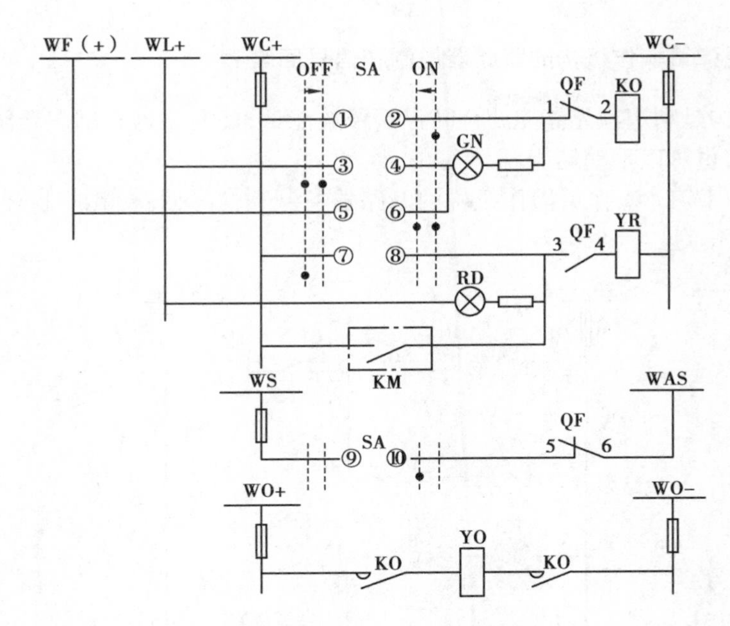

图7.4 采用电磁操作机构的断路器控制和信号回路

WC—控制小母线;WL—灯光信号小母线;WF—闪光信号小母线;WS—信号小母线;
WAS—事故音响信号小母线;WO—合闸小母线;SA—控制开关;KO—合闸接触器;YO—电磁合闸线圈;
YR—跳闸线圈;KM—继电保护出口继电器触点;QF1~6—断路器QF的辅助触点;GN—绿色指示灯;
RD—红色指示灯;ON—合闸方向;OFF—分闸方向

合闸时,将控制开关SA手柄顺时针扳转45°,这时其触点SA1-2接通,合闸接触器KO通电(回路中触点QF1-2原已闭合),其主触点闭合,使电磁合闸线圈YO通电,断路器QF合闸。断路器合闸完成后,SA自动返回,其触点SA1-2断开,QF1-2也断开,切断合闸回路;同时QF3-4闭合,红灯RD亮,指示断路器已经合闸,并监视着跳闸线圈YR回路的完好性。

分闸时,将控制开关SA手柄逆时针扳转45°,这时其触点SA7-8接通,跳闸线圈YR通电(回路中触点QF3-4原已闭合),使断路器QF分闸。断路器分闸后,SA自动返回,其触点SA7-8断开,QF3-4也断开,切断跳闸回路;同时SA3-4闭合,QF1-2也闭合,绿灯GN亮,指示断路器已经分闸,并监视着合闸接触器KO回路的完好性。

由于红绿指示灯兼起监视分、合闸回路完好性的作用,长时间运行,因此耗电较多。为了减少操作电源中储能电容器能量的过多消耗,另设灯光指示小母线WL(+),专门用来接入红绿指示灯,储能电容器的能量只用来供电给控制小母线WC。

当一次电路发生短路故障时,继电保护动作,其出口继电器触点KM闭合,接通跳闸线圈YR回路(回路中触点QF3-4原已闭合),使断路器QF跳闸。随后QF3-4断开,使红灯RD灭,并切断跳闸回路,同时QF1-2闭合,而SA在合闸位置,其触点是闭合的,从而接通闪光电源WF(+),使绿灯闪光,表示断路器QF自动跳闸。由于QF自动跳闸,SA在合闸位置,其触点SA9-10闭合,而QF已经分闸,其触点QF5-6也闭合,因此事故音响信号回路接通,又发出音响信号。当值班员得知事故跳闸信号后,可将控制开关SA的操作手柄扳向分闸位置(逆时针扳转45°后松开),使SA的触点与QF的辅助触点恢复对应关系,全部事故信号立即解除。

7.2.4 采用弹簧操作机构的断路器控制和信号回路

弹簧操作机构是利用预先储能的合闸弹簧释放能量,使断路器合闸。合闸弹簧由交直流两用电动机带动,也可以手动储能。

图 7.5 是采用 CT7 型弹簧操作机构的断路器控制和信号回路,其控制开关采用 LW2 或 LW5 型万能转换开关。

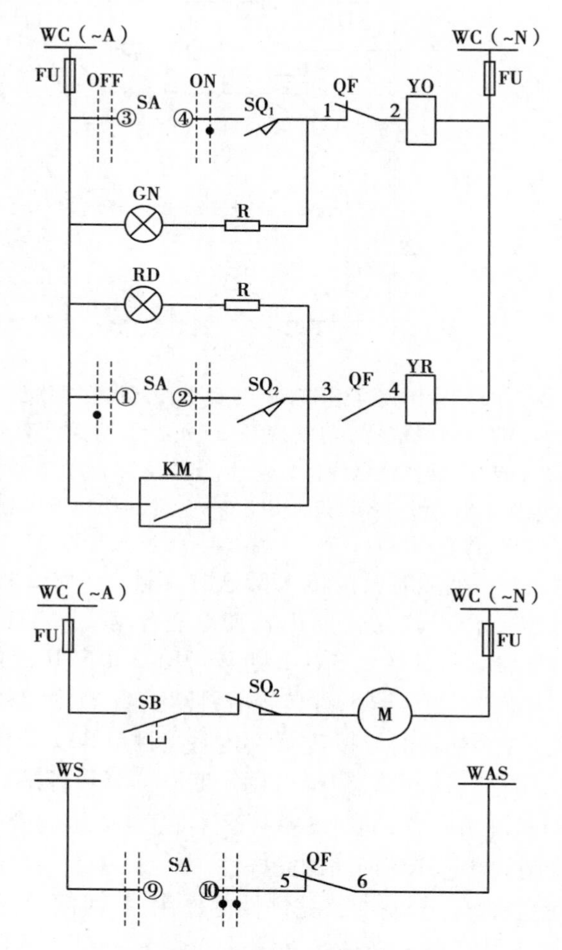

图 7.5 采用弹簧操作机构的断路器控制和信号回路

WC—控制小母线;WS—信号小母线;WAS—事故音响信号小母线;SA—控制开关;SB—按钮;SQ—储能位置开关;YO—电磁合闸线圈;YR—跳闸线圈;QF1 ~ 6—断路器辅助触点;M—储能电动机;GN—绿色指示灯;RD—红色指示灯;KM—继电保护出口继电器触点

合闸前,先按下按钮 SB,使储能电动机 M 通电(位置开关 SQ_2 原已闭合),从而使合闸弹簧储能。储能完成后,SQ_2 自动断开,切断 M 的回路,同时位置开关 SQ_1 闭合,为合闸做好准备。

合闸时,将控制开关 SA 手柄扳向合闸(ON)位置,其触点 SA3-4 接通,合闸线圈 YO 通电,使弹簧释放,通过传动机构使断路器 QF 合闸。合闸后,其辅助触点 QF1-2 断开,绿灯 GN 灭,并切断合闸电源;同时 QF3-4 闭合,红灯 RD 亮,指示断路器在合闸位置,并监视跳闸回路的完好性。

分闸时，将控制开关SA手柄扳向分闸（OFF）位置，其触点SA1-2接通，跳闸线圈YR通电（回路中触点QF3-4原已闭合），使断路器QF分闸。分闸后，其辅助触点QF3-4断开，红灯RD灭，并切断分闸电源；同时QF1-2闭合，绿灯GN亮，指示断路器在分闸位置，并监视回路的完好性。

当一次电路发生短路故障时，保护装置动作，其出口继电器KM触点闭合，接通跳闸线圈YR回路（回路中触点QF3-4原已闭合），使断路器QF跳闸。随后QF3-4断开，红灯RD灭，并切断跳闸回路；由于断路器是自动跳闸，SA手柄仍在合闸位置，其触点SA9-10闭合，而断路器QF已经跳闸，QF5-6闭合，因此事故音响信号回路接通，发出事故跳闸音响信号。值班员得知此信号后，可将控制开关SA手柄扳向分闸（OFF）位置，使SA触点与QF的辅助触点恢复对应关系，从而使事故跳闸信号解除。

储能电动机M由按钮SB控制，从而保证断路器合在发生短路故障的一次电路上时，断路器自动跳闸后不可能误重合闸，因而不需另设电气“防跳”装置。

7.3　变配电所的中央信号装置

(1)中央事故信号装置

中央事故信号装置装设在变配电所值班室或控制室内，其要求是：在任一断路器事故跳闸时，均能瞬时发出音响信号，并在控制屏上或配电装置上，有表示事故跳闸的具体断路器位置的灯光指示信号。事故音响信号通常采用电笛（蜂鸣器），并能手动或自动返回（复归）。

中央事故信号装置按操作电源分，有直流操作的和交流操作的两类；按事故音响信号的动作特征分，有不能重复动作的和能重复动作的两种。

图7.6是不能重复动作的中央复归式事故音响信号装置回路图。这种信号装置适于高压出线较少的中小型工厂变配电所，其触点图表见表7.1所示。

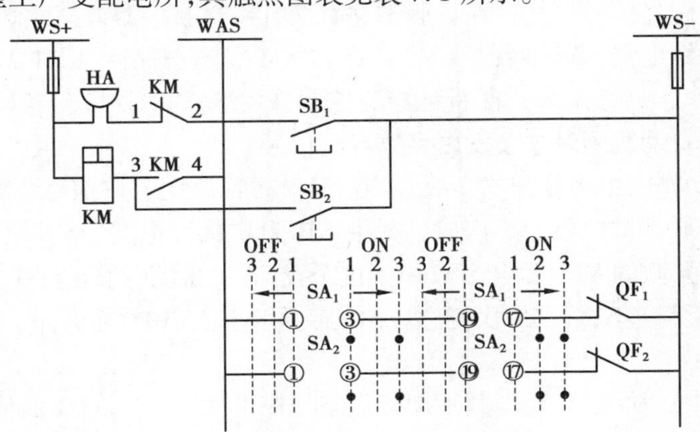

图7.6　不能重复动作的中央复归式事故音响信号回路

WS—信号小母线；WAS—事故音响信号小母线；SA—控制开关；

SB_1—试验按钮；SB_2－音响解除按钮；KM—继电器；HA—电笛

SA的触点位置：1—预备分、合闸；2—分、合闸；3—分、合闸后；箭头“→”指操作顺序

表 7.1　LW2-z-1a·4·6a·40·20·20/F8 型控制开关触点图表

手柄和触点盒形式		F-8	1a		4		6a		
触点号			1-3	2-4	5-8	6-7	9-10	9-12	10-11
位置	分闸后	←		×					×
	预备合闸	↑	×				×		
	合闸	↗			×			×	
	合闸后	↑	×				×	×	
	预备分闸	←		×					×
	分闸	↙				×			×

手柄和触点盒形式		40			20			20		
触点号		13-14	14-15	13-16	17-19	17-18	18-20	21-23	21-22	22-24
位置	分闸后		×				×			×
	预备合闸	×				×			×	
	合闸			×	×			×		
	合闸后			×	×	×		×	×	
	预备分闸	×								
	分闸		×				×			×

当任一台断路器自动跳闸后,断路器的辅助触点即接通事故音响信号。在值班员得知事故信号后,可按下按钮 SB_2,即可解除事故音响信号。但控制屏上断路器的闪光信号却继续保留着。图中 SB_1 为音响信号的试验按钮。

这种信号装置不能重复动作,即第一台断路器自动跳闸后,值班员虽然已经解除事故音响信号,但控制屏上的闪光信号依然存在。假设这时又有一台断路器自动跳闸,事故音响信号将不会动作,因为中间继电器 KM 的触点 KM3-4 已将 KM 线圈自保持,KM1-2 是断开的,所以音响信号不会重复动作。只有在第一台断路器的控制开关 SA_1 的手柄扳至对应的“跳闸后”位置时,另一台断路器自动跳闸时才会发出事故音响信号。

图 7.7 是重复动作的中央复归式事故音响信号装置回路图。该信号装置采用 ZC-23 型冲击继电器(又称信号脉冲继电器)KI 构成。其中 KR 为干簧继电器,是其执行元件。TA 为脉冲变流器,其一次侧并联的 VD_1 和电容 C 用于抗干扰;其二次侧并联的 VD_2 起单向旁路作用。当 TA 的一次电流突然减小时,其二次侧感应出的反向电流经 VD_2 而旁路,不让它流过干簧继电器 KR 的线圈。

当某断路器 QF_1 自动跳闸时,因其辅助触点与控制开关 SA_1 不对应而使事故音响信号小母线 WAS 与信号小母线 WS(-)接通,从而使脉冲变流器 TA 的一次电流突增,其二次侧感应电动势使干簧继电器 KR 动作。KR 的常开触点闭合,使中间继电器 KM_1 动作,其常开触点 KM_1 1-2 闭合,使 KM_1 自保持;其 KM_1 3-4 闭合,使电笛 HA 发出音响信号;其常开触点 KM_1 5-6 闭合,启动时间继电器 KT。KT 经过整定的时间后,其触点闭合,接通中间继电器 KM_2。KM_2

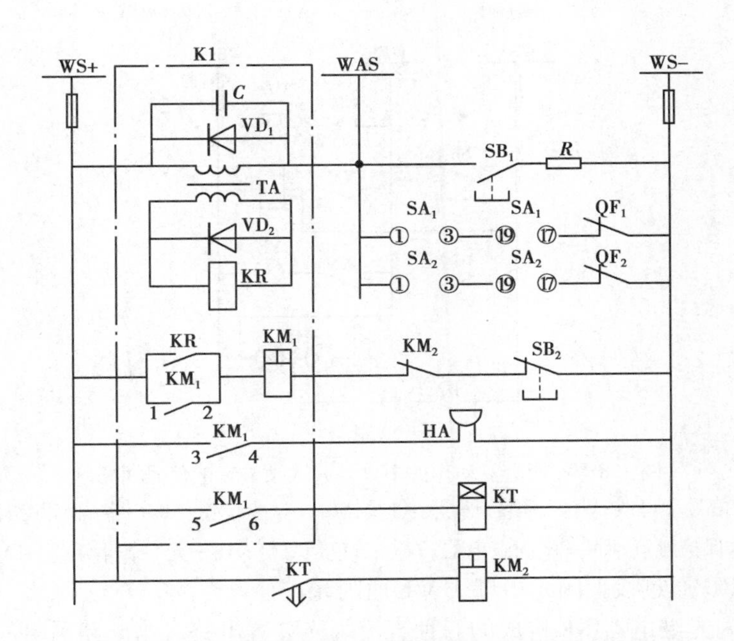

图7.7　重复动作的中央复归式事故音响信号回路
W—信号小母线;WAS—事故音响信号小母线;
SA—控制开关;SB_1—试验按钮;SB_2—音响解除按钮;
KI—冲击继电器;KR—干簧继电器;KM—中间继电器;
KT—时间继电器;TA—脉冲变流器

的常闭触点断开,使中间继电器 KM_1 断电返回,其常开触点 KM_1 3-4 断开,从而解除电笛 HA 的音响信号。当另一台断路器 QF_2 又自动跳闸时,同样会使 HA 又发出事故音响信号。因此这种装置为“重复动作”的音响信号装置。

(2)中央预告信号装置

中央预告信号装置也装设在变配电所值班室或控制室内,其要求是:当供电系统中发生故障和不正常工作状态但不需立即跳闸时,应及时发出音响信号,并有显示故障性质和地点的指示信号(灯光或光字牌指示)。预告音响信号通常采用电铃,并能手动或自动返回(复归)。

中央预告信号装置也有直流操作的和交流操作的两种,同样也有不能重复动作的和能重复动作的两种。图7.8是不能重复动作的中央复归式预告音响信号装置回路图。

当供电系统中发生不正常工作状态时,继电保护动作,其触点 KA 闭合,使预告音响信号(电铃)HA 和光字牌 HL 同时动作。值班员得知预告信号后,可按下按钮 SB_2,使中间继电器 KM 通电动作,其触点 KM1-2 断开,解除电铃 HA 的音响信号;同时其触点 KM3-4 闭合,使 KM 线圈自保持;其触点 KM5-6 闭合,使黄色信号灯 YE 亮,提醒值班员发生了不正常工作状态,而且尚未消除。当不正常工作状态消除后,继电保护触点 KA 返回,光字牌 HL 的灯光和黄色信号灯 YE 也同时熄灭。但在头一个不正常工作状态未消除时,如果又发生另一个不正常工作状态,电铃 HA 不会再次动作。

关于能重复动作的中央复归式预告音响信号回路,其基本接线和原理与图7.7所示能重复动作的中央复归式事故音响信号回路类似,此略。

(3)闪光信号装置

闪光信号装置用于给闪光小母线 WF 提供脉动电压。当断路器事故跳闸或自动投入时,

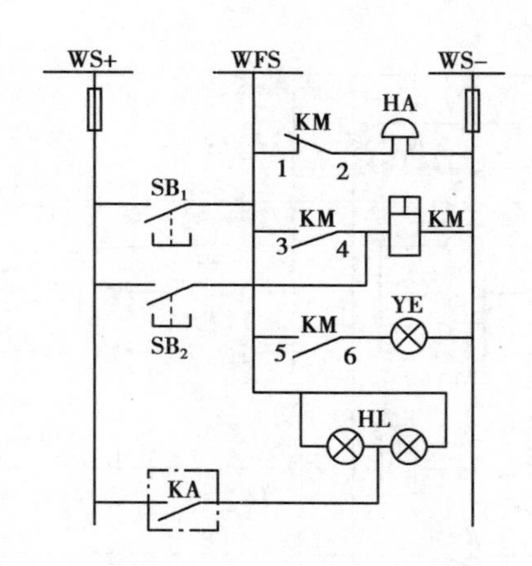

图 7.8　不能重复动作的中央复归式预告音响信号回路

WS—信号小母线；WFS—预告信号小母线；SB_1—试验按钮；SB_2—音响解除按钮；

KA—继电保护触点；KM—中间继电器；YE—黄色信号灯；HL—光字牌指示灯；HA—电铃

绿灯 GN 或红灯 RD 通过接上闪光小母线 WF 而闪光。

图 7.9 是由闪光继电器 KF 构成的一种直流闪光装置电路。当断路器事故跳闸或自动投入时，断路器的控制回路使指示灯（这里用白灯 WH）接通闪光小母线 WF，闪光继电器 KF 通电动作，同时指示灯 WH 亮。但 KF 线圈通电动作后，其常闭触点断开，使 WF 小母线的正电源消失，从而使指示灯 WH 灭。KF 线圈断电后，其常闭触点返回闭合，又使 WF 小母线获得正电源，从而又使指示灯 WH 亮……由于闪光继电器 KF 交替动作，使闪光小母线 WF 获得脉动的正电源，从而使指示灯闪光。

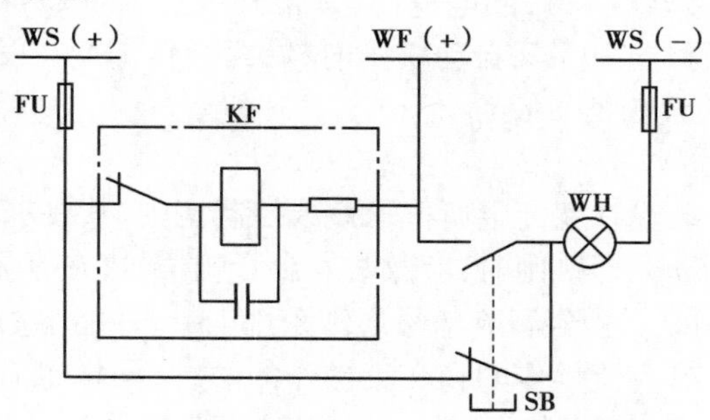

图 7.9　直流闪光装置电路

WF—闪光小母线；WS—信号小母线；KF—闪光继电器（DX-3 型，直流 220 V）；

SB—试验按钮； WH—白色指示灯

图 7.10 是由闪光继电器构成的一种交流闪光电路。与图 7.9 的闪光原理类似，只是这里的闪光继电器中加入了一个桥式整流器，使之适用于交流电。

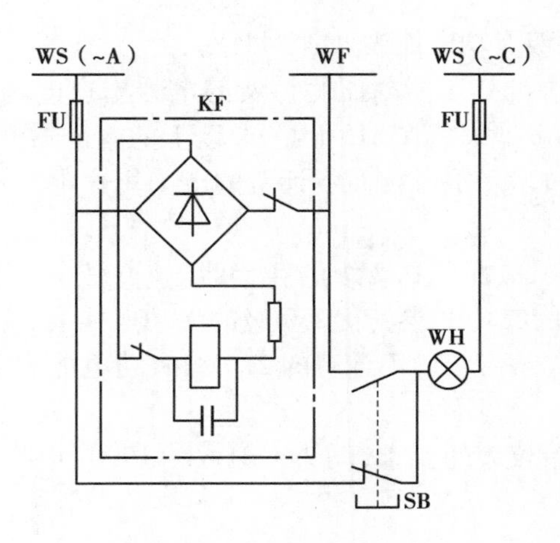

图7.10　交流闪光装置电路

KF—闪光继电器(DX-3型,交流220 V)

7.4　电测量仪表与绝缘监视装置

7.4.1　电测量仪表

电测量仪表是指对电力装置回路的运行参数作经常测量、选择测量和记录用的仪表以及作计费或技术经济分析考核管理用的计量仪表的总称。

为了监视供电系统一次设备(电力装置)的运行状态和计量一次系统消耗的电能,保证供电系统安全、可靠、优质和经济合理地运行,工厂供电系统的电力装置中必须装设一定数量的电测量仪表。

电测量仪表按其用途分为常用测量仪表和电能计量仪表两大类。

(1)对常用测量仪表的一般要求

①常测仪表应能正确地反映电力装置的运行参数,能随时监测电力装置回路的绝缘状况。

②交流回路仪表的精确度等级,除谐波测量仪表外,不应低于2.5级;直流回路仪表的精确度等级,不应低于1.5级。

③1.5级和2.5级的常测仪表,应配用不低于1.0级的互感器。

④仪表的测量范围(量限)和电流互感器变流比的选择,宜满足电力装置回路以额定值运行时,仪表的指示在标度尺的70% ~100%处。对有可能过负荷运行的电力装置回路,仪表的测量范围宜留有适当的过负荷裕度。对重载启动的电动机及运行中有可能出现短时冲击电流的电力装置回路,宜采用具有过负荷标度尺的电流表。对有可能双向运行的电力装置回路,应采用具有双向标度尺的仪表。

(2)对电能计量仪表的一般要求

①月平均用电量在1×106 kW·h及以上的电力用户电能计量点,应采用0.5级的有功电能表。月平均用电量小于1×106 kW·h、在315 kV·A及以上的变压器高压侧计费的电力用户电能计量点,应采用1.0级的有功电能表。在315 kV·A以下的变压器低压侧计费的电力用户电能计量点、75 kW及以上的电动机以及仅作为企业内部技术经济考核而不计费的线路

和电力装置,均应采用2.0级有功电能表。

②在315 kV·A及以上的变压器高压侧计费的电力用户电能计量点和并联电力电容器组,均应采用2.0级的无功电能表。在315 kV·A以下的变压器低压侧计费的电力用户电能计量点及仅作为企业内部技术经济考核而不计费的电力用户电能计量点,均应采用3.0级的无功电能表。

③0.5级的有功电能表,应配用0.2级的互感器。1.0级的有功电能表,1.0级的专用电能计量仪表,2.0级计费用的有功电能表及2.0级的无功电能表,应配用不低于0.5级的互感器。仅作为企业内部技术经济考核而不计费的2.0级有功电能表及3.0级无功电能表,宜配用不低于1.0级的互感器。

以上对常测仪表和计量仪表的要求,均为GBJ 63—1990《电力装置的电测量仪表设计规范》的规定。

(3)变配电装置中各部分仪表的配置要求

①在工厂的电源进线上或经供电部门同意的电能计量点,必须装设计费的有功电能表和无功电能表,而且应采用经供电部门认可的标准的电能计量柜。为了解负荷电流,进线上还应装设一只电流表。

②变配电所的每段母线上必须装设电压表测量电压。在中性点非直接接地的电力系统中,各段母线上还应装设绝缘监视装置。如果高压出线很少时,绝缘监视电压表可不装设,只装信号。

③35~110/6~10 kV的电力变压器,应装设电流表、有功功率表、无功功率表、有功电能表、无功电能表各一只,装在哪一侧视具体情况而定。6~10/3~10 kV的电力变压器,在其一侧装设电流表、有功和无功电能表各一只。6~10/0.4 kV的电力变压器,在高压侧装设电流表和有功电能表各一只;如为单独经济核算单位的变压器,还应装设一只无功电能表。

④3~10 kV的配电线路,应装设电流表、有功和无功电能表各一只。如果不是送往单独经济核算单位时,可不装设无功电能表。当线路负荷在5 000 kV·A及以上时,可再装设一只有功功率表。

⑤380 V的电源进线或变压器低压侧,各相应装一只电流表。如果变压器高压侧未装电能表时,低压侧还应装设有功电能表一只。

⑥低压动力线路上应装设一只电流表。低压照明线路及三相负荷不平衡率大于15%的线路上,应装设三只电流表分别测量三相电流。如需计量电能,一般应装设一只三相四线有功电能表。对负荷平衡的三相动力线路,可只装设一只单相有功电能表,实际电能按其计量的3倍计。

⑦并联电容器组的总回路上应装设三只电流表,分别测量三相电流,并应装设一只无功电能表。

7.4.2 绝缘监视装置

绝缘监视装置用于非直接接地的电力系统中,以便及时发现单相接地故障,设法处理,以免故障发展为两相接地短路,造成停电事故。

对6~35 kV系统的绝缘监视装置,可采用三个单相双绕组的电压互感器和三只电压表,接成如图4.55(c)的接线,也可采用三个单相三绕组电压互感器或一个三相五芯柱三绕组电压互感器,接成如图4.55(d)的接线。接成Y0的二次绕组,其中三只电压表均接各相的相电压。当一次电路某一相发生接地故障时,电压互感器二次侧的对应相的电压表读数指零,其他两相的电压表读数则升高到线电压。由指零电压表的所在相即可得知该相发生了单相接地故障。但是这种绝缘监视装置不能判明具体是哪一条线路发生了故障,所以它是无选择性的,只适于出线不多的系统及作为有选择性的单相接地保护的一种辅助指示装置。图4.55(d)中电压互感器接成开口三角(△)的辅助二次绕组,构成零序电压过滤器,供电给一个过电压继电器。在系统正常运行时,开口三角(△)的开口处电压接近于零,继电器不动作。当一次电路发生单相接地故障时,将在开口三角(△)的开口处出现近100 V的零序电压,使电压继电器动作,发出报警的灯光信号和音响信号。

必须注意:三相三芯柱的电压互感器不能用作绝缘监视装置。因为在一次电路发生单相接地时,电压互感器各相的一次绕组均将出现零序电压(其值等于相电压),从而在互感器铁芯内产生零序磁通。如果互感器是三相三芯柱的,由于三相零序磁通是同相的,不可能在铁芯内闭合,只能经附近气隙或铁壳闭合,如图7.11(a)所示。因此这些零序磁通不可能与互感器的二次绕组及辅助二次绕组交链,也就不能在二次绕组和辅助二次绕组内感应出零序电压,故它无法反映一次电路的单相接地故障。如果互感器采用如图7.11(b)所示的三相五芯柱铁芯,则零序磁通可经两个边芯柱闭合,这样零序磁通就能与二次绕组和辅助二次绕组交链,并在其中感应出零序电压,从而可实现绝缘监视功能。

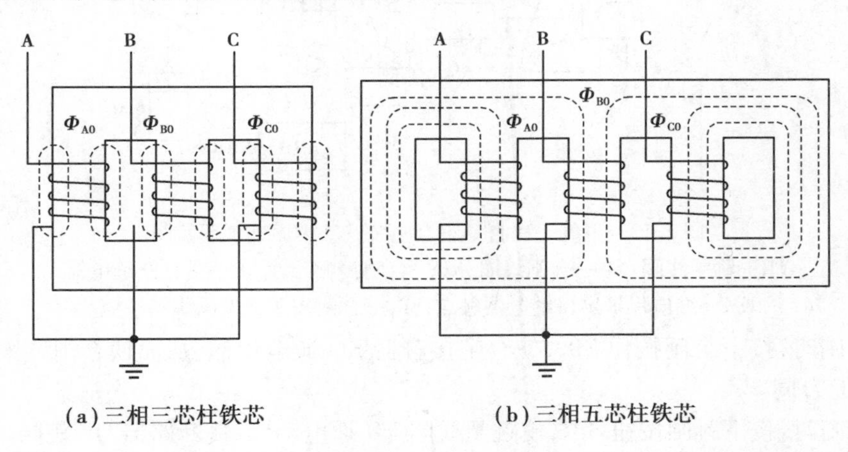

图7.11　电压互感器中的零序磁通分布(只画出互感器的一次绕组)

7.5　自动重合闸与备用电源自动投入装置

7.5.1　自动重合闸装置

(1)概述

运行经验表明,电力系统中的不少故障特别是架空线路上的短路故障大多是暂时性的,这些故障在断路器跳闸后,多数能很快自行消除。例如雷击闪络或鸟兽造成的线路短路故障,往往在雷闪过后或鸟兽烧死以后,线路大多能恢复正常运行。因此,如果采用自动重合闸装置(简称ARD),使断路器自动重合闸,迅速恢复供电,从而大大提高供电可靠性,避免因停电而给国民经济带来重大损失。

一端供电线路的三相 ARD,按其不同特性有各种不同的分类方法。按自动重合闸的方法分,有机械式 ARD 和电气式 ARD;按组合元件分,有机电型、晶体管型和微机型;按重合次数分,有一次重合式、二次重合式和三次重合式等。

机械式 ARD 适于采用弹簧操作机构的断路器,可在具有交流操作电源或虽有直流跳闸电源但没有直流合闸电源的变配电所中使用。电气式 ARD 适于采用电磁操作机构的断路器,可在具有直流操作电源的变配电所中使用。

工厂供电系统中采用的 ARD,一般都是一次重合式,因为一次重合式 ARD 比较简单经济,而且基本上能满足供电可靠性的要求。运行经验证明:ARD 的重合成功率随着重合次数的增加而显著降低。对架空线路来说,一次重合成功率可达 60% ~90%,而二次重合成功率只有 15% 左右,三次重合成功率仅 3% 左右。因此工厂供电系统中一般只采用一次 ARD。

(2)电气一次自动重合闸装置的基本原理

图 7.12 是说明电气一次自动重合闸装置基本原理的简图。

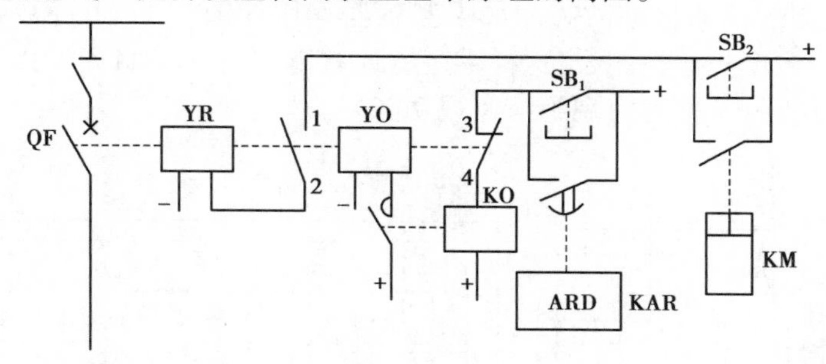

图 7.12　电气一次自动重合闸装置基本原理说明简图

YR—跳闸线圈;YO—合闸线圈;KO—合闸接触器;KAR—重合闸继电器

KM—继电保护出口继电器触点;SB_1—合闸按钮;SB_2—跳闸按钮

手动合闸时,按下合闸按钮 SB_1,使合闸接触器 KO 通电动作,从而使合闸线圈 YO 动作,使断路器 QF 合闸。

手动跳闸时,按下跳闸按钮 SB_2,使跳闸线圈 YR 通电动作,使断路器 QF 跳闸。

当一次电路发生短路故障时,继电保护装置动作,其出口继电器触点 KM 闭合,接通跳闸线圈 YR 回路,使断路器 QF 自动跳闸。与此同时,断路器辅助触点 QF3-4 闭合,而且重合闸继电器 KAR 启动,经整定的时间后,其延时闭合的常开触点闭合,使合闸接触器 KO 通电动作,从而使断路器 QF 重合闸。如果一次电路上的故障是瞬时性的,已经消除,则可重合成功。如果短路故障尚未消除,则保护装置又要动作,KM 的触点又使断路器 QF 再次跳闸。由于一次 ARD 采取了“防跳”措施(防止多次反复跳、合闸,图 7.12 中未表示),因此不会再次重合闸。

(3)电气一次自动重合闸装置示例

图 7.13 是采用 DH-2 型重合闸继电器的电气一次自动重合闸装置(ARD)展开式电路图(图中仅绘出 ARD 有关的部分)。该电路的控制开关 SA_1 采用表 7.1 所示的 LW_2 型万能转换开关,其合闸(ON)和分闸(OFF)操作各有三个位置:预备分、合闸,正在分、合闸,分、合闸后。SA_1 两侧的箭头“→”指向就是这种操作程序。选择开关 SA_2 采用 LW2-1 · 1/F4 · X 型,只有合闸(ON)和分闸(OFF)两个位置,用来投入和解除 ARD。

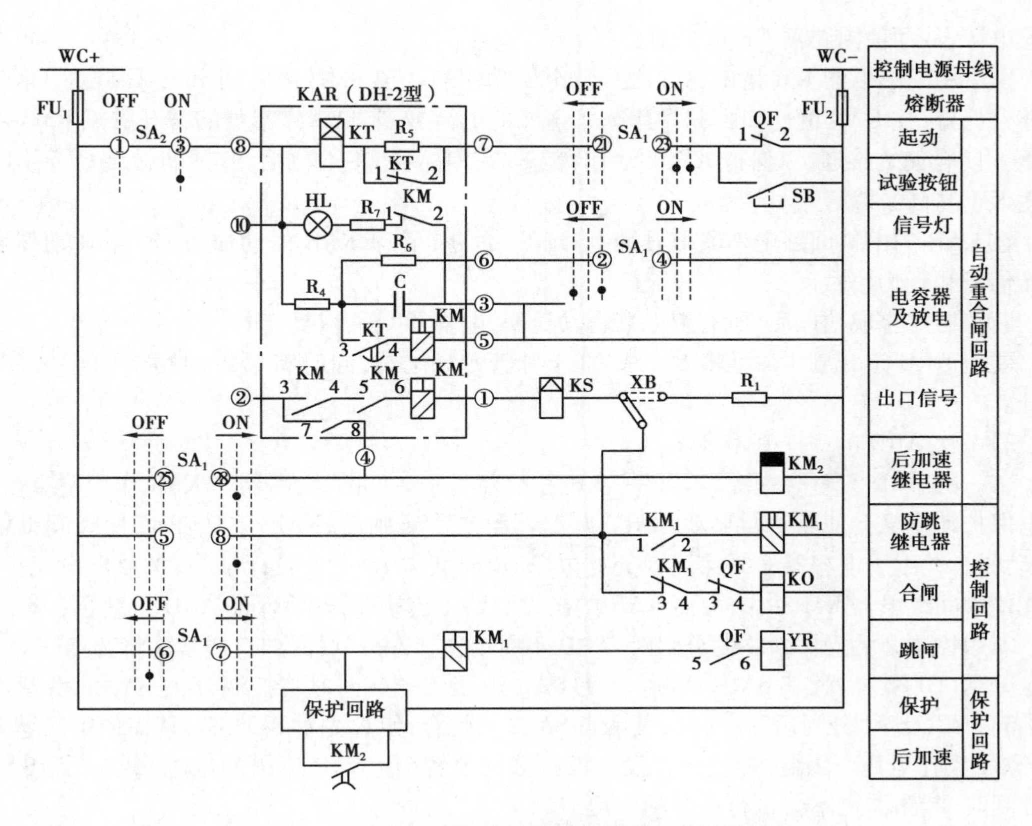

图7.13　电气一次自动重合闸装置(ARD)展开图

WC—控制小母线；SA_1—控制开关；SA_2—选择开关

KAR—DH—2型重合闸继电器(内含KT—时间继电器、KM—中间继电器、HL—指示灯及电阻R、电容器C等)；

KM_1—防跳继电器(DZB—115型中间继电器)；KM_2—后加速继电器(DZS—145型中间继电器)；

KS—DX—11型信号继电器；KO—合闸接触器；R—跳闸线圈；XB—连接片；QF—断路器辅助触点

1)ARD的工作原理

线路正常运行时，控制开关 SA_1 和选择开关 SA_2 都扳到合闸(ON)位置，ARD投入工作。这时，重合闸继电器KAR中的电容器C经 R_4 充电，同时指示灯HL亮，表示控制小母线WC的电压正常，C处于充电状态。

当一次电路发生短路故障而使断路器QF自动跳闸时，断路器辅助触点QF1-2闭合，而控制开关 SA_1 仍处在合闸位置，从而接通KAR的启动回路，使KAR中的时间继电器KT经它本身的常闭触点KT1-2而动作。KT动作后，其常闭触点KT1-2断开，串入电阻 R_5，使KT保持动作状态。串入 R_5 的目的，是限制通过KT线圈的电流防止线圈过热烧毁，因为KT线圈不是按长期接上额定电压设计的。

时间继电器KT动作后，经一定延时，其延时闭合的常开触点KT3-4闭合。这时电容器C对KAR中的中间继电器KM的电压线圈放电，使KM动作。

中间继电器KM动作后，其常闭触点KM1-2断开，使指示灯HL熄灭，这表示KAR已经动作，其出口回路已经接通。合闸接触器KO由控制小母线WC经 SA_2、KAR中的KM3-4、KM5-6两对触点及KM的电流线圈、KS线圈、连接片XB、触点 KM_1 3-4和断路器辅助触点QF3-4而获得电源,从而使断路器 QF 重合闸。

由于中间继电器 KM 是由电容器 C 放电而动作的,但 C 的放电时间不长,因此为了使 KM 能够自保持,在 KAR 的出口回路中串入了 KM 的电流线圈,借 KM 本身的常开触点 KM3-4 和 KM5-6 闭合使之接通,以保持 KM 的动作状态。在断路器 QF 合闸后,其辅助触点 QF3-4 断开而使 KM 的自保持解除。

在 KAR 的出口回路中串联信号继电器 KS,是为了记录 KAR 的动作,并为 KAR 动作发出灯光信号和音响信号。

断路器重合成功以后,所有继电器自动返回,电容器 C 又恢复充电。

要使 ARD 退出工作,可将 SA_2 扳到分闸(OFF)位置,同时将出口回路中的连接片 XB 断开。

2)一次 ARD 的一些基本要求

①一次 ARD 只重合一次。如果一次电路故障是永久性的,断路器在 KAR 作用下重合后,继电保护动作又会使断路器自动跳闸。断路器第二次跳闸后,KAR 又要启动,使时间继电器 KT 动作。但由于电容器 C 还来不及充好电(充电时间需 15 ~25 s),所以 C 的放电电流很小,不能使中间继电器 KM 动作,故而 KAR 的出口回路不会接通,这就保证 ARD 只重合一次。

②用控制开关操作断路器分闸时,ARD 不应动作。在分闸操作时,通常先将选择开关 SA_2 扳至分闸(OFF)位置,其 SA_2 1-3 断开,使 KAR 退出工作。同时将控制开关 SA_1 的手柄扳到“预备分闸”及至“分闸后”位置时,其触点 SA_1 2-4 闭合,使 C 先对 R_6 放电,从而使中间继电器 KM 失去动作电源。因此,即使 SA_2 没有扳到分闸位置(使 KAR 退出的位置),在采用 SA_1 操作分闸时,断路器也不会自行重合闸。

③ARD 的“防跳”措施。当 KAR 出口回路中的中间继电器 KM 的触点被粘住时,应防止断路器多次重合于发生永久性短路故障的一次电路上。

图 7.13 所示 ARD 电路中,采用了两项“防跳”措施:

①在 KAR 的中间继电器 KM 的电流线圈回路(即其自保持回路)中串联了它自身的两对常开触点 KM3-4 和 KM5-6。这样,万一其中一对常开触点被粘住,另一对常开触点仍能正常工作,不致发生断路器“跳动”(反复跳、合闸)现象。

②考虑到万一 KM 的两对触点 KM3-4 和 KM5-6 同时被粘住时断路器仍可能“跳动”,故在断路器的跳闸线圈 YR 回路中,又串联了防跳继电器 KM_1 的电流线圈。在断路器分闸时,KM_1 的电流线圈同时通电,使 KM_1 动作。当 KM3-4 和 KM5-6 同时被粘住时,KM_1 的电压线圈经它自身的常开触点 KM_1 1-2、XB、KS 线圈、KM 电流线圈及其两对触点 KM3-4、KM5-6 而带电自保持,使 KM_1 在合闸接触器 KO 回路中的常闭触点 KM_1 3-4 也同时保持断开,使合闸接触器 KO 不致接通,从而达到“防跳”的目的。因此,这防跳继电器 KM_1 实际是一种分闸保持继电器。

采用了防跳继电器 KM_1 以后,即使用控制开关 SA_1 操作断路器合闸,如果一次电路存在着故障,继电保护使断路器跳闸后,断路器也不会再次合闸。当 SA_1 的手柄扳到“合闸”位置时,其触点 SA_1 5-8 闭合,合闸接触器 KO 通电,使断路器合闸。如果一次电路存在着故障,继电保护动作使断路器自动跳闸。在跳闸回路接通时,防跳继电器 KM_1 启动。这时即使 SA_1 手柄扳在“合闸”位置,但由于 KO 回路中 KM_1 的常闭触点 KM_1 3-4 断开,SA_1 的触点 SA_1 5-8 闭合,也不会再次接通 KO,而是接通 KM_1 的电压线圈使 KM_1 自保持,从而避免断路器再次合闸,达到"防跳"的要求。当 SA_1 回到"合闸后"位置时,其触点 SA_1 5-8 断开,使 KM_1 的自保持随之解除。

3)ARD 与继电保护装置的配合

假设线路上装有带时限的过电流保护和电流速断保护,则在线路末端发生短路时,过电流保护应该动作。过电流保护使断路器跳闸后,由于 KAR 动作,将使断路器重新合闸。如果短路故障是永久性的,则过电流保护又要动作,使断路器再次跳闸。但由于过电流保护带有时限,因而将使故障延续时间延长,危害加剧。为了减小危害、缩短故障时间,因此一般采取重合闸后加速保护装置动作的措施。

由图 7.13 可知,在 KAR 动作后,KM 的常开触点 KM7-8 闭合,使加速继电器 KM_2 动作,其延时断开的常开触点 KM_2 立即闭合。如果一次电路的短路故障是永久性的,则由于 KM_2 闭合,使保护装置启动后,不经时限元件,而只经触点 KM_2 直接接通保护装置出口元件,使断路器快速跳闸。ARD 与保护装置的这种配合方式,称为 ARD"后加速"。

由图 7.13 还可看出,控制开关 SA_1 还有一对触点 SA_1 25-28,它于 SA_1 手柄在"合闸"位置时接通。因此,当一次电路存在着故障而 SA_1 手柄在"合闸"位置时直接接通加速继电器 KM_2,也能加速故障电路的切除。

7.5.2　备用电源自动投入装置

(1)概述

在要求供电可靠性较高的工厂变配电所中,通常设有两路电源进线。在车间变电所低压侧,一般也设有与相邻车间变电所相连的低压联络线。如果在作为备用电源的线路上装设备用电源自动投入装置(auto-put-into device of reserve-source,简称 APD),则在工作电源线路突然停电时,利用失压保护装置使该线路的断路器跳闸,并在 APD 作用下使备用电源线路的断路器迅速合闸,投入备用电源,恢复供电,从而大大提高供电可靠性。

(2)备用电源自动投入的基本原理

图 7.14 是说明备用电源自动投入基本原理的电气简图。

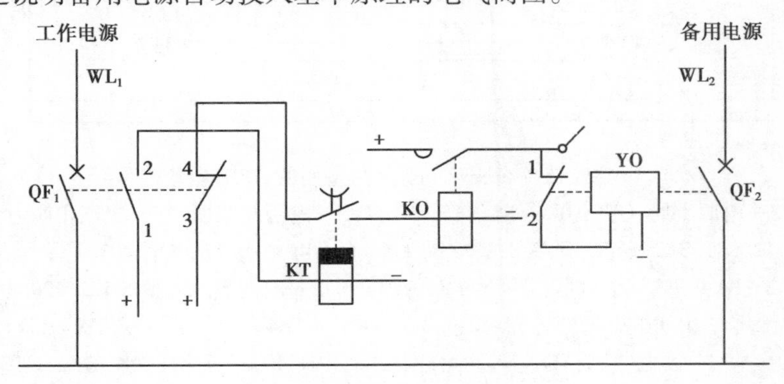

图 7.14　备用电源自动投入装置基本原理说明简图

QF_1—工作电源进线;WL_1 上的断路器;QF_2—备用电源进线;WL_2 上的断路器;

KT—时间继电器;KO—合闸接触器;YO—断路器,QF_2 的合闸线圈

假设电源进线 WL_1 在工作,WL_2 为备用,其断路器 QF_2 断开,但其两侧隔离开关(图上未

画)是闭合的。当工作电源 WL_1 断电引起失压保护动作使 QF_1 跳闸时,其常开触点 QF_1 3-4 断开,使原已通电动作的时间继电器 KT 断电,但其延时断开触点尚未及断开,这时 QF_1 的另一对常闭触点 QF_1 1-2 闭合,而使合闸接触器 KO 通电动作,使断路器 QF_2 合闸,从而使备用电源 WL_2 投入运行,恢复对变配电所的供电。备用电源 WL_2 投入后,KT 的延时断开触点断开,切断 KO 回路,同时 QF_2 的联锁触点 1-2 断开,切断 YO 回路,避免 YO 长期通电(YO 是按短时大功率设计的)。由此可见,双电源进线又配备以 APD 时,供电可靠性大大提高。但是双电源单母线不分段接线,如果母线上发生故障,整个变配电所仍要停电。因此对有重要负荷的场合,宜采用单母线分段供电的方式。

(3)高压双电源互为备用的 APD 电路示例

图 7.15 是高压双电源互为备用的 APD 电路,采用的控制开关 SA1、SA2 均为表 7.1 所示的 LW2 型万能转换开关,其触点 5-8 只在"合闸"时接通,触点 6-7 只在"分闸"时接通。断路器 QF1 和 QF2 均采用交流操作的 CT7 型弹簧操作机构。

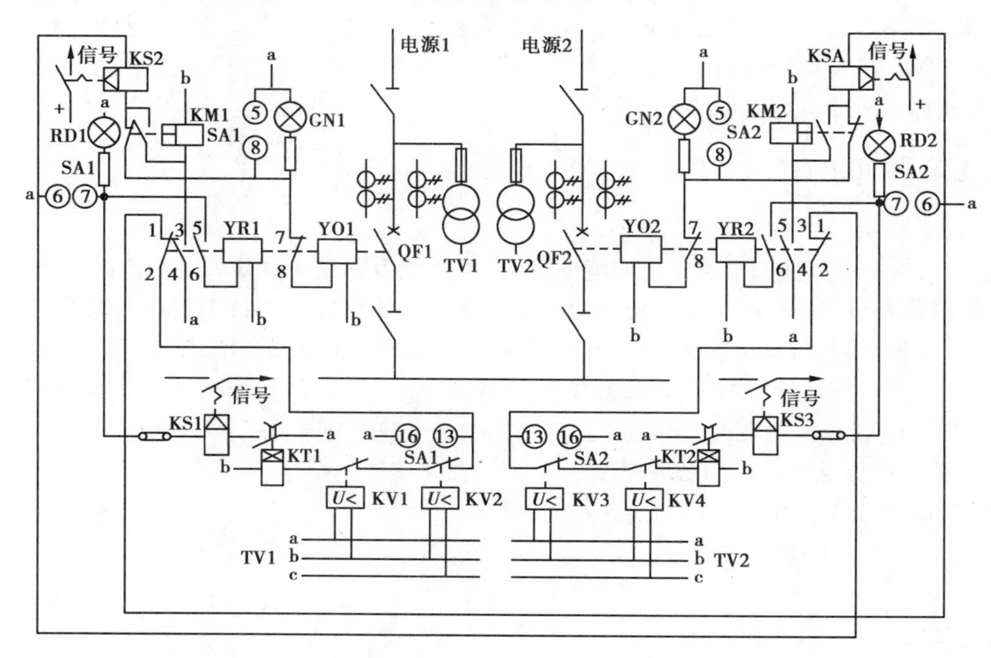

图 7.15　高压双电源互为备用的 APD 电路

WL1、WL2—电源进线;QF1、QF2—断路器;TV1、TV2—电压互感器(其二次侧相序为 a、b、c);
SA1、SA2—控制开关(LW2-Z-1a · 4 · 6a · 40 · 20/F8,参看表 7.1);
KV1 ~ KV4—电压继电器(DJ-13/60C);KT1、KT2—时间继电器(DS-122/220 V);
KM1、KM2—中间继电器(DZ-52/22、220 V);KS1 ~ KS4—信号继电器(DX - 11/1A);
YR1、YR2—跳闸线圈;YO1、YO2—合闸线圈;RD1、RD2—红灯;GN1、GN2—绿灯

假设电源 WL1 在工作,WL2 在备用,即断路器 QF1 在合闸位置,QF2 在分闸位置。这时控制开关 SA1 在"合闸后"位置,SA2 在"分闸后"位置,它们的触点 5-8 和 6-7 均断开,而触点 SA1 13-16 接通,触点 SA2 13-16 断开。指示灯 RD1(红灯)亮,GN1(绿灯)灭;RD2(红灯)灭,GN2(绿灯)亮。

当工作电源 WL1 断电时,电压继电器 KV1 和 KV2 动作,它们的触点返回闭合,接通时间继电器 KT1,其延时闭合的常开触点闭合,接通信号继电器 KS1 和跳闸线圈 YR1,使断路器 QF1 跳闸,同时给出跳闸信号,红灯 RD1 因触点 QF1 5-6 断开而熄灭,绿灯 GN1 因触点QF1 7-8 闭合而点亮。与此同时,断路器 QF2 的合闸线圈 YO2 因触点 QF1 1-2 闭合而通电,使断路器 QF2 合闸,从而使备用电源 WL2 自动投入,恢复变配电所的供电,同时红灯 RD2 亮,绿灯 GN2 灭。

反之,如果运行的备用电源 WL2 又断电时,同样地,电压继电器 KV3、KV4 将使断路器 QF2 跳闸,使 QF1 合闸,又自动投入电源 WL1。

7.6　供配电系统的二次回路接线图

7.6.1　二次回路的安装接线要求

按 GB 50171—1992《电气装置安装工程 · 盘、柜及二次回路结线施工及验收规范》规定,二次回路的安装接线应符合下列要求:

①按图施工,接线正确。

②导线与电气元件间采用螺栓连接、插接、焊接或压接等,均应牢固可靠。

③盘、柜内的导线中间不应有接头,导线芯线应无损伤。

④电缆芯线和所配导线的端部均应标明其回路编号,编号应正确,字迹清楚,且不脱色。

⑤配线应整齐、清晰、美观,导线绝缘应良好、无损伤。

⑥每个接线端子的每侧接线宜为一根,不得超过 2 根;对于插接式端子,不同截面的两根不得接在同一端子上;对于螺栓连接端子,当接两根导线时,中间应加平垫片。

⑦二次回路接地应设专用螺栓。

⑧盘、柜内的二次回路配线,电流回路应采用电压不低于 500 V 的铜芯绝缘导线,其截面不应小于 2.5 mm^2;其他回路截面不应小于 1.5 mm^2;对电子元件回路、弱电回路采用锡焊连接时,在满足载流量和电压降及有足够机械强度的情况下,可采用截面不小于 0.5 mm^2的铜芯绝缘导线。

用于连接盘、柜门上的电器及控制台板等可动部位的导线,还应符合下列要求:

①应采用多股软导线,敷设长度应有适当裕度。

②线束应有外套塑料管等加强绝缘层。

③与电器连接时,导线端部应绞紧,并应加终端附件或搪锡,不得松散、断股。

④在可动部位两端导线应用卡子固定。

引入盘、柜内的电缆及其芯线应符合下列要求:

①引入盘、柜的电缆应排列整齐,编号清晰,避免交叉,并应固定牢固,不得使所接的端子排受到机械应力。

②铠装电缆在进入盘、柜后,应将钢带切断,切断处的端部应扎紧,应将钢带接地。

③使用于静态保护、控制等逻辑回路的控制电缆,应采用屏蔽电缆。其屏蔽层应按设计要求的接地方式予以接地。

④盘、柜内的电缆芯线,应按垂直或水平有规律地配置,不得任意歪斜交叉连接。备用芯

线长度应留有适当余量。

⑤橡胶绝缘的导线应外套绝缘管保护。

⑥强电与弱电回路不能使用同一根电缆,并应分别成束分开排列。

还应注意:在油污环境,二次回路应采用耐油的绝缘导线,如塑料绝缘导线。在日光直照环境,橡胶或塑料绝缘导线均应采取保护措施,如穿金属管、蛇皮管保护。

7.6.2 二次回路接线图的绘制要求

二次回路接线图,是用来表示成套装置或设备中二次回路的各元器件之间连接关系的一种图形。必须注意,这里的接线图与通常等同于电路图的接线图含义是不同的,其用途也有区别。

二次回路的接线图主要用于二次回路的安装接线、线路检查维修和故障处理。在实际应用中,接线图通常与电路图和位置图配合使用。接线图有时也与接线表配合使用。接线表的功能与接线图相同,只是绘制形式不同。接线图和接线表一般都应表示出各个项目(指元件、器件、部件、组件和成套设备等)的相对位置、项目代号、端子号、导线号、导线类型和导线截面、根数等内容。

绘制二次回路接线图,必须遵循现行国家标准 GB/T 6988.1—2008《电气技术用文件的编制 第1部分:规则》的有关规定,其图形符号应符合《电气简图用图形符号》的有关规定,其文字符号包括项目代号应符合 GB/T 5094.3—2005 的有关规定。

7.6.3 二次回路接线图的绘制方法

(1)二次设备的表示方法

由于二次设备是从属于某一次设备或一次电路的,而一次设备或一次电路又从属于某一成套装置,因此为避免混淆,所有二次设备都必须按规定标明其项目种类代号。

项目代号是用来识别项目种类及其层次关系与位置的一种代号。一个完整的项目代号包括四个代号段,每一代号段之前还有一个前缀符号作为代号段的特征标记,如表7.2所示。例如前面图7.11所示高压线路的测量仪表电路图中,无功电能表的项目代号为PJ2。假设这一高压线路的项目代号为W3,而此线路又装在项目代号为A5的高压开关柜内,则上述无功电能表的项目代号的完整表示为"=A5+W3-PJ2"。对于该无功电能表上的第7号端子,其项目代号则应表示为"=A5+W3-PJ2:7"。不过在不致引起混淆的情况下可以简化,例如上述无功电能表第7号端子,就可表示为"-PJ2:7"或"PJ2:7"。

表7.2 项目代号的层次与符号(据 GB 5094—1985)

项目层次(段)	代号名称	前缀符号	示例
第一段	高层代号	=	=A5
第二段	位置代号	+	+W3
第三段	种类代号	-	-P12
第四段	端子代号	:	:7

(2)接线端子的表示方法

盘、柜外的导线或设备与盘、柜内的二次设备相连接时,必须经过端子排。端子排由专门的接线端子板组合而成。

接线端子板分为普通端子、连接端子、试验端子和终端端子等形式。

普通端子板用来连接由盘外引至盘内或由盘内引至盘外的导线。

连接端子板有横向连接片,可与邻近端子板相连,用来连接有分支的二次回路导线。

试验端子板用来在不断开二次回路的情况下,对仪表、继电器等进行试验。如图7.16所示两个试验端子,将工作电流表PA1与电流互感器TA的二次侧相连。当需要换下工作电流表PA1进行试验时,可用另一备用电流表PA2分别接在两试验端子的接线螺钉2和7上,如图上虚线所示。然后拧开螺钉3和8,拆下工作电流表PA1进行试验。PA1校验完毕后,再将它接入,并拆下备用电流表PA2,整个电路恢复原状运行。

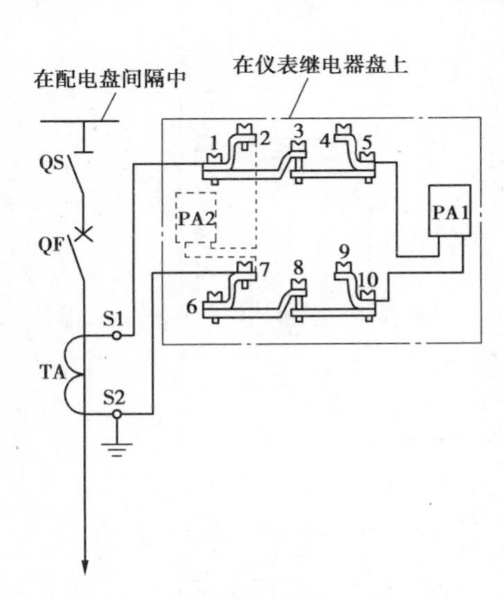

图7.16　试验端子的结构及其应用

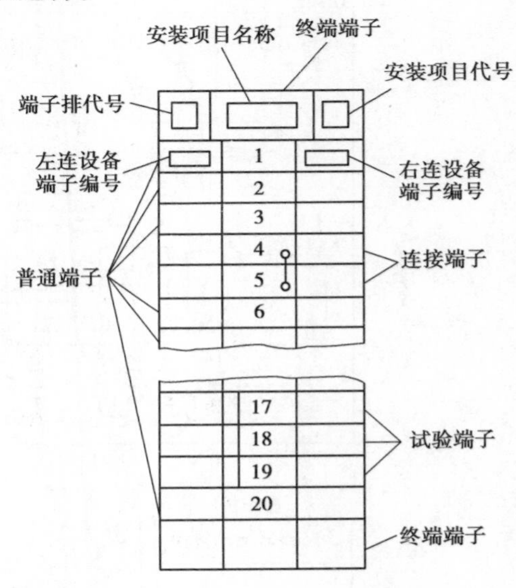

图7.17　二次回路端子排标志图例

终端端子板是用来固定或分隔不同安装项目的端子排。

在二次回路接线图中,端子排中各种形式端子板的符号标志如图7.17所示。端子排的文字符号为X,端子的前缀符号为":"。

(3)连接导线的表示方法

二次回路接线图中端子之间的连接导线有以下两种表示方法:

①连续线表示法:表示两端子之间连接导线的线条是连续的,如图7.18(a)所示。

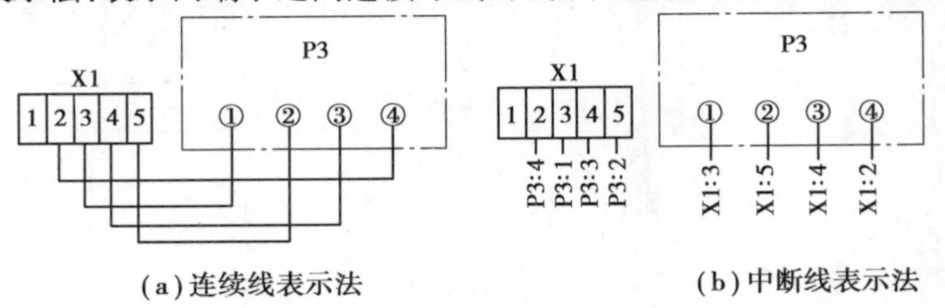

图7.18　连接导线的表示方法

②中断线表示法：表示两端子之间连接导线的线条是中断的，如图 7.18(b)所示。必须注意：在线条中断处必须标明导线的去向，即在接线端子出线处标明对面端子的代号。因此这种标号法，又称为相对标号法或对面标号法。

用连续线表示的连接导线如果全部画出，有时使整个接线图显得过于繁复，因此在不致引起误解的情况下，也可以将导线组和电缆等用加粗的线条来表示。不过现在的二次回路接线图上多采用中断线来表示连接导线，因为这使接线图显得简明清晰，对安装接线和维护检修都很方便。

图 7.19 是用中断线来表示二次回路连接导线的一条高压线路二次回路接线图。为阅读方便，另绘出该二次回路的展开式原理电路图如图 7.20 所示，供对照参考。

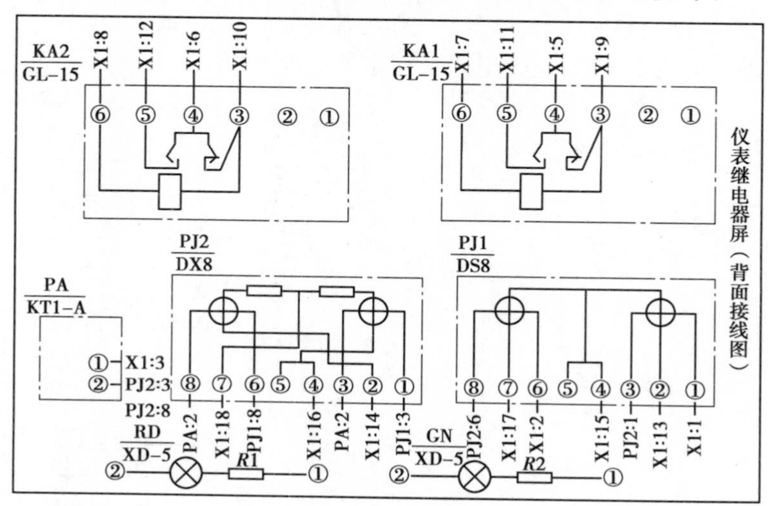

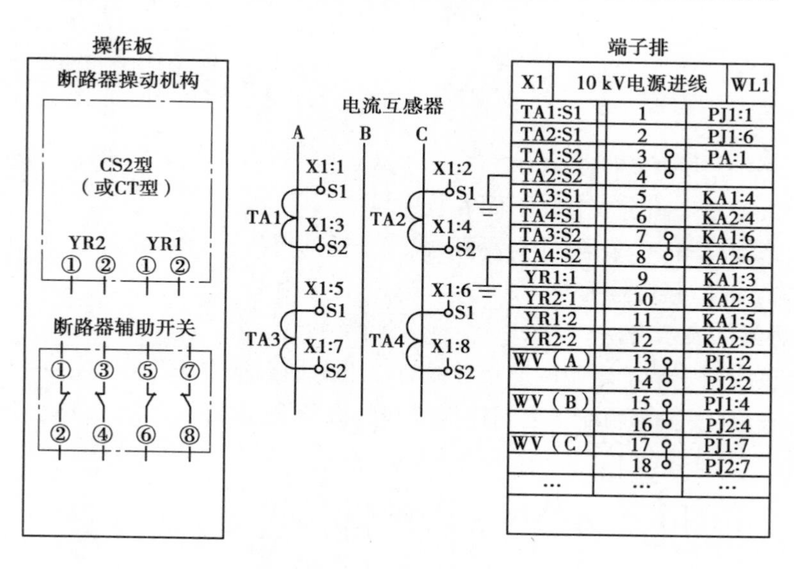

图 7.19　高压线路二次回路接线图

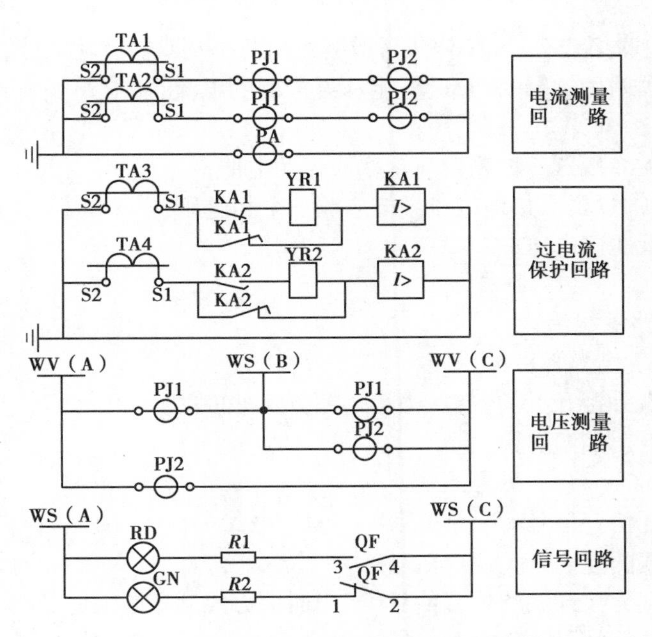

图7.20　高压线路二次回路展开式原理电路图

7.7　变电所综合自动化系统

7.7.1　变电所自动化基本知识

(1)概述

变电所自动化是应用控制技术、信息处理和通信技术，利用计算机系统或自动装置，代替人工进行各种运行作业，提高变电所运行管理水平的一种自动化系统。变电所自动化的范畴，包括其综合自动化技术、远动技术、继电保护技术及变电所其他智能技术等。

变电所综合自动化是将变电所二次回路包括控制、信号、保护、自动及远动装置等，利用计算机技术和现代通信技术，经过功能组合和优化设计，对变电所执行自动监视、测量、控制和调节的一种综合性自动化系统。它是变电所的一种现代化技术装备，是自动化和计算机、通信技术在变电所中的综合应用。它能够收集比较齐全的数据和信息，具有计算机的高速运算能力和判断功能，可以方便地监视和控制变电所内各种设备的运行和操作。它具有不同程度的功能综合化、设备及操作监视微机化、结构分布分层化、通信网络光缆化及运行管理智能化等特征。

变电所综合自动化，为变电所的小型化、智能化、扩大监控范围及变电所安全、可靠、优质、经济地运行，提供了现代化手段和基础保证。它的应用将为变电所无人值班提供强有力的现场数据采集和监控支持，在此基础上可实现高水平的无人值班变电所的运行管理。

(2)变电所自动化系统中的“四遥”

为保证调度(控制)中心对无人值班变电所有效而可靠地监控，变电所自动化系统必须实现以下“四遥”：

1)遥测

①35 kV及以上线路和旁路断路器的有功功率或电流；

②35 kV 及以上联络线有计量需要时,增测无功功率及双向有功电能;

③三绕组变压器两侧的有功功率、电能及第三侧的电流,两绕组变压器一侧的有功功率、电能及电流;

④计量分界点的变压器应增测无功功率或无功电能;

⑤各级各段母线电压,小接地电流系统应测三个相电压;

⑥所用变压器低压侧电压;

⑦直流母线电压;

⑧6 ~ 10 kV 线路电流;

⑨母线分段、分支断路器电流;

⑩主变压器有载分接开关的位置(当用遥测方式处理时);

⑪主变压器的上层油温等。

2)遥信(telesignal)

①所有断路器的位置信号;

②反映运行方式的隔离开关位置信号;

③主变压器有载分接开关的位置信号(当用通信方式处理时);

④变电所事故总信号;

⑤35 kV 及以上线路和旁路的主保护信号及重合闸信号;

⑥母线保护的动作信号;

⑦主变压器保护的动作信号;

⑧低频减载动作的解列信号;

⑨10 ~ 35 kV 系统的接地信号;

⑩直流系统异常信号;

⑪断路器控制回路断线总信号;

⑫断路器操作机构故障总信号;

⑬继电保护和自动装置电源中断总信号;

⑭变压器冷却系统故障信号;

⑮变压器油温过高信号;

⑯变压器轻瓦斯动作信号;

⑰继电器保护、故障录波装置的故障总信号;

⑱距离保护闭锁总信号;

⑲高频保护收信总信号;

⑳监控系统或遥控操作电源消失信号;

㉑所用电源失压信号;

㉒系统 UPS(不停电电源)的交流电源消失信号;

㉓通信系统电源中断信号;

㉔消防及保卫信号等。

3)遥控

①变电所全部断路器;

②可进行电控的主变压器中性点接地隔离开关;

③高频自发信启动;

④距离保护闭锁复归。

4)遥调

主变压器的有载调压分接开关。

实现以上“四遥”的自动化,也称为“远动化”。

(3)变电所综合自动化的组态模式

1)综合自动化的特点

①功能综合化。变电所综合自动化系统综合了变电所内除交直流电源以外的全部二次设备的功能。它以微机保护和计算机监控系统为主体,加上变电所其他智能设备,构成功能综合化的变电所自动化系统。

②设备及其操作、监视微机化。变电所综合自动化系统的各子系统全部微机化,完全摒弃了常规变电所中的各种机电式、机械式、模拟式设备,大大提高了二次系统的可靠性和电气性能。

③结构分布、分层化。变电所综合自动化系统是一个分布式系统,其中微机保护、数据采集和控制及其他智能设备等子系统都是按分布式结构设计的,每个子系统可能有多个CPU,分别完成不同功能。这样一个由庞大的CPU群构成的综合系统用以实现变电所自动化的所有综合功能。另外,按变电所的物理位置和各子系统的不同功能,其综合自动化系统的总体结构又分为两层,即变电所层和间隔层,由此可构成分散(层)分布式综合自动化系统。

④通信局域网络化、光缆化。这使变电所综合自动化系统具有较高的抗电磁干扰的能力,能实现数据的高速传输,满足实时性要求,使组态更灵活,易于扩展,可靠性也大大提高,而且大大简化了常规变电所繁杂量大的各种电缆,方便施工。

⑤运行管理智能化。除了常规自动化功能,如自动报警、报表生成、无功调节、小电流接地选线、故障录波、事故判别与处理等外,智能化还表现为具有强大的在线自诊断功能,并实时地将其送往调度(控制)中心。此外,用户可以根据运行管理的要求对其不断扩展和完善。

2)综合自动化系统的组态模式

综合自动化系统分集中式、分布式和分散(层)分布式等组态模式。

①集中式。集中式综合自动化系统是按功能划分的模式,系统的各功能模块与硬件无关。各功能模块用模块化软件连接来实现,并且集中采集信息,集中处理运算。但是这对计算机的性能要求较高,存在着系统可扩性和可维护性较差、难以应用数字处理技术等缺点。这种模式现在只用于一些小型变电所,具有工作可靠、结构简单、性能价格比高等特点。

集中式结构的变电所综合自动化系统示意图如图7.21所示。

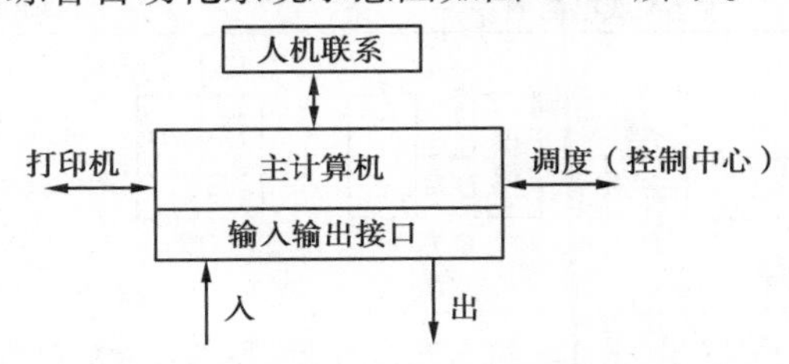

图7.21　集中式结构的变电所综合自动化系统示意图

②分布式。分布式组态模式一般按功能设计,采用主从CPU协同工作方式。各功能模块(通常是多个从CPU)之间采用网络技术或串行方式实现数据通信。多CPU系统提高了处理并行多发事件的能力,解决了CPU运算处理的瓶颈问题。另外可选用具有优先级的网络系统来解决数据传输的瓶颈问题,提高系统的实时性。分布式结构便于系统的扩展和维护,局部故

障不致影响其他部件的正常运行。这种分布式在安装上可以分成集中组屏或分层组屏两种组态结构，一般适用于中小型变电所。

集中组屏的分布式组态模式的变电所综合自动化系统示意图如图 7.22 所示。

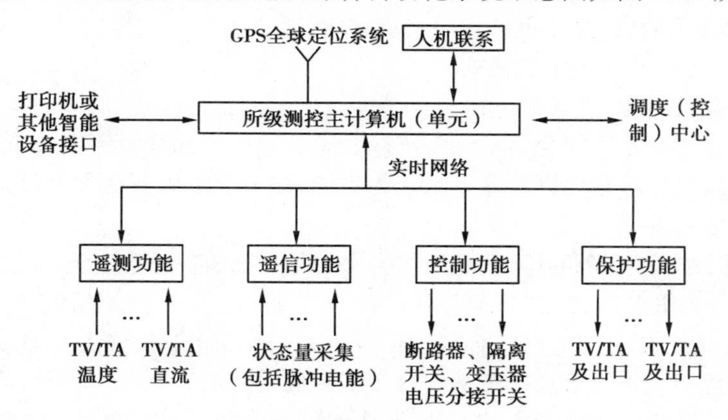

图 7.22　分布式组态(集中组屏)模式的变电所综合自动化系统示意图

③分散(层)分布式。这种系统从逻辑上将变电所综合自动化系统分为两层，即变电所层(所级测控主单元)和间隔层(间隔单元)。间隔层中各数据采集、控制单元(I/O 单元)和保护单元就地分散安装在开关柜上或其他一次设备附近，各个单元的设备相互独立，仅通过通信网互联，并与所级测控主单元通信联系。这种组态模式集中了分布式的全部优点，并大大精简了二次设备和二次电缆，节约了土建投资。系统本身配置灵活，可以一部分集中在控制室内，另一部分集中在低压配电室内，分别组屏。这种系统具有很好的可扩展性和维护性，是目前国内外变电所综合自动化结构中最受欢迎的比较先进的模式之一。

分散(层)分布式组态模式的变电所综合自动化系统示意图如图 7.23 所示。

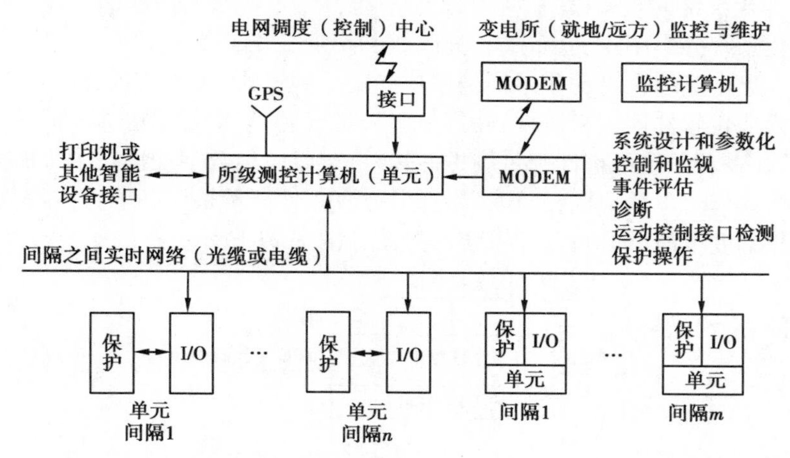

图 7.23　分散(层)分布式组态模式的变电所综合自动化系统示意图

7.7.2　配电线路自动化的基本知识

(1)概述

配电线路自动化，主要包括下列功能：

①线路故障的定位、隔离及自动恢复供电；

②线路运行参数数据的检测；

③线路的无功控制；

④线路的电压调整。

配电线路自动化与变电所自动化类似，也从单项自动化向综合自动化方向发展。所不同的是，线路自动化设备必须全部满足室外工作的环境条件。由于各线路的自动化功能随供电系统要求的不同而有差别，因此线路综合自动化系统很难做到像变电所综合自动化那样规范。

为了适应配电线路自动化的上述特点，并考虑到其调试维护的方便，因此各种用于配电线路自动化的控制器或终端单元，一般都设有自动、远动和人工三种控制方式。

(2)配电线路的单项自动化

1)线路故障的定位、隔离及自动恢复供电

供电系统中由于配电线路发生故障引起停电的情况时有发生。配电线路发生停电事故时，往往先是用户举报，再由供电控制中心根据投诉地点派人前去处理。为了将修复时间尽量缩短，一般装设故障识别和恢复供电的FI/SR系统。

FI/SR系统由沿配电线路安装的柱上开关、分段器和重合器组成。当线路上某一段发生故障时，变电所侧的继电保护动作，使线路断路器跳闸。这时，沿线路各段的柱上开关因失压而全部跳闸。经过一定的时限后，变电所侧的自动重合闸装置(ARD)动作，使线路断路器重合闸。第一段的重合器受电后，经一定时限动作，使第一段的柱上开关重合。第二段的重合器受电后，也经一定时限动作，使第二段的柱上开关重合。

依此类推，直至全线恢复供电。如果故障为永久性的，则重合至故障线段时，变电所侧的继电保护将再次动作，使线路断路器再次跳闸。这时重复上述过程，但仅能重合至故障的前一段为止，从而恢复故障段以前各段线路的供电。对于单端供电的线路来说，只有消除故障以后，才能恢复全线各段的供电。

对于图7.24所示两端供电、开环运行的环行线路来说，假设线段WL12上存在着短路故障，则母线WB1的出线断路器QF1会自动跳闸，而母线WB2的出线不受影响。QF1跳闸后，柱上开关QS11和QS12随之因失压而跳闸。经一定的时限后，QF1的自动重合闸装置动作使之重合。如果WL12线段上的故障为永久性的，则QS11不能重合成功。而其后面的线段WL13，可由开环处的重合器AR来自动投入柱上开关QS，恢复其供电。这样，只有还存在着故障的线段WL12暂时退出运行，但并不影响用户的正常用电，所以这种环形线路的供电的可靠性很高。

2)线路运行参数数据的检测

采用交流直接采样，利用TA/TV输入各相电流和电压波形，通过数字信号处理、自动计算并存储各种运行数据(包括停电时间)，供运行人员在需要时到现场取用。

3)就地无功平衡

就地无功平衡，由安装在线路上的并联电容器组来实现。控制器根据线路上感性负荷的变化情况，按照事先整定的启动值自动控制电容器组的投入和切除，用来改善供电系统的功率因数。

4)线路的电压调整

对某些负荷较重的线路，通过安装分步调整变压器一次侧电压来改善供电质量。分步调整变压器一次电压的控制器，将根据线路实时电压的变化对变压器进行电压升降的控制。

上述配电线路的单项自动化设备，与常规的继电保护和自动重合闸装置相类似，都是“事先

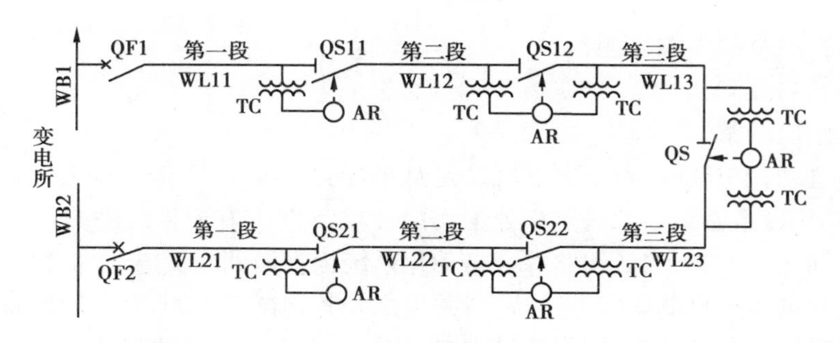

图 7.24　两端供电、开环运行的环形线路自动分段开关动作说明

QF—线路断路器；QS—柱上开关；AR—重合器；WB—母线；WL—线路

整定，实时动作”，相对独立地完成某一特定的功能，因此不需通信方面的投资，简单易行。但是它存在着过分依赖人工介入、难以适应配电网络多变的特点，而且单项自动化获取的信息有限，无法进行系统协调和优化，做到信息共享。解决的途径就是发展配电线路的综合自动化。

(3)配电线路的综合自动化

1)线路故障的定位、隔离及自动恢复供电

配电线路上采用一种具有数据采集和通信功能的柱上开关控制器，将故障的信息通过通道送到变电所，与变电所的遥控装置相配合，对故障进行一次性的定位和隔离。这样，既免去了由于开关试投所增加的冷负荷，又可大大加速自动恢复供电的时间。

2)线路电压/无功集成控制

电压/无功集成控制，就是通过软件对这两种控制方式进行综合分析和优化计算，然后通过远方通道分别下达控制命令。不过两者可能出现矛盾，因此电压/无功集成控制宜事先列出操作的优先程序。

有的专家建议，电压控制应优先于无功控制。这时，算法中就应将满足电压要求予以优先。只有电压要求得到满足，才去减少无功功率。不过电压/无功集成控制的软件一般比较灵活，容易适应配电线路的不同运行要求。

复习思考题

7.1　什么是二次回路？什么是二次回路的操作电源？常用的直流操作电源和交流操作电源各有哪几种？交流操作电源与直流操作电源相比较，有何主要特点？

7.2　对断路器的控制和信号回路有哪些主要要求？什么是断路器事故跳闸信号回路构成的“不对应原理”？

7.3　什么是中央信号装置？它有哪些信号？试分析图 7.6 和图 7.7 在一次电路发生短路故障时信号装置各如何动作？各有何特点？

7.4　对常用测量仪表的选择有哪些要求？对电能计量仪表的选择又有哪些要求？一般 6 ~ 10 kV 线路装设哪些仪表？220/380 V 的动力线路和照明线路一般又各装设哪些仪表？并联电容器组的总回路上一般又装设哪些仪表？

7.5　作为绝缘监视用的 YO/YO 联结的三相电压互感器，为什么要用五芯柱的而不能用三芯柱的电压互感器？

7.6　什么叫“自动重合闸(ARD)”？试分析图7.12所示原理电路如何实现自动重合闸？分析图7.13所示电路图又如何实现自动重合闸。什么叫“防跳”？图7.13电路是如何实现防跳的？

7.7　什么叫“备用电源自动投入(APD)”？试分别分析图7.14和图7.15所示电路各是如何实现备用电源自动投入的。

7.8　变电所自动化有何意义？变电所综合自动化有哪些特点？变电所的“四遥”包括哪些内容？

7.9　配电线路自动化包括哪些主要功能？单端供电的配电线路如何实现故障自动定位、隔离和恢复供电？环形线路为什么比单端供电线路的可靠性高？

7.10　什么是二次回路接线图？二次设备项目代号中的“＝”“＋”“－”和“：”各是什么符号？含义是什么？什么叫连接导线的连续线表示法和中断线表示法(相对标号法)？

习　题

7.1　某供电给高压并联电容器组的线路上,装有一只无功电能表和三只电流表,如图7.25(a)所示。试按中断线表示法在图7.25(b)上标出图7.25(a)的仪表和端子排的端子标号 。

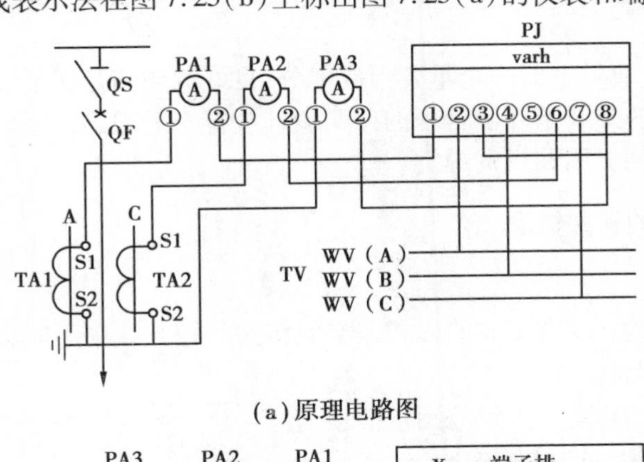

(a)原理电路图

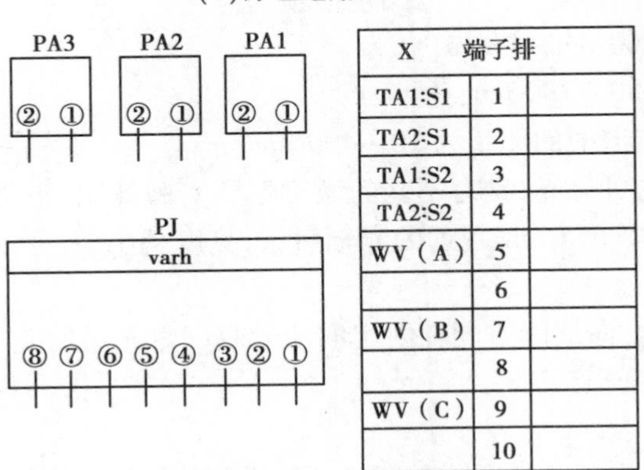

(b)安装接线图 (待标号)

图7.25　习题7.1的原理图和接线图

第8章

电气照明

8.1 电气照明的基本知识

电气照明是工业企业供电的一个重要组成部分，良好的照明是保证安全生产、提高工作效率、保证职工视力健康的必要条件。合理的照明设计应符合适用、安全和保护视力的要求并注意美观，同时力求经常性费用和投资最省。

8.1.1 电气照明的有关概念

(1)光谱

光是一种电磁辐射能，以电磁波的形式在空间传播。把光线中不同强度的单色光，按波长长短排列，称为光源的光谱。

在电磁波的辐射谱中，光谱大致范围包括：

①红外线波长为760 nm～1 mm；

②可见光波长为380～780 nm；

③紫外线在电磁波谱中的波长为10～400 nm。

人眼对各种波长的可见光，具有不同的敏感性。实验证明，正常人对于波长为555 nm的黄绿色光最敏感，波长离555 nm越远的光辐射，可见度越小。

(2)光通量

光源在单位时间内，向周围空间辐射出的使人眼产生光感的能量，称为光通量，简称光通，符号为Φ，单位为lm(流明)。

(3)光强

光源在给定方向上单位立体角内辐射的光通量，称为光源在该方向上的发光强度，简称光强，符号为I，单位为cd(坎德拉)。

对于向各个方向均匀辐射光通量的光源，各个方向的光强均等，其值为

$$I = \frac{\Phi}{\Omega} \tag{8.1}$$

式中　Φ——光源在Ω立体角内所辐射出的总光通量；

Ω——光源发光范围的立体角。

(4)照度

受照物体表面单位面积接收的光通量称为照度，符号为E，单位为lx(勒克斯)。被光均匀照射的平面照度为

$$E = \frac{\Phi}{A} \tag{8.2}$$

式中　Φ——均匀投射到物体表面的总光通量；

A——受照物体表面积。

(5)亮度

光源表面一点在一给定方向上的发光强度称为亮度，符号为L，单位为cd/m^2(尼特)。

8.1.2　照明的方式与种类

(1)照明的方式

按照度方式可分为以下三种：

①局部照明 为某些特定地点增加照度而设置的照明称为局部照明。局部照明器具可直接安装在工作场所附近，如车床上的照明灯。

②一般照明 不考虑某些局部特殊的需要，为整个工作场所而设置的照明称为一般照明。一般照明是电气照明的基本方式，通常采用均匀布置，在满足规定的照度方面，它起主要作用。

③混合照明 一般照明与局部照明共同组成的照明称为混合照明。对于工作位置需要较高照度并对照射方向有特殊要求的场所，宜采用混合照明。其主要优点是既可使一般工作场所获得较均匀的照度，又可使有特殊要求的工作场所获得较高的照度。

除临时性工作场所外，在一个工作场所内，不应只装局部照明而无一般照明，以利于工作人员维护、巡视等。

(2)照明的种类

按照明功能主要可分为两种。

①工作照明 用来保证被照明场所正常工作时具有需要照度适合视力条件的照明，包括室内照明和室外照明。

②事故照明 当工作照明由于电气事故而熄灭后，供暂时继续工作或疏散人员而设置的照明，包括备用照明、安全照明和疏散照明。事故照明一般采用白炽灯(或卤钨灯)，并布置在事故发生后仍需继续工作的场所以及主要通道和出入口。若用于继续工作，其照度不低于原照度的10%；若用于疏散人员，其照度应不低于0.5 lx。除此之外，还有一些其他形式的照明，如值班照明、警卫照明、障碍照明、艺术照明、专用照明和立面照明等。

(3)照明的质量

电气照明设计的目的就是尽可能建立满意的照明效果，创造舒适的照明环境。在量的方面，要使工作面上得到合适、均匀的照度；在质的方面，要解决眩光、阴影、光色等问题。

①合理的照度和均匀度。合理的照度和均匀度是照明质量的重要指标。参照我国的《建筑照明设计标准》，合理选择工作场所及其他活动场所的照度值；照度的均匀性也不能忽视，如果照度的均匀性不好，容易导致视觉疲劳，从而破坏照明效果。

②限制眩光。合理的照明除了要求合适的照度之外,还要避免给人以刺眼的感觉,即要限制眩光。严重的眩光可使人感到眩晕,甚至造成事故;轻微的眩光,时间长了,也会逐渐使视觉功能降低。为了限制眩光可以采用保护角较大的灯具:带乳白玻璃或磨砂玻璃散光罩的灯具;调整灯具的悬挂高度。

③光源良好的显色性。光源能显现被照物体颜色的性能称为光源的显色性。通常将日光的显色指数定为100,而将光源显现物体颜色与日光下同一物体显现的颜色相符合的程度称为该光源的显色指数。在需要正确辨色的场所,宜采用显色指数高的光源,如白炽灯、卤钨灯、荧光灯等。某些场所仅使用荧光高压汞灯或高压钠灯的场所其显色性不能满足要求时,可以采用两种光源混合使用的方法改善光色。

8.2 常用的电光源和灯具

8.2.1 常用的电光源

(1)常用电光源的类型

电光源按其发光原理可分为热辐射光源和气体放电光源两大类。

1)热辐射光源

热辐射光源是利用物体加热时辐射发光的原理所做成的光源。如白炽灯、卤钨灯等。

①白炽灯它是靠钨丝(灯)通过电流加热到白炽状态从而引起热辐射发光。它的结构简单,价格低廉,使用方便,而且显色性能好。但它的发光效率较低,使用寿命也较短且不耐震。

②卤钨灯它是在白炽灯泡内充入含有微量卤素或卤化物的气体,利用“卤钨循环”原理来提高灯的发光效率和使用寿命。当灯管工作时,灯丝温度很高,要蒸发出钨分子,使之移向玻璃内壁。钨分子在管壁与卤素(如碘)作用,生成气态的卤化钨(如碘化钨),卤化钨就由管壁向灯丝扩散迁移。当卤化钨沉积的数量恰等于灯丝蒸发的数量时,就形成了相对平衡的状态。上述过程就称为“卤钨循环”。卤钨灯必须水平安装,倾斜角不得大于+4°,而且不允许采用人工冷却措施(如用风扇冷却)。由于卤钨灯工作时管壁温度可高达600 ℃,所以不能与易燃物靠近。卤钨灯的耐震性更差,因此须注意防震。但是它的显色性很好,使用也很方便。

2)气体放电光源

气体放电光源是利用气体放电发光的原理所作做成的光源,如荧光灯、高压汞灯、高压钠灯、金属卤化物灯和长弧氙灯等。

①荧光灯俗称日光灯。它是利用汞蒸气在外加电压作用下产生弧光放电,发生少许可见光和大量紫外线,紫外线又激励灯管内壁涂覆的荧光粉,使之发出大量的可见光。当荧光灯接上电压后,起辉器首先产生辉光放电,致使双金属片加热伸开,使两极短接,从而使电流通过灯丝,灯丝加热后发射电子,并使管内的少量汞气化。镇流器,实质是铁芯电感线圈。当起辉器两极短接使灯丝加热后,由于起辉器辉光放电停止,双金属片冷却收缩,从而突然断开灯丝加热电流,这就使镇流器两端产生很高的电势,连同电源电压加在灯管两端,使充满汞蒸气的灯管击穿,产生弧光放电。由于灯管起燃后,管内压降很小,因此又要借助镇流器产生很大一部分压降,来维持灯管电流的稳定。

荧光灯的发光效率比白炽灯高得多,使用寿命也长。但它的显色性较差,其频闪效应容易使人眼产生错觉,消除频闪效应最简便的方法是,在一个灯具内安装两根或三根灯管,而各根灯管分别接在不同的相上。

②高压汞灯。常见的高压汞灯有荧光高压汞灯、反射型荧光高压汞灯和自镇流荧光高压汞灯等三种。高压汞灯的发光机理与荧光灯相同,不同的是灯内的汞蒸气压强较高。它不需要起辉器来预热灯丝,但它必须与相应功率的镇流器串联使用。荧光高压汞灯工作时,第一主电极与辅助电极间首先击穿放电,使管内的汞蒸发,导致第一主电极与第二主电极间击穿,发生弧光放电,使管壁的荧光质受激,产生大量的可见光。高压汞灯的光效高,寿命长,但起动时间长,显色性较差。

③高压钠灯。它利用高气压的钠蒸气放电发光,其辐射光谱集中在人眼较为敏感的区间,所以它的光效比高压汞灯还高一倍,且寿命长,但显色性也较差,起动时间也较长。

④金属卤化物灯。它是在高压汞灯的基础上为改善光色而发展起来的新型光源,在汞灯里加入了某些金属卤化物(如碘化钠、碘化),不仅光色好,而且光效高。

⑤长弧灯。是一种充有高气压气的高功率的气体放电灯,接近连续光谱,与太阳光十分相似,故有“人造小太阳”之称,特别适用于大面积场所的照明。

(2)常用电光源的特性

表征电光源优劣的主要性能指标有光效、寿命、色温、显色指数、起动性能等。在实际选用时,首先应考虑光效高、寿命长,其次才考虑显色指数、起动性能等。表8.1列出常用电光源的主要特性,供选择光源时参考。

表8.1 常用电光源的主要特性

性能比较	白炽灯	卤钨灯	荧光灯	荧光高压汞灯	长弧氙灯	高压钠灯	金属卤化物灯
额定功率/W	15~1 000	500~2 000	6~125	50~1 000	1 500~10 000	35~1 000	125~3 500
光效/$(lm \cdot W^{-1})$	6.5~19	20~21	25~67	30~50	20~37	90~100	60~80
平均寿命/h	1 000	1 500	2 000~3 000	2 500~5 000	500~1 000	3 000	2 000
一般显色指数	95~99	95~99	70~80	30~40	90~94	20~25	65~85
表面亮度	大	大	小	较大	大	较大	大
起动稳定时间	瞬时	瞬时	1~3 s	4~8 min	1~2 s	4~8 min	4~8 min
再启动时间	瞬时	瞬时	瞬时	5~10 min	瞬时	10~20 min	10~15 min
光通量受电压波动影响	大	大	较大	较大	较大	大	较大
耐震性	较差	差	较好	好	好	较好	好
所需附件			触发器镇流器	镇流器	触发器镇流器	镇流器	触发器镇流器
功率因数	1	1	0.33~0.7	0.44~0.67	0.4~0.9	0.44	0.4~0.61
频闪现象	不明显	不明显	明显	明显	明显	明显	明显

(3)常用电光源的选择

工业企业常用的电光源应根据被照场所的具体情况及对照明的要求合理地选择,通常考虑以下几点。

①在较高的生产厂房,露天工作场所或主要道路等处,灯具悬挂高,又需较好视看条件,宜采用荧光高压汞灯或卤钨灯。它们的单灯功率大、光效高、灯具少、投资省、维修量少。

②灯具悬挂在4 m以下的车间、阅览室、商店等处,视看条件要较好,宜采用荧光灯因这时的灯具悬挂低,为限制眩光和使照度均匀,不宜采用大功率电源,荧光灯的光效高寿命长、光色好、眩光少、宜于采用。一次投资虽大,但经常费用省,短期内就可收回,所以还是比较经济的。

③在灯具高挂,又需大面积较好观看条件的室外场所,如露天场地、广场、体育场等处,宜采用长弧氙灯,因为它的功率大、光色好、光效高、受环境影响小、耐震。

④在照明开关频繁,照度要求较低或根据光色需要白炽灯的场所,宜采用白炽灯。它的突出优点是简单经济、可频繁开关,光色好。

⑤金属卤化物灯、高压钠灯的光效很高,在特殊高大厂房内作为主要道路照明较适宜。

⑥在一种光源不能达到照明效果时,可在同一场所采用多种光源组合,目前常见的混合方式是荧光高压汞灯与白炽灯相混合,前者的重大缺点是电源电压突然降低时会熄灭,电压回升时不能随即点燃,照明有全灭的可能。它和白炽灯混合使用,此缺点就可得到补救。当白炽灯容量近似为高压汞灯的容量2倍时,还可得到较好的光色。只要白炽灯容量不小于荧光高压汞灯的容量,人们在视觉上就无明显的不舒服感。

8.2.2 常用的照明灯具

光源和灯罩等的组合称为灯具或称照明器。由于裸灯泡发出的光是向四周散射的,为了很好地利用灯泡所发出来的光通量,同时又要防止眩光,所以在灯泡上加装了灯罩,使光线按照人们的需要进行分布。

(1)常用灯具的特性

灯具的物理特性包括配光曲线、效率和保护角,它们主要取决于灯罩的形状、材质以及灯具悬挂的高度等因素。

1)配光曲线

配光曲线也称光强分布曲线,表示灯具在空间各个方向上光强分布情况,绘制在坐标图上的图形。对于一般照明灯具,配光曲线绘制在极坐标上;对于聚光很强的投光灯,配光曲线绘制在直角坐标上。为了便于比较灯具的配光特性,配光曲线是按光通量等于1 000 lm的假想光源绘制的。

2)灯具的效率

灯具的光通量与光源光通量的比值,称为灯具的效率。由于灯罩在配光时会吸收一部分光通量,因此灯具的效率一般为0.5~0.9,它的大小与灯罩的材料性质、形状以及光学的中心位置有关。

3)保护角

发光体(或灯丝)最边缘点和灯具出光口连线与发光体(或灯丝)中心的水平线之间的夹角称为灯具的保护角,如图8.1所示。保护角是用来衡量灯罩保护人眼不受光源照明部分直射耀眼的程度,以减少眩光的作用。保护角越大,眩光作用越小,照明的保护角一般要求为

15°～30°。

(2)常用灯具的分类

1)按灯具的配光曲线形状分类

①正弦型。光强分布是角度的正弦函数,且当 $\theta=90°$时光强最大。

②广照型。最大光强分布在 50°～90°,可在较广的面积上形成均匀的照度。

③漫射型。在各个方向上的光强基本一致。

④配照型。光强分布是角度的余弦函数,且当 $\theta=0°$时光强最大。

⑤深照型。最大光强分布在 0°～30°的狭小立体角内。

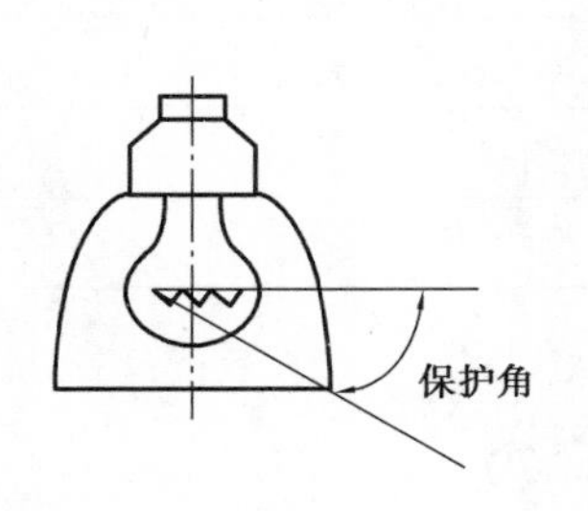

图 8.1　灯具的保护角

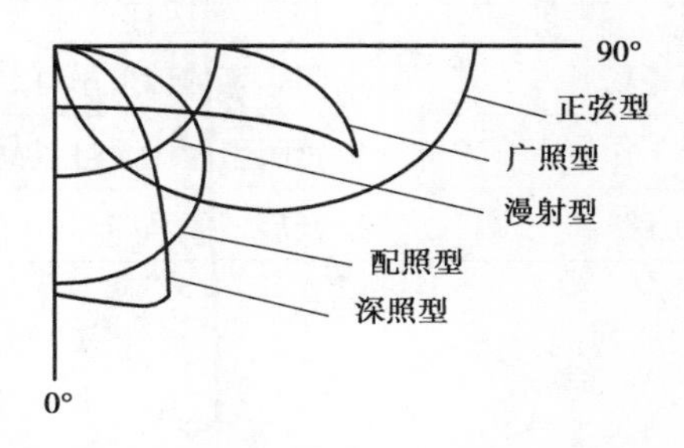

图 8.2　灯具的配光曲线

图 8.2 给出了上述几种灯具的配光曲线,只绘出其下部 0°～90°的曲线。

2)按灯具的结构特点分类

按灯具的结构特点分类,如表 8.2 所示。

表 8.2　灯具结构特点分类

结构形式	结构特点	灯具类型举例
开启型	光源与外界空间相通	配照型、广照型
闭合型	光源被透明罩保护,但内外空气仍能流通	圆球灯、双罩型灯及吸顶灯
密闭型 防爆型	光源被透明罩密封,内外空气不能流通 光源被高强度透明罩密封,且灯具能承受足够的压力	防水灯、密闭荧光灯 防爆安全灯、荧光安全防爆灯

(3)常用灯具的选择

企业用的灯具类型,通常是按照车间或生产场地的环境特征,厂房性质和生产条件对光强的分布和限制眩光的要求,以及根据安全、经济的原则选择。首先,考虑从照度上要满足生产条件,尽量选用效率高、利用系数高、配光合理、寿命长的灯具,以达到合理利用光通量和减少电能消耗的目的。其次,考虑灯具的种类与使用的环境应相匹配。再次,考虑灯具的安装高度以及安装是否简便,更换灯泡是否容易。最后还要考虑经济性,即灯具的投资费用及年运行维护费用。

表 8.3 给出了常用灯具类型的一般选择,图 8.3 是工业企业常用的几种灯具的外形及其图形符号。

表 8.3 常用灯具类型的选择

使用场所	灯具类型
空气较干燥和少尘的车间	开启型的各种灯具(按车间的建筑特性、工作面的布置和照度的需要,可采用广照型、配照型或深照型等灯具,也可选择不同类型的光源)
空气潮湿和多尘的车间	防水(防尘)型、密闭型
有易燃易爆物的车间	防爆型
一般办公室、会议室	开启型、闭合型
门厅、走廊等场所	闭合型的球形吊灯、半圆球或半扁圆的吸顶灯
广场、露天工作场所	密闭型高压汞灯或高压钠灯
企业户外道路	开启型的马路弯灯、闭合型

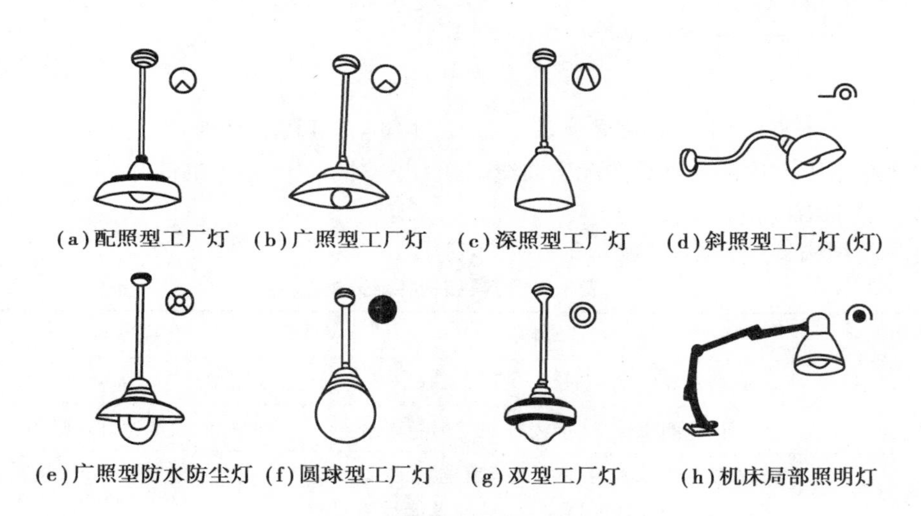

图 8.3 工业企业常用的几种灯具

(4)常用灯具的布置

灯具的布置就是确定灯具在房间的空间位置。灯具的布置除需保证最低照度条件外还应使工作面上的照度均匀,光线射向适当,眩光作用小,少阴影,检修方便,工作安全,布置美观并能与建筑空间充分协调。

1)室内灯具的悬挂高度

灯具的悬挂高度既不能悬挂过高,也不能悬挂过低。如悬挂过高,降低了工作面上的照度,且维修不便;如悬挂过低,易产生眩光,且不安全。

根据限制眩光的要求,室内一般照明灯具对地面的悬挂高度,应不低于表 8.4 所列的数值。表 8.5 给出了部分常用灯具的适用高度。

表8.4　室内一般照明灯具距地面的最低悬挂高度

<table>
<tr><th>光源种类</th><th>灯具型式</th><th>灯具保护角</th><th>灯泡容量/W</th><th>最低离地悬挂高度/m</th></tr>
<tr><td rowspan="2">白炽灯荧光灯</td><td>带反射罩</td><td>10°~30°</td><td>100及以下
150~200
300~500
500以上</td><td>2.5
3.0
3.5
4.0</td></tr>
<tr><td>乳白玻璃罩</td><td>—</td><td>100及以上
150~200
300~500</td><td>2.0
2.5
3.0</td></tr>
<tr><td>高压汞灯</td><td>无反射罩</td><td>—</td><td>40及以下</td><td>2.0</td></tr>
<tr><td>高压钠灯</td><td>带反射罩</td><td>10°~30°</td><td>250及以下
400及以上</td><td>5.0
6.0</td></tr>
<tr><td>光源种类</td><td>带反射罩</td><td>10°~30°</td><td>250
400</td><td>6.0
7.0</td></tr>
<tr><td>卤钨灯</td><td>带反射罩</td><td>30°及以上</td><td>500
1 000~2 000</td><td>6.0
7.0</td></tr>
<tr><td>金属卤化物灯</td><td>带反射罩</td><td>10°~30°
30°及以上</td><td>400
1 000及以下</td><td>6.0
140及以上</td></tr>
</table>

表8.5　部分常用灯具的适用高度

灯具类型	适用高度/m	灯具类型	适用高度/m
配照型	4~6	高纯铝深照型灯	15~30
搪瓷深照型	6~30	大面积照明(顶灯)	18~30
搪瓷斜照型(壁灯)	6~10	大面积斜照型(壁灯)	14及以上

2)灯具的布置方式

灯具的布置方式可分为均匀布置和选择布置两种。

①均匀布置:均匀布置是指灯具间与行间距离均匀保持不变。

均匀布置是在整个车间内均匀分布,其布置与生产设备的位置无关,从而使全车间的面积上具有均匀的照度,它适用于整个工作面要求有均匀照度的场所。混合照明中的一般照明宜采用均匀布置,照度均匀不仅符合视力工作的要求,一般也符合经济原则。均匀布置的灯具可排列成正方形、矩形或圆形。

为使整个房间获得较均匀的照度,最边缘一列灯具离墙的距离应为:

靠墙有工作面时,可取$I=(0.25\sim0.3)l$;靠墙为通道时,可取$I=(0\sim0.5)l$。其中l为灯具间的距离,对于矩形布置,可采用其纵横两向灯距的均方根值。

照度的均匀性取决于灯具的光强分布和灯具之间的相对距离——距高比。所谓距高比是

指灯具间的距离 l 与灯具悬挂高度 h 之比。距高比不变，照度均匀性也不改变。表 8.6 给出了灯具较合理布置的距高比 l/h 值。

表 8.6 灯具合理布置的距高比 l/h 值

灯具类型	多行布置	单行布置	单行布置时房间最大宽度
配照型、广照型工厂灯及双罩型工厂灯	1.8～2.5	1.8～2.0	1.2 h
深照型工厂灯及乳白玻璃罩吊灯	1.6～1.8	1.5～1.8	1.0h
防爆灯、圆球灯、吸顶灯、防水防尘灯	2.3～3.2	1.9～2.5	1.3h
荧光灯	1.4～1.5		

②选择布置：灯具的布置与生产设备的位置有关。

选择布置大多对称于工作表面，力求使工作面能获得最有利的光通量方向和消除阴影，它适用于设备分布很不均匀、设备高大而复杂，采用均匀布置不能得到所要求的照度分布的房间。

8.3 电气照明的照度计算

8.3.1 电气照明的照度标准

为了创造必要的劳动条件，提高劳动生产率，保护工作人员视力，工业企业的生产场所、辅助车间以及室外照明必须保证有足够的照度。我国有关部门综合种种因素，并结合国情，特别是电力生产和消费水平，制定了《工业企业照明设计标准》。

8.3.2 照度计算

当灯具的型式、悬挂高度及布置方案确定以后，就应根据生产场所的照度要求，确定每盏灯的灯泡容量及装置总容量，或者根据已知灯泡容量，计算工作面的照度，检验它是否符合照度标准的要求。照度的计算方法有利用系数法、概算曲线法、比功率法和逐点计算法。前三种都只计算水平的工作面上的平均照度，而后一种可用来计算任一倾斜（包括垂直）工作面上的照度。本书仅介绍应用最为广泛的利用系数法和比功率法。

(1)利用系数法

1）利用系数

利用系数是表征照明光源的光通量有效利用程度的一个参数，用投射到工作面上的光通量（包括直射和反射到工作面上的所有光通）与房间全部光源发出的光通量之比来表示，即

$$u = \frac{\Phi_e}{n\Phi} \tag{8.3}$$

式中　Φ_e——投射到工作面上的直射与反射光通量；

Φ——每个灯具发出的光通量；

n——灯具个数。

利用系数与灯具的特性、配光曲线、房间的大小和形状有关，还与房间的顶棚墙壁的反射率有关。表8.7为各种情况下墙壁、顶棚及地面的反射系数参考值。

表8.7　墙壁、顶棚及地面的反射系数

反射面情况	反射系数/(%)
墙壁、顶棚抹灰后刷白，窗子装白色窗帘	70
墙壁、顶棚刷白，窗子未挂窗帘或挂深色窗帘顶棚刷白，房间潮湿 墙壁、顶棚未刷白，但干净、光亮	50
墙壁、顶棚水泥抹面，有窗 墙壁、顶棚为木料墙壁、顶棚糊有浅色纸 红墙砖	30
灰墙砖	20
墙壁、顶棚积有大量灰尘 无窗帘遮蔽的玻璃窗墙壁、顶棚糊有深色纸 广漆地面	10
钢板地面	10~30
混凝土地面	10~25
沥青地面	11~12

室空间比是表示受照空间的参数，如图8.4所示。全室分为三个空间：最上面的为顶棚空间，即从顶棚至悬挂的灯具开口平面的空间；中间为室空间，即从灯具开口平面至工作面的空间；下面的是地板空间，即工作面以下至地板的空间。对于灯具为吸顶式或嵌入式的房间，则无顶棚空间；对于工作面为地面的房间，则无地板空间。此时，室空间比为

$$RCR = \frac{5h_{RC}(l+b)}{lb} \tag{8.4}$$

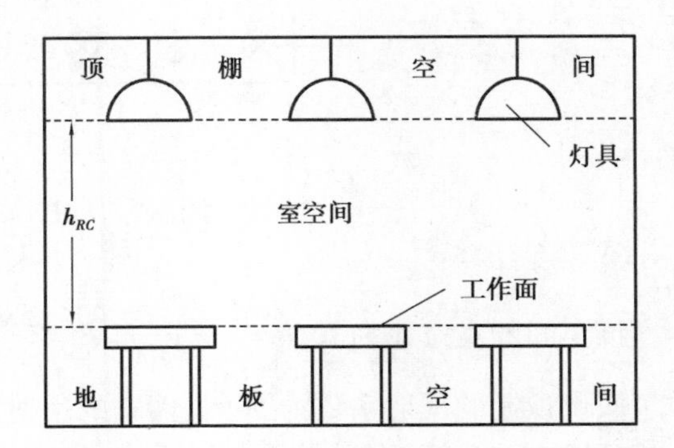

图8.4　计算室空间比的示意图

式中　h_{RC}——室空间的高度；

l、b——房间的长度和宽度。

2）按利用系数计算工作面上的平均照度

水平工作面上的平均照度为

$$E_{av} = \frac{\Phi_e}{A} = \frac{\Phi_e}{lb} = \frac{un\Phi}{lb} \tag{8.5}$$

考虑到灯具在使用期间，光源本身的光效会逐渐降低、灯具的陈旧脏污、被照场所的墙壁

和顶棚的污损，而使工作面上的光通量有所减少，因此在计算工作面上的实际照度时，应计入一个小于1的灯具减光系数，则工作面上实际的平均照度为

$$E_{av} = \frac{Ku n\Phi}{A} = \frac{Ku n\Phi}{lb} \tag{8.6}$$

式中　K——灯具减光系数，清洁环境取0.8，一般环境取0.7，脏污环境取0.6。

例8.1　某车间的面积为20 m×38 m，架的跨度为20 m，离地高5.5 m，工作面离地0.8 m，靠墙有工作位置。拟采用装有150 W的GC-A-1配照型工厂灯作车间的一般照明，试确定灯具的布置方案和工作面上的平均照度。

解：①确定灯具的布置方案：

根据车间的结构来看，灯具宜于悬挂在架上。如果灯具离架0.5 m，则灯具离地高度为5.5－0.5＝5 m，该高度大于表8.4的规定值，所以符合限制眩光的要求。

由于工作面离地高0.8 m，故灯具在工作面上的悬挂高度$h=5-0.8=4.2$ m。根据相关手册可知最大距高比为1.25，因此，灯具间较合理的间距为$l=1.25\ h=1.25\times4.2=5.25$ m。现采用矩形布置，如图8.5所示，则等效灯距（几何平均值）为$l=$ 4.5x6 $=5.2$ m，实际的距高比为

$\frac{l}{h}=\frac{5.2}{4.2}=1.24<1.25$，故符合要求。

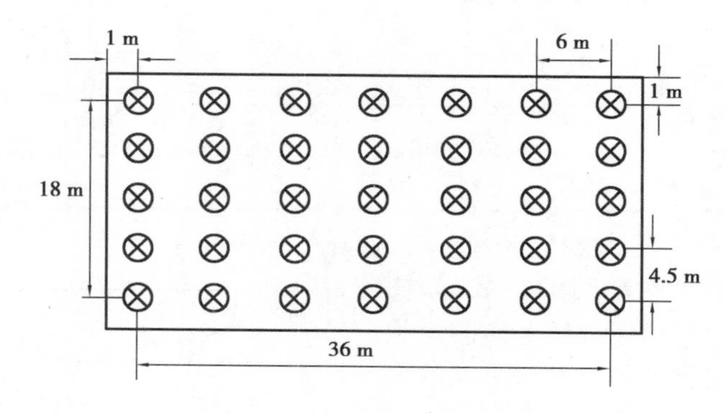

图8.5　灯具布置方案（单位：m）

②照度计算：

该车间的室空比为$RCR=\frac{5h_{RC}(l+b)}{lb}=\frac{5\times4.2\times(20+38)}{20\times38}=1.6$

假设顶棚的反射系数为50%，墙壁的反射系数为30%，按插入法查相关手册，得利用系数$u=0.712$，$\Phi=2\ 092$ lm。若取减光系数$K=0.7$，则该车间水平工作面上平均照度为

$$E_{av} = \frac{Ku n\Phi}{lb} = \frac{0.7\times0.712\times35\times2\ 092}{20\times38} = 48\ \text{lx}$$

(2)比功率法

1)比功率

比功率是指单位水平面积上照明光源的安装功率，用P表示，即

$$P_0 = \frac{P_\Sigma}{A} = \frac{nP_N}{A} \tag{8.7}$$

式中　P_0——受照房间总的灯泡安装功率；

P_N——每盏灯的功率；

P_Σ——受照房间总的灯数；

A——受照房间的水平面积。

各种灯具的比功率值可查阅有关设计手册。

2）按比功率法估算照明的安装功率

如查得所计算车间的比功率为 P_0，则该车间一般照明总的安装容量为

$$P_\Sigma = P_0 A \tag{8.8}$$

每盏灯具的灯泡容量为

$$P_N = \frac{P_0 A}{n} \tag{8.9}$$

例8.2　试用比功率法计算例8.1所装设的GC-A-1型工厂配照灯的灯数。设采用150 W白炽灯，取平均照度为 $E_{av} = 30$ lx。

解：已知灯具悬挂高度 $h = 4.2$ m，平均照度 $E_{av} = 30$ lx，车间面积 $A = 20 \times 38 = 760$ m^2，查有关设计手册得 $P_0 = 6.0$ W/m^2。因此，该车间一般照明的总功率为

$$P_\Sigma = 6.0 \times 760 = 4\,560 \text{ W}$$

因此，采用装有150 W白炽灯的GC-A-1型配照灯的个数为

$$n = 4\,560 \div 150 \approx 31 \text{ 个}$$

8.4　工业企业照明供电系统

照度及灯具的功率以及灯具的布置确定以后，便可进一步决定照明供电系统。本节仅对照明供电系统的一些特点作扼要的说明。至于供电系统的计算可根据前面讨论的内容结合电气照明的特点和要求进行必要的验算。

8.4.1　供电电压

①室内及露天场所一般采用交流220 V，由380/220 V三相四线制系统供电。

②在相对湿度高于90%以上、环境温度高于40 ℃、空间充满导电性尘埃的危险环境中，以及移动灯具或安装在2.4 m以下的固定灯具，其电压采用36V。

③在锅炉、金属容器或金属平台等工作条件极其恶劣的场所，手提行灯采用12 V电压。

④地沟、电缆隧道或低于2 m的有触电危险房间的照明电压采用36 V或12 V。

⑤检修照明也采用36 V或12 V。

⑥由蓄电池供电时，可根据容量的大小、电源条件、使用要求等因素分别采用220，110，36，24，12 V等电压。

⑦在没有低压电源的高压配电室内，由仪用电压互感器作照明电源时，也可采用100 V照明电压。

8.4.2　供电方式

照明的供电方式与照明方式和种类有关

(1)工作照明的供电方式

可与电力公用变压器,在“变压器-干线”系统中,电源接于总开关后面的主干线上;在放射性系统中,由变电所低压配电屏引出照明专用回路;对于距变电所较远的建筑物,电力及照明负荷较小时,可将照明电源接于动力配电箱前面。当电力线路的电压波动影响照明和灯泡寿命时,照明负荷应由单独的变压器供电。

(2)事故照明的供电方式

为了继续工作用的事故照明,应由独立的备用电源供电,如自备发电机、蓄电池或其他电源;为了疏散用的事故照明应由与工作照明分开的线路供电;在变压器-干线系统中,疏散用的事故照明应接于主干线的总开关前面。

(3)局部照明的供电方式

机床自身带有电动机线路,局部照明变压器可与之共用电源,移动照明变压器及一般局部照明变压器采用独立的分支线路供电,接于照明配电箱或动力配电箱的专用回路上。

(4)室外照明的供电方式

厂区道路照明应分区集中由少数变电所供电;露天工作场地和露天堆场的照明,可由附近车间变电所供电,并就地设配电箱控制。

8.4.3 布线方式

照明供电系统所采用的导线型号及敷设方式通常依环境特征而定,见表8.8。

表8.8 根据环境条件选择常用导线型号及敷设方式

环境特征		导线型号及敷设方式			
		BLV导线在瓷(塑料)夹或瓷柱上敷设	BLV导线在瓷瓶上敷设	BLV导线穿钢(塑料)管明或暗敷设	BLVV导线用卡子固定敷设
正常		推荐(除天棚内)	允许(除天棚内)	允许	推荐
潮湿		禁止	推荐	允许	推荐
多尘		禁止	允许	允许	推荐
高湿		禁止	推荐(用BLX线)	允许(用BLX线)	禁止
有腐蚀性		禁止	允许	推荐(塑料管)	推荐
有火灾危险	H-1	禁止	允许①	允许	推荐
	H-2	禁止	禁止	允许	推荐
	H-3	禁止	允许①	允许	推荐
有爆炸危险	Q-1	禁止	禁止	推荐②	禁止
	Q-2	禁止	禁止	推荐③	允许
	Q-3	禁止	禁止	推荐③	允许
	G-1	禁止	禁止	推荐②	禁止
	G-2	禁止	禁止	推荐③	允许
室外布线		允许(无水淋)	推荐	允许	允许(无曝晒)

注:①用于没有机械损伤和远离可燃物处。禁止沿未抹灰的木质天棚及木质墙壁处敷设。

②铜线穿焊接钢管。

③用焊接钢管,可用大于2.5 mm^2铝线,连接及封端应压接、熔焊、钎焊。

8.4.4　照明电气平面布线图

为了表示电气照明的平面布线情况，设计时应绘制各种场所电气照明平面布线图。该图与动力电气平面布线图绘制方法基本相似，应对以下设备进行标注。

①标注线路的敷设位置、敷设方式、导线穿管种类、线管路径、导线截面以及导线根数等，其标注格式与第三章第二节动力电气平面布线图的标注相同。

②标注所有灯具的位置、灯具数量、灯具型号、灯泡功率、灯具安装高度和安装方式，在灯具符号旁标注其平均照度。

③标注各种配电箱、控制开关等的安装数量、型号、相对位置等，同动力电气平面布线图的标注。

在电气照明平面布线图上，照明灯具的图形符号应符合国家标准规定，常用的照明灯的图形符号见图 8.3。按国家标准规定，照明灯具标注格式为

$$a - b\frac{c \times d \times l}{e}f \tag{8.10}$$

式中　a——同类型灯具的灯数；

b——灯具型号或编号；

c——每盏灯具的灯泡数；

d——灯泡的功率，W；

e——灯具的安装高度，m；

f——灯具的安装方式，SW 线吊式，CS 链吊式，DS 管吊式，W 壁装式，C 吸顶式，R 嵌入式，CR 顶棚内安装，WR 墙壁内安装，S 支架上安装，CL 柱上安装，HM 座装；

l——灯泡的种类，IN 白炽灯，I 卤钨灯，FL 荧光灯，Hg 高压汞灯，Na 高压钠灯，Xe 长弧灯，HL 金属卤化物灯，ML 混合光源。

电气平面布线图就是在建筑的平面图上，应用国家规定的电气平面图图形符号和有关文字符号（参看 GB 4728.11—2022），按照电气设备的安装位置及电气线路的敷设方式、部位和路径绘出的电气平面图。

电气平面布线图按布线地区来分，有厂区电气平面布线图、车间电气平面布线图和生活区电气平面布线图。按线路性质分，有动力电气平面布线图、照明电气平面布线图和弱电系统（包括广播、电话和有线电视等）电气平面布线图。

这里只介绍车间动力电气平面布线图。它是表示供配电系统对车间动力设备配电的电气平面布线图，图中须对所有用电设备、配电设备、配电干线和支线进行编号和标注。表 8.9 为部分常用工程图标注文字代号，表 8.10 为常用导线敷设方式的文字代号。图 8.6 为某机械加工车间的动力电气平面布线图（只画出一角）。

表 8.9　部分常用工程图标注文字代号

名称	文字代号	说明
用电设备	$\frac{a}{b}$或$\frac{a}{b}+\frac{c}{d}$	a—设备编号 b—设备容量，kW c—线路首端熔断片或断路器的脱扣器的电流，A d—标高，m
配电设备	$a\frac{b}{c}$或$a-b-c$ 或$a\frac{b-c}{d(e\times f)-g}$	（1）一般标注方法 （2）当需要标注引入线的规格时 a—设备编号　e—导线根数 b—设备型号　f—导线截面，mm^2 c—设备功率，kW　g—导线敷设方式 d—导线型号

表 8.10　导线敷设方式的文字代号

敷设方式	旧	新	敷设方式	旧	新	敷设方式	旧	新
用瓷瓶或瓷柱敷设	CP	K	用瓷夹或瓷卡敷设	CJ	PL	沿天棚面或顶板敷设	PM	CE
用塑料线槽敷设	XC	PR	用塑料夹敷设	VJ	PCL	能进人的吊顶内敷设	DD	SCE
用钢线槽敷设	—	SR	用金属软管敷设	SPG	CP	在梁内暗敷	LA	BC
穿水煤气管敷设	—	RC	沿钢索敷设	S	M	在柱内暗敷	ZA	CLC
穿焊接钢管敷设	G	SC	沿屋架敷设	LM	AB	在墙内暗敷	QA	WC
穿电线管敷设	DG	MT	沿柱或跨柱敷设	ZM	AC	在地面内暗敷	DA	FC
用电缆桥架敷设	QJ	CT	沿墙面敷设	QM	WS	在顶板内敷设	PA	CC
混凝土排管敷设	PG	CE	直接埋设	—	DB	在电缆沟救设	LG	TC

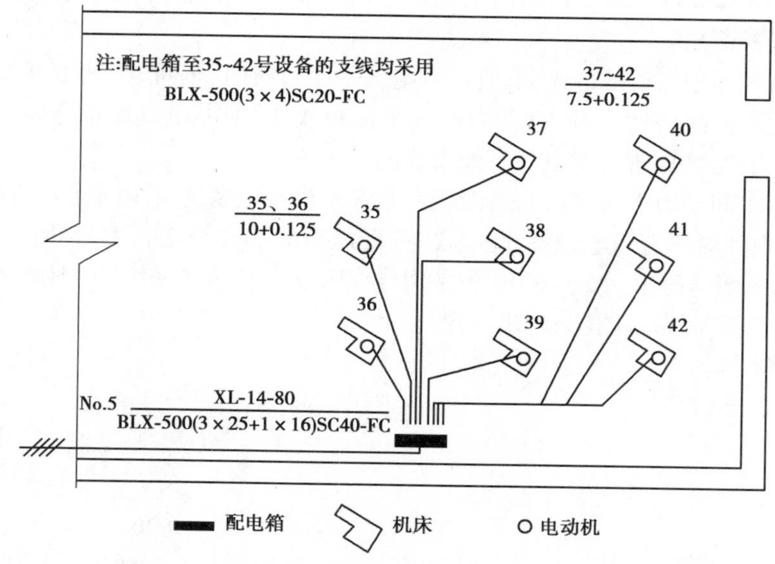

图 8.6　某机械加工车间(一角)的动力电气平面布线图

由图8.6可以看出，在平面布线图上，须表示出所有用电设备的位置，并对其进行标注，标注采用$\frac{a}{b}$的格式。配电支线的标注采用$d(e\times f)gh$的格式，支线采用BLX-500(3×4)SC20-FC，表示采用电压500 V三根4 mm^2的铝芯皮线穿内径为20 mm的焊接钢管沿地板暗敷。在平面布线图上，还须表示出所有配电设备的位置，同样要对其进行标注，标注采用$a\frac{b-c}{d(e\times f)-g}$的格式，配电线采用BLX-500(3×25+1×16)SC40-FC，表示采用电压500 V三根25 mm^2和一根16 mm^2的铝芯橡皮线穿内径为40 mm的焊接钢管沿地板暗敷。

复习思考题

8.1　照明灯具的选择原则是什么？

8.2　光的度量有哪些主要参数，它们的物理意义及单位是什么？

8.3　在开关频繁、需要及时点亮或雷调光的场所，宜选用什么灯/在其他的一般工作场所，从节电的角度，宜选用什么？

8.4　照明配电线路应装荧光灯电路中的镇流器和电容器各起什么作用？

8.5　照明配电线路应设哪些保护各起什么作用？

8.6　什么是灯具的距高比距高比与布置方案有什么关系？

习　题

8.1　办公室的建筑面积为3.3 m×2 m，用YG1-1式荧光灯具照明，若桌面高0.8 m，灯具高3.1 m，试计算需要安装灯具的数量。

8.2　某实验室面积为12 m×5 m，桌面高0.8 m，层高3.8 m，吸顶安装。拟采用YG1-1吸顶式2×40 W荧光灯照明，要求平均照度达到150 lx。假定天棚采用白色钙塑板吊顶，墙采用淡黄色涂料粉刷、地板水泥地面刷以深绿地板漆。试计算房间内的灯具数。

8.3　某车间长30 m、宽15 m、高5 m，灯具安装高度距地高度为2 m，工作面高0.75 m，试计算其室形指数？

8.4　某教室长11 m，宽6 m，高3.6 m，离顶棚0.5 m的高度内安装YG1-1型40 W荧光灯，课桌高度为0.8 m。已知白色顶棚、白色墙壁开有大窗，窗帘为深蓝色，地面为浅色水磨石地面，要求课桌面上的照度为150 lx，试计算安装灯具的数量？

第 9 章

供配电系统的电气安全与接地防雷

本章首先介绍了电压、电流对人体的作用电气安全和触电急救的有关知识接地的概念及接地装置的装设、低压配电系统的故障保护与等电位联结过电压、雷电及防雷设备和防雷措施。

9.1 电流对人体的作用及有关概念

电流通过人体时,人体内部组织将产生复杂的作用。较大的电流通过人体所产生的热效应、化学效应和机械效应,将使人的肌体遭受严重的电灼伤、组织炭化坏死及其他难以恢复的永久性伤害。触电以电灼伤者居多,但在特殊场合,人触及高压后,由于不能自主地脱离电源将导致迅速死亡的严重后果。

9.1.1 体触电可受到两种伤害

电击:人体的重要器官受到损害（大脑、心脏、呼吸系统、神经系统),多数死亡。

电伤:人体的局部器官受到损害(手、脚、胳膊),属于外伤。

9.1.2 触电的危险性取决因素

接触电压:越大越危险,安全电压一般为 36 V,不同场所安全电压不一,详见表 9.1。

表 9.1 安全电压值

安全电压(交流有效值)/V		选用举例
额定值	空载上限值	
42	60	在有触电危险的场所使用的手持式电动工具等
36	43	在矿井、多导电粉尘等场所使用的行灯等
24	29	可供某些具有人体可能偶然触及的带电体设备选用
12	15	

流过人体的电流:越大越危险,安全电流为30 mA,50～60 Hz的电流危害最严重。

触电时间:越长越危险,规定电流乘以时间≤30 mA·S。

影响因素还有人体电阻、触电方式、电流路径、环境、健康状况、情绪好坏等。

9.1.3　直接触电防护和间接触电防护

直接触电防护:对直接接触正常带电部分的防护,如对带电导体加隔离栅栏等。

间接触电防护:对正常时不带电而故障时可带危险电压的外露可导电部分(如金属外壳、框架等)的防护,例如将正常不带电压的外露可导电部分接地,并装设接地故障保护。

9.2　电气安全与触电急救

9.2.1　电气安全的一般措施

①加强电气安全教育,树立"安全第一"的观点。

②严格执行安全操作规程。如工作人员与带电设备的安全距离不得小于表9.2的规定。如在高压设备上工作必须遵守的要求:填用工作票、至少应有两人在一起工作。

表9.2　工作人员工作中正常活动范围与带电设备的安全距离

工作人员工作中正常活动范围与带电设备的安全距离							
电压等级/ky	≤10(13.8)	20～35	44	60～110	154	220	330
安全距离/m	0.35	0.60	0.90	1.50	2.00	3.00	4.00
进行地电位带电作业时人身与带电体间的安全距离							
电压等级/ky	10	35	66	110	220	330	
安全距离/n	0.4	0.6	0.7	1.0	1.8(1.6)	2.6	
等电位作业人员对邻相导线的安全距离							
电压等级/ky	10	35	66	110	220	330	
安全距离 /m	0.6	0.8	09	1.4	2.5	3.5	

③严格遵循设计、安装规范。

④加强运行维护和检修试验工作。

⑤采用安全电压和符合安全要求的相应电器。

⑥采用电气安全用具。

⑦普及安全用电常识。如不得私拉电线、不得长时间超负荷用电、当电线断落在地上不可走近、如遇有人触电,应立即设法使触电者脱离电源或断开电源,并正确进行触电急救。

⑧正确处理电气失火事故。如带电灭火,应使用二氧化碳(CO_2)灭火器、干粉灭火器、干砂等进行。

9.2.2 触电的急救处理

(1)脱离电源

在触电者未脱离电源前,救援人员不得干脆用手触及触电者。假如触电者是触及低压电,应快速切断电源或运用绝缘工具、干燥木棒等不导电物体解救触电者,可抓住触电者干燥而不贴身的衣服将其拖离电源,可戴绝缘手套或将手用干燥衣物包起后解救触电者,也可站在绝缘垫上或干木板上进行救援,最好用一只手进行救援。假如触电者触及高压带电设备,救援人员应快速切断电源,或用适合该电压级的绝缘工具(如高压绝缘棒)解救触电者,救援人员在抢救过程中,应留意保持自身与四周带电部分必要的平安距离。

(2)急救处理

当触电者脱离电源后,应马上依据具体状况,快速对症救治,同时赶快通知医生前来抢救。

①假如触电者神志尚清醒,应使其就地平躺,严密观察,暂时不要让其站立或走动。

②假如触电者伤势严重,心跳和呼吸均已停止,则在通畅气道后,立即进行口对口(鼻)的人工呼吸和胸外按压心脏的人工循环。假如现场仅有一人救援时,可交替进行人工呼吸和人工循环:先胸外按压心脏4~8次,然后口对口(鼻)吹气2~3次,再按压心脏4~8次,又口对口(鼻)吹气2~3次……如此交替反复进行。

(3)人工呼吸法

①首先解开触电者的衣服、裤带,松开上身衣物,使其胸部能自由扩张。

②使触电者仰卧,不垫枕头,使头先侧向一边,清除其口腔内的血块、假牙及其他异物。假如舌根下陷,则应将舌头拉出,使气道通畅。然后将头部扳正,使其尽量后仰,鼻孔朝天,使气道畅通。

③救援人员位于触电者一侧,用一只手捏紧其鼻孔,不使漏气;用另一只手将其下颌拉向前下方,使嘴巴张开。可在其嘴上盖一层纱布,准备进行吹气。

④向触电者大口吹气,吹气时,要使触电者胸部膨胀。

⑤救援人员吹气完毕后换气时,应马上离开触电者的嘴巴(或鼻孔),并放松紧捏的鼻(或嘴),让其自由排气。依据上述操作要求反复进行,每分钟约12次。对幼小儿童,鼻子不必捏紧,可任其自由漏气,而且吹气不能过猛,以免肺泡胀破。

(4)胸外按压心脏的人工循环法

①与人工呼吸法的要求一样,首先使气道畅通,在平整坚固的地面平躺。

②救援人位于触电者一侧,最好是跨腰跪在触电者腰部,两手相叠(对儿童可只用一只手),手掌根部放在心窝稍高一点的地方(掌根放在胸骨的下三分之一部位)。

③救援人找到触电者的正确压点后,自上而下垂直均衡地用力向下按压,压出心脏里面的血液。

④按压后,掌根快速放松(但手掌不要离开胸部),使触电者胸部自动复原,心脏扩张,使血液又回到心脏。依据上述操作要求反复进行,每分钟约60次。在施行心肺复苏法(含人工呼吸和人工循环)时,救援人应密切观察触电者反应。只要发觉触电者有醒悟迹象,例如眼皮闪动或嘴唇微动,就应中止操作几秒钟,以让触电者自行呼吸和心跳。

9.3 供配电系统的电气接地

(1)接地和接地装置

电气设备的某部分与大地之间做良好的电气连接,称为接地。埋入地中并直接与大地接触的金属导体,称为接地体或接地极。特地为接地而人为装设的接地体,称为人工接地体。兼作接地体用的直接与大地接触的各种金属构件、金属管道及建筑物的钢筋混凝土基础等,称为自然接地体。

接地装置由接地体和接地线两部分构成。接地体分为水平接地体和垂直接地体。

垂直接地体通常采用直径50 mm,长2~2.5m的钢管或50 mm×50 mm×5 mm,长2.5 m的角钢,打入地中与大地直接相连。

水平接地体一般采用扁钢或角钢,将垂直接地体连接起来。

连接于接地体与电气设备金属外壳之间的金属导线,称为接地线。接地线通常采用25×4 mm或40×4 mm的扁钢或直径16 mm的圆钢。

(2)接地电流和对地电压

当电气设备发生接地故障时,电流经接地装置是以半球面形状向大地散开的,称为散流效应或接地电流,如图9.1所示。

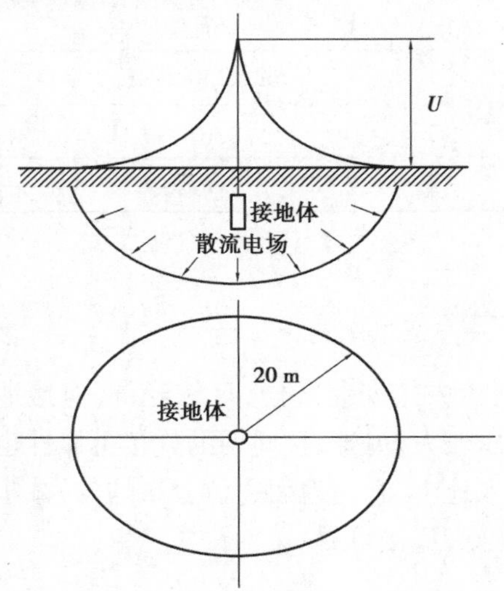

图9.1 接地装置的散流效应及对地电位分布曲线

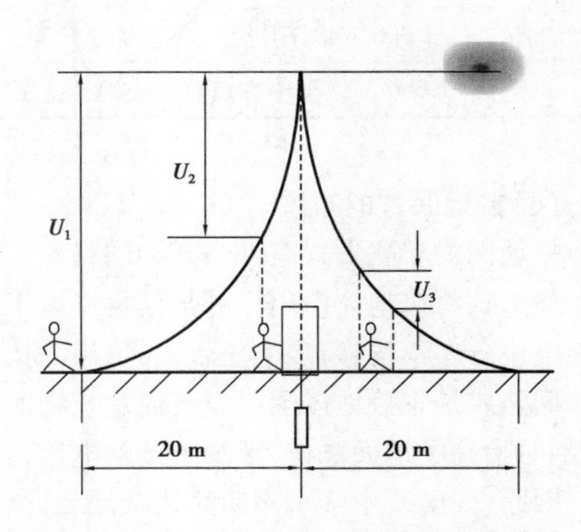

图9.2 对地电压、接触电压和跨步电压

在距单根接地体或接地故障点约20 m的地方,散流电阻已趋近于零,即其电位趋近于零,称为电气上的"地"或"大地"。电气设备的接地部分,如接地的外壳和接地体等,与零电位的"地"之间的电位差,就称为接地部分的对地电压。

(3)接触电压和跨步电压

接触电压:由于接地装置散流效应,当电气设备发生单相碰壳或接地故障时,在接地点周围的地面就会有对地电位分布。电气设备的接地部分与20 m外的零电位之间的电位差U_1,称为接地部分的"对地电压"。此时,若人站在该设备旁,手接触到设备外壳,则人手与脚之间

呈现出的电位差 U_2称为“接触电压”，如图 9.2 所示。

跨步电压：在接地故障点旁边行走时，两脚之间出现的电位差 U_s。越靠近接地故障点或跨步越大，跨步电压越大。离接地故障点达 20 m 时，跨步电压为零。

(4)工作接地、保护接地和重复接地

工作接地：为保证电力系统和电气设备达到正常工作要求而进行的一种接地，例如电源中性点的接地、防雷装置的接地等。

保护接地：为保障人身平安、防止间接触电而将设备的外露可导电部分接地。

重复接地：在 TN 系统中，当 PE 线或 PEN 线断线且有设备发生单相碰壳时，接在断线处后面的设备外壳上出现接近于相电压的对地电压，存在触电危险。因此，为了进一步提高安全可靠性，除系统中性点进行工作接地外，还必须在以下地点重复接地：

①架空线路末端及沿线每隔 1 km 处。

②电缆和架空线引入车间和大型建筑物处。

(5)对接地电阻的要求

接地电阻是指接地体的散流电阻与接地线和接地体电阻的总和，接地电阻的允许值见表 9.3。

表 9.3 接地电阻的允许值

电力装置所在电力系统	接地电阻允许值/Ω
1 000 V 以上的中性点接地系统	$RE \leqslant 0.5\ \Omega$
1 000 V 以上的中性点不接地系统	$RE \leqslant 250\ \text{V/IE} \leqslant 10\ \Omega$
1 000 V 以下中性点不接地系统	$RE \leqslant 4\ \Omega$
1 000 V 以下中性点直接接地系统	$RE \leqslant 4\ \Omega$

(6)接地装置的布置

接地网的布置形式有外引式和回路式。

外引式将接地体引出户外某处集中埋于地下，该方式安装方便，且较经济，但接地体附近地面电位分布不均，跨步电压较大，厂房内接触电压较大；另外，接地网的连接可靠性也较差。

回路式是将接地体围绕设备或建筑物四周打入地中，它使地面电位分布均匀，减小跨步电压，同时抬高了地面电位，减少了接触电压，安全性好，连接可靠。

因此，变电所中常采用回路式接地装置。

9.4 供配电系统的防雷保护

9.4.1 过电压及雷电的有关概念

防雷就是防御过电压，过电压是指电气设备或线路上出现超过正常工作要求的电压升高。在电力系统中，按照过电压产生的原因不同，可分为内部过电压和雷电过电压两大类。

(1) 内部过电压

内部过电压(又称操作过电压),指供配电系统内部由于开关操作、参数不利组合、单相接地等原因,使电力系统的工作状态突然改变,从而在其过渡过程中引起的过电压内部过电压又可分为操作过电压和谐振过电压。操作过电压是由于系统内部开关操作导致的负荷骤变,或由于短路等原因出现断续性电弧而引起的过电压。谐振过电压是由于系统中参数不利组合导致谐振而引起的过电压。

限制内部过电压的措施通常有:

①采用灭弧能力强的快速高压断路器,在断路器主触头上并联电阻(约 3 000 Ω),在并联电阻上串联一个辅助触头,以减少电弧重燃的次数,控制操作过电压的倍数。

②装设磁吹避雷器或氧化锌避雷器。

③对于对地电容电流大的网络,中性点经消弧线圈接地,限制电弧接地过电压。

④增加对地电容或减少系统中电压互感器中性点接地的台数,即增加母线对地的感抗,从而减小固有自振频率,避免因系统扰动而发生母线铁磁谐振过电压。

(2) 雷电过电压

雷电过电压又称大气过电压或外部过电压,是指雷云放电现象在电力网中引起的过电压。是由于电力系统的设备或建筑物遭受来自大气中的雷击或雷电感应而引起的过电压,因其能量来自系统外部,故又称为外部过电压。

1) 雷电形成的原理

雷电是带有电荷的雷云之间、雷云对大地或物体之间产生急剧放电的一种自然现象。关于雷云普遍的看法是:在闷热的天气里,地面的水汽蒸发上升,在高空低温影响下,水蒸气凝成冰晶。冰晶受到上升气流的冲击而破碎分裂,气流挟带一部分带正电的小冰晶上升,形成“正雷云”,而另一部分较大的带负电的冰晶则下降,形成“负雷云”。由于高空气流的流动,“正雷云”和“负雷云”均在空中飘浮不定。据观测,在地面上产生雷击的雷云多为“负雷云”。

雷云—雷电先导—迎雷先导—主放电阶段—余辉放电,其过程如图 9.3 所示。放电过程中,主放电电流很大,高达几百千安,但持续时间极短,一般只有 50 ~ 100 μs;余辉放电阶段电流较小,约几百安,持续时间约为 0.03 ~0.15 s。

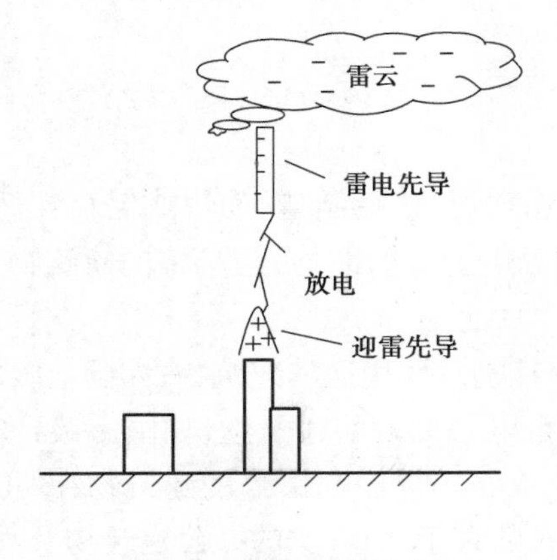

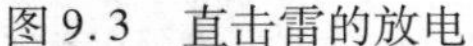
图 9.3　直击雷的放电

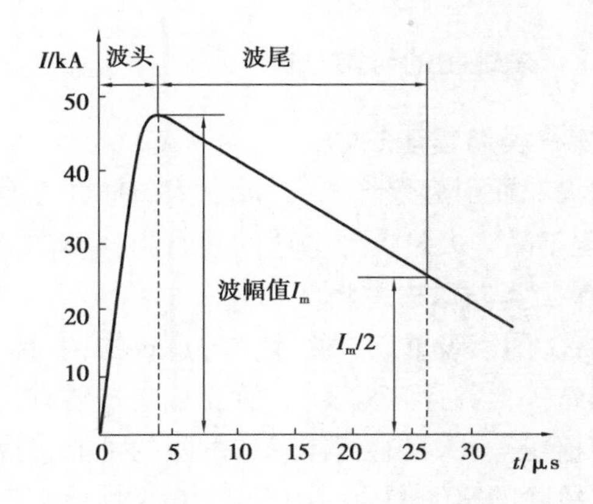

图 9.4　雷电流波形

图 9.4 为雷电流波形图,图中,雷电流由零增大到幅值的这段时间的波形称为波头 τ_{wh}

(wave head),雷电流从幅值衰减到幅值的一半的一段波形称为波尾 τ_{wt}(wave tail)。雷电波的陡度 α 用雷电流波头部分的增长速度来表示,即 $a=\frac{di}{dt}$。

2)雷电过电压的类型

雷电过电压一般分为直击雷、间接雷击和雷电侵入波三种类型。

①直击雷过电压,是遭受直击雷击时产生的过电压。经验表明,直击雷击时雷电流可高达几百千安,雷电电压可达几百万伏。遭受直击雷击时均难免灾难性结果。因此必须采取防御措施。

②感应雷过电压,间接雷击又简称感应雷,是雷电对设备、线路或其他物体的静电感应或电磁感应所引起的过电压。如图 9.5 所示为架空线路上由于静电感应而积聚大量异性的束缚电荷,在雷云的电荷向其他地方放电后,线路上的束缚电荷被释放形成自由电荷,向线路两端运行,形成很高的过电压。经验表明,高压线路上感应雷可高达几十万伏,低压线路上感应雷也可达几万伏,对供电系统的危害很大。

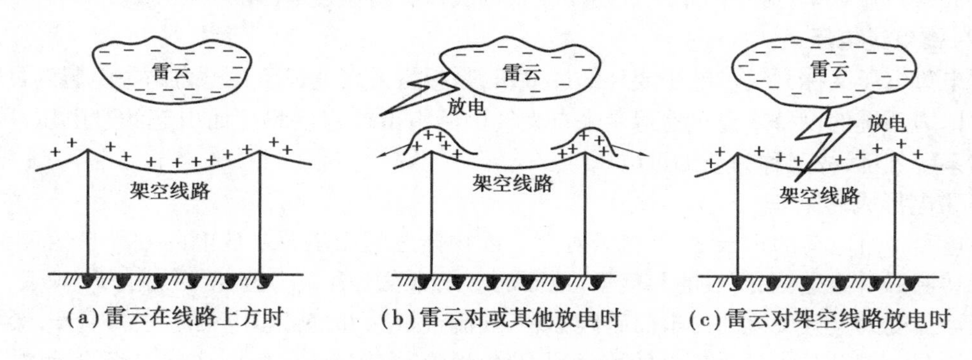

图 9.5　架空线路上的感应过电压

③雷电侵入波是感应雷的另一种表现,是由于直击雷或感应雷在电力线路的附近、地面或杆塔顶点,从而在导线上感应产生的冲击电压波,它沿着导线以光速向两侧流动,故又称为过电压行波。行波沿着电力线路侵入变配电所或其他建筑物并在变压器内部引起行波反射,产生很高的过电压。据统计,雷电侵入波造成的雷害事故,要占所有雷害事故的 50% ~70%。

9.4.2　建筑物的防雷分类

(1)第一类防雷建筑物

因电火花而引起爆炸,会造成巨大破坏和人身伤亡者,包括制造、使用或储存炸药、火药、起爆药、化工品等大量爆炸物质的建筑物;具有气体爆炸、粉尘爆炸危险环境的建筑物。

(2)第二类防雷建筑物

包括:①国家级重点文物保护的建筑物;②具有特别重要用途的建筑物,如国家级的会堂、大型火车站等;③对国民经济有重要意义且装有大量电子设备的建筑物,如国家级计算中心、国际通信枢纽等;④具有气体爆炸危险的可能,且电火花不易引起爆炸的建筑物;⑤工业企业内有爆炸危险的露天钢质封闭气罐;⑥年预计雷击次数大于 0.06 次的办公建筑物及其他重要或人员密集的公共建筑物;⑦年预计雷击次数大于 0.3 次的住宅、办公楼等一般性民用建筑物。

(3)第三类防雷建筑物

包括:①省级重点文物保护的建筑物及省级档案馆;②年预计雷击次数为0.012~0.06的办公建筑物及其他重要或人员密集的公共建筑物;③年预计雷击次数为0.06~0.3的住宅、办公楼等一般性民用建筑物;④年预计雷击次数大于等于0.06的一般性工业建筑物;⑤根据雷击后果及具体情况,确定需要防雷的火灾危险环境;⑥在平均雷暴日大于15 d/年的地区,高度在15 m及以上的烟囱、水塔等孤立的高耸建筑物;在平均雷暴日小于或等于15 d/年的地区,高度在20 m及以上的烟囱、水塔等孤立的高耸建筑。

9.4.3　防雷保护装置

(1)避雷针及其保护范围

避雷针由承受雷击的接闪器、支持构架、接地引下线和接地体四部分构成,其保护范围由"滚球法"确定。

所谓"滚球法",就是选择一个半径为h_r(滚球半径见表9.4)的球体,沿需要防护直击雷的部位滚动。如果球体只接触到避雷针(线)与地面,而不触及需要保护的部位,则该部位就在避雷针(线)的保护范围之内。

表9.4　按建筑物防雷类别确定滚球半径和避雷网格尺寸

建筑物防雷类别	第一类	第二类	第三类
滚球半径 h_r/m	30	45	60
避雷网格尺寸(不大于)/m	5×5或6×4	10×10或12×8	20×20或24×16

1)当避雷针高度$h \leqslant h_r$时

距地面h_r处作一与地面平行的平行线,以避雷针的针尖为圆心,h_r为半径作弧线,交上述平行线于A、B两点。分别以A、B为圆心,h_r为半径作弧线,该弧线均与针尖相交并与地面相切。由此弧线起到地面上的整个锥形空间,就是避雷针的保护范围(图9.6)。

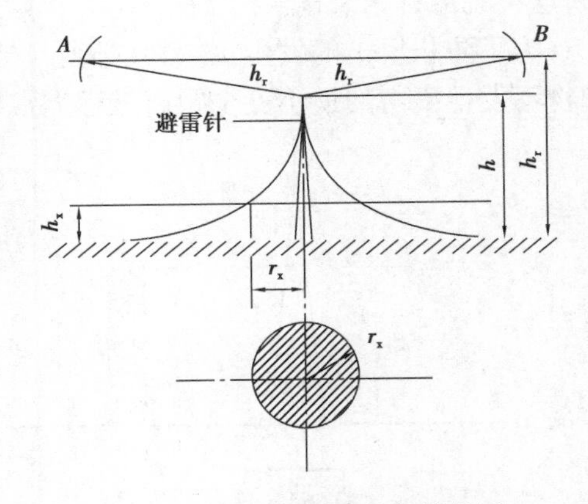

图9.6　单支避雷针的保护范围

避雷针在被保护物高度h_x水平面上的保护半径,按下式计算:

$$r_x = \sqrt{h(2h_r - h)} - \sqrt{h_x(2h_r - h_x)} \qquad (9.1)$$

2)当避雷针高度$h > h_r$时

在避雷针上取高度h_r的一点代替单支避雷针的针尖作圆心,其余保护范围的求法同$h \leqslant h_r$时。

(2)避雷线及其保护范围

对于单根避雷线的保护范围,当避雷线的高度$h \geqslant 2h_r$时,无保护范围;当避雷线的高度$h < 2h_r$时,应按下列方法确定,见图9.7。

①距地面h_r处画一与地面平行的平行线。

②以避雷线为圆心,h_r为半径作弧线,交平行线于A、B两点。

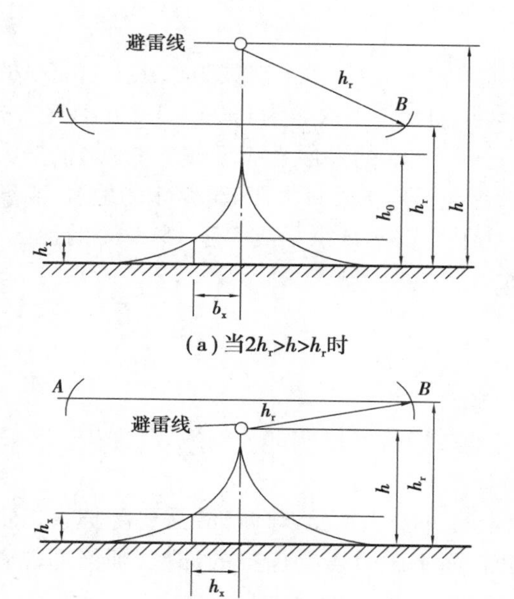

图 9.7 单根避雷线的保护范围

③以 A、B 为圆心，h_r 为半径作弧线，该两弧线相交或相切，并与地面相切。从该弧线起到地面上的空间就是其保护范围。

④当 $2h_r>h>h_r$ 时，保护范围最高点的高度 h_0 按下式计算：$h_0=2h_r-h$。

⑤避雷线在被保护物高度 h_x 的水平面上的保护宽度，按下式计算：

$$b_x = \sqrt{h(2h_r-h)} - \sqrt{h_x(2h_r-h_x)} \tag{9.2}$$

(3)避雷带和避雷网

避雷带和避雷网主要用来保护其所处的整幢高层建筑物免遭雷击。

(4)消雷器及其保护范围

①抑制和消除上行雷。

②中和雷云电荷。

③抑制下行雷主放电电流。

(5)防护雷电流反击的措施

如图 9.8 所示，当雷击避雷针以后，雷电流沿接地引下线入地，在 A、B 两点产生高电位。若避雷针与被保护物之间的空中距离 S_a 或它们的接地体在土壤中的距离 S_e 不能承受 A、B 两点的高电位，就会造成 S_a 或 S_e 间隙击穿或闪络，这种现象称为反击。

为了防止反击的发生，避雷针必须与被保护物之间保持一定的安全距离。避雷针对被保护物不发生反击的最小安全距离工程上常取 $S_a \geqslant 0.3R_{sh}+0.1h$（$R_{sh}$为避雷针的接地电阻）。

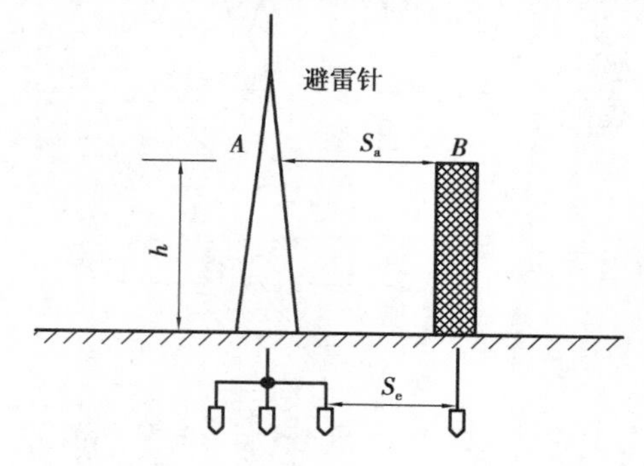

图 9.8 避雷针与被保护物的距离

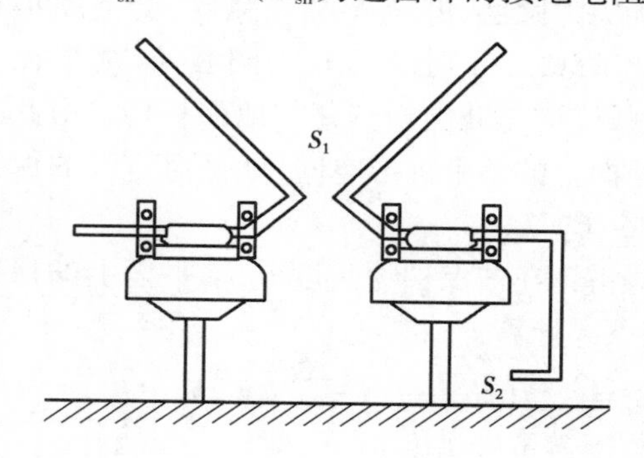

图 9.9 角型保护间隙

(6)避雷器

1)保护间隙

保护间隙又称放电间隙，是最简单的防雷保护装置，它由主间隙 S_1、辅助间隙 S_2 和支持瓷瓶组成。主间隙按结构型式不同，分为棒型、环型和角型。

图 9.9 为角型保护间隙，当供电系统遭到大气过电压时，保护间隙 S_1 作为一个薄弱环节首先击穿，并将雷电流释放到地中；辅助间隙 S_2 的作用是为了防止主间隙被异物短路引起误

动作。

保护间隙构造简单，成本低廉，维护方便，但由于无专门灭弧装置，灭弧能力很差。规程规定，在具有自动重合闸的线路中和管型避雷器或阀型避雷器的参数不能满足安装地点的要求时，可以采用保护间隙。

2）管型避雷器

管型避雷器由产气管、内部间隙和外部间隙三部分组成，如图9.10所示。产气管由纤维、有机玻璃或塑料制成。内部间隙装在产气管内部，一个电极为棒形，另一个电极为环形。外部间隙设在避雷器和带电的导体之间，其作用是保证正常时避雷器与电网的隔离，避免纤维管受潮漏电。

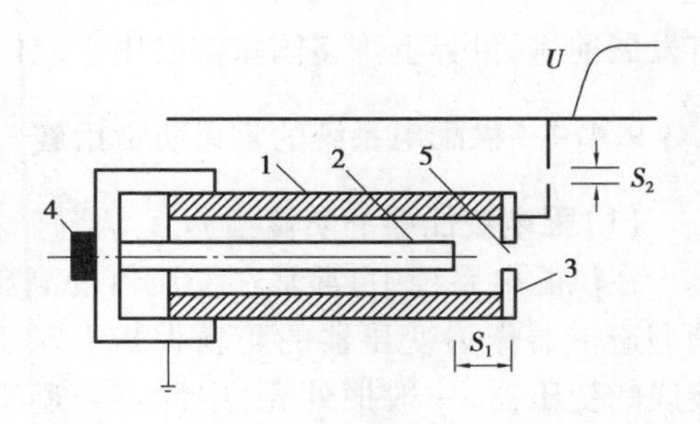

图9.10 管型避雷器

1—产生气体的管子；2—棒形电极；3—环形电极；4—接地螺母；5—喷弧管口；S_1—内部间隙；S_2—外部间隙

由于管型避雷器伏秒特性较陡，不宜与变压器的伏秒特性相配合，且在动作时有气体喷出，因此，管型避雷器主要用于室外线路上。

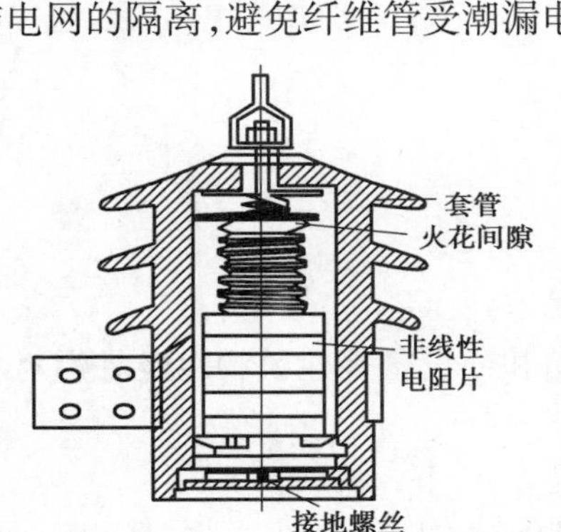

图9.11 阀型避雷器

3）阀型避雷器

阀型避雷器（图9.11）由装在密封磁套管中的火花间隙组和具有非线性电阻特性的阀片串联组成。火花间隙组是根据额定电压的不同采用若干个单间隙叠合而成。

如图9.2所示，每个间隙由两个黄铜电极和一个云母垫圈组成。由于两黄铜电极间距小，面积较大，因而电场较均匀，可得到较平缓的放电伏秒特性。阀片是由金刚砂（SiC）和结合剂在一定的高温下烧结而成，具有良好的非线性特性和较高的通流能力。阀片的电阻值随着所加电压变化而变化，当阀片上所加电压增大时，电阻值减小；当阀片上电压减小时，电阻值增大。这样，在通过较大雷电流时，使避雷器上出现的残压不会过高，对较小的工频续流又能加以限制，为火花间隙的切断续流创造了良好的条件。

由于阀型避雷器具有伏秒特性比较平缓，残压较低的特点，因此，常用来保护变电所中的电气设备。

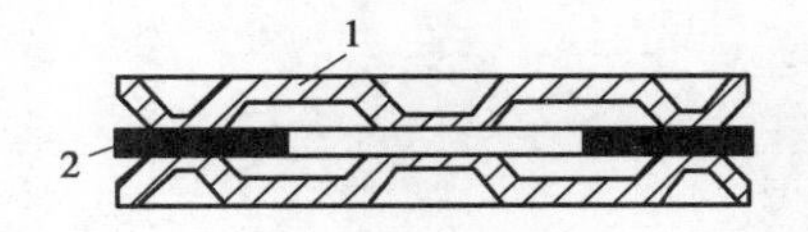

图9.12 单个平板型火花间隙

1—黄铜电极；2—云母片

4）金属氧化物避雷器

金属氧化物避雷器又称压敏避雷器。它在结构上没有火花间隙，由氧化锌或氧化铋等金属氧化物烧结而成的压敏电阻片（阀片）组成。

金属氧化物避雷器的阀片具有优异的非线性伏安特性，在工频电压下，阀片具有极大的电阻，呈绝缘状态，能迅速有效的阻断工频续流，因此无需火花间隙来熄灭工频电压引起的电弧；当电压超过一定值（称为起动电压）时，阀片“导通”，呈低阻状态，将大电流泄入地中；当危险过电压消失以后，阀片迅速恢复高阻绝缘状态。

金属氧化物避雷器具有无间隙、无续流、通流量大、残压低、体积小、质量小等优点，因此很有发展前途，世界上许多国家都已用它取代了碳化硅阀式避雷器。

9.4.4 供配电系统的常见防雷措施

(1)配电变压器的防雷措施

在供配电系统中，常常在变压器的高压侧装设阀型避雷器作为变压器的防雷保护。对于 Y/Yn0 接线的变压器，一般把外壳、中性点与避雷器共同接地。图 9.13 为配电变压器的防雷接线。

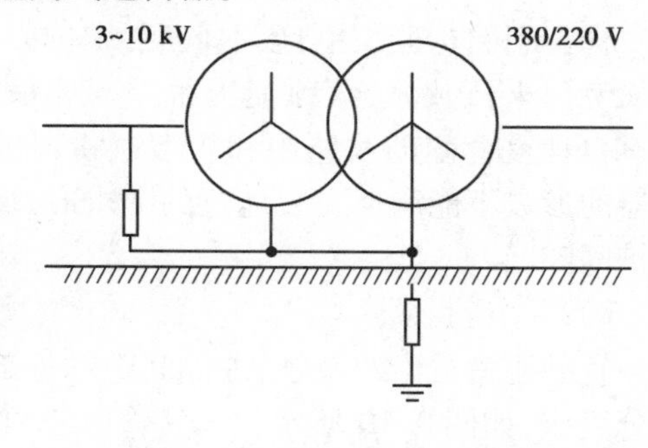

图 9.13 配电变压器的防雷接线

(2)架空线路的防雷措施

①架设避雷线。

②提高线路本身的绝缘水平。

③利用三角形排列的顶线兼作防雷保护线。

④加强绝缘弱点的保护。

⑤装设自动重合闸装置。

(3)变配电所的防雷措施

1)变配电所的直击雷保护

变电所内如下设备和建筑物应该有直击雷保护装置：

①室外的配电装置(包括母线廊道、架空母线桥、软连线等)；

②遭受雷击后可能引起火灾的建筑物，例如露天的油箱和油设备等建筑物以及易燃材料的仓库；

③有爆炸危险的建筑物，例如氢气设备和乙炔发生装置等；

④雷击后可能引起力学性能破坏的高大建筑物，例如烟囱、冷却塔和变压器修理间等。

2)35 ~ 110 kV 变电所的进线防雷保护

如图 9.14 所示，35 ~ 110 kV 变电所的进线防雷保护的目的在于防止线路上落雷后雷电波侵入变电所，危害变电所的配电装置。

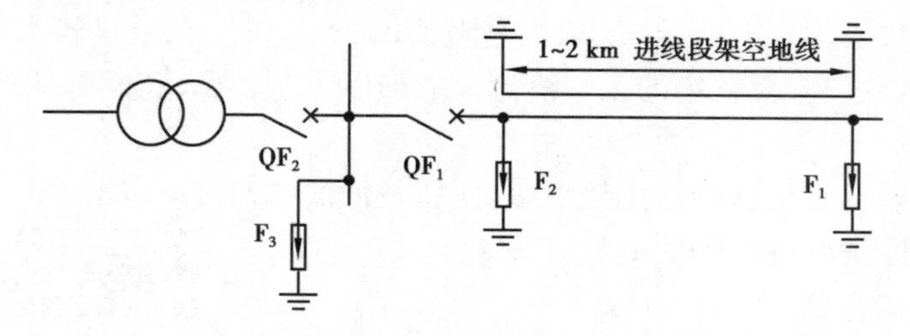

图 9.14 35 ~ 110 kV 变电所的进线防雷措施

在靠近隔离开关或断路器 QF1 处装设一组管型避雷器 F2，防止线路上的雷电波侵入到隔离开关或断路器开路处由于反射而形成两倍侵入波幅值的电压，损坏隔离开关或断路器。F2 的外间隙应调整于正常运行时不被击穿。

不采用全线装设避雷线的线路，可以在进线段 1 ~ 2 km 内架设避雷线，防护直接雷击，还可以使感应雷过电压产生在 1 ~ 2 km 以外，靠近线段本身的阻抗起限流作用，降低雷电冲击波的幅值和陡度。

阀型避雷器 F3 保护价值高而绝缘相对薄弱的变压器。

为了限制线路上遭受直击雷产生的高电压，该线路进线段的首端，装设一组管型避雷器F1，且其工频接地电阻应在10 Ω以下。

3）高压电动机的防雷保护

具有电缆进线段的电动机的防雷保护如图9.15所示，在运行中电动机绕组的安全冲击耐压值常低于磁吹阀型避雷器的残压，因此单靠避雷器构成的高压电动机保护不够完善，必须与电容器和电缆线段等联合组成保护。

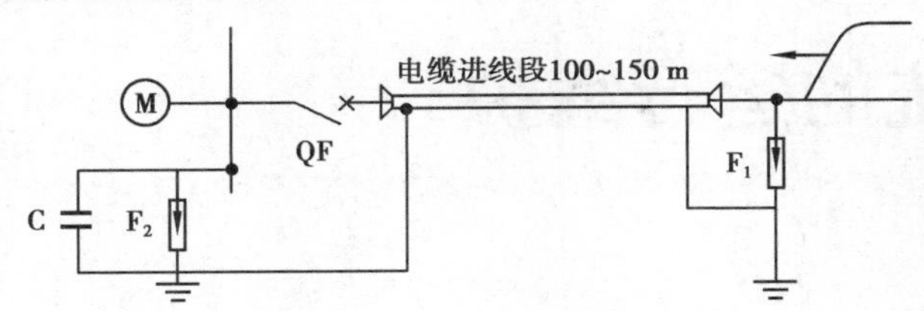

图9.15　具有电缆进线段的电动机的防雷保护

当侵入波使管型避雷器F1击穿后，电缆首端的金属外皮和芯线间被电弧短路，由于雷电流频率很高和强烈的趋肤效应使雷电流沿电缆金属外皮流动，而流过电线芯线的雷电流很小。

同时，由于电缆和架空线的波阻抗不同（架空线约400～500 Ω，电缆约10～50 Ω），雷电波在架空线与电缆的连接点上会发生折射与反射。雷电波侵入电缆以后，电压波幅值已经大大降低。

采用F2与电容器C并联来降低母线上侵入波的波幅值和波陡度，保护中性点的绝缘。

复习思考题

9.1　电气安全包括哪两方面，忽视电气安全有什么危害？

9.2　什么叫直接触电防护和间接触电防护？

9.3　什么是过电压？过电压有哪些类型？雷电过电压有哪些种类？

9.4　架空线路有哪些防雷措施？3～10 V线路主要采取哪种防雷措施？

习　题

9.1　有一台630 kV·A的电力变压器低压侧中性点需进行接地，已知可利用变电所的钢筋混凝土基础的自然接地体接地电阻为12 Ω。试确定需补充的人工接地体的接地电阻值及人工接地的垂直埋地钢管、连接扁钢和布置方案。已知接地处的土壤电阻率为100 Ω·m，单相短路电流可达2.8 kA，短路电流持续时间为0.7 s。

9.2　某厂有一座二类防雷建筑物，高10 m，其房顶最远的一角距离一高50 m的烟囱15 m远，烟囱上装有一根2.5 m高的避雷针。试检验此避雷针能否保护该建筑物。

第10章 供配电系统的运行维护

10.1 变配电所的运行维护

10.1.1 变配电所的运行值班制度与要求

(1)变配电所的运行值班制度

工厂变配电所的运行值班制度,主要有轮班制和无人值班制。

①轮班制。即全天分为早、中、晚三班,值班员分组轮流值班,全年365天都不间断。这种值班制度对于确保变配电所的安全运行有很大好处,是我国工矿企业目前仍普遍采用的一种值班制度。但这种轮班制耗费的人力多,运行费用高。

②无人值班制。变配电所无固定值班人员进行日常监视和操作。我国有些小型工厂及有的大中型工厂的车间变电所,往往采用无人值班制,仅由工厂的维修电工或总变配电所的值班电工每天定期巡视检查。不过如果变配电所自动化程度低,这种无人值班制是很难确保变配电所安全可靠运行的要求的。现代化工矿企业变配电所的发展方向,就是要实现高度自动化和无人值班。变配电所内的简单、单项操作由当地自动化装置自动完成,而复杂的和涉及系统运行的操作,则由远方调度控制中心来控制。因此,变配电所的自动化系统是无人值班变配电所安全可靠运行的技术支撑和物质基础。

(2)变配电所值班员的职责

①遵守变配电所值班工作制度,坚守工作岗位,做好变配电所的安全保卫工作,确保变配电所的安全运行。

②积极钻研本职工作,认真学习和贯彻有关规程,熟悉变配电所一、二次系统的接线及设备的装设位置、结构性能、操作要求和维护保养方法等,掌握安全工具和消防器材的使用方法和触电急救法,了解变配电所现在的运行方式、负荷情况及负荷调整、电压调节等措施。

③监视变配电所内各种设施的运行状态,定期巡视检查,按现场规程规定抄报各种运行数据,记录运行日志。发现设备缺陷和运行不正常时,及时处理,并做好有关记录,以备查考。

④按上级调度命令进行操作。发生事故时,进行紧急处理,并做好记录,以备查考。

⑤保管好变配电所内各种资料图表、工具仪器和消防器材等,并按规定定期进行检查或检验,同时做好和保持好所内设备和环境的清洁卫生。

⑥按规定进行交接班。值班员未办完交接班手续时,不得擅离岗位。在处理事故时,一般不得交接班。接班的值班员可在当班的值班员要求和主持下,协助处理事故。如果事故一时难以处理完毕,在征得接班的值班员同意或上级同意后,可进行交接班。

(3)变配电所运行值班注意事项

①有高压设备的变配电所,为保证安全,一般应至少由两人值班。但当室内高压设备的隔离室设有遮拦且遮拦高度在1.7 m以上、安装牢固并加锁,而且室内高压开关的操作机构用墙或金属板与开关隔离或装有远方操作机构时,可由单人值班。但单人值班时,值班员不得单独从事修理工作。

②无论高压设备是否带电,值班员不得单独移开或跨过遮拦进行工作。如有必要移开遮拦时,须有监护人在场,并符合表10.1规定的安全距离。

表10.1　设备不停电时的安全距离(据2005年《国家电网公司电力安全工作规程》)

电压等级/kV	10及以下(13.8)	20、35	66、110	220	330	500
安全距离/m	0.70	1.00	1.50	3.00	4.00	5.00

注:表中未列电压按高一级电压的安全距离。

③雷雨天巡视室外高压设备时,应穿绝缘靴,并且不得靠近避雷针和避雷器。

④高压设备发生接地时,室内不得接近故障点4 m以内,室外不得接近故障点8 m以内。进入上述范围的人员,应穿绝缘靴。接触设备的外壳和构架时,应戴绝缘手套。

⑤巡视高压配电装置,进出高压室,必须随手关门。

⑥高压室的钥匙至少应有3把,由运行值班员负责保管,按值移交。一把专供紧急时使用,一把专供值班员使用,其他可以借给经批准的巡视高压设备人员和经批准的检修、施工队伍的工作负责人使用,但应登记签名,在巡视或当日工作结束之后交还。

10.1.2　变配电所的送电和停电操作

(1)操作的一般要求

为了确保运行安全,防止误操作,按2005年《国家电网公司电力安全工作规程》规定:倒闸操作必须根据值班调度员或运行值班负责人的指令,受令人复诵无误后执行。

倒闸操作可以通过就地操作、遥控操作或程序操作完成。遥控操作和程序操作的设备应满足有关的技术条件。

就地操作又分监护操作、单人操作和检修人员操作三种方式。

①监护操作。由两人进行,其中一人对设备比较熟悉者作监护。特别重要和复杂的倒闸操作,由熟练的运行人员操作,运行值班负责人监护。操作人必须填写操作票。

②单人操作。这适于单人值班的变电所。运行人员根据发令人用电话传达的操作指令填写操作票,复诵无误后执行。实行单人操作的设备、项目及运行人员需经设备运行管理单位批准,人员应通过专项考核。

③检修人员操作。经设备运行管理单位考试合格、批准的本企业的检修人员，可进行 220 kV 及以下的电气设备由热备用至检修或由检修至热备用的监护操作，监护人应是同一单位的检修人员或设备运行人员。检修人员进行操作的接、发令程序及安全要求，应由设备运行管理单位总工程师（技术负责人）审定，并报相关部门和调度机构备案。

倒闸操作票的格式如表 10.2 所示。操作票内应填入下列项目：应拉合的断路器和隔离开关，检查断路器和隔离开关的位置，检查接地线是否拆除，检查负荷分配，装拆接地线，安装或拆除控制回路或电压互感器回路的熔断器，切换保护回路以及检验是否确无电压等。

表 10.2　变电所倒闸操作票格式

单位：　　　　　　　　　　　　　　　　　　　　　　　　　　　　编号：

<table>
<tr><td>发令人</td><td></td><td>受令人</td><td></td><td>发令时间</td><td>年　月　日　时　分</td></tr>
<tr><td colspan="4">操作开始时间：　　年　月　日　时　分</td><td colspan="2">操作结束时间：　　年　月　日　时　分</td></tr>
<tr><td colspan="6">（　　）监护下操作　（　　）单人操作　（　　）检修人员操作</td></tr>
<tr><td colspan="6">操作任务：</td></tr>
<tr><td>顺序</td><td colspan="4">操作项目</td><td>√</td></tr>
<tr><td></td><td colspan="4"></td><td></td></tr>
<tr><td></td><td colspan="4"></td><td></td></tr>
<tr><td></td><td colspan="4"></td><td></td></tr>
<tr><td></td><td colspan="4"></td><td></td></tr>
<tr><td></td><td colspan="4"></td><td></td></tr>
<tr><td></td><td colspan="4"></td><td></td></tr>
<tr><td colspan="6">备注：</td></tr>
<tr><td colspan="6">操作人：　　　监护人：　　　值班负责人（值长）：</td></tr>
</table>

操作票应填写设备的双重名称，即设备名称和编号。

操作票应用钢笔或圆珠笔逐项填写。用计算机开出的操作票，应与手写的格式一致。操作票票面应清楚整洁，不得任意涂改。操作人和监护人应根据模拟图或接线图核对所填写的操作项目，并分别签名，然后经值班负责人（检修人员操作时由工作负责人）审核签名。

开始操作前，应先在模拟图（或微机防误装置、微机监控装置）上进行核对性的模拟预演；无误后，再进行操作。操作前，应先核对设备名称、编号和位置。操作中应认真执行监护复诵制度（单人操作时也应高声唱票），现场宜全过程录音。必须按操作票填写的顺序逐项操作。每操作完一项，应检查无误后在操作票该项后面画一个"√"记号。全部操作完毕后进行复查。

操作中发生疑问时，应立即停止操作，并向发令人报告。待发令人再行许可后，方可继续操作。不准擅自更改操作票，不准随意解除闭锁装置。

用绝缘棒拉合隔离开关或经传动机构拉合隔离开关和断路器，均应戴绝缘手套。雨天操作室外高压设备时，绝缘棒应有防雨罩，并应穿绝缘靴。接地网电阻不符合要求的，晴天也应穿绝缘靴。雷电时，一般不进行倒闸操作，禁止就地进行倒闸操作。

在发生人身触电事故时，为了解救触电人，可以不经许可，即行断开有关设备的电源，但事后必须立即报告调度和上级部门。

下列各项操作可不用操作票：事故应急处理；拉合断路器的单一操作；拉开或拆除全所唯一的一组接地刀闸或接地线。上述操作在完成后应做好记录，事故应急处理应保存原始记录。

(2)变配电所的送电操作

变配电所送电时，一般应从电源侧的开关合起，依次合到负荷侧开关。按这种程序操作，可使开关的闭合电流减至最小，比较安全，万一某部分存在故障，也容易发现。但在高压断路器—隔离开关电路和低压断路器—刀开关电路中，送电时一定要按照下列顺序依次操作：①合母线侧隔离开关或刀开关；②合线路侧隔离开关或刀开关；③合高压或低压断路器。

如果变配电所是事故停电后恢复送电的操作，则视电源进线侧装设的开关的不同类型而采取不同的操作程序。如果电源进线侧装设的是高压断路器，则高压母线发生短路故障时，断路器自动跳闸。在故障消除后，直接合上断路器即可恢复送电。如果电源进线侧装设的是高压负荷开关，则在故障消除并更换了熔断器的熔管后，合上负荷开关即可恢复送电。如果电源进线侧装设的是高压隔离开关—熔断器，则在故障消除并更换了熔断器的熔管后，先断开所有出线开关，然后合上高压隔离开关，再合上所有出线开关才能全面恢复送电。如果电源进线侧装设的是跌落式熔断器(不是负荷型的)，其送电操作程序与装设的隔离开关相同。如果装设的是负荷型跌落式熔断器，则其操作程序与装设的负荷开关相同。

(3)变配电所的停电操作

变配电所停电时，一般应从负荷侧的开关拉起，依次拉到电源侧的开关。按这种程序操作，可使开关的开断电流减至最小，也比较安全。但是在高压断路器—隔离开关电路和低压断路器—刀开关电路中，停电时，一定要按照下列顺序依次操作：①拉高低压断路器；②拉线路侧隔离开关或刀开关；③拉母线侧隔离开关或刀开关。

线路或设备停止电以后，为了安全，一般规定要在主开关的操作手柄上悬挂“禁止合闸，有人工作!”之类的标示牌。如果有线路或设备检修时，应在电源侧(如有可能两侧来电时，则应在其两侧)安装临时接地线。安装接地线时，应先接接地端，后接线路端；而拆除接地线时，操作程序恰好相反。

10.1.3　电力变压器的运行维护

(1)一般要求

电力变压器是变电所内最关键的电气设备，做好变压器的运行维护工作十分重要。

在有人值班的变电所内，应根据控制盘或开关柜上的仪表信号来监视变压器的运行情况，并每小时抄表一次。如果变压器在过负荷下运行，则至少每半小时抄表一次。安装在变压器上的温度计，应于巡视时检视和记录。

无人值班的变电所，应于每次定期巡视时记录变压器的电压、电流和上层油温。

变压器应定期进行外部巡视。有人值班的变电所，每天应至少检查一次，每周进行一次夜间检查。无人值班的变电所，变压器容量大于315 kV · A的，每月至少检查一次；容量在315 kV · A及以下的，可两月检查一次。根据现场的具体情况，特别是在气候骤变时，应适当增加检查次数。

(2)变压器的巡视项目

①检查变压器的音响是否正常。变压器的正常音响应是轻微而均匀的嗡嗡声。如果其音响较平常(正常)时沉重,说明变压器过负荷;如果音响尖锐,说明电源电压过高。

②检查变压器油温是否超过允许值。油浸式变压器的上层油温一般不应超过 85 ℃,最高不应超过 95 ℃。油温过高,可能是变压器过负荷引起,也可能是变压器内部故障的原因。

③检查变压器油枕及瓦斯继电器的油位和油色,检查各密封处有无渗油和漏油现象。如果油面过低,就可能存在有渗油漏油情况。如果油面过高,则可能是冷却装置运行不正常或变压器内部故障所引起。如果油色变深变暗,则说明油质变坏。

④检查变压器套管是否清洁,有无破损裂纹和放电痕迹;检查高低压接头的螺栓是否紧固,有无接触不良和发热现象。

⑤检查变压器防爆膜是否完整无损;检查吸湿器是否畅通,硅胶是否吸湿饱和。

⑥检查变压器的接地装置是否完好。

⑦检查变压器的冷却、通风装置运行是否正常。

⑧检查变压器及其周围有无影响其安全运行的异物(如易燃、易爆和腐蚀性物品等)和异常现象。

在巡视中发现的异常情况,应记入专用记录本内;重要情况应及时汇报上级,请示处理。

10.1.4 配电装置的运行维护

(1)一般要求

配电装置应定期进行巡视检查,以便及时发现运行中出现的设备缺陷和故障,例如导体连接的接头发热、绝缘瓷瓶闪络或破损、油断路器漏油等,并设法采取措施予以消除。

在有人值班的变配电所内,配电装置应每天进行一次外部检查。在无人值班的变配电所内,配电装置应至少每月检查一次。如遇短路引起开关跳闸或其他特殊情况(如雷击后),则应对设备进行特别检查。

(2)配电装置的巡视项目

①由母线及接头的外观或其温度指示装置(如变色漆、示温蜡)的指示,判断母线及接头的发热温度是否超过允许值。

②开关电器中所装的绝缘油的颜色和油位是否正常,有无渗漏油现象,油位置指示器有无破损。

③绝缘瓷瓶是否脏污、破损,有无放电痕迹。

④电缆及其接头有无漏油或其他异常现象。

⑤熔断器的熔体是否熔断,熔断器有无破损和放电痕迹。

⑥二次系统的设备如仪表、继电器等的工作是否正常。

⑦接地装置及 PE 线、PEN 线的连接处有无松脱或断线情况。

⑧整个配电装置的运行状态是否符合当时的运行要求。停电检修部分有没有在其电源侧断开的开关操作手柄处悬挂“禁止合闸,有人工作!”的标示牌,有没有装设必要的临时接地线。

⑨高低压配电室的通风、照明及安全防火装置是否正常。

⑩配电装置本身及其周围有无影响其安全运行的异物(如易燃、易爆和腐蚀性物品等)和

异常现象。

在巡视中发现的异常情况,应记入专用记录本内,重要情况应及时汇报上级,请示处理。

10.2　工厂电力线路的运行维护

10.2.1　架空线路的运行维护

(1)一般要求

对厂区架空线路,一般要求每月进行一次巡视检查。如遇大风大雨及故障等特殊情况时,得临时增加巡视次数。

(2)架空线路的巡视检查项目

①电杆有无倾斜、变形、腐朽、损坏及基础下沉等现象。如有,应设法修理或更换。

②沿线路的地面是否堆放有易燃、易爆和强腐蚀性物品。如有,应设法挪开。

③沿线路周围,有无危险建筑物。应尽可能保证在雷雨季节和大风季节里,这些建筑物不致对线路造成损坏。

④线路上有无树枝、风筝等杂物悬挂。如有,应设法清除。

⑤拉线和扳桩是否完好,绑扎线是否紧固可靠。如有缺陷,应设法修理或更换。

⑥导线的接头是否接触良好,有无过热发红、严重氧化、腐蚀或断脱现象,绝缘子有无破损和放电现象。如有,应设法修理或更换。

⑦避雷装置的接地是否良好,接地线有无锈断情况。在雷雨季节到来之前应重点检查,以确保防雷安全。

⑧其他危及线路安全运行的异常情况。

在巡视中发现的异常情况,应记入专用记录本内,重要情况要及时汇报上级,请示处理。

10.2.2　电缆线路的运行维护

(1)一般要求

电缆线路大多是敷设在地下的,要做好电缆线路的运行维护工作,就要全面了解电缆的敷设方式、结构布置、线路走向及电缆头位置等。对电缆线路,一般要求每季度进行一次巡视检查,并应经常监视其负荷大小和发热情况。如遇大雨、洪水及地震等特殊情况及发生故障时,得临时增加巡视次数。

(2)电缆线路的巡视检查项目

①电缆头及瓷套管有无破损和放电痕迹;对填充有电缆胶(油)的电缆头,还应检查有无漏油溢胶现象。

②对明敷电缆,还应检查电缆外皮有无锈蚀、损伤,沿线支架或挂钩有无脱落,线路上及附近有无堆放易燃、易爆及强腐蚀性物品。

③对暗敷及埋地电缆,应检查沿线的盖板和其他保护设施是否完好,有无挖掘痕迹,路线标桩是否完好无缺。

④电缆沟内有无积水或渗水现象,是否堆积有杂物及易燃、易爆物品。

⑤线路上各种接地装置是否完好,有无松脱、断股和锈蚀情况。

⑥其他危及电缆线路安全运行的异常情况。

在巡视中发现的异常情况,应记入专用记录本内,重要情况应及时汇报上级,请示处理。

10.2.3 车间配电线路的运行维护

(1)一般要求

要搞好车间配电线路的运行维护工作,必须全面了解车间配电线路的布线情况、结构形式、导线型号规格及配电箱和开关、保护装置的位置等,并了解车间负荷的要求、大小及车间变电所的有关情况。对车间配电线路,有专门的维护电工时,一般要求每周进行一次巡视检查。

(2)车间配电线路的巡视检查项目

①检查导线的发热情况。例如裸母线在正常运行时的最高允许温度一般为 70 ℃。如果温度过高时,将使母线接头处氧化加剧,接触电阻增大,运行情况迅速恶化,最后可能引起接触不良或断线。所以一般要在母线接头处涂以变色漆或示温蜡,以检查其发热情况。

②检查线路的负荷情况。如果线路过负荷,可引起导线过热,对绝缘导线,其过热还可能引发火灾,十分危险。因此运行维护人员要时常注意线路的负荷情况,除了可从配电屏上的电流表指示了解外,还可用钳形电流表来测量线路的负荷电流。

③检查配电箱、分线盒、开关、熔断器、母线槽及接地保护装置的运行情况,着重检查接线有无松脱、瓷瓶有无放电破损等现象,并检查螺栓是否紧固。

④检查线路上和线路周围有无影响线路安全的异常情况。绝对禁止在带电的绝缘导线上悬挂物体,禁止在线路近旁堆放易燃、易爆物品。

⑤对敷设在潮湿、有腐蚀性物质的线路和设备,要定期进行绝缘检查,绝缘电阻(相间和相对地)一般不得低于 0.5 MΩ。

在巡视中发现的异常情况,应记入专用记录本内,重要情况应及时汇报上级,请示处理。

10.2.4 线路运行中突发事故停电的处理

电力线路在运行中,如遇突然停电,可按不同情况分别处理。

①当进线没有电压时,说明是电源(公共电网)方面暂时停电。这时总开关不必拉开,但出线开关宜全部拉开,以免突然来电时,用电设备同时启动,造成过负荷和电压骤降,影响供电系统的正常运行。

②当双回路进线中的一回路进线停电时,应立即进行切换操作(倒闸操作),将负荷特别是其中重要负荷转移给另一回路进线供电。

③厂区架空线路发生故障使开关跳闸时,如果开关的断流容量允许,可以试合一次,争取尽快恢复供电。由于架空线路的多数短路故障是暂时性的,所以多数情况下可以试合成功,恢复供电。如果试合失败,开关再次跳闸,说明线路上的故障尚未消除,这时应对架空线路进行停电隔离检修。

④对放射式线路中某一分支线上的故障检查,可采用“分路合闸检查”的方法。如图 10.1 所示供电系统,假设故障出现在线路 WL8 上,由于保护装置失灵或选择配合不当,致使线路 WL1 的开关越级跳闸,造成全厂停电。

分路合闸检查故障的步骤如下:

①将出线 WL2～WL6 的开关全部断开,然后合上 WL1 的开关。由于母线 WB1 正常,因此合闸成功。

②依次试合 WL2～WL6 的开关,结果除 WL5 的开关因其分支线 WL8 存在故障又跳闸外,其余出线均合闸成功,恢复供电。

③将分支线 WL7～WL9 全部断开,然后合上 WL5 的开关。

④依次试合 WL7～WL9 的开关,结果只有 WL8 的开关因其线路上存在故障又自动跳闸外,其余线路均恢复供电。

这种分路合闸检查故障的方法,可将故障范围逐步缩小,迅速找出故障线路,并迅速恢复其他完好线路的供电。

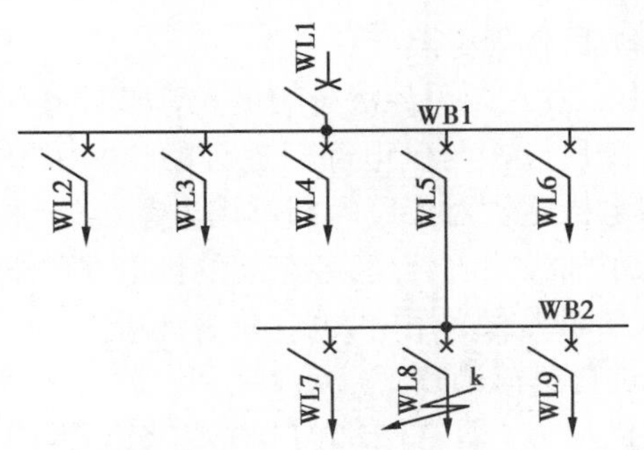

图10.1　供电系统分路合闸检查故障说明图

10.3　节约用电的意义及其一般措施

10.3.1　节约用电的意义

电能是一种很重要的二次能源。由于电能与其他形式的能量转换容易,输送、分配和控制都比较简单经济,因此电能的应用非常广泛,几乎渗入社会生活的各个方面,特别是在工业生产中。

能源(包括电能)是发展国民经济的重要物质基础,也是制约国民经济发展的一个重要因素。而能源紧张是我国也是当今世界各国面临的一个严重问题,其中就包括电力供应紧张。由于电力供应不足,致使我国的工业生产能力得不到应有的发挥。因此我国将能源建设(包括电力建设)作为国民经济建设的战略重点之一,同时提出,在加强能源开发的同时,必须最大限度地提高能源利用的经济效益,大力降低能源消耗。

从我国电能消耗的情况来看,大约70%消耗在工业部门,所以工厂的节约用电特别值得重视。节约用电,不只是减少工厂的电费开支,降低工业产品的生产成本,可以为工厂积累更多的资金,更重要的是,由于电能能创造比它本身价值高几十倍甚至上百倍的工业产值,因此多节约1 kW·h电能,就能为国家多创造若干财富,有力地促进国民经济的持续发展。由此可见,节约用电具有十分重要的意义。

10.3.2 节约用电的一般措施

工厂的节约用电,需从科学管理和技术改造两方面采取措施。

(1)加强工厂供用电系统的科学管理

1)加强能源管理,建立和健全管理机构和制度

对于工厂的各种能源(包括电能),要进行统一管理。工厂不仅要建立一个精干的能源管理机构,形成一个完整的管理体系,而且要建立一套科学的能源管理制度。能源管理的基础,是能耗的定额管理。不少工厂的实践说明,实行能耗定额管理和相应的奖惩制度,对开展工厂的节电节能工作具有巨大的推动作用。

2)实行计划供用电,提高能源利用率

电能是一种特殊商品,由于它对国民经济影响极大,所以国家必须宏观调控。计划供用电就是宏观调控的一种手段。工厂应按与供电部门签订的《供用电合同》实行计划用电。供电部门可对工厂采取必要的限电措施。对工厂内部供用电系统来说,各车间用电也应按工厂下达的指标实行计划用电。为了加强用电管理,各车间的供电线路上宜装设电能表计量,以便考核。对工厂的各种生活用电和职工家庭用电,也应装表计量。

3)实行"需求侧管理",进行负荷调整

需求侧管理,就是电力供应方(即电网部门)对需求方(即用户)的负荷管理。负荷调整,就是根据供电系统的电能供应情况及各类用户的不同用电规律,合理地安排和组织各类用户的用电时间,以降低负荷高峰,填补负荷低谷,即所谓"削峰填谷",充分发挥变电设备的能力,提高电力系统的供电能力。负荷调整是一项带全局性的工作,也是需求侧管理和宏观调控的一种手段。现在已在部分地方电网实行,并将在全国推行的峰谷分时电价和丰枯季节电价政策(将在后面介绍),就是运用电价这一经济杠杆对用户用电进行调控的一项有效措施。由于工厂用电在整个电力系统中占的比重最大,所以电力系统调荷的主要对象是工厂。工厂的调荷主要有以下一些措施:①错开各车间的上下班时间、进餐时间等,使各车间的高峰负荷时间错开,从而降低工厂总的负荷高峰。②调整厂内大容量设备的用电时间,使之避开高峰时间用电。③调整各车间的生产班次和工作时间,实行高峰让电,等等。由于实行负荷调整,"削峰填谷",从而可提高变压器的负荷率和功率因数,既提高了供电能力,又节约了电能。

4)实行经济运行方式,全面降低系统能耗

所谓经济运行方式,是指能使整个电力系统的能耗减少、经济效益提高的一种运行方式。例如对于负荷率长期偏低的电力变压器,可以考虑换以较小容量的电力变压器。如果运行条件许可,两台并列运行的电力变压器,可以考虑在低负荷时切除一台。同样的,对负荷长期偏低的电动机,也可以考虑换以较小容量的电动机。这样处理,都可减少电能损耗,达到节电的效果。

5)加强运行维护,提高设备的检修质量

节电工作与供用电系统的运行维护和检修质量有密切关系。例如电力变压器通过检修,消除了铁芯过热的故障,就能降低铁损,节约电能。又如电动机通过检修,使其转子与定子间的气隙均匀或减小,或者减小转子的转动摩擦,也都能降低电能损耗。再如将供电线路中接头的接触不良、严重发热的问题解决好,不仅能保证安全供电,而且使电能损耗也得以降低。对

于其他的动力设施，加强维护保养，减少水、气、热等能源的跑、冒、滴、漏，也都能节约电能。从广义节能的概念来说，所有节约原材料和保养生产设备的一切措施，乃至爱护一切物质财富的行动，都属于节电节能的范畴，因为一切物质财富都需要能源才能创造出来。所以要切实做好工厂的节电节能工作，单靠少数节能管理人员或电工人员是不行的，一定要动员全厂职工乃至家属，人人都树立节能降耗的意识。只有人人重视节电节能，时时注意节电节能，处处做到节电节能，在全厂上下形成一种节电节能的新风尚，才能真正开创工厂节电节能的新局面。

(2)搞好工厂供用电系统的技术改造

1)加快更新淘汰现有低效高耗能的供用电设备

以高效节能的电气设备取代低效高耗能的电气设备，这是节约电能的一项基本措施。对于国家明令淘汰的电气设备，一定要坚决予以淘汰。采用高效节能设备取代低效高耗能设备的经济效益是十分明显的。

2)改造现有不合理的供配电系统，降低线路损耗

对现有不合理的供配电系统进行技术改造，能有效地降低线路损耗，节约电能。例如将迂回配电的线路改为直配线路；将截面偏小的导线适当换粗，或将架空线改为电缆线；将绝缘破损、漏电严重的绝缘导线予以换新；在技术经济指标合理的条件下将配电系统升压运行；改选变配电所所址，适当分散装设变压器，使之更加靠近负荷中心，等等，都能有效地降低线损，收到节电的效果，同时可大大改善电能质量。

3)选用高效节能产品，合理选择设备容量，或进行技术改造，提高设备的负荷率

选用高效节能产品，合理选择设备容量，提高设备的负荷率，也是节电的一项基本措施。例如推广应用高频晶闸管调压装置、节能型变压器及其他节能产品。又如合理选择电力变压器的容量，使之接近于经济运行状态。如果变压器的负荷率长期偏低，则应按经济运行条件进行考核，适当更换较小容量的变压器。

4)改革落后工艺，改进操作方法

生产工艺不仅影响到产品的质量和产量，而且影响到产品的耗电量。例如在机械加工中，有的零件加工以铣代刨，就可使耗电量减少30%~40%；在铸造中，有的用精密铸造工艺来取代金属切削工艺，可使耗电量减少50%左右。改进操作方法也是节电的一条有效途径。例如在电加热处理中，电炉的连续作业就比间隙作业消耗的电能少。

5)采用无功补偿设备，人工地提高功率因数

GB 50052—1995《供配电系统设计规范》和GB 3485—1983《评价企业合理用电技术导则》等都规定，在采用上述提高自然功率因数的措施后仍达不到规定的功率因数要求时，应合理装设无功补偿设备，以人工提高功率因数。

所谓“提高自然功率因数”，是指不添置任何无功补偿设备，只是采取技术措施（如前所述，如合理选择设备容量提高负荷率等），以减少无功功率消耗量，使功率因数提高。由于提高自然功率因数不需对无功补偿设备的额外投资，因此应予优先考虑。

进行无功功率人工补偿的设备，主要有同步补偿机和并联电容器。同步补偿机是一种专门用来改善功率因数的同步电动机，通过调节其励磁电流，可以起到补偿无功功率的作用。

并联电容器是一种专门用来改善功率因数的电力电容器。并联电容器与同步补偿机比较，因并联电容器无旋转部分，具有安装简单、运行维护方便、有功损耗小及组装灵活、便于扩

建等优点,所以并联电容器在工厂供电系统中应用最为普遍。

10.4 电力变压器的经济运行

10.4.1 经济运行与无功功率经济当量的概念

经济运行是指能使电力系统的有功损耗最小、经济效益最佳的一种运行方式。

电力系统的有功损耗不仅与设备的有功损耗有关,而且与设备的无功损耗有关,因为无功损耗的增加,将使电力系统中的电流增大,从而使电力系统中的有功损耗增加。

为了计算设备的无功损耗在电力系统中引起的有功损耗增加量,特引入一个换算系数"无功功率经济当量"。

无功功率经济当量是表示电力系统每减少 1 kvar 的无功功率,相当于电力系统所减少的有功功率损耗 kW 数,其符号为 K_q。这一 K_q 值,与电力系统的容量、结构及计算点的相对位置等多种因数有关。对于工厂变配电所,无功经济当量 $K_q=0.02\sim0.15$,平均取 $K_q=0.1$,通常:

对由发电机电压直配的工厂,可取 $K_q=0.02\sim0.04$;

对经两级变压的工厂,可取 $K_q=0.05\sim0.08$;

对经三级及以上变压的工厂,可取 $K_q=0.1\sim0.15$。

10.4.2 一台变压器运行的经济负荷计算

变压器的损耗包括有功损耗和无功损耗两部分,而其无功损耗对电力系统来说,可换算为等效的有功损耗。因此,变压器的有功损耗加上变压器的无功损耗所换算的等效有功损耗,就称为变压器的有功损耗换算值。

一台变压器在负荷时的有功损耗换算值为

$$\Delta P\approx\Delta P_T+K_q\Delta Q_T\approx\Delta P_0+\Delta P_k\left(\frac{S}{S_N}\right)^2+K_q\Delta Q_0+K_q\Delta Q_N\left(\frac{S}{S_N}\right)^2$$

即

$$\Delta P\approx\Delta P_0+K_q\Delta Q_0+(\Delta P_k+K_q\Delta Q_N)\left(\frac{S}{S_N}\right)^2 \tag{10.1}$$

式中 ΔP_0——变压器的空载损耗;

ΔP_k——变压器的短路损耗;

ΔP_T——变压器的有功损耗;

ΔQ_0——变压器空载时的无功损耗;

ΔQ_N——变压器满载(二次侧短路)时的无功损耗;

ΔQ_T——变压器的无功损耗;

S_N——变压器的额定容量。

要使变压器运行在经济负荷 S_{ec} 下,就必须满足变压器单位容量的有功损耗换算值为最小值的条件,因此令 $\mathrm{d}(\Delta P/S)/\mathrm{d}S=0$,可得变压器的经济负荷为

$$S_{ec}=S_N\sqrt{\frac{\Delta P_0+K_q\Delta Q_0}{\Delta P_k+K_q\Delta Q_N}} \tag{10.2}$$

变压器经济负荷 S_{ec} 与变压器额定容量 S_N 之比，称为变压器的经济负荷率，用 K_{ec} 表示，即

$$K_{ec}=\sqrt{\frac{\Delta P_0+K_q\Delta Q_0}{\Delta P_k+K_q\Delta Q_N}} \tag{10.3}$$

一般电力变压器的经济负荷率约为 50%。

10.4.3　两台变压器经济运行的临界负荷计算

假设变电所有两台同型号同容量（均为 S_N）的变压器，而变电所的总负荷为 S。

一台变压器单独运行时，它承担总负荷时的有功损耗换算值为

$$\Delta P_1\approx\Delta P_0+K_q\Delta Q_0+(\Delta P_k+K_q\Delta Q_N)\left(\frac{S}{S_N}\right)^2$$

两台变压器并列运行时，承担总负荷 S 时的有功损耗换算值为

$$\Delta P_H\approx 2(\Delta P_0+K_q\Delta Q_0)+2(\Delta P_k+K_q\Delta Q_N)\left(\frac{S}{2S_N}\right)^2$$

将以上两式的 ΔP 与 S 的函数关系绘成如图 10.2 所示的两条曲线。这两条曲线相交于 a 点，a 点所对应的变压器负荷，就是两台并列运行变压器经济运行方式下的临界负荷，用 S_{cr} 表示。

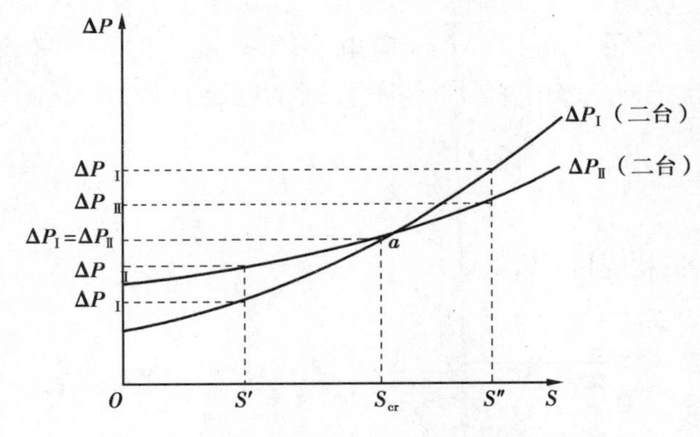

图 10.2　两台并列变压器经济运行的临界负荷

当 $S=S'<S_{cr}$ 时，则因 $\Delta P'_{\mathrm{I}}<\Delta P'_{\mathrm{II}}$，故宜于一台变压器运行。

当 $S=S''>S_{cr}$ 时，则因 $\Delta P''_{\mathrm{I}}<\Delta P''_{\mathrm{II}}$，故宜于两台变压器运行。

当 $S=S_{cr}$ 时，则 $\Delta P_{\mathrm{I}}=\Delta P_{\mathrm{II}}$，即

$$\Delta P_0+K_q\Delta Q_0+(\Delta P_k+K_q\Delta Q_N)\left(\frac{S}{S_N}\right)^2$$

$$=2(\Delta P_0+K_q\Delta Q_0)+2(\Delta P_k+K_q\Delta Q_N)\left(\frac{S}{2S_N}\right)^2$$

由此可求得两台并列变压器经济运行的临界负荷为

$$S_{cr}=S_N\sqrt{2\times\frac{\Delta P_0+K_q\Delta Q_0}{\Delta P_k+K_q\Delta Q_N}} \tag{10.4}$$

如果是 n 台并列变压器，则判别 n 台与 $n-1$ 台经济运行的临界负荷为

$$S_{cr}=S_N\sqrt{(n-1)n\cdot\frac{\Delta P_0+K_q\Delta Q_0}{\Delta P_k+K_q\Delta Q_N}} \tag{10.5}$$

10.5 并联电容器的接线、装设、控制、保护及其运行维护

10.5.1 并联电容器的接线

并联补偿的电力电容器大多数采用△形接线(除部分容量较大的高压电容器外)。低压并联电容器,绝大多数是做成三相的,而且内部已接成△形。

三个电容为 C 的电容器接成△形,其容量 $Q_{C(\triangle)}=3\omega CU^2$,式中 U 为三相线路的线电压。如果三个电容为 C 的电容器接成 Y 形,则其容量为 $Q_{C(Y)}=3\omega CU_\varphi^2$,式中 U_φ 为三相线路的相电压。由于 $U=\sqrt{3}U_\varphi$,因此 $Q_{C(\triangle)}=3Q_{C(Y)}$。这说明电容器接成△形时的容量为同一电路中接成 Y 形时容量的 3 倍,因此无功补偿的效果更好,这显然是并联电容器接成△形的一大优点。另外,电容器采用△接线时,任一边电容器断线时,三相线路仍得到无功补偿;而采用 Y 接线时,某一相电容器断线时,该相就失去了无功补偿。

但是也必须指出:电容器采用△形接线时,任一边电容器击穿短路时,将造成三相线路的两相短路,短路电流很大,有可能引起电容器爆炸。这对高压电容器特别危险。如果电容器采用 Y 接线,情况就完全不同。图 10.3(a)为电容器 Y 接线时正常工作时的电流分布,图 10.3(b)为电容器 Y 接线时 A 相电容器击穿短路时的电流分布和相量图。

电容器正常工作时

$$I_A=I_B=I_C=\frac{U_\varphi}{X_C}\tag{10.6}$$

式中 $X_C=1/\omega C$——每相容抗;

U_φ——相电压。

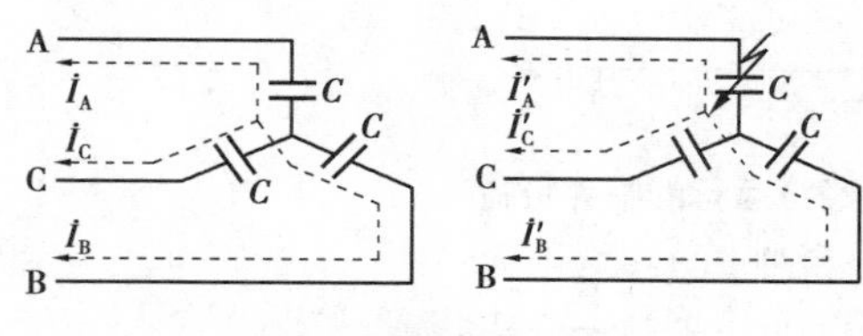

(a)正常工作时的电流分布

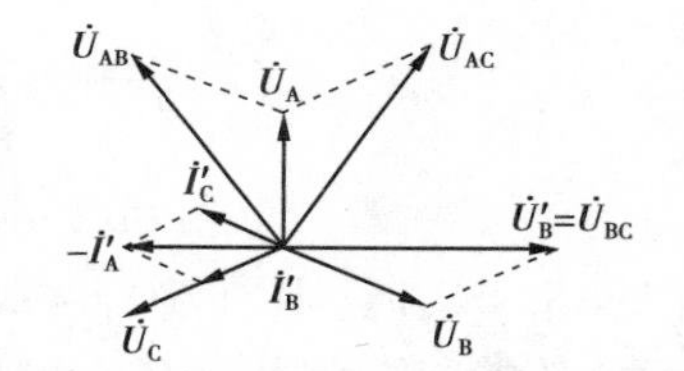

(b)A相电容器击穿短路时的电流分布和相量图

图 10.3 三相线路中电容器 Y 形接线时的电流分布

当 A 相电容器击穿短路时(图 10.4(b)):

$$I'_A=\sqrt{3}I'_B=\sqrt{3}I'_C=\sqrt{3}\frac{U_{AB}}{X_C}=3\frac{U_\varphi}{X_C}=3I_A\tag{10.7}$$

这说明,电容器采用 Y 接线时,如果其中一相电容器击穿短路,其短路电流仅为正常工作电流的 3 倍,故其运行就安全多了。因此 GB 50053—1994《10 kV 及以下变电所设计规范》规定:高压电容器组宜接成中性点不接地星形(即 Y 形),容量较小时(450 kvar 及以下)宜接成三角形(即△形)。低压电容器组应接成三角形。

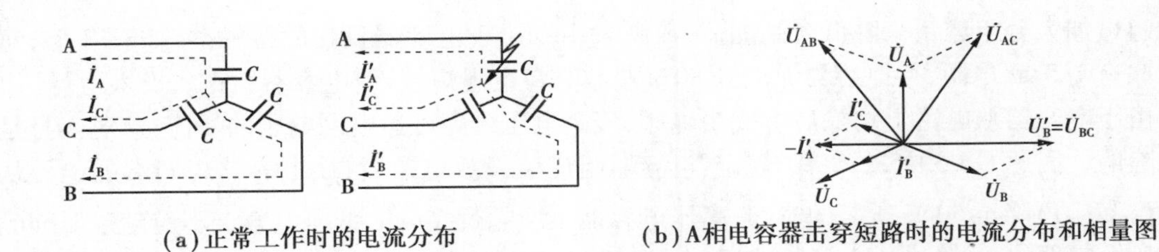

图 10.4　三相线路中电容器 Y 形接线时的电流分布

10.5.2　并联电容器的装设位置

并联电容器在工厂供电系统中的装设位置,有高压集中补偿、低压集中补偿和分散就地补偿(个别补偿)三种方式,如图 10.5 所示。

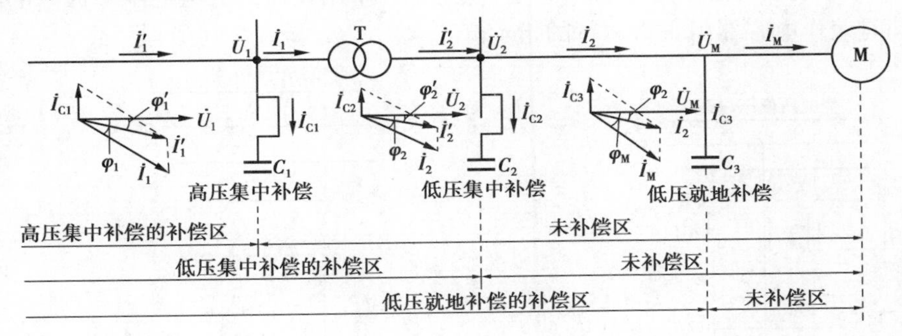

图 10.5　并联电容器在工厂供电系统中的装设位置和补偿效果

(1)高压集中补偿

高压集中补偿是将高压电容器组集中装设在工厂变配电所的 6 ~ 10 kV 母线上。这种补偿方式只能补偿 6 ~ 10 kV 母线以前所有线路上的无功功率,而此母线后的厂内线路的无功功率得不到补偿,所以这种补偿方式的补偿效果没有后两种补偿方式好。但是这种补偿方式的初投资较少,便于集中运行维护,而且能对工厂高压侧的无功功率进行有效的补偿,以满足工厂总的功率因数的要求,所以这种补偿方式在一些大中型工厂中应用相当普遍。图 10.6 是高压集中补偿的电容器组接线图。这里的高压电容器组采用△形接线,装在高压电容器柜内。为防止电容器击穿时引起相间短路,所以△形接线的各边均接有高压熔断器保护。

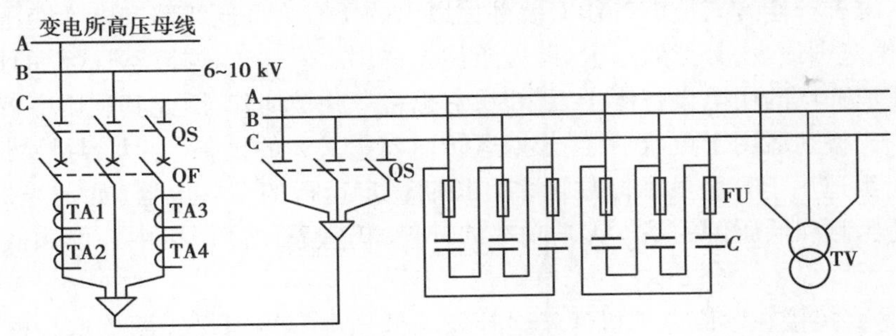

图 10.6　高压集中补偿的电容器组接线

由于电容器合闸涌流很大,特别是高压电容器,因此宜采用串联电抗器加以限制。低压电容器组可加大分组容量来降低合闸涌流，或者采用专用于电容器投切的接触器，如 CJR 型，每相串联有 1.5 Ω 电阻，待电容器充电到 80% 左右时将电阻短接，使电容器组正式投入运行。

由于电容器从电网上切除后有残余电压，残余电压最高可达电网电压的峰值，这对人身是很危险的。因此 GB 50053—1994 规定：电容器组应装设放电装置，使电容器组两端的电压从峰值($\sqrt{2}U_{N.C}$)降至 50 V 所需的时间，高压电容器不应超过 5 min，低压电容器不应超过 1 min。对高压电容器组，通常利用电压互感器(如图 10.6 中的 TV)的一次绕组来放电。为了确保可靠放电，电容器组的放电回路中不得装设熔断器或开关，以免放电回路断开，危及人身安全。

高压电容器装置宜设置在单独的高压电容器室内。当电容器组容量较小时，亦可设置在高压配电室内，但与高压配电装置的距离不应小于 1.5 m。

图 10.7 是低压集中补偿的电容器组接线图。这种电容器组都采用△形接线，一般利用 220 V、15 ~25 W 的白炽灯灯丝电阻来放电，但是也有采用专门的放电电阻来放电的。放电用的白炽灯同时兼作电容器组正常运行的指示灯。

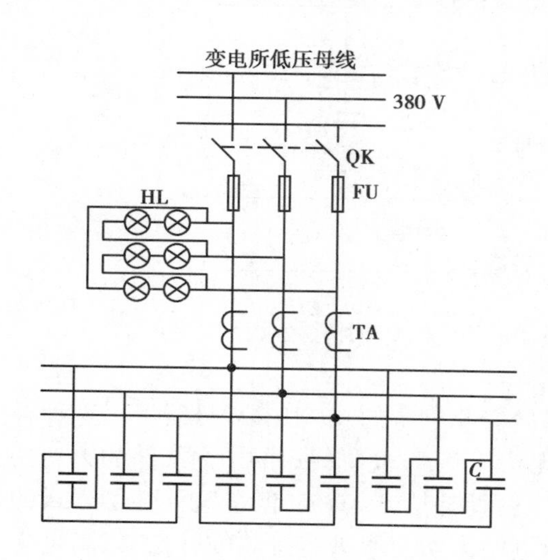

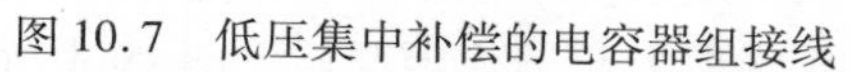
图 10.7 低压集中补偿的电容器组接线

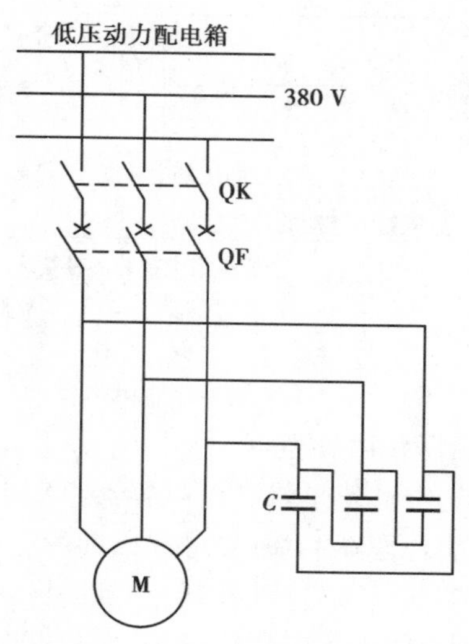

图 10.8 感应电动机旁就地补偿的低压电容器组接线

(2)分散就地补偿

分散就地补偿又称单独个别补偿，是将并联电容器组装设在需要进行无功补偿的各个用电设备旁边。这种补偿方式能够补偿安装部位以前的所有高低压线路和电力变压器的无功功率，因此其补偿范围最大，补偿效果最好，应予优先选用。但是这种补偿方式总的投资较大，而且电容器组在被补偿的用电设备停止工作时，它也将一并被切除，因此其利用率较低。这种分散就地补偿方式特别适用于负荷平稳、长期运转而容量又大的设备(如大容量感应电动机、高频电热炉等)，也适用于容量虽小但数量多且长期稳定运行的一些电器(如荧光灯等)。对于供电系统中高压侧和低压侧的基本无功功率的补偿，仍宜采用高压集中补偿和低压集中补偿的方式。

图 10.8 是直接接在感应电动机旁就地补偿的低压电容器组接线图。这种电容器组通常就利用所补偿的用电设备本身的绕组电阻来放电。

在工厂供电设计中，实际上多是综合采用上述各种补偿方式，以求经济合理地达到总的无功补偿要求，使工厂电源进线处在最大负荷时的功率因数不低于规定值(高压进线时为 0.9)。

10.5.3　并联电容器的控制与保护

(1)并联电容器的控制

并联电容器有手动投切和自动调节两种控制方式。

1)手动投切并联电容器组

并联电容器组采用手动投切,具有简单经济、便于维护的优点,但是不便于调节补偿容量,更不能按负荷变动情况进行无功补偿,达到理想的补偿要求。

具有下列情况之一时,宜采用手动投切的并联电容器组补偿:①补偿低压基本无功功率;②常年稳定的无功功率补偿;③长期投入运行的变压器或变配电所投切次数较少的高压电容器组。

对集中补偿的高压电容器组(图10.6),采用高压断路器进行手动投切。

对集中补偿的低压电容器组,可按补偿容量分组投切。图10.9(a)是利用接触器进行分组投切的电容器组;图10.9(b)是利用低压断路器进行分组投切的电容器组。对分散就地补偿的电容器组,就利用被补偿用电设备的控制开关来进行投切。

2)自动调节的并联电容器组

具有自动调节功能的并联电容器组,通称无功自动补偿装置。采用无功自动补偿装置可以按负荷变动情况进行无功补偿,达到比较理想的无功补偿要求。但是这种补偿装置投资较大,且维修比较麻烦。因此,凡可不用自动补偿或者采用自动补偿效果不大的地方,均不必装设自动补偿装置。

具有下列情况之一时,宜装设无功自动补偿装置:①为避免过补偿,装设无功自动补偿装置在经济上合理时;②为避免轻载时电压过高,造成某些用电设备损坏而装设无功自动补偿装置在经济上合理时;③只有装设无功自动补偿装置才能满足在各种运行负荷情况下的允许电压偏差值时。

由于高压电容器组采用自动补偿时对电容器组回路中的切换元件要求较高,价格较贵,而且维修比较困难,因此当补偿效果相同或相近时,宜优先选用低压自动补偿装置。

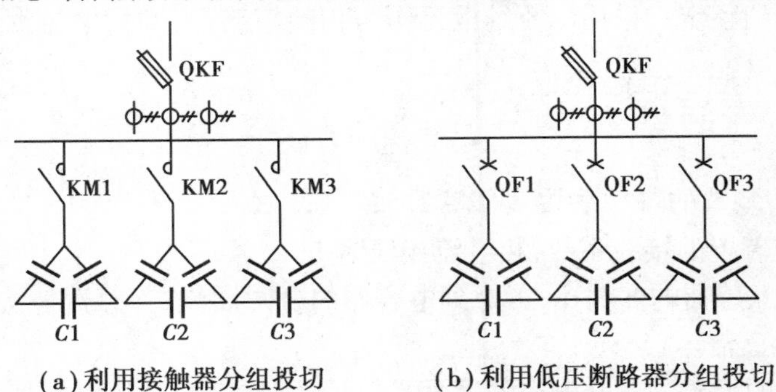

(a)利用接触器分组投切　(b)利用低压断路器分组投切

图10.9　手动投切的低压电容器组

低压自动补偿装置的原理电路如图10.10所示。电路中的功率因数自动补偿控制器,按电力负荷的变动及功率因数的高低,以一定的时间间隔(10~15 s),自动控制各组电容器回路中接触器KM的投切,使电网的无功功率自动得到补偿,保持功率因数在0.95以上,而不致过补偿。

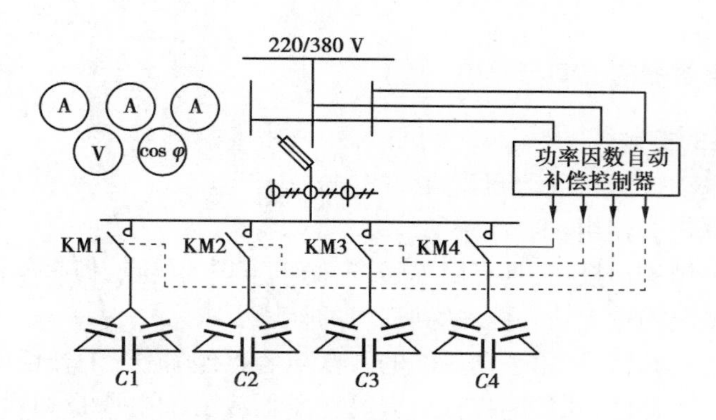

图 10.10 低压自动补偿装置的原理接线

(2)并联电容器的保护

1)联电容器保护的一般要求

并联电容器的主要故障形式是短路故障,它可造成电网的相间短路。对于低压电容器及容量不超过 450 kvar 的高压电容器,可装设熔断器作为相间短路保护。对于容量较大的高压电容器组,则需采用高压断路器控制,并装设瞬时或短延时过电流保护作为相间短路保护。

如果电容器组安装在含有大量整流设备或电弧炉等谐波源的电网上时,电容器组宜装设过负荷保护,带时限动作于信号或跳闸。

电容器对电压十分敏感,一般规定电网电压不得超过电容器额定电压 10% 。因此凡电容器安装处的电网电压有可能超过 10% 时,应装设过电压保护。过电压保护可动作于信号或带时限动作于跳闸。

2)并联电容器短路保护的整定

①熔断器保护的整定。采用熔断器来保护并联电容器时,其熔体额定电流的选择,按 GB 50227—1995《并联电容器装置设计规范》规定:熔体额定电流不应小于电容器额定电流 $I_{N.C}$ 的 1.43 倍,并不宜大于电容器额定电流的 1.55 倍,而 IEC 规定为不大于 1.65 倍,因此

$$I_{N.FE} = (1.43 \sim 1.65) I_{N.C} \tag{10.8}$$

②电流继电器的整定。采用电流继电器作为相间短路保护时,电流继电器的动作电流应按下式计算:

$$I_{op} = \frac{K_{rel} K_w}{K_i} I_{N.C} \tag{10.9}$$

式中 K_{rel}——保护装置的可靠系数,取 2 ~ 2.5;

K_w——保护装置的接线系数,相电流接线为 1;

K_i——电流互感器的变流比,考虑到电容器的合闸涌流,互感器一次电流宜选为 $I_{N.C}$ 的 1.5 ~ 2 倍。

③保护灵敏度的检验。并联电容器过电流保护的灵敏度,应按电容器端子上发生两相短路的条件来检验,即

$$S_p = \frac{K_w I_{k.\min}^{(2)}}{K_i I_{op}} \geqslant 1.5 \tag{10.10}$$

式中 $I_{k.\min}^{(2)}$——在电力系统最小运行方式下电容器端子处的两相短路电流。

10.5.4　并联电容器的运行维护

(1)并联电容器的投入和切除

并联电容器在供电系统正常运行时是否投入,主要视供电系统的功率因数或电压是否符合要求而定。如果功率因数过低,或者电压过低时,则应投入电容器,或者增加电容器的投入量。

并联电容器是否切除或部分切除,也主要视供电系统的功率因数或电压情况而定。如果变配电所母线的母线电压偏高(例如超过电容器额定电压 10%)时,则应将电容器切除或部分切除。

当发生下列情况之一时,应立即切除电容器:①电容器爆炸;②接头严重过热;③套管闪络放电;④电容器喷油或燃烧;⑤环境温度超过 40 ℃。

如果变配电所停电,电容器也应切除,以免突然来电时,母线电压过高,击穿电容器。

在切除电容器时,须从仪表指示或指示灯观察其放电回路是否完好。电容器从电网切除后,应立即通过放电回路放电。为确保人身安全,人体接触电容器之前,还应用短接导线将所有电容器两端直接短接放电。

(2)并联电容器的维护

并联电容器在正常运行中,值班人员应定期检视其电压、电流和室温等,并检查其外部,看看有无漏油、喷油、外壳膨胀等现象,有无放电声响和放电痕迹,接头有无发热现象,放电回路是否完好,指示灯是否指示正常等。对装有通风装置的电容器室,还应检查通风装置各部分是否完好。

10.6　计划用电的意义及其一般措施

10.6.1　计划用电的意义

我国《电力法》明确规定:"国家对电力供应和使用,实行安全用电、节约用电、计划用电的管理原则。"

实行计划用电之所以必要,首先是由电力这一特殊商品的生产特点所决定的。电力的生产、供应和使用过程是同时进行的,只能用多少发多少,不像其他商品那样可以大量储存。发电、供电和用电每时每刻都必须保持平衡。如果用电负荷突然增加,则电力系统的频率和电压就要下降,可能造成严重的后果。

实行计划用电也是解决电力供需矛盾的一项重要措施。即使在电力供需矛盾出现缓和的情况下,实行计划用电也是完全必要的,它可以改善电力系统的运行状态,更好地保证电能的质量。

实行计划用电也是实现电能节约的重要保证,包括利用合理的电价政策这一经济杠杆来调整负荷,使电力系统"削峰填谷",就可降低系统的电能损耗,提高发、供电设备的利用率。

10.6.2　计划用电的一般措施

计划用电可有下列一般措施:

①建立健全计划用电的各种能源管理机构和制度。用户应组建能源办公室或“三电”(指安全用电、节约用电、计划用电)办公室,负责具体工作,做好用电负荷的预测、调度和管理。

②供用电双方签订《供用电合同》。供电企业与用户应在接电前根据用户的需要和供电企业的供电能力双方签订《供用电合同》。《供用电合同》应当具备以下条款:供电方式、供电质量和供电时间;用电容量和用电地址、用电性质;计量方式和电价、电费结算方式;供用电设施维护责任的划分;合同的有效期限;违约责任;双方共同认为应当约定的其他条款。《供用电合同》为计划用电提供了基本依据。

③实行分类电价。按用户用电性质的不同,各类电价也不同。分类电价有:居民生活电价;非居民照明电价;商业电价;普通工业电价;大工业电价;非工业电价;农业电价;等等。通常,居民生活电价和农业电价较低,以示优惠。

④实行分时电价。分时电价包括峰谷分时电价和丰枯季节电价。峰谷分时电价就是峰高谷底的电价。谷底电价可比平时段电价低30%~50%或更低,峰高电价可比平时段电价高30%~50%或更高,以鼓励用户避开负荷高峰用电。丰枯季节电价是水电比重较大地区的电网所实行的一种电价。丰水季节电价可比平时段电价低30%~50%,枯水季节电价可比平时段电价高30%~50%,以鼓励用户在丰水季节多用电,充分发挥水电的潜力。

⑤实行“两部电费制”。两部电费,即用户每月缴纳的电费包括基本电费和电度电费两部分。基本电费,按用户的最大需量或最大装设容量来收取,以促使用户尽可能压低负荷高峰,提高低谷负荷,以减少其基本电费开支。而电度电费,是按用户每月用电量(电度数)收取的电费。按原国家经济贸易委员会和国家发展计划委员会2000年年底发布的《节约用电管理办法》规定,要“扩大两部制电价的使用范围,逐步提高基本电价,降低电度电价;加速推广峰谷分时电价和丰枯电价,逐步拉大峰谷、丰枯电价差距;研究制订并推行可停电负荷电价。”利用电价政策这一经济杠杆进行用电管理的措施今后将更加强。

⑥装设电力负荷管理装置。电力负荷管理装置是指能够监视、控制用户电力负荷的各种仪器装置,包括音频、载波、无线电等集中型电力负荷管理装置和电力定量器、电流定量器、电力时控开关、电力监控仪、多费率电能表等分散型电力负荷管理装置。装设电力负荷管理装置的目的,是贯彻落实国家有关计划用电的政策,也是实现管理到户的一种技术手段。通过推广应用电力管理技术来加强计划用电和节约用电管理,保证重点用户用电,对居民生活用电优先予以保证,有计划地均衡用电负荷,保证电网的安全经济运行,尽量提高电力资源的社会效益。

10.7 用电管理、电费计收与负荷预测

10.7.1 用电管理的有关法规和重要规定

(1)用电管理依据的主要法规

我国实行用电管理依据的主要法规有:

①《中华人民共和国电力法》。本法是为了保障和促进我国电力事业发展,维护电力投资者、经营者和使用者的合法权益,保障电力安全运行而制定的。1995年12月28日由第八届全国人民代表大会常务委员会第十七次会议通过,自1996年4月1日起施行。

②《电力供应与使用条例》。本条例是为了加强电力供应与使用的管理，保障供用电双方的合法权益，维护供用电秩序，安全、经济、合理地供电和用电，根据《电力法》的有关规定制定的。规定自1996年9月1日起施行。

③《供用电监督管理办法》。本办法是为了加强供用电的监督管理，根据《电力供应与使用条例》有关条款的规定而制定的。规定自1996年9月1日起施行。

④《用电检查管理办法》。本办法是为了规范供电企业的用电检查行为，保障正常供用电秩序和公共安全，根据《电力法》《电力供应与使用条例》及国家其他有关规定而制定的。规定自1996年9月1日起施行。

⑤《供电营业规则》。本规则是为了加强供电营业管理，建立正常的供电秩序，保障供用电双方的合法权益，根据《电力供应与使用条例》和国家其他有关规定而制定的。规定自1996年10月8日起施行。

⑥《节约用电管理办法》。本办法是为了加强节能管理，提高能效，促进电能的合理利用，改善能源结构，保障经济发展，根据《中华人民共和国能源法》《中华人民共和国电力法》制定的。2000年12月29日由原国家经济贸易委员会、国家发展计划委员会联合发布施行。

(2)用电管理的若干重要规定

①国家对电力供应和使用，实行安全用电、节约用电、计划用电(即“三电”)的管理原则。

②供用电双方应当根据平等自愿、协商一致的原则，按照《电力供应与使用条例》的规定签订《供用电合同》，确定双方的权利和义务。

③供电企业应当保证供给用户的供电质量符合国家标准。用户对供电质量有特殊要求的，供电企业应当根据其必要性和电网的可能，提供相应的电力。

④供电企业在发电、供电系统正常的情况下，应当连续向用户供电，不得中断。因供电设备检修、依法限电或者用户违法用电等原因，需要中断供电时，供电企业应当按国家有关规定事先通知用户。

⑤用户应当安装用电计量装置。用户受电装置的设计、施工安装和运行管理，应当符合国家标准或者电力行业标准。

⑥用户用电不得危害供电、用电安全和扰乱供电、用电秩序。对危害供电、用电安全和扰乱供电、用电秩序的，供电企业有权制止。

⑦供电企业应当按照国家标准的电价和用电计量的记录，向用户计收电费。

⑧电价实行统一政策、统一定价原则。电价的制定，应当合理补偿成本、合理确定收益、依法计入税金、坚持公平负担、促进电力建设。要实行分类电价和分时电价。对同一电网内的同一电压等级、同一类别的用户，执行相同的电价标准。禁止任何单位和个人在电费中加收其他费用；法律、行政法规另有规定的，按照规定执行。

⑨任何单位或个人需新装用电或增加用电容量、变更用电，都必须按《供电营业规则》规定，事先到供电企业用电营业场所提出申请，办理手续。供电企业应在用电营业场所公告办理各项用电业务的程序、制度和收费标准。

⑩供电企业应按《用电检查管理办法》规定，对本供电营业区内的用户进行用电检查，用户应接受检查，并为供电企业的用电检查提供方便。用电检查的内容有：用户执行国家有关电力供应与使用的法规、方针、政策、标准和规章制度的情况；用户受(送)电装置工程的施工质量检验；用户受(送)电装置中电气设备运行的安全状况；用户的保安电源和非电性质的保安

措施;用户的反事故措施;用户进网作业电工的资格、进网作业的安全状况及作业的安全保障措施;用户执行计划用电节约用电情况;用电计量装置、电力负荷控制装置、继电保护和自动装置、调度通信等的安全运行状况;《供用电合同》及有关协议履行的情况;受电端电能的质量状况;违章用电和窃电行为;并网电源、自备电源并网安全状况等。

10.7.2 用电计量与电费计收

(1)用电计量

关于用电计量,《供电营业规则》规定了以下要求:

①供电企业应在用户每一个受电点内按不同电价类别,分别安装用电计量装置。每个受电点作为用户的一个计量单位。

②计费电能表及其附件的购置、安装、移动、更换、校验、拆除、加封、启封及表计接线等,均由供电企业负责办理,用户应提供工作上的方便。高压用户的成套设备中装有自备电能表及附件时,经供电企业检验合格、加封并移交供电企业维护管理的,可作为计费用电能表。

③对 10 kV 及以下电压供电的用户,应配置专用的电能计量柜;对 35 kV 及以上电压供电的用户,应有专用的电流互感器二次线圈和专用的电压互感器二次连接线,并不得与保护、测量回路共用。

④用电计量装置原则上应装在供电设施的产权分界处。如果产权分界处不适宜装表,对专线供电的高压用户,可在供电变压器低压侧计量。当用电计量装置不装在产权分界处时,线路与变压器损耗的有功和无功电能均须由产权所有者负担。在计算用户基本电费、电度电费及功率因数调整电费时,应将上述损耗电能计算在内。

⑤供电企业必须按规定周期校验、轮换计费电能表,并对计费电能表进行不定期检查。

(2)电费计收

电费计收是按照国家批准的电价,依据用户实际用电情况和用电计量装置记录来计算和收取电费。

电费计收包括抄表、核算和收费等环节:

①抄表。抄表就是供电企业抄表人员定期抄录用户所装用电计量装置记录的读数,以便计收电费。抄表有现场手抄或通过微机抄表器抄表、远程遥测抄表、电话抄表和委托专业抄表公司代理抄表等多种方式。

②电费核算。电费核算是电费管理的中枢。电费是否按照规定及时、准确地收回,账务是否清楚,统计数字是否准确,关键在于电费核算的质量。因此电费核算一定要严肃认真,一丝不苟,逐项审查,而且要注意账务处理和汇总工作。

③电费收取。电费的收取,有上门收费、定期定点收费、委托银行代收、用户电费储蓄扣收及用户购电付费等多种方式。其中用户购电付费,是用户持供电企业发放的购电卡前往供电企业营业部门售电微机购电,将购电数量存储于购电卡中。用户持卡插入电卡式电能表后,其电源开关即自动合闸送电。如果购电卡上存储的电量余额不足 50 kW · h 时,即停电一次,以提醒用户速去购电。当余额不足 3 kW · h 时,再停电一次以警告用户速去购电,而用户将电卡再插入一次即可恢复供电。当所购电量全部用完时,则自动断电,直到用户插入新购电卡后,方可恢复用电。这种付费购电方式改革了传统的人工抄表、核收电费制度,从根本上解决了有的用户不按时缴纳电费的问题,值得推广。

10.7.3　电力负荷的预测

(1)电力负荷预测的意义

电力负荷的预测,是搞好供用电工程规划设计的基础和依据。它对变配电所的设备容量、供配电线路的电压等级及其布线等的选择至关重要。

电力负荷的预测,有利于系统的能量平衡和电能节约,有助于供电部门正确地指导用户科学合理地实行计划用电。

(2)负荷预测需要收集的资料

进行负荷预测需要收集下列资料:产品或产值;单耗(单位产品或产值的耗电量);用户的用电申请;新增用电情况;过去和现在的用电资料;产品、产业结构等可能的变化情况及采用新技术、新工艺情况;能源政策;气候情况及其他有关资料。

(3)负荷预测的分类

电力负荷预测按时间长短分为:

①即时预测,指一日或一周的预测。

②短期预测,指 1 ~2 年的预测。

③中期预测,指 5 ~10 年的预测。

④长期预测,指 10 年以上的预测。

(4)负荷预测的方法

①单耗法,即单位产品耗电量法。

②负荷密度法,即单位面积安装功率法。

设预测的负荷密度为(W/m^2),建筑面积为 $A(m^2)$,则预测的有功计算负荷(kW)为

$$P_{30} = aA \times 10^{-3} \tag{10.11}$$

各类用户的负荷密度值可参看有关设计手册或按同类用户资料选取。

③人均用电指标法,按规划的人均综合用电量指标进行计算。

GB 50293—1999《城市电力规划规范》列有规划人均综合用电量指标,如表 10.3 所示。

表 10.3　规划人均综合用电量指标(据 GB 50293—1999)

指标分级	城市用电水平分类	人均综合用电量[kW·h/(人·a)]	
		现状	规划
Ⅰ	用电水平较高城市	3 500 ~2 501	8 000 ~6 001
Ⅱ	用电水平中上城市	2 500 ~1 501	6 000 ~4 001
Ⅲ	用电水平中等城市	1 500 ~701	4 000 ~2 501
Ⅳ	用电水平较低城市	700 ~250	2 500 ~1 000

④平均增长率法。平均增长率按下式计算

$$K(\%) = \left[\sqrt[m-n]{\frac{W_m}{W_n}} - 1\right] \times 100 \tag{10.12}$$

式中　W_m——第 m 年的用电量(kW·h)或最大负荷(kW);

　　　W_n——第 n 年的用电量(kW·h)或最大负荷(kW);

K——从 n 年到 m 年即 $(m-n)$ 年间的年平均增长率。

以上年平均增长率应再根据地区今后可能发展的情况进行修正,得一个修正后的年平均增长率 K',即可按下式预测今后第 p 年的用电量或最大负荷

$$W_p = W_n[1+K']^{p-n} \tag{10.13}$$

⑤调查分析法。调查同行业具有一定用电水平的有代表性的用户,逐一横向分析比较,从而预测出今后 5 ~ 10 年的用电量水平和需电量。此法也称为横向比较法,是深入实际、掌握第一手材料的方法。

复习思考题

10.1　变配电所有哪几种运行值班方式?值班员有哪些基本职责?

10.2　变配电所进行倒闸操作应履行哪些程序?送电操作和停电操作时的操作程序一般应是怎样的?对于装有高压断路器及其两侧装有隔离开关的高压出线,送电和停电时各应按怎样的顺序操作?

10.3　变压器的巡视检查主要应注意哪些问题?配电装置的巡视检查又主要应注意哪些问题?

10.4　架空线路的巡视检查主要应注意哪些问题?电缆线路的巡视检查又主要应注意哪些问题?

10.5　什么叫经济运行方式?电力变压器如何考虑经济运行?

10.6　并联电容器组采用△形接线与采用 Y 形接线各有哪些优缺点?各适用于什么情况?为什么容量较大的高压电容器组宜采用 Y 形接线?

10.7　并联电容器组的高压集中补偿、低压集中补偿和分散就地补偿各有何特点?各适用于什么情况?各采取什么放电措施?

10.8　为什么有必要实行计划用电?计划用电有哪些主要措施?

习　题

10.1　试分别计算 S9-500/10 型和 S9-800/10 型配电变压器(均 Yyn0 联结)的经济负荷率(取 $K_q=0.1$)。

10.2　某变电所有两台 Dyn11 联结的 S9-630/10 型变压器并列运行,而变电所负荷现在只有 520 kV · A。问是采用一台还是两台运行较为经济合理?(取 $K_q=0.1$)

10.3　BWF10.5-30-1 型并联电容器 18 台,Y 形接线,采用高压断路器控制,并采用 GL15 型电流继电器的两相两继电器接线的过电流保护。试选择电流互感器的变流比,并整定 GL15 型电流继电器的动作电流。

10.4　某车间变电所装有两台 S9-1000/10 型变压器(均 Yyn0 联结)试求其变压器经济运行的临界负荷。

附 录

附录表 1 用电设备组的需要系数、二项式系数及功率因数参考值

用电设备组名称	需要系数	二项式系数		最大容量设备台数①		
小批生产的金属冷加工机床电动机	0.16—0.2	0.14	0.4	5	0.5	1.73
大批生产的金属冷加工机床电动机	0.18—0.25	0.14	0.5	5	0.5	1.73
小批生产的金属热加工机床电动机	0.25—0.3	0.24	0.4	5	0.6	1.33
大批生产的金属热加工机床电动机	0.3—0.35	0.26	0.5	5	0.65	1.17
通风机、水泵、空压机及电动发电机组电动机	0.7—0.8	0.65	0.25	5	0.8	0.75
非连锁的连续运输机械及铸造车间整砂机械	0.5—0.6	0.4	0.4	5	0.75	0.88
连锁的连续运输机械及铸造车间整砂机械	0.65—0.7	0.6	0.2	5	0.75	0.88
锅炉房和机加、机修、装配等类车间的吊车	0.1—0.15	0.06	0.2	3	0.5	1.73
铸造车间的吊车	0.15—0.25	0.09	0.3	3	0.5	1.73
自动连续装料的电阻炉设备	0.75—0.8	0.7	0.3	2	0.5	1.73
实验室用小型电热设备(电阻炉、干燥箱等)	0.7	0.7	0	—	1.0	0
工频感应电炉(未带无功补偿装置)	0.8	—	—	—	0.35	2.68
高频感应电炉(未带无功补偿装置)	0.8	—	—	—	0.6	1.33
电弧熔炉	0.9	—	—	—	0.87	0.57
点焊机、缝焊机	0.35	—	—	—	0.6	1.33
对焊机、铆钉加热机	0.35	—	—	—	0.7	1.02
自动弧焊变压器	0.5	—	—	—	0.4	2.29
单头手动弧焊变压器	0.35	—	—	—	0.35	2.68

续表

用电设备组名称	需要系数	二项式系数		最大容量设备台数①		
多头手动弧焊变压器	0.4	—	—	—	0.35	2.68
单头弧焊电动发电机组	0.35	—	—	—	0.6	1.33
多头弧焊电动发电机组	0.7	—	—	—	0.75	0.88
生产厂房及办公室、阅览室、实验室照明②	0.8—1	—	—	—	1.0	0
变配电所、仓库照明②	0.5—0.7	—	—	—	1.0	0
宿舍、生活区照明②	0.6—0.8	—	—	—3	1.0	0
室外照明、应急照明②	1	—	—	—	1.0	0

附录表2　部分工厂的需要系数、功率因数及年最大有功负荷利用小时参考值

工厂类别	需要系数	功率因数	年最大有功负荷利用小时
汽轮机制造厂	0.38	0.88	5 000
锅炉制造厂	0.27	0.73	4 500
柴油机制造厂	0.32	0.74	4 500
重型机械制造厂	0.35	0.79	3 700
重型机床制造厂	0.32	0.71	3 700
机床制造厂	0.2	0.65	3 200
石油机械制造厂	0.45	0.78	3 500
量具刃具制造厂	0.26	0.60	3 800
工具制造厂	0.34	0.65	3 800
电机制造厂	0.33	0.65	3 000
电器开关制造厂	0.35	0.75	3 400
电线电缆制造厂	0.35	0.73	3 500
仪器仪表制造厂	0.37	0.81	3 500
滚珠轴承制造厂	0.28	0.70	5 800

附录表3　三相线路导线和电缆单位长度每相阻抗值

类别		导线(线芯)截面积/mm^2													
		2.5	4	6	10	16	25	35	50	70	95	120	150	185	210
导线类型	导线温度/℃	每相电阻($\Omega \cdot km^{-1}$)													
LJ	50	—	—	—	—	2.07	1.33	0.96	0.66	0.18	0.36	0.28	0.23	0.18	0.11
LGJ	50	—	—	—	—	—	—	0.89	0.68	0.48	0.35	0.29	0.21	0.18	0.13
绝缘导线 铜芯	50	8.40	5.20	3.48	2.05	1.26	0.81	0.58	0.40	0.29	0.22	0.17	0.14	0.11	0.09
绝缘导线 铜芯	60	8.70	5.38	3.61	2.12	1.30	0.84	0.60	0.41	0.30	0.23	0.18	0.14	0.12	0.09
绝缘导线 铜芯	65	8.72	5.43	3.62	2.19	1.37	0.88	0.63	0.44	0.32	0.24	0.19	0.15	0.13	0.10
绝缘导线 铝芯	50	13.3	8.25	5.53	3.33	2.08	1.81	0.94	0.65	0.47	0.35	0.28	0.22	0.18	0.14
绝缘导线 铝芯	60	13.8	8.55	5.73	3.15	2.16	1.36	0.97	0.67	0.49	0.36	0.29	0.23	0.19	0.11
绝缘导线 铝芯	65	14.6	9.15	6.10	3.66	2.29	1.48	1.06	0.75	0.53	0.39	0.31	0.25	0.20	0.15
电力电缆 铜芯	55	—	—	—	—	1.31	0.84	0.60	0.12	0.30	0.22	0.17	0.14	0.12	0.09
电力电缆 铜芯	60	8.54	5.34	3.56	2.13	1.33	0.85	0.61	0.13	0.31	0.23	0.18	0.14	0.12	0.09
电力电缆 铜芯	75	8.98	5.61	3.75	3.25	1.40	0.90	0.64	0.45	0.32	0.24	0.19	0.15	0.12	0.10
电力电缆 铜芯	80	—	—	—	—	1.43	0.91	0.65	0.46	0.33	0.24	0.19	0.15	0.13	0.10
电力电缆 铝芯	55	—	—	—	—	2.21	1.41	1.01	0.71	0.51	0.37	0.29	0.24	0.20	0.15
电力电缆 铝芯	60	14.38	8.99	6.00	3.60	2.25	1.44	1.03	0.72	0.51	0.38	0.30	0.24	0.20	0.16
电力电缆 铝芯	75	15.13	9.45	6.31	3.78	2.36	1.51	1.08	0.76	0.51	0.41	0.31	0.25	0.21	0.16
电力电缆 铝芯	80	—	—	—	—	2.40	1.54	1.10	0.77	0.56	0.41	0.32	0.26	0.21	0.17

类别		导线(线芯)截面积/mm^2													
		2.5	4	6	10	16	25	35	50	70	95	120	150	185	240
导线类型	线距/mm	每相电抗/($\Omega \cdot km^{-2}$)													
LJ	600	—	—	—	—	0.36	0.35	0.34	0.33	0.32	0.31	0.30	0.29	0.28	0.28
LJ	800	—	—	—	—	0.38	0.37	0.36	0.35	0.34	0.33	0.32	0.31	0.30	0.30
LJ	1 000	—	—	—	—	0.40	0.38	0.37	0.36	0.35	0.34	0.33	0.32	0.31	0.31
LJ	1 250	—	—	—	—	0.41	0.40	0.39	0.37	0.36	0.35	0.34	0.34	0.33	0.32

续表

类别		导线(线芯)截面积/mm^2													
		2.5	4	6	10	16	25	35	50	70	95	120	150	185	210
导线类型	线距/mm	每相电抗($\Omega\cdot km^{-2}$)													
LGJ	1 500	—	—	—	—	—	—	0.39	0.38	0.37	0.35	0.35	0.34	0.33	0.33
LGJ	2 000	—	—	—	—	—	—	0.40	0.39	0.38	0.37	0.37	0.36	0.35	0.34
LGJ	2 500	—	—	—	—	—	—	0.41	0.41	0.40	0.39	0.38	0.37	0.37	0.36
LGJ	3 000	—	—	—	—	—	—	0.43	0.42	0.41	0.40	0.39	0.39	0.38	0.37
绝缘导线 明敷	100	0.327	0.312	0.300	0.280	0.265	0.251	0.211	0.299	0.219	0.206	0.199	0.191	0.181	0.178
绝缘导线 明敷	150	0.353	0.338	0.325	0.306	0.290	0.277	0.266	0.251	0.212	0.231	0.223	0.216	0.209	0.200
绝缘导线	穿管敷设	0.127	0.119	0.112	0.108	0.102	0.099	0.095	0.091	0.087	0.085	0.083	0.082	0.081	0.080
纸绝缘电力电缆	1 kV	0.098	0.091	0.087	0.081	0.077	0.067	0.065	0.063	0.062	0.062	0.062	0.062	0.062	0.062
纸绝缘电力电缆	6 kV	—	—	—	—	0.099	0.088	0.083	0.079	0.076	0.074	0.072	0.071	0.070	0.069
纸绝缘电力电缆	10 kV	—	—	—	—	0.110	0.098	0.092	0.087	0.083	0.080	0.078	0.077	0.075	0.075
塑料绝缘电力电缆	1 kV	0.100	0.093	0.091	0.087	0.082	0.075	0.073	0.071	0.070	0.070	0.070	0.070	0.070	0.070
塑料绝缘电力电缆	6 kV	—	—	—	—	0.124	0.111	0.105	0.099	0.093	0.089	0.087	0.083	0.082	0.080
塑料绝缘电力电缆	10 kV	—	—	—	—	0.133	0.120	0.113	0.107	0.101	0.096	0.095	0.093	0.090	0.087

附录表 4　三相矩形母线单位长度每相阻抗值

母线尺寸/mm	65 ℃时单位长度电阻/($m\Omega\cdot m^{-1}$)		下列相间几何均距时的感抗 mΩ			
	铜	铝	100 mm	150 mm	200 mm	300 mm
25×3	0.268	0.475	0.179	0.200	0.225	0.244
30×3	0.223	0.394	0.163	0.189	0.206	0.235
30×4	0.167	0.296	0.163	0.189	0.206	0.235
40×4	0.125	0.222	0.145	0.170	0.189	0.214
40×5	0.100	0.177	0.145	0.170	0.189	0.214
50×5	0.080	0.142	0.137	0.157	0.180	0.200
50×6	0.067	0.118	0.137	0.157	0.180	0.200
60×6	0.056	0.099	0.120	0.145	0.163	0.189
60×8	0.042	0.074	0.120	0.145	0.163	0.189
80×8	0.031	0.055	0.102	0.126	0.145	0.170
80×10	0.025	0.045	0.102	0.126	0.145	0.170
100×10	0.020	0.036	0.09	0.113	0.133	0.157

附录表 5 电流互感器一次线圈阻抗值 单位:mΩ

型号	变流比	5/5	7.5/5	10/5	15/5	20/5	30/5	40/5	50/5	75/5
LQG-0.5	电阻	600	266	150	66.7	37.5	16.6	9.4	6	2.66
	电抗	4 300	2 130	1 200	532	300	133	75	18	21.3
LQG-1	电阻	—	300	170	75	42	20	11	7	3
	电抗	—	480	270	120	67	30	17	11	4.8
LQG-3	电阻	—	130	75	33	19	8.2	4.8	3	1.3
	电抗	—	120	70	30	17	8	4.2	2.8	1.2

型号	变流比	100/5	150/5	200/5	300/5	400/5	500/5	600/5	750/5
LQG-0.5	电阻	1.5	0.667	0.575	0.166	0.125	—	0.01	0.04
	电抗	12	5.32	3	1.33	1.03	—	0.3	0.3
LQG-1	电阻	1.7	0.75	0.42	0.2	0.11	0.05	—	—
	电抗	2.7	1.2	0.67	0.3	0.17	0.07	—	—
LQG-3	电阻	0.75	0.33	0.19	0.08	0.05	0.02	—	—
	电抗	0.7	0.3	0.17	0.08	0.04	0.02	—	—

附录表 6 低压断路器过电流脱扣线圈阻抗值 单位:mΩ

线圈额定电流/A	50	70	100	140	200	400	600
电阻(65 ℃时)	5.3	2.35	1.30	0.74	0.36	0.15	0.12
电抗	2.7	1.30	0.86	0.55	0.28	0.10	0.094

附录表 7 低压开关触头接触电阻近似值 单位: mΩ

额定电流/A	50	70	100	140	200	400	600	1 000	2 000	3 000
低压断路器	1.3	1.0	0.75	0.65	0.6	0.4	0.25	—	—	—
刀开关	—	—	0.5	—	0.4	0.2	0.15	0.08	—	—
隔离开关	—	—	—	—	—	0.2	0.15	0.08	0.03	0.02

附录表8　10 kV 级 S9 和 SC9 系列电力变压器的主要技术数据

1.10 kV 级 S9 系列油浸式铜线电力变压器的主要技术数据(续)

型号	额定容量/(kV·A)	额定电压/kV		联结组标号	损耗/W		空载电流/%	阻抗电压/%
		一次	二次		空载	负载		
S9-30/10(6)	30	11,10.5,10,6.3,6	0.4	Yyn0	130	600	2.1	4
S9-50/10(6)	50	11,10.5,10,6.3,6	0.4	Yyn0	170	870	2.0	4
				Dyn11	175	870	4.5	4
S9-63/10(6)	63	11,10.5,10,6.3,6	0.4	Yyn0	200	1 040	1.9	4
				Dyn11	210	1 030	4.5	4
S9-80/10(6)	80	11,10.5,10,6.3,6	0.4	Yyn0	240	1 250	1.8	4
				Dyn11	250	1 240	4.5	4
S9-100/10(6)	100	11,10.5,10,6.3,6	0.4	Yyn0	290	1 500	1.6	4
				Dyn11	300	1 470	4.0	4
S9-125/10(6)	125	11,10.5,10,6.3,6	0.4	Yyn0	340	1 800	1.5	4
				Dyn11	360	1 720	4.0	4
S9-160/10(6)	160	11,10.5,10,6.3,6	0.4	Yyn0	1 300	5 800	3.0	4
				Dyn11	1 200	6 200	1.5	4.5
S9-200/10(6)	200	11,10.5,10,6.3,6	0.4	Yyn0	480	2 600	1.3	4
				Dyn11	500	2 500	3.5	4
S9-250/10(6)	250	11,10.5,10,6.3,6	0.4	Yyn0	560	3 050	1.2	4
				Dyn11	600	2 900	3.0	4
S9-315/10(6)	315	11,10.5,10,6.3,6	0.4	Yyn0	670	3 650	1.1	4
				Dyn11	720	3 450	3.0	4
S9-400/10(6)	400	11,10.5,10,6.3,6	0.4	Yyn0	800	1 300	1.0	4
				Dyn11	870	1 200	3.0	4
S9-500/10(6)	500	11,10.5,10,6.3,6	0.4	Yyn0	960	5 100	1.0	4
				Dyn11	1 030	4 950	3.0	4
		11,10.5,10	6.3	Yd11	1 030	4 950	1.5	4
S9-630/10(6)	630	11,10.5,10,6.3,6	0.4	Yyn0	1 200	6 200	0.9	4
				Dyn11	1 300	5 800	3.0	4
		11,10.5,10	6.3	Yd11	1 200	6 200	4.5	4.5
S9-800/10(6)	800	11,10.5,10,6.3,6	0.4	Yyn0	1 400	7 500	0.8	4.5
				Dyn11	1 400	7 500	2.5	5
		11,10.5,10	6.3	Yd11	1 400	7 500	1.4	4.5

续表

型号	额定容量/(kV·A)	额定电压/kV		联结组标号	损耗/W		载电流/%	阻抗电压/%
		一次	二次		空载	负载		
S9-1000/10(6)	1 000	11,10.5,10,6.3,6	0.4	Yyn0	1 700	10 300	0.7	4.5
				Dyn11	1 700	9 200	1.7	5
		11,10.5,10	6.3	Yd11	1 700	9 200	1.4	5.5
S9-1250/10(6)	1 250	11,10.5,10,6.3,6	0.4	Yyn0	1 950	12 000	0.6	4.5
				Dyn11	2 000	11 000	2.5	5
		11,10.5,10	6.3	Yd11	1 950	12 000	1.3	5.5
S9-1600/10(6)	1 600	11,10.5,10,6.3,6	0.4	Yyn0	2 400	145 00	0.6	4.5
				Dyn11	2 400	14 000	2.5	6
		11,10.5,10	6.3	Yd11	2 400	14 500	1.3	5.5
S9-2000/10(6)	2 000	11,10.5,10,6.3,6	0.4	Yyn0	3 000	18 000	0.8	6
				Dyn11	3 000	18 000	0.8	6
		11,10.5,10	6.3	Yd11	3 000	18 000	1.2	6
S9-2500/10(6)	2 500	11,10.5,10,6.3,6	0.4	Yyn0	3 500	25 000	0.8	6
				Dyn11	3 500	25 000	0.8	6
		11,10.5,10	6.3	Yd11	1 100	19 000	1.2	5.5
S9-3150/10(6)	3 150	11,10.5,10	6.3	Yd11	1 100	23 000	1.0	5.5

2. 10 kV 级 SC9 系列树脂浇注干式铜线电力变压器的主要技术数据

型号	额定容量/(kV·A)	额定电压/kV		联结组标号	损耗/W		空载电流/%	阻抗电压/%
		一次	二次		空载	负载		
SC9-200/10	200	10	0.4	Yyn0	180	2 670	1.2	4
SC9-250/10	250				550	2 910	1.2	4
SC9-315/10	315				650	3 200	1.2	4
SC9-400/10	400				750	3 690	1.0	4
SC9-500/10	500				900	4 500	1.0	4
SC9-630/10	630				1 100	5 120	0.9	4
SC9-630/10	630				1 050	5 500	0.9	6
SC9-800/10	800				1 200	6 430	0.9	6
SC9-1000/10	1 000				1 400	7 510	0.8	6
SC9-1250/10	1 250				1 650	8 960	0.8	6
SC9-1600/10	1 600				1 980	10 850	0.7	6
SC9-2000/10	2 000				2 380	13 360	0.6	6
SC9-2500/10	2 500				2 850	15 880	0.6	6

附录表 9　并联电容器的无功补偿率

补偿前的功率因数 $\cos\varphi_1$	补偿后的功率因数 $\cos\varphi_2$								
	0.85	0.86	0.88	0.90	0.92	0.94	0.96	0.98	1.00
0.60	0.71	0.74	0.79	0.85	0.91	0.97	1.04	1.13	1.33
0.62	0.65	0.67	0.73	0.78	0.84	0.90	0.98	1.06	1.27
0.64	0.58	0.61	0.66	0.72	0.77	0.84	0.91	1.00	1.20
0.66	0.52	0.55	0.60	0.65	0.71	0.78	0.85	0.94	1.14
0.68	0.46	0.48	0.54	0.59	0.65	0.71	0.79	0.88	1.08
0.70	0.40	0.43	0.48	0.54	0.59	0.66	0.73	0.82	1.02
0.72	0.34	0.37	0.42	0.48	0.54	0.60	0.67	0.76	0.96
0.74	0.29	0.31	0.37	0.42	0.48	0.54	0.62	0.71	0.91
0.76	0.23	0.26	0.31	0.37	0.43	0.49	0.56	0.65	0.85
0.78	0.18	0.21	0.26	0.32	0.38	0.44	0.51	0.60	0.80
0.80	0.13	0.16	0.21	0.27	0.32	0.39	0.46	0.55	0.75
0.82	0.08	0.10	0.16	0.21	0.27	0.33	0.40	0.49	0.70
0.84	0.03	0.05	0.11	0.16	0.22	0.28	0.35	0.44	0.65
0.85	0.00	0.03	0.08	0.14	0.19	0.26	0.33	0.42	0.62
0.86	—	0.00	0.05	0.11	0.17	0.23	0.30	0.39	0.59
0.88	—	—	0.00	0.06	0.11	0.18	0.25	0.34	0.54
0.90	—	—	—	0.00	0.06	0.12	0.19	0.28	0.48

附录表 10　部分并联电容器的主要技术数据

型号	额定容量 /kvar	额定电容 μF	型号	额定容量 /kvar	额定电容 μF
BCMJ 0.4-4-3	4	80	BGMJ 0.4-3.3-3	3.3	66
BCMJ 0.4-5-3	5	100	BGMJ 0.4-5-3	5	99
BCMJ 0.4-8-3	8	160	BGMJ 0.4-10-3	10	198
BCMJ 0.4-10-3	10	200	BGMJ 0.4-12-3	12	230
BCMJ 0.4-15-3	15	300	BGMJ 0.4-15-3	15	298
BCMJ 0.4-20-3	20	400	BGMJ 0.4-20-3	20	398
BCMJ 0.4-25-3	25	500	BGMJ 0.4-25-3	25	498
BCMJ 0.4-30-3	30	600	BGMJ 0.4-30-3	30	598
BCMJ 0.4-40-3	40	800	BWF 0.4-14-1/3	14	279

续表

型号	额定容量 /kvar	额定电容 μF	型号	额定容量 /kvar	额定电容 μF
BCMJ 0.4-50-3	50	1000	BWF 0.4-16-1/3	16	318
BKMJ 0.4-6-1/3	6	120	BWF 0.4-20-1/3	20	398
BKMJ 0.4-7.5-1/3	7.5	150	BWF 0.4-25-1/3	25	498
BKMJ 0.4-9-1/3	9	180	BWF 0.4-75-1/3	75	1500
BKMJ 0.4-12-1/3	12	240			
BKMJ 0.4-15-1/3	15	300	BWF 10.5-16-1	16	0.462
BKMJ 0.4-20-1/3	20	400	BWF 10.5-25-1	25	0.722
BKMJ 0.4-25-1/3	25	500	BWF 10.5-30-1	30	0.866
BKMJ 0.4-30-1/3	30	600	BWF 10.5-40-1	40	1.155
BKMJ 0.4-40-1/3	40	800	BWF 10.5-50-1	50	1.14
BKMJ 0.4-2.5-3	2.5	55	BWF 10.5-100-1	100	2.89

附录表 11　导体在正常和短路时的最高允许温度及热稳定系数

导体种类及材料			最高允许温度/℃		热稳定系统 C /mm^2
			正常	短路	
母线	铜		70	300	171
	铜(接触面有锡层时)		85	200	164
	铝		70	200	87
油浸纸绝缘电缆	铜(铝)芯	1~3 kV	80(80)	250(200)	148(84)
		6 kV	65(65)	220(200)	145(90)
		10 kV	60(60)	220(200)	148(92)
橡皮绝缘导线和电缆		铜芯	65	150	112
		铝芯	65	150	74
聚氯乙烯绝缘导线和电缆		铜芯	65	130	100
		铝芯	65	130	65
交联聚乙烯绝缘导线和电缆		铜芯	80	250	140
		铝芯	80	250	84
有中间接头的电缆（不包括聚氯乙烯绝缘电缆）		铜芯	—	150	—

附录表 12　部分常用高压断路器的主要技术数据

类别	型号	额定电压/kV	额定电流/A	开断电流/kA	断流容量/(MV·A)	动稳定电流/kA	热稳定电流/kA	固有分闸时间/s≤	合闸时间/s≤	配用操作机构型号
少油户外	SW2-35/1000	35(40.5)	1 000	16.5	1 000	45	16.5(4s)	0.06	0.4	CT2-X6
	SW2-35/1500		1 500	24.8	1 500	63.4	24.8(4s)			
少油户内	SN10-35 Ⅰ	35(40.5)	1 000	16	1 000	45	16(4s)	0.06	0.2	CT10
	SN10-35 Ⅱ		1 250	20	1 250	50	20(4s)		0.25	CT10Ⅳ
	SN10-10 Ⅰ	3 000	630	16	300	40	46(4s)	0.06	0.15	CT7,8
			1 000	16	300	40	46(4s)		0.2	CD10 Ⅰ
	SN10-10 Ⅱ		4 000	31.5	500	80	31.5(4s)	0.06	0.2	CD10 Ⅰ、Ⅱ
	SN10-10 Ⅲ		1 250	40	750	125	40(4s)	0.07	0.2	CD10 Ⅲ
			40	750	125	40(4s)	40(4s)			
			40	750	125	40(4s)	40(4s)			
真空户内	ZN2-40.5	35(40.5)	1 250、1 600	25	—	63	25(4s)	0.07	0.1	CT12 等
			1 600、2 000	31.5	—	80	31.5(4s)			
	ZN12-35		1 250、2 000	31.5	—	80	31.5(4s)	0.075	0.1	
	ZN23-40.5		1 600	25	—	63	25(4s)	0.06	0.075	
真空户内	ZN3-10 Ⅰ	10(12)	630	8	—	20	8(4s)	0.07	0.15	CD10 等
	ZN3-10 Ⅱ		1 000	20	—	50	20(2s)	0.05	0.1	
	ZN4-10/1000		1 000	17.3	—	44	17.3(4s)	0.05	0.2	
	ZN4-10/1250		1 250	20	—	50	20(4s)			
	ZN5-10/630		630	20	—	50	20(2s)	0.05	0.1	CT8 等
	ZN5-10/1000		1 000	20	—	50	20(2s)			
	ZN5-10/1250		1 250	25	—	63	25(2s)			
	ZN12-12/1250 1600 2000		1 250 1 600 2 000	25	—	63	25(4s)	0.06	0.1	CT8 等
	ZN24-12/1250-20		1 250	20	—	50	20(4s)	0.06	0.1	CT8 等
	ZN24-12/1250、2000-31.5		1 250、2 000	31.5	—	80	31.5(4s)			
	ZN28-12/630 ~ 1600		630 ~ 1 600	20	—	50	20(4s)			
六氟化硫户内	LN2-35 Ⅰ	35(40.5)	1 250	16	—	40	16(4s)	0.06	0.15	CT12 Ⅱ
	LN2-35 Ⅱ		1 250	25	—	63	25(4s)			
	LN2-35 Ⅲ		1 600	25	—	63	25(4s)			
	LN2-10	10(12)	1 250	25	—	63	25(4s)	0.06	0.15	CT12 Ⅰ、CT8 Ⅰ

附录表 13　部分万能式低压断路器的主要技术数据

型号	脱扣器额定电流/A	长延时动作额定电流/A	短延时动作额定电流/A	瞬时动作额定电流/A	单相接地短路动作电流/A	分断能力	
						电流/kA	
DW15-200	100	64 ~ 100	300 ~ 1 000	300 ~ 1 000 800 ~ 2 000	—	20	0.35
	150	98 ~ 150	—	—			
	200	128 ~ 200	600 ~ 2 000	600 ~ 2 000 1 000 ~ 4 000			
DW15-400	200	128 ~ 200	600 ~ 2 000	600 ~ 2 000 1 000 ~ 4 000	—	25	0.35
	300	192 ~ 300	—	—			
	400	256 ~ 100	1 200 ~ 1 000	3 200 ~ 8 000			
DW15-600(630)	300	192 ~ 300	900 ~ 3 000	900 ~ 2 000 1 400 ~ 6 000	—	30	0.35
	400	256 ~ 400	1 200 ~ 4 000	1 200 ~ 4 000 3 200 ~ 8 000			
	600	384 ~ 600	1 800 ~ 6 000	—			
DW15-1000	600	420 ~ 600	1 800 ~ 6 000	6 000 ~ 12 000	—	40（短延时 30）	0.35
	800	560 ~ 800	2 400 ~ 8 000	8 000 ~ 16 000			
	1 000	700 ~ 1 000	3 000 ~ 10 000	10 000 ~ 20 000			
DW15-1500	1 500	1 050 ~ 1 500	1 500 ~ 15 000	15 000 ~ 30 000			
DW15-2500	1 500	1 050 ~ 1 500	4 500 ~ 9 000	10 500 ~ 21 000	—	60（短延时 10）	0.2（短延时 0.25）
	2 000	1 400 ~ 2 000	6 000 ~ 12 000	14 000 ~ 28 000			
	2 500	1 750 ~ 2 500	7 500 ~ 15 000	17 500 ~ 35 000			
DW15-4000	2500	1 750 ~ 2 500	7 500 ~ 15 000	17 500 ~ 35 000	—	80（短延时 60）	0.2
	3000	2 100 ~ 3 000	9 000 ~ 18 000	21 000 ~ 42 000			
	4000	2 800 ~ 4 000	12 000 ~ 24 000	28 000 ~ 56 000			
DW16-630	100	64 ~ 100	—	300 ~ 600	50	30（380 V） 20（660 V）	0.25（380 V） 0.3（660 V）
	160	102 ~ 160		480 ~ 960	80		
	200	128 ~ 200		600 ~ 1 200	100		
	250	160 ~ 250		750 ~ 1 500	125		
	315	202 ~ 315		945 ~ 1 890	158		
	400	256 ~ 400		1 200 ~ 2 400	200		
	630	403 ~ 630		1 890 ~ 3 780	315		

续表

型号	脱扣器额定电流/A	长延时动作额定电流/A	短延时动作额定电流/A	瞬时动作额定电流/A	单相接地短路动作电流/A	分断能力	
						电流/kA	
DW16-2000	800	512 ~ 800	—	2 400 ~ 4 800	400	50	—
	1 000	640 ~ 1 000		3 000 ~ 6 000	500		
	1 600	1 024 ~ 1 600		1 800 ~ 9 600	800		
	2 000	1 280 ~ 2 000		6 000 ~ 12 000	1 000		
DW17-2000 (ME2000)	2 000	500 ~ 1 000 1 000 ~ 2 000	5 000 ~ 8 000 7 000 ~ 12 000	4 000 ~ 8 000 6 000 ~ 12 000	—	80	0.2
DW17-2500 (ME2500)	2 500	1 500 ~ 2 500	7 000 ~ 12 000 8 000 ~ 12 000	6 000 ~ 12 000	—	80	0.2
DW17-3200 (ME3200)	3 200	—	—	8 000 ~ 16 000	—	80	0.2
DW17-4000 (ME4000)	4 000	—	—	10 000 ~ 20 000	—	80	0.2

习题参考答案

1.1　T1,10.5/242 kV；WL1,220 kV；WL2,35 kV。

1.2　G,6.3 kV；T1,6/0.4 kV；T2,6.3/121 kV；T3,110/11 kV。

1.3　昼夜电压偏差范围为 −5.26% ~ +9.21%；主变压器分接头宜换至“−5%”的位置运行，而晚上切除主变压器，投入联络线，由邻近变电所供电。

1.4　由于单相接地电容电流 $I_C = 24.1\ A < 30\ A$，因此无须改变电源中性点运行方式。

2.1　按需要系数法计算得（取 $K_d = 0.2$ 时）：P30 = 40.6 kW，Q30 = 70.2 kvar，S30 = 81.2 kV · A，I30 = 123 A。

2.2　按二项式法计算得：$P_{30} = 50.6$ kW，$Q_{30} = 87.5$ kvar，$S_{30} = 101$ kVA，$I_{30} = 153$ A。

2.3　（1）按需要系数法计算为：

序号	设备名称	台数	设备容量/kW	需要系数			计算负荷			
							P_{30}/kW	Q_{30}/kvar	S_{30}/(kV · A)	I_{30}/A
1	机床组	30	85	0.25	0.5	1.73	21.3	36.8	42.6	64.7
2	通风机	3	5	0.8	0.8	0.75	4	3	5	7.6
3	电葫芦	1	3（$\varepsilon = 10\%$） 3.79（$\varepsilon = 25\%$）	0.15 （$\varepsilon = 25\%$）	0.5	1.73	0.57	0.98	1.14	1.73
总计		34	—	—	—	—	25.9	40.8	—	—
		取0.95			0.54	—	24.6	38.8	45.9	69.7

2.3 (2)按二项式法计算为:

序号	设备名称	台数 n 或 n/x	设备容量/kW		二项式系数 b/c			计算负荷			
								P_{30}/kW	Q_{30}/kvar	S_{30}/(kV·A)	I_{30}/A
1	机床组	30/5	85	37.5	0.14/0.5	0.5	1.73	30.7	53.1	61.4	93.5
2	通风机	3	5		0.65/0.25	0.8	0.75	4.5	3.38	5.63	8.55
3	电葫芦	1	3(ε=40%) 3.79(ε=25%)		0.06/0.2 (ε=25%)	0.5	1.73	0.985	1.70	1.97	2.99
总计		34	—	—	—	0.52	—	34.2	55.9	65.5	99.5

2.4 单相电阻炉宜 A 相 4 台 1 kW,B 相 3 台 1.5 kW,C 相 2 台 2 kW。等效三相计算负荷按 B 相负荷的 3 倍计算。因此 $P_{30}=9.45$ kW,$Q_{30}=0$,$S_{30}=9.45$ kVA,$I_{30}=14.4$ A。

2.5 按最大负荷相 A 相负荷的 3 倍计算:$P_{30}=19.1$ kW,$Q_{30}=15.3$ kvar,$S_{30}=24.5$ kVA,$I_{30}=37.2$ A。

2.6 两台变压器的功率损耗 ΔPT = 15.5 kW,ΔQT = 65.3 kvar,年电能损耗ΔWT. a = 38.8 ×103 kW · h;线路的功率损耗 ΔPWL = 11.5 kW,ΔQWL = 8.63 kvar,年电能损耗 ΔWWL. a = 34.5×10^3 kW · h。

2.7 变电所一次侧计算负荷 $P_{30}=730.5$ kW,$Q_{30}=625.5$ kvar,$S_{30}=961.7$ kVA,$I_{30}=55.5$ A;功率因数 $\cos\varphi=0.76<0.90$。要使 $\cos\varphi$ 提高到 0.9,需并联电容器容量 $Q_C\geqslant 270$ kvar。

2.8 需装设 BWF10.5-40-1 型电容器 42 个。装设电容器后,工厂的视在计算负荷为 517 kVA,比未装电容器时减少 959.3 kVA。

2.9 $I_{30}=88.8$ A,$I_{pk}=283.4$ A。

3.1 短路计算结果如下表所列:

短路计算点	短路电流/kA					短路容量/MVA
k-1	3.74	3.74	3.74	9.54	5.65	68.0
k-2	38.8	38.8	38.8	71.4	42.3	26.9

3.2 短路计算结果与习题 3.1 基本相同。

3.3 $\sigma_c=35.4$ MPa $<\sigma_{al}=70$ MPa,故该母线满足短路动稳定度的要求。

3.4 满足短路热稳定度的 $A_{min}=325$ mm^2,而母线实际截面为 $A=800$ mm^2,故该母线完全满足短路热稳定度的要求。

4.1 应选 SN10-10 Ⅱ型少油断路器,其 $I_{oc}=31.5$ kA。

4.2 初步选两台 S9-630/10 型配电变压器。如果选两台 S9-500/10 型,则在一台运行时,考虑到当地年平均气温较高(25 ℃),又是户内运行,实际容量 $S=500$ kV · A ×(0.92 − 0.05) = 435 kV · A $<S_{Ⅰ+Ⅱ}=400$ kV · A,不满足一、二级负荷要求,故改选 S9-630/10 型。

4.3　如果增加一台S9-315/10型变压器，则在负荷达到1 300 kV·A时，S9-315/10型将分担负荷340 kV·A，过负荷8%。因此宜改选一台S9-400/10型与原来的S9-1000型并列运行。

5.1　相线截面选为120 mm^2，其$I_{al}=160$ A；N线和PE线均选为70 mm^2；穿线的硬塑料管内径选为80 mm。所选结果可表示为：BLV-500-(3×120+1×70+PE70)-PC80。

5.2　相线采用LJ-50，其$I_{al}=202$ A>130=179 A；PEN线可选LJ-25。$\Delta U\%=4.13\%<\Delta U_{al}\%=5\%$，也满足电压损耗要求。

5.3　按经济电流密度可选LJ-70，其$I_{al}=236$ A>130=90 A，满足发热条件；$\Delta U\%=2\%<\Delta U\%=5\%$，也满足电压损耗要求。

5.4　按发热条件选BLV-500-1×25 mm^2的导线，其$I_{al}=102$ A，$\Delta U\%=2.06\%$。

6.1　选RT0-100/50型熔断器，熔体电流为50 A；配电线选BLV-500-1×6 mm^2，穿硬塑料管(PC)，其内径选为20 mm。

6.2　选DW16-630型低压断路器，脱扣器额定电流为315 A，脱扣电流整定为3倍即945 A，保护灵敏度达2.65，满足要求。

6.3　过电流保护动作电流整定为8 A，灵敏度为2.7，满足要求。速断电流倍数整定为4.7倍，灵敏度为1.6，也基本满足要求。

6.4　整定为0.8 s。

6.5　反时限过电流保护的动作电流整定为6 A，动作时间整定为0.8 s；速断电流倍数整定为6.7倍。过电流保护灵敏度达3.8，电流速断保护灵敏度达1.9，均满足要求。

7.1　PA1: 1-X:1；PA1: 2-PJ: 1；PA2: 1-X: 2；PA2: 2-PJ: 6；PA3: 1-X: 3(X: 3与X: 4并联后接地)；PA3: 2-PJ: 8；PJ: 1-PA1: 1；PJ: 2-X: 5；PJ: 3-PJ: 8；PJ: 4-X: 7；PJ: 6-PA2: 2；PJ: 7-X: 9；PJ: 8-PJ: 3与PA3: 2；X: 1-PA1: 1；X: 2-PA2: 1；X: 3-PA3: 1；X: 5-PJ: 2；X: 7-PJ: 4；X: 9-PJ: 7；X: 4左端与X: 3左端并联后接地，右端空。

8.1　总安装功率为$P=12.5\times13.86=171$ W/m；故安装40 W的灯具4盏。

8.2　2×40 W荧光灯6盏。

8.3　计算高度$h=4.2-0.75=3.45$ m，则室形指数$i=ab/h(a+b)=2.899$。

8.4　40 W的灯14盏。

9.1　需补充装设人工接地装置的接地电阻值为62，可用10根直径50 mm、长2.5 m的钢管打入地下，用40×4 mm^2扁钢连成一圈，管距5 m。经短路热稳定校验，满足要求。

9.2　避雷针保护半径约为16.1 m>15 m，因此能保护该建筑物。

10.1　S9-500/10型电力变压器的$K_{ec}=0.453$，S9-800/10型电力变压器的$K_{ec}=0.445$。

10.2　两变压器经济运行的临界负荷$S_cr=414$ kV·A，而两变压器的总负荷为520 kV·A，因此两变压器并列运行比较经济。

10.3　电流互感器的变比宜选为75/5，电流继电器的动作电流整定为5 A。

10.4　两台并列变压器经济运行的临界负荷为$S_{cr}=1\,000\text{ kV}\cdot\text{A}\times\sqrt{2\times\frac{1.7+0.1\times7}{10.3+0.1\times45}}=569\text{ kV}\cdot\text{A}$，当负荷$S<569$ kV·A时，宜于一台运行；当负荷$S>569$ kV·A时，则宜于两台运行。

参考文献

[1] 刘介才. 供配电技术[M]. 4 版. 北京：机械工业出版社，2017.
[2] 刘介才. 工厂供电设计指导[M]. 3 版. 北京：机械工业出版社，2017.
[3] 余健明,同向前,苏文成等. 供电技术[M]. 5 版. 北京：机械工业出版社，2017
[4] 刘介才. 安全用电实用技术[M]. 北京：中国电力出版社，2006.
[5] 俞丽华. 电气照明[M]. 4 版. 上海：同济大学出版社，2014.
[6] 中国航空规划设计研究总院有限公司. 工业与民用供配电设计手册[M]. 4 版. 北京：中国电力出版社，2016.
[7] 中国电力企业联合会. 3 ~ 110 kV 高压配电装置设计规范:GB 50060—2008[S]. 北京:中国标准出版社,2009
[8] 全国高压开关设备标准化技术委员会. 高压开关设备和控制设备标准的共用技术要求：GB/T 11022—2011[S]. 北京：中国标准出版社,2011.
[9] 张明君，弭洪涛. 电力系统微机保护[M]. 北京：冶金工业出版社，2002.
[10] 卓乐友. 电力工程电气设计 200 例[M]. 北京：中国电力出版社，2004.
[11] 胡志光. 发电厂电气设备及运行[M]. 北京：中国电力出版社，2008.
[12] 天津市电力公司. 用电工作导读[M]. 北京：中国电力出版社，1999.
[13] 王厚余. 低压电气装置的设计安装和检验[M]. 北京：中国电力出版社，2003.
[14] 上海市电力公司市区供电公司. 配电网新设备新技术问答[M]. 北京：中国电力出版社，2002.
[15] 中国航空工业规划设计研究院. 工业与民用配电设计手册[M]. 3 版. 北京:中国电力出版社，2005.
[16] 全国电压电流等级和频率标准化技术委员会. 电压电流频率和电能质量国家标准应用手册[M]. 北京：中国电力出版社，2001.
[17] 中机中电设计研究院. 机械工厂电力设计规范:JBJ6—1996[S]. 北京：机械工业出版社，1996.
[18] 国家电网公司. 国家电网公司电力安全工作规程(变电站和发电厂电气部分)[M]. 北京：中国电力出版社,2005.
[19] 电力工业部安全监察及生产协调司. 电力供应与使用法规汇编[M]. 北京：中国电力出

版社, 1996.
[20]《建筑照明设计标准》编制组. 建筑照明设计标准 [M]. 北京: 中国建筑工业出版社, 2004.
[21] 王锡凡. 电气工程基础[M]. 2 版. 西安: 西安交通大学出版社, 2009.
[22] 戴绍基. 工厂供电[M]. 北京: 机械工业出版社, 2002.
[23] 戴绍基. 建筑供配电技术[M]. 北京: 机械工业出版社, 2003.
[24] 国家能源局. 高压开关设备和控制设备标准的共用技术要求: DL/T 593 - 2016[S]. 北京: 中国电力出版社,2016.
[25] 隋振有. 中低压配电实用技术[M]. 北京: 机械工业出版社, 2000.
[26] 中国机械工业联合会. 供配电系统设计规范: GB 50052—2009[S],北京: 中国计划出版社,2010.
[27] 中国电力企业联合会. 35 ~ 110 kV 变电所设计规范: GB50059—2011. 北京: 中国计划出版社,2012.